景观之想象
THE LANDSCAPE IMAGINATION
詹姆斯·科纳思想文集
Collected Essays of James Corner 1990-2010

[美]詹姆斯·科纳　艾利森·赫希　编著

慕晓东　吴尤　译

中国建筑工业出版社

著作权合同登记图字：01-2020-6987号

图书在版编目（CIP）数据

景观之想象：詹姆斯·科纳思想文集 /（美）詹姆斯·科纳，（美）艾利森·赫希编著；慕晓东，吴尤译 . —北京：中国建筑工业出版社，2020.8

书名原文：THE LANDSCAPE IMAGINATION Collected Essays of James Corner 1990-2010

ISBN 978-7-112-25222-0

Ⅰ. ①景… Ⅱ. ①詹… ②艾… ③慕… ④吴… Ⅲ. ①园林设计—文集 Ⅳ.①TU986.2-53

中国版本图书馆CIP数据核字（2020）第095959号

THE LANDSCAPE IMAGINATION

Collected Essays of James Corner 1990-2010 / James Corner and Alison Bick Hirsch, editors.

ISBN 978-1-61689-145-9

First published in the United States by Princeton Architectural Press

Copyright © 2014 Princeton Architectural Press

Chinese Translation Copyright © 2021 China Architecture & Building Press

All rights reserved.

责任编辑：戚琳琳　率　琦　张惠珍

责任校对：李美娜

景观之想象

THE LANDSCAPE IMAGINATION

詹姆斯·科纳思想文集

Collected Essays of James Corner 1990-2010

[美] 詹姆斯·科纳　艾利森·赫希　编著

慕晓东　吴尤　译

*

中国建筑工业出版社出版、发行（北京海淀三里河路9号）

各地新华书店、建筑书店经销

北京点击世代文化传媒有限公司制版

北京富诚彩色印刷有限公司印刷

*

开本：787毫米×1092毫米　1/16　印张：23¾　字数：452千字

2021年1月第一版　2021年1月第一次印刷

定价：256.00元

ISBN 978-7-112-25222-0

（35834）

目　录

图 1　凹版标记，摄影：Alex S. Maclean, Blythe, California, 1996

图片版权：© Alex S. Mac Lean/Landslides Aerial photography

序言

詹姆斯·科纳

在过去的 50 年里，风景园林学（landscape architecture）取得了长足的进步，与此同时，该学科的专业地位也获得了相应的提升，尤其是最近 10 ~ 15 年的时间，这种趋势变得愈加明显。如今，新建的公园、滨水带、广场、公共场所、花园以及更新的城市空间遍布世界的各个角落，风景园林行业的繁荣之景可想而知。实践行业确实建树颇丰，不过令人遗憾的是，智识的（intellectual）、批判性的（critical）成果仍然乏善可陈，这种情况在一定程度上阻碍了风景园林在更广阔领域中实现自身的文化繁荣。在 20 世纪 80 年代末，恰是上述理论探索的匮乏直接影响我个人早期的学术写作。彼时，智识性研究似乎不断地出现在相邻的学科中，例如，生态学、大地艺术、文化地理、城市主义、建筑和哲学。然而风景园林学却深陷泥潭，一方面，这个专业受困于一种极为职业的（vocational）、刻板的设计实践；另一方面，风景园林又囿于环境主义者和艺术家之间二元且矛盾的（dichotomous）分裂状态。起初，我自身的目标是通过广泛的阅读和研究以克服上述的停滞状态（inertia），然后随着写作的深入，我又产生了一些实质性的思考。对我而言，写作是一种有效的工具，它能够记录、生成和演绎各种理念（ideas），同时，写作还能把这些理念传递给别人，以实现它们相互之间的碰撞。时至今日，写作之于我个人的意义和价值仍然未曾改变。

本书收集的论文包括一系列的思辨和争论，主要目标旨在提升风景园林学的设计、创造性和文化概念。我是一名主要致力于实际项目的风景园林师，尽管我的论文只是暂时性的构思（conjecture），但是与此同时，我依然求索着与风景园林学有关的更深层次存在之理（raison d'etre），探索其更广维度上的文化关联。在求索的过程中，我尝试回答以下的问题：基础的、不断复现的问题究竟是什么，这些问题为什么会出现，它们又是如何完成自身的转变。

时隔多年，再次阅读这些论文，我希望择取一个主题将它们串联起来：景观之想象（landscape imagination）。在这本文集中，我通过揭示和拓展想象力为所有的景观形式提供基础。毕竟，景观不是一种天然的存在形式：即便景观随着时间的推移既能让人联想起自然环境，又能让人参与到自然过程，但景观首先是一种文化之建构（construct）、一种想象的产物。起初，人类主要通过图像和文字来想象和再现（represent）景观，其后，景观被移天缩地到园林中，最后，它们才被编码于大尺度建成环境的规划、设计和建造之中。建造的景观不可避免地能指（sipnify）于整个自然世界，随着时间的推移，景观最终还是会屈服于归化状态（naturalization）①，景观能够提供愉悦感的主要源泉恰源于此，而且，还是作为媒介（medium）的景观为何如此难以捉摸的本源所在。

景观的愉悦性（delight）是显而易见的，其主要涉及丰富的感知（sensory richness）、流动的（ambulatory）体验和时间性（temporality），还涉及一种超群的能力：景观能将其独特的魅力和品质浇铸于某块特定的场地上。我们可以从三种途径体验到景观的愉悦性：（绘画、书籍、地图、诗歌和电影的）再现类型、物质环境、直接的自然接触。花园、公园、都市广场和散步道皆是建造环境的实例，在这些建造的环境中，成千上万的人们在时间的流逝中体验到无尽的欢愉和乐趣（pleasure）。正如音乐一样，想象性塑造了景观，反过来说，景观唤起和激发的想象性又有助于领会和表征（figure）新的事物。鉴于此，在绘画、诗学和民间传说中出现的景观具有激发灵感的能动性（agency），我们在纽约的高线公园（High Line）和中央公园甚至还体验到各种民粹主义（populist）的阐释、映射和效应，而在凡尔赛宫、斯托园（Stowe）或者斯图海德（Stourhead）等经典园林所体现的民粹性则更为明显。

另一方面，景观一直非常完美地掩盖了自身的欺骗性（artifice），这使得我们不能轻易认识到景观的媒介属性所带来的各种挑战。景观善于以自然的面貌示人，这种情况似乎是司空见惯的。具备想象力天赋的画家能捕捉一些被忽视的环境，且将其描绘成一种全新的、具有感染力的形式，然而调色板（palette）常常掩饰了画家的天赋；诗人具有将自身的鉴赏力和洞察力转化成新形式的能力，但这种能力似乎仅仅是描述性的；就物质营建的层面而言，风景园林师能够将毫无生机的土地重塑成一处更具教化意义的（edifying）整体性"场所"（place），但是这种创造力通常掩盖在景观自身的媒介之中。② 起初，时间的归化效应（无论是自然进程还是文化习性）并非总是被隐藏的严严实实，但这种力量不可避免地将景观还原成一种消极的、隐秘的背景。

此时，需要澄清的一个事实是：尽管景观媒介遮掩了其天赋（genius）和劳作（labor），但是我们并非一定要克服这种遮掩的状态。当然，我既不热衷于推广和鼓吹景观媒介的欺骗性或信誉也不试图把它们推销给创造者、作家或者设计师。究其本质，景观的兼容性（incorporation）和同化性（assimilation）并非一无是处；考虑到特定的场所可以提供心理安宁和情感满足，因此景观所充当的背景状态（backdrop）同样极富价值。倘若我们将景观无限地推至于前景的状态，那么，其与景观自身媒介的本质属性便会发生矛盾，该处境显得既矫揉造作又颇具疏离感。基于此，我一直笃信本雅明（Walter Benjamin）的观点：建筑是一种以"分离的状态"（state of distraction）而被群体所接纳的艺术形式。③ 在绘画或雕塑等艺术类型中，艺术家和建筑师一直都持有此种分离态度，但风景园林师在景观的理解中却从未持有此见解。即使景观只是一种背景（background），然而其终究还是一处具有容纳性的场地（setting），因此，景观的场所属性（setting）可以兼容景观的上述矛盾：既可让其有效地处于前景的位置上，又能强化居于场所之间的真实性。

故而，景观的困境并非源于本身的表象（appearance），甚至也与归化性无关，该困境主要由下列事实造成的：景观的生产与消费方式极为相似，一方面，我们总能轻而易举地再造景观之**意象**（imagery）；另一方面，人们总以最简单的方式理解和消费景观图像（image）。反过来而论，创新和谋划新的媒介形式则变得异常困难。因为景观已经被预设成一种"自然"之物，而且，景观的意象深植于特定场所的文化感知中，以上两个原因使得要想以不同方式想象或者映射景观，都将变成一项极具有挑战性的任务。因此景观阻碍了其自身的发展。

整本论文集既强调景观媒介的愉悦性，又试图突出景观媒介所具有的挑战性。关键之处在于，在理解和映射新的景观形式中，想象性始终占据着核心地位；与此同时，为了达到上述目标，获取和利用相应的工具和技术亦是至关重要。无论如何景观依然是一项具有广泛想象力的计划（project），这要求我们创造性地"阅读"和"书写"场地。若按照上述路径而论，本书一共可以概括出三条轨迹，以涵盖从我个人早期到最近的景观论述。

我的关注点从再现的（representational）兴趣（景观如何具备了意义和能指）转变到更为注重工具性的（instrumental）实践上（景观能做什么，景观自身扮演着什么样角色），这个过程大概是本人在职业轨迹上最明显的改变。在《测量美国景观》（*Taking Measures Across the American Landscape*，1996）这部著作中，美国景观的形式和面貌被当成一种实用的、工具性的创造物（不过这种工具性仍然蕴含着诗意和意义），通过仔细剖析美国的景观，这本书完美体现了上述的转变。在工具性和实用主义（pragmatism）的转向中，我不仅没有排斥任何的意义和再现，而且还倡导从实践和操作（work）中创造意义，以此反对某种消极的、疏远的阅读。换言之，我们应该区分栖居的风景（landschaft）与更加客体化的、如画的景观（landskip）。从设计的角度而言，该区分意味着更加注重景观设计之生产性的、性能的（performative）内涵，更加关注设计造成的潜在结果和效应，更加重视景观设计活动在认识和改造世界中扮演着什么样的角色。与此同时，纵然我早年的论文似乎过于批判视觉优美的景观，最近的工作则试图协调视觉性与性能景观之间的矛盾，进而提倡一种剧场的、舞台布景的景观类型，试图通过这种方式为相应的活动提供特定的环境。我的关注点包括以下两个层次的相互融合：一是如何创造环境的视觉效果，二是如何在特定活动的关系中赋予环境以特定的形态。如果实现了这两个层次上的互动，那么就很可能创造出最迷人的、充满意义的风景园林作品。

本文集还隐藏着与上述可能性相关的第二条轨迹（设计且建造出顶级的景观作品）：我的写作从普遍意义上谈论景观理论转向专门讨论风景园林作品的实际建造。在这里，可以将其描述成从理论的研究转变到实践的层面，但是仍然需要深入认识到：无论写作还是实践都是一些具有相似驱动力的计划，它们皆具开拓风景园林的创新潜力。对我个人来说，写作犹如图绘（drawing）或建造一样都是风景园林实践的一部分。相较于从理论过渡到实践而言，从普遍性景观转向风景园林需要一种更加细致入微的转变过程，后者更贴近于亨特（John. Dixon Hunt）所定义的"第三自然"。一般来说，假如"第一自然"指的是荒野性景观，"第二自然"指的是农业和文化景观，那么"第三自然"指的就是那些经过深度设计的景观。此类景观既关注理念和体验，又可促进反思和回馈第一自然和第二自然的内在本质。风景园林专业全方位地涉猎了以上三种自然类型，并且最大限度地协调了第二自然的劳作景观（议题性、性能、活动、生产性以及建造）以及第三自然的园林（反思性、洞察性、体验和愉悦）。正是通过以上三种景观类型之间的相互交叉，才最大限度地凸显了风景园林的特性，这也恰是这些论文的安身立命之基。

该文集的第三条路径主要侧重于都市主义的论述。把景观与都市主义结合起来不是一件容易的事情，或者说，它们之间不具备一种显而易见的联系（原因可见上文的论述）。景观既是一种媒介又是一处特定的环境（milieu），它们两者不仅看起来彼此不同而且还存在着显著的差异。对大多数人来说，"景观都市主义"（landscape urbanism）无论出于何种构想，其第一印象就是城市中的绿色植被和开放空间。试想一下曼哈顿纽约中央公园的重要性和影响力，再看看那些都市公园和公共场所，它们确实丰富了巴黎、伦敦或者巴塞罗那的复杂的都市网络。然而，景观都市主义的意图却远不仅限于此，景观都市主义试图唤起一种激进的、全新的都市内涵，该都市类型被视为一种能够如"景观"般发挥其功能性的、生态的新陈代谢机制。尽管这种城市看起来可能有些陌生，但它在本质上则是一种水平的地基（horizontal foundation）、几何体和实体

（entities），这种性质的物质空间恰如景观一样能够塑造城市的**功能**，并且随着时间的推移引导流动性（flows）和能量交换，还能连接和分散、拓展和聚集不断处于变化的固定性（fixity）和开放性（open-endedness）。此处的生态与景观不再仅限于绿色植被和自然系统，在当下的语境中，它们还包括了基础设施、工程、房地产、建造系统和文化场所。相较于之前的建筑或城市规划模型而言，景观都市主义倡导一种更加复杂的、兼容并包的、综合性的城市类型。分析和信息管理（比如通过制图术、组织和分层）、规划（例如通过空间和项目的组织、几何化和系统化）、分阶段筹划（通过逐步实施、耕作和舞蹈艺术等）、场所营造（通过舞台布景、戏剧化、风格化和设计）等景观技术，能为尝试重构城市的企图提供基础性支撑。

上述的理念可能更偏向于某种崇高的（lofty）宣言和野心，故而，要想进一步发展和推进上述理念依然存在着诸多的挑战。如果说18世纪和19世纪的景观充当了城市环境中的田园牧歌和解毒良药的话，那么在某种程度上，20世纪的景观更像是内嵌于城市之中。在此，我们可以宣称，21世纪的景观潜力或许能够为城市提供一种更加原始的基础（特有的基岩、基质和框架），在此基础上，城市能够实现自身的繁荣，能与自然保持着可持续性的关系，并且公正地维系着多样的文化和程序（programs）。

在最近的20多年，我试图通过写作与设计相互结合的方式详细阐释上述凸显出来的议题。本书所涵盖的论文仍然直面当今风景园林领域的众多议题，我始终相信这些论文的主要内容和它们的目标之间存在着一种确切无疑的共鸣关系。我将这些论文收集成一部著作的目的是，希望那些思辨性的读者能从这本著作中寻找到相应的关联，而且这种内在的关联又可持续性地启发、充实和拓展景观的想象性，换言之，我希望把景观的思考与营造活动结合起来，以促进读者们为探索更深层次的景观议题而披荆斩棘、勇往直前。

译注

①科纳用符号学理论中的"意指（signified）"和"能指（signify）"来说明，经过人类设计和建造的景观能够表达整个自然世界的内在意义。此处，科纳区分了具有文化意义的景观和具有"非再现"（non-representation）意义的自然。后文提及的归化状态（naturalization）指的是：即便景观是人类文化的建构之物，但是随着时间的侵蚀作用，再怎么具有文化属性的景观最终都会呈现出一副自然的面孔。在这一句话中，科纳提及术语"建构"和"归化"，是为了表明内在于景观的演变过程：人为改造思维景观具备了文化意义，但是，其之后又受到自然力量的塑造而呈现出自然的特征，这恰恰就是科纳在下一句阐述的景观具备双重属性（自然的愉悦和文化媒介）的根本原因。

②科纳试图在这里强调两个层面景观理解的事实。一个是景观的积极面（即上文论述的景观之愉悦感）；另一个是景观的消极面。消极面存在的基础是景观乃是一种关于自身的媒介。比如说，绘画这个创造性的艺术行为，有时候会被画家使用的颜料干扰其创造性，同理，诗人运用文字进行创作常常不能直击最核心的诗意。绘画需要以颜料为媒介，诗歌需要以文字为媒介，然而这些媒介会遮蔽绘画与诗歌的创作本质。换言之，景观也会由于其自身的媒介作用掩盖了自身的本质。科纳的这段论述实际上是从"艺术创作的本体论（ontological）角度"分析景观的本质如何被媒介属性所遮蔽的事实。可参见：克莱门特·格林伯格. 艺术与文化 [M].沈语冰译. 南宁：广西师范大学出版社，2015.

③科纳在此处引用本雅明的"分离"（distraction）概念阐述建筑，换言之，科纳采取一种转喻的论述策略以试图说明，"作为背景的景观"与"作为前景的景观"之间存在着不可弥合的矛盾和间隙则是一种常态。我们将科纳此时持有的综合态度与先前激进地批判态度相比较，便可以发现科纳之于景观的内涵发生了根本性转变。关于本雅明的论述建筑的文献可参见：瓦尔特·本雅明. 单向街 [M].陶林译. 南京：江苏凤凰文艺出版社，2015.

图 1　略过湖面远眺都市水平线的效果图，赫尔辛基图隆拉提公园（Toolonlahti Park），科纳，1997 年

导论

理论、方法和实践层面的景观想象

艾利森·比克·赫希

风景园林学既是一门智识性（intellectual）学科，又是一种物质性（physical）实践，在过去的 20 多年，詹姆斯·科纳对风景园林领域产生了广泛的影响。通过其职业生涯早期的学术著作和近期的建成项目（这些项目是科纳的 Field Operations 事务所完成的），科纳从深层次上促进了整个行业立场、价值和范畴的思考。这本论文集收录了科纳最重要的理论文章：一方面，文章所涉内容比较广泛以致其内容显得颇为离散和晦涩，故而，这些文章是从各处故纸堆中遴选出来的；另一方面，编者希望这些文章能够在学科基础的层面上激发新的专业兴趣，加强相应的学术投入。众所周知，景观是一种动态的、变化的媒介，其既充满了模糊性，又兼备复杂性。这本论文集充分展示了写作所蕴藏的力量，此处，写作被视为一种增进景观理解的探索方式。究其本质，科纳的系列性成果促使风景园林领域迈向新的学科维度，同时在媒介的层面上这些成果还拓展了景观阐释和可能性的新界限。

因此这些经过精挑细选的文章可分成四个部分，每一部分皆与科纳的理论研究存在着错综复杂的关系。这些研究既为理解景观提供了基础，又为风景园林学设定了智识性框架，而且还在实践中为验证众多理念提供各种创造性方法。虽然收集的文章横跨了科纳从学术研究走向实践的整个发展历程，并且揭示了他的风格和形式的转变，不过，本书的首要关注点自始至终仍然是科纳探索那些充满想象性的方法和模式。作为一种创造性的文本，本书的写作意图是持续性地激发关于风景园林理论和方法的研究热情，不断地强化如下的信念：在学科专业的披荆斩棘和开拓进取的层面上，想象力可以为之提供一针必要的催化剂。

尽管科纳获得学界和实践界的强烈关注大抵出于景观都市主义的宣言，不过该理论文本仅仅是其整个写作生涯的"沧海之一粟"。风景园林一直处于相对边缘的专业处境，科纳作为宾夕法尼亚大学的教授，其写作初衷和目标就是试图带领风景园林学脱离这种边缘地位的局面（同时包括智识性的和专业性两个方面）。风景园林具备一种实现塑造文化价值和人类聚居的潜力，本文集为此提供了结构性框架，除此之外，在可持续性城市和区域发展等议题上，收集的论文既做出了筚路蓝缕的努力，又蕴含着一系列具有创造性的探索方法和内容。

科纳一方面是宾夕法尼亚大学的著名风景园林师麦克哈格（Ian McHarg）的忠实信徒；另一方面又激进地批判着麦克哈格的理论体系。科纳于 1984 ~ 1986 年求学于宾夕法尼亚大学，并于 1988 年在该校开启了教职生涯。自 2000 年就任宾夕法尼亚大学风景园林系主任以来，直到 2012 年卸任，科纳获得了大量专业实践的机会，例如纽约的清泉垃圾填埋场（Fresh Kills Park）和高线公园等几个重要的公共项目。麦克哈格的经典书籍《设计结合自然》（Design with Nature，1969）及其长达 30 年的任教经历，皆为科纳将风景园林带入更加广博的专业领域提供了基础和契机，自此之后，在"解决"环境"问题"的层面上，风景园林学显露出一种创造性实践的本质特点，但是科纳坚决反对麦克哈格关于生态和土地利用的确定性方法论，正是该语境为科纳坚守的景观立场提供了历史"助推剂"。然而更重要的一点是：科纳始终在诗意的想象力与麦克哈格意义上的工具性和目的性之间寻求一种平衡状态。尽管麦克哈格也对科纳较少关注科学性的、可度量的（measurable）解释和论断颇有微词，不过科纳或许依然会宣称，自己的事业在许多方面仍旧承袭（或者说拓展）了麦克哈格的基本立场。因此我们恰恰需要在这种相互交织且若即若离的思维张力中阅读这部文集。

在随后的篇幅中，我将按照编排的目录介绍整本书的内容，就了解科纳的角度而言，本书具有三个特征：为科纳的学术研究提供相应的定位，给予科纳关注的普遍性主题以精炼的概括，梳理科纳之于写作与实践的大致关系。最后，我将评述科纳综合性思考中存在的某些空白和断裂，我相信正是这些空白与断裂之点能够维系且隐射着学科未来的前进方向。

就方法论层面而言，本书的编辑意图不在于确保自身的当代有效性，而是试图将这些分散的文章整合成一个整体，以期直接推动学科基础的发展。因此，尽管本书删除了一些不必要的措辞和离题的内容，但是并没有改变科纳的任何论点和观点。

对于科纳来说，写作（与设计类似）是一项充满探索性的过程。通过这个研究过程，某些难以辨析的景观特性获得了更加清晰的解释和理解，而且，科纳还总结了诸多风景园林的语汇和工作方法。这些理论文章可以划分为四个主题，它们占据科纳思想和风景园林领域的核心位置，而且各个主题自身又处于不断被完善的状态。选取的四个主题正好回应了科纳的职业发展路径：第一部分由理论和批评组成；第二部分涉及再现和工作方法；第三部分针对当代的大都市给出了一些战略性建议；第四部分包括实践中的创新和实验。每一部分文章始终处于一种充满张力的对话中：一方面，具有诗意想象的风景园林是一种文化实践；另一方面，具有生态的性能（ecological performance）的风景园林是一种工具媒介。为了声明风景园林学确实存在着充满辩证性的中间地带，因此科纳将风景园林形容成一位调停者（mediator）、一座桥梁，最终科纳表示风景园林能被转变成"一类具有综合性和策略性的艺术形式"。[1]

第一部分 理论

时至今日，风景园林学不再羁绊于"生态与艺术"的截然划分，不过在 20 世纪 80 年代末，科纳开启自身写作生涯之时所面对的主要困境便是此种二元划分。然而，在设计研究的层面上，风景园林学的复杂性和学科范围正在不断扩展，而且已经触及了一些令人兴奋的新方向。第一部分（理论与设计都是一种批判性的实践）主要建立了风景园林领域的理论基础，它们能促使我们思考"风景园林在过去身在何处，当下栖身何方，未来又通往哪里"，这可以帮助我们反思性地回顾那些理论基础。景观被视为一种再现、材料、过程和文化载体，尽管它没有共识性的定义，但是景观的普适性定义恰是理论自身最核心的关切。景观的复杂性并不是要完全抛弃其定义和概念思辨，恰恰相反，景观的复杂性为百花争鸣的专业讨论提供了强劲推力，而且，这种激烈的思想交流在 20 世纪末为风景园林提供了诸多的灵感。

尽管发轫于 20 世纪 70 年代早期的政治经济转变仍然影响着八九十年代的整体状况，但在八九十年代，整个社会已经开始探寻新的发展路径。战后的现代化过程没有延续之前的脉络，而是在普遍意义上激发了关于新的文化生产模式的渴望。直至科纳开始从事写作的 1990 年，理论已经在（作为一门智识性学科的）建筑学领域中占据了绝对的主导地位，例如哲学家德里达（Jacques Derrida）和德勒兹（Gilles Deleuze）的研究工作被修饰成一种"快速的"、"便携的"形式。[2]科纳认识到风景园林领域内缺失批判性思辨，因此，科纳试图通过相近学科的帮助求得相关的创造性对话。尽管建筑领域的理论话语颇为强势和流行，但科纳没有完全依赖于此，他转而从更新的批判性话语中找寻灵感和启发。[3]

1990 年的时候，科纳在风景园林教育者联盟（Council of Educators in Landscape Architecture）的年会上提出了这样的问题：什么是批判性质询（critical enquiry）？在风景园林学中批判性质询意味着什么？在风景园林的教育和实践中，批判性质询又扮演着何种角色呢？当科纳与其他讨论者认识到，风景园林学缺乏一种清晰的"理论基础"或框架才能更好地安置各种理念，以及这种理论框架的缺失令批评活动的可行性和有效性逐渐减弱的时候，这些问题为科纳的早期写作生涯提供了具体的语境。[4] 科纳简单介绍了贯穿其著作中的主题，当然他主要关注的持久性议题是，批评（特别是**设计的批判性实践**，即 poiesis）不仅应当同时是解放性的（emancipatory）和保守性的（conservative）（例如**情境的**，situated），而且批评还应该扮演着一种"预言"（prophecy）和"记忆"的协调媒介。科纳承认现代文化的内在本质是虚无主义（nihilism），同时他把景观看成一种字面的（literal）、比喻的（物质的或概念的）**基础**，该基础能在技术成就与人类生存、文化传承等方面实现彼此之间的对话。

否定的历史态度和过于依赖科学的倾向导致了文化的疏离（estrangement），为了回应这个问题，科纳于 1990 年问道："我们如何能够使日常生活之事转变成具有想象的、充满新意的（fresh）事物，并且让它们既能与时代交互辉映，又能挣脱出传统的疏离？"凭借建筑评论家弗兰姆普敦（Kenneth Frampton）提出的"批判性地域主义"理论，科纳在"批判性思维"（Critical Thinking）中探索了上述问题，而且他还尽可能地回应了哲学家利科（Paul Ricoeur）提出的著名困境：如何既变得现代，还能回到本源。[5] 在随后的论文中，科纳并未使用"批判性地域主义"这个术语（或许因为这个概念已经被广泛地应用于设计学院，从而使之变得具有教条性），他只是简单地考察了如下议题：景观如何处理和协调"非时间"（timeless）的矛盾性。[6]

科纳深受弗兰姆普敦发表于 1983 年的论文"走向批判性地域主义：抵抗性建筑的六个关键点"（Towards a Critical Regionalism：Six Points for an Architecture of Resistance）的影响，因此，他对批评的重要性深信不疑。科纳认为如果没有任何"务实且细致的行动（批判性景观的建造）"[7]，批评就不会被生产出来。在论文"批判性思维"中，科纳介绍了以"谋绘"（plotting）为名的投射性实践（projective practice），这是一种批判性图绘（drawing），或者说，谋绘再现了某种既定的状态。通过阐释性和想象性的手段和方法，此类实践揭开了一种"先前被隐藏起来的关系"，该关系恰能激发"实现栖居于风景中的途径"。在批判性思维的语境中，关于谋绘的早期言论既是一种具有创造性的再现形式，还能为理解科纳最深层次的写作动机提供基础性支撑。

危机与复兴

建筑历史学家戈麦兹（Alberto Péréz-Gomez）的专著《建筑与现代科学的危机》（*Architecture and the Crisis of Modern Science*）发表于 1983 年，其题目和观点皆来源于哲学家胡塞尔（Edmund Husserl）1970 年的著作《欧洲科学的危机和超验现象学》(*The Crisis of European Sciences and Transcendental Phenomenology*)，在此，戈麦兹宣称：

> 当一位内科医生使用危机（Crisis）这个词概括某人的病情，那么他正在描绘着一个瞬间，恰在此时此刻，这位病人无从知晓他的命运是生存还是死亡。从真正的意义上说，这是彼时西方的文化状况。在过去的一个半世纪，人类竭尽全力定义自身的状况，且讽刺性地失去了与此种状况共处的基本技能；人类无法协调永恒不变的思想与有效相互沟通的日常生活之间的关系。而且就算当代人类能够认识和理解这种困境，但是人们仍然无法从这种矛盾中获得自身存在的终极意义。[8]

科纳于 1990 年发表论文"深度探底：起源、理论与再现"（Sounding the Depths—Origins，Theory，and Representation），这篇文章的写作基础是为了回应上述的危机，与此同时，他还论述道："当代的意义危机在很大程度上发生于 18 世纪，启蒙思想与传统价值发生了认识论的断裂，现代的技术思维只不过维系和塑造了一个过度"硬质化的"（hard）世界，在这个毫无弹性的世界中，文化丧失了隐喻的能力，或者，文化不能重新回忆自身的历史"。[9]对于戈麦兹和科纳而言，迪朗（Jean-Nicolas-Louis Durand）的理论代表了意义危机的巅峰。迪朗的著作 [包括 1800 年出版的法语版《各类建筑的纲要与比对》(*Recueil et parallèle des édifices de tout genre，anciens et moderns*)，以及 1805 年出版的法语版《在巴黎理工综合学院的建筑讲稿》(*Précis des leçons d'architecture données àl'École royale poly technique*)] 确立了一种与个人喜好和外部境遇保持中立关系的建筑类型（types），正如胡塞尔所说的，典范（ideal）已经"将自然还原成多重组合的数学几何"（科纳在论文中也引用了这句话）。[10]

这种与自然世界相互分离，以及将自然世界还原成几何数学的法则，同样影响了科纳的导师麦克哈格。尽管在某种程度上，科纳之于意义的思考回应了麦克哈格式的理性分析方法，但是他进一步将生态危机和意义危机结合起来进行思考，并且宣称："如果人类想要与世界和自然保持联系性和一致性，那么我们就不应将事物仅仅视为可度量的、可操作的对象，唯有此，我们才能让激进技术和过度理性思维所导致的生态和生存危机摆脱持续的蔓延状况"。[11]科纳呼吁风景园林师（要以自然过程作为其首要的文化媒介）应当努力调和上述的冲突。因此科纳说道："风景园林学是自然与文化之间的伟大协调者，其扮演着极为重要的角色，因为在处理与地球的关系中，风景园林学能够重构意义和价值等关键问题。"[12]

值得注意的是，科纳并非是唯一一个意识到风景园林自身存在着意义危机的学者。在科纳的论文发表的两年前，欧林（Laurie Olin）已经在《景观杂志》（*Landscape Journal*）上刊登了"风景园林中的形式、意义和体验"（Form，Meaning，and Expression in Landscape Architecture）。[13] 如果把欧林的论文与科纳的文章互相参照进行阅读的话，那么读者可以轻易地发现两者之间的差异，不过我们亦能观察到科纳与欧林的初始写作动机极为相似。为了回应弗兰姆普顿和利科提出的矛盾点，欧林写道："我们明确知晓的世间之事就是过去存在的事物和现存之物。为了创造全新的事物，我们必须始于弄清它现在是什么，曾经又是什么，到底是什么塑造了它，然后以何种方式使之重新焕发活力……如何变旧为新，如何以一种新颖的方式审视寻常之物，它们共同构成了讨论的核心议题"。科纳在"三种霸权"（Three Tyrannies）中拒绝作为当代理论"霸权"的"先锋派"（avant-garde），他在此议题上与欧林的立场颇为相近，与此同时，科纳还拒绝那类轻易"献身于革命"的艺术家，并且说道："凡是经典作品皆深思熟虑了过去表达方式的有效性（validity of past expressions），而且还质询了该作品之于当下的延伸性影响"。我在这里提及欧林与科纳之间的相似性旨在说明科纳的研究并非处于学科的真空地带，20 世纪八九十年代确实有少数的实践者和学者志趣相投且共同从事着理论研究，而科纳显然属于这个小团体中的一员。[14]

实际上，科纳早期的写作建立在斯本（Anne Whiston Spirn）的批判性基础上（她于 1986～1994 年担任宾夕法尼亚大学风景园林系主任），而斯本批判的对象恰是麦克哈格的思想体系。麦克哈格曾经扬言要瓦解遗产丰富的城市，在 1984 年斯本出版了《花岗岩花园》（*The Granite Garden*），本书特别挑战了麦克哈格的观念并且倡导保护人类聚居的实践必要性，从而驳斥了让风景园林学处于停滞的简化二元性状态（simplistic binaries，例如艺术与科学的对抗，城市与景观的矛盾）。[15] 与此同时，科纳还涉及了风景园林学的发展议题，在他的观念中，20 世纪 90 年代的风景园林学科基本处于停滞的状态。除此之外，哈佛大学教授梅耶（Elizabeth Meyer）的研究重点亦落在风景园林的学科议题之上。在 1990 年的风景园林教育者联盟的年会上，梅耶率先质疑了风景园林的"批判性思考"，她认为风景园林领域存在一系列的危机，梅耶希望将风景园林的实践活动作为媒介，将理论与其批判性应用当成一种"架构（bridging）、协调（mediating）和调解（reconciling）"的代理人（agency），这种代理人的角色能够发挥中介的功能（in between），从而有效处理二元对立所引发的各种危机。[16] 一方面，梅耶从 19 世纪传统的风景如画理论（picturesque）追溯二分法的决定性影响；另一方面，她又考察了风景园林走向歧途的历史脉络，这恰是科纳强调的"18世纪的风景园林与其传统发生了认识论上的断裂",他们两人共怀复兴的希冀和方法皆暗示了某种互利共惠的效应,即风景园林学可以看成一种具有生产性的、辩证性的中间地带。

在1991年的论文"当代理论的三种霸权"中,科纳以"深度探底:起源、理论与再现"为基础继续展开论证,风景园林学缺乏理论探索的原因在于启蒙时代的技术和科学方法的普及性运用。科纳把诠释学(hermeneutics)看成一种"替代性"和"调解性"的方法,提倡一种反思性和投射性的(projective)全新理论实践,而且,他还希望诠释学能够担任"助推剂和稳定剂"的角色。哲学家海德格尔(Martin Heidegger)演绎了诠释学的解释性原则,随后哲学家伽达默尔(Hans-Georg Gadamer)又在此基础上继续深化了诠释学的理论体系,科纳最重要的理论来源和路径便源于此谱系。伽达默尔的诠释学旨在揭开人类理解力(understanding)的本质,这种本质是由人类所处的历史性主导境遇(historically determined situatedness)所不断塑造而成的。尽管哲学家哈贝马斯(Juigen Habermas)批判伽达默尔的保守倾向(伽达默尔关注的传统乃建立于嬗变所提供的可能性之基础上),不过伽达默尔也认识到:我们自身境遇的维度(situated horizon)不断发生着变化,因此,我们之于世界的理解同样发生着相应的变化。众所周知,景观通过自然进程和人类活动一直处于不断的转变中,而上述动态阐释世界的方式似乎特别适用于景观的专业人士。故而,科纳凭借着诠释学的理论框架以抗衡"三种当代的理论霸权":实证主义(positivism)、范式(paradigms)和先锋派(avant-garde)。一方面,纵然科纳不厌其烦地提醒读者,他无意提倡回归于陈腐老旧的乡愁式生活,但另一方面,科纳却始终扎根于三种诠释学的其他类型:伽达默尔语境中的传统形式("传统"唯有在此背景下才可触发各种类型的批判和质疑)、时间的物质性彰显(physical manifestations of time)、境遇式批判。无论诠释性实践采取了何种批判性策略(图绘、书写或建造),该实践类型皆能以新的方式阐释(再现)世界。[17]先锋派常以离经叛道而闻名于世,科纳则采取与之不同的策略。他把风景园林看成一种以过去为"意义贮藏室"的基础条件的实践类型,而且该实践也许还能引申出新的可能性,恰是此种可能性才能摆脱现状的束缚进而营造新的视阈。

"作为批判性文化实践的复兴景观"(Recovering Landscape as a Critical Cultural Practice)最初发表于1999年的著作《复兴景观:当代风景园林论文集》(*Recovering Landscape*:*Essays in Contemporary Landscape Architecture*),这篇文章提倡利用和驾驭景观媒介中蕴含的超越性潜质。科纳在这篇论文中介绍了景观能动性(agency)的概念。科纳并未将景观视为乡愁性或改善性工具,而是希望把风景园林重构成一种"创新性的文化能动力"。因此,他在文末阐述了这本论文集的意图：此处基本上甚少提及"景观是什么，或者，景观意味着什么；景观能够做什么，景观的功效和影响范围乃是本书的关注点"。故而在2001 年，尽管风景园林师韦勒（Richard Weller）把"复兴景观"解读成"一种根深蒂固的保守主义"，但是复兴不仅揭示了一些场地的记忆，而且还扮演了一种特定的景观方法，因此，复兴能够主动地、批判地挑战"文化惯例和传统"。科纳已经认识到景观具有不断转变的塑形能力，"比如说，一处风景优美的对象、一份枯竭的资源，或者一个科学的生态系统"，科纳试图在社会层面上重构和重置景观的地位和用途。韦勒指出科纳经常"倾向于使用一些前缀"，如 re-，（v.de），虽然这些前缀暗示着重做某事，然而它们还代表了某种全新的姿态。对科纳而言，景观是一种不断被创造和再创造的事物（它永远处于转变的过程中）。[18]

在"复兴景观"中，科纳重申且明确风景园林学的当务之急是其专业的领导力：首先，景观被视为一种以批判性的方式抵抗全球化同化力量（homogenizing force）的途径；其次，景观能够与环境的挑战进行有效对话，从而应对废物处理、锐减的生物多样性和资源消耗等环境挑战；最后，景观是一种重估和重塑西方大规模去工业化过程和后果的重要媒介。在此视角下，风景园林不应简单被看成一种改善现代化效应的服务性专业，更应该充当一种文化实践（a cultural practice），在不断转变的事实中，景观能够与动态的力量实现对话，并且最终主动地塑造整个世界。

最后强调的一点是，"复兴景观"第一次呈现的诸多翔实的参考资料反映了科纳作为设计师的本位角色，他成功地整合了景观的工具性和表达性潜力（在本文集中，其同事们的论文也在很大程度上扩展了这种潜力）。一方面，科纳认识到 20 世纪 70 年代大地艺术的巨大影响 [特别是史密斯（Robert Smithson）]，该艺术运动为景观的复兴起到了催化剂的作用，同时，科纳还援引建筑师库哈斯 / OMA 和屈米（Bernard Tschumi）的成果，这两位建筑师在拉维莱特公园的国际竞赛中成功地挑战了"公园意味着什么"和"公园到底是什么"的传统观念（在科纳的论文中，他大量引用了库哈斯和屈米在此次竞赛中传递出来的洞见）。他也表达了自身对于风景园林师高依策（Adriaan Geuze）和拉茨（Peter Latz）的仰慕之情，与此同时，科纳还写了一篇论文，主要关于哈格里夫斯（George Hargreaves）的作品中透露出来的诗意力量。[19]正如科纳在"复兴景观"中描述的那样，哈格里夫斯不仅简单地"架构起艺术表达和生态实践的鸿沟"，更重要的是，在哈格里夫斯的早期实践中："景观水体以及其他物质性元素的安排，不仅具备实用性的、修复性的、改善性的或者透视绘画式的特点，而且，哈氏的作品还具有深层次的物质性、象征性和伦理性，这些项目的建造以社会需求为基础，且能批判地映射其与自然世界的关系"。[20] 上述的最后论点构成了科纳关于景观复兴和风景园林实践的首要动因，也为科纳后期的职业生涯打下了坚实的基础。

第二部分 再现与创造性

文集的第二部分是科纳设计研究中最基础且持久的关注点。科纳的焦点不再放置于"深度探底"和"三种霸权"两篇文章中的思想观点，纵然第二部分是第一部分论文的延伸，但是科纳在这部分更加明确地探讨了"创造性能动力（agents of creativity）"，且在生动的图像（eidetic imaging）和生态学中发现了此类创造力（图 1）。如果说文集的第一部分代表了科纳关于风景园林理论的思想，那么在第二部分，科纳则试图探索各种方法使之能在实际操作中检验这些思想。具有创造性或者可行性的方法与风景园林的理论化一样都极具挑战性，这些方法不但没有将风景园林学变得更加具体化或单一化，反而极大地扩展了风景园林学的内涵。鉴于此，风景园林的实践类型就变得十分多样且丰富；我们通过实验性过程以及视觉和建造的实践接触到了全新的设计可能性。虽然不断进步的计算机技术提升了设计的潜力，扩容了当今的设计"技能包"，但是这部分论文却很少直接探讨工具本身，科纳没有在交流和传递意义的层面上谈论再现活动，而是综合性地考察了作为一种批判性活动（critical action）的再现机制，换言之，科纳强调其概念上的过程性和质询。这说明了即便行业的注意力持续放在最前卫的数字技术上，但是我们如何使用它们能直抵想象力才是最值得关切的事情。

科纳的学术着力点没有完全放在创造性地制作图绘和其他媒介上，他还在更广阔的冲突（和"危机"）语境中研究再现活动，曾经的模拟（mimesis）艺术不仅只是模仿（imitation），还是一种关于"世界先验秩序的隐喻"（metaphor of the a priori）。[21] 此处，科纳以建筑理论家瓦萨里（Dalibor Vesley）的论点为基础，将 17 世纪定位成"再现分裂的时代"，因为 17 世纪的再现活动是以象征性和宇宙文化性为核心，且具有含糊性和暧昧性，但是到了现代社会，工具性思维（instrumental thinking）已经替代了传统的再现形式。实际上，现代科学再现真实性和真理，现代科学变成了"真实自然"的化身。[22] 这种分裂（或者窘境）为科纳坚持不懈地探索媒介的辩证潜力提供了原始的动力，从而去协调和挑战现代科学和艺术两极之间存在的二元论（dualism）。

例如在《测量美国景观》一书中，科纳与高空摄影师马克林（Alex MacLean）以批判性的方式共同解读了测量活动（measurement），认为测量有潜力成为象征性再现和现代科技之间的协调媒介。通过引用几何的词源学词根——地理（geo）和测量（metry）——科纳把自身的论点建立在胡塞尔的概念上，胡塞尔正是将现代存在（existence）的"危机"追溯到古典几何学的终结。[23]正如他在"深度探底"中强调的那样，几何学的出现先于科学思维的革命，这门学科曾经在生活世界和宇宙之间扮演着协调人的角色。几何学再现了理想世界中的神性秩序，其包含着丰富的象征性内容，然而当数学和几何学变成自主的（autonomous）和自我指涉的（self-referential）建构类型（即一种现代的技术工具），象征性内容便消失殆尽。通过考察长期应用于"土地测量"的有关几何学的历史，科纳在解放的（emancipatory）、开发利用的（exploitative）层面上研究了几何学究竟如何塑造了美国的景观。

《测量美国景观》中的摄影和拼贴是本书的重点章节，科纳将其称之为"信念的测量"，同时引用了海德格尔的格言："测量无关乎科学。测量把天堂和大地融入一种相互的关系中。该测量存在自身的密特隆（metron）之中，因此具备了自身的度量标准"。[24]密特隆是一种具有综合性力量的、诗意的测量单元，它为科纳以想象力的方式塑造和建造景观提供了巨大的能量。

与上述内容完全相反，现代测量则是一种统治和控制的媒介，倘若我们借用地理学家巴瑞尔（John Barrell）的术语，那么现代测量就是"景观的阴暗面"（dark side of landscape），科纳在"复兴景观"中提及了这一点。除此之外，科纳还援引视觉文化和文学研究者米歇尔（W. J. T. Michell）关于权力关系的论述，米歇尔主要试图从土地和经济的结构框架下阐述现代测量。与此同时，科纳还参阅了经济史学家库拉（Witold Kula）的著作《测量与人类》（*Measures and Men*，1986 年出的英文版），并且把它作为《测量美国景观》的基础性参考文献。库拉的研究考察了法国旧制度下的土地、农作物和面包的计量历史（metrological history）。在税收方面，国家强制过渡到抽象的测量体系（从"传统的"到"现代的测量"）导致了生产者（为"抽象市场"生产物品）和消费者之间出现了不可避免的断层，故而，现代测量便形成了一种异化（alienation）的工具。

然而，科纳同样认为现代测量具有普适的价值标准，现代测量通过医学和通信领域的技术进步"促进了全球合作和世界各地之间的相互交流"，并且进一步拉进了人与人、人与地球之间的关系。尽管我们认为强加于土地之上的疏远且抽象的笛卡尔思想确实创造了杰弗逊的网格测量（这些土地代表了一种有待开发的商品），但科纳详细论述了该网格测量的平等主义（egalitarian）内涵，且将其视为现代测量之解放性潜质的具体例证。即便杰弗逊的网格测量是抽象的、同质的（homogenous），但是这种测量方式仍然具有中立的、非等级化的特征，它能为创造性的栖居形式和无尽的挪用（appropriation）提供一种脚手架（a scaffold），一种民主的框架。

因此，纵然现代测量可能因与具体的时空环境发生疏离而被当成一种同质化或异化的媒介，但是现代测量也可能确立了一种联系世界和人类的测量基点（datum）。故而在科纳的眼中，"现代测量的主要困境"在于其模糊的价值属性：一方面，现代测量在创造性挪用中充当了一种共享性基础和催化剂的角色，然而在另一方面，现代测量又是一种关于技术权力（technocratic power）和同质世界的异化工具。[25] 都市学家伯曼（Marshall Berman）赞扬现代性具有内在的动态矛盾，不过科纳没有把现代测量的内在矛盾（其双重模糊性）视为理所当然的事物，与之相反，科纳将其当成一种相互强化的互惠关系（这种关系来源于现代测量所拥有的创造力和效力），恰是这些内在于现代测量的张力和潜力一直激发着科纳的创作。[26] 他总结道：

> 我们并不提倡回到前技术的时代，也不希望倡导某种阿卡迪亚生活的浪漫虚幻；与之相反，我们试图重新找回现代测量所蕴含的全部隐喻性（以及实现再现的全部潜能），特别是当我们有机会重构某种全新的人地关系的时候，这种情况表现得尤为明显。我们虽然希望揭露测量和几何学中蕴含的各种想象力，但是我们也不能否认现代技术的解放性力量。[27]

美国地质调查局（U.S. Geological Survey）的地图具有一致的逻辑性，这些地图既变成了探索现代测量之解放力量的媒介，同时还充当着激发各种拼贴介入（collagic intervention）的"客观场域"（objective field）。韦勒在其批评文章中精确地指出，科纳一直运用高空视角来理解和表达景观，其拼贴图确实存在着某种"讽刺和矛盾"，韦勒则认为这种粗略的、分离的凝视方式消解了日常生活的真实性。[28] 科纳的拼贴图与体验生活的、栖居的、劳作的大地（文化地理学家杰克逊提倡以日常生活的视角研究美国景观）背道而驰，而且与其早期论文中宣称的论点也渐行渐远（当然也有例外，比如说霍皮人（Hopi）的例子，见图5和图6，以及本书英文版的第143～144页）。[29]

由于拼贴图只能表达某处诠释性场地（a hermeneutic site）的大体轮廓，因此韦勒驳斥拼贴图是一种"上乘的图形设计"，但我依然相信拼贴图暗含着更加丰富的内涵。[30] 科纳使用了美国地理调查局的地图调查作为测量方法，从而创造出各种各样的拼贴技术（拼接、重叠、分离等），而且还建立了各种蕴含着象征性内容的视觉信息。科纳通过这种途径向读者再现了整个世界，这种途径可能诱发某种观看和塑造大地的新模式。这些拼贴图恰是一系列的"谋绘"（plots），即一种战略性的激进方式（the strategic provocations），此点在"批判性思维和风景园林"一文中有所提及。

科纳在1992年的论文"景观媒介中的图绘和建造"（Drawing and Making in the Landscape Medium）中再次引用了艺术家戈温（Emmet Gowin）的摄影作品《地理页码》（*Geography Pages*，1974），他宣称："景观的空间体验从来都不是纯粹的美学问题，景观空间需要在一个充满生命气息的拓扑场域中（topological field），或者在某处联系紧密的情境网络中（situated network）才能被深深地感知和体验，这种情况只有通过地图的拼贴方式才可能得到相应的表达"。[31] 在这本文集的汇编中，"测量"一文比"景观媒介中的图绘和建造"早发表了五年，前者涉及的拼贴和"反讽"/"矛盾"将在后文的构思中发挥着过渡性作用。在"景观媒介中的图绘和建造"中，尽管科纳主要关注居于次要地位的图绘媒介（medium of drawing）如何被视为风景园林实践的核心内容，不过仍然将景观当作"一种观看的方式（a way of seeing）"[科纳借用了文化地理学科斯格罗夫（Denis Cosgrove）的常用术语]，或者，一种文化的建构，或者某种投射（projection），而人类在自然和特定环境中的境况可以通过这些说辞得到一定程度上的反映或再现。

作为创造性和现实性工具的图绘（Drawing as vehicle of creativity and realization）

"图绘和建造"是科纳的所有文章中最具清晰且雄辩的一篇论文，该作在当今的风景园林教育界仍然发挥着基石的作用。在"探测深度"和"三种霸权"之后，科纳的写作抛弃了他人的框架（比如说伽德默尔或者韦斯利），换言之，科纳开始独立发表观点了。他以早期征引的学者的论点为基础建构了一系列令人信服的观点，比如，再现是一种批判的创造性实践（representation as critical creative practice），这在很大程度上决定了宾夕法尼亚大学的风景园林课程设置。与此同时，科纳与他的同事马瑟（Anuradha Mathur）和库尼亚（Dilip Da Cunha）合作展开一系列活力十足的设计工作营。

通过参阅埃文斯（Robin Evans）在1986年的文章"从图绘到建造的翻译"（Translations from Drawing to Building），科纳认识到风景园林师与其操控的材料或思想对象（景观）之间存在着独特关系，故而需要通过介入性的图绘实现平行的转译。翻译的拉丁语是 translatio（即从某处搬到另一处的意思），翻译意味着位置上的移动，其缺乏特定的方向，但翻译却处于蕴含创造力的中间状态，比如说嬗变（transfiguration）、转变（transformation）和超越（transcendence）。因此，翻译过程是一个揭示潜能的机会。或许，建筑师希望将图绘准确无误地翻译成建造形式，然而埃文斯却说，"在事件发生之前，我们永远都不能确定事物是如何发展的，以及事物自身到底会发生什么"。[32] 虽然埃文斯的观点在建筑学专业中曾引发了普遍的忧虑，但是，这恰是风景园林独特的内在属性。作为一种"生动的媒介"，图绘不是关于客体的构成和交流，而是传递了一种过程性（process），图绘介于既定的现实和概念之间，且处于思想和具体形式之间。科纳再次使用了 poiesis 这个术语，他参阅了海德格尔的观点，"隐藏在事物表面的'真理'……人类的创造力需要把那些真理揭露出来"，实际上，科纳试图借助这个术语表明，建造的实际项目（work）本身就是一种创造性行为。[33] 再强调一遍，科纳的立场不仅在于发掘新颖性，而且还致力于揭示那些隐秘之物（故而这是一个充满洞见和发掘的过程），一种"发现与创立（finding and founding）"，其目的是实现景观的"建构（construal）和建造"。[34] 换句话说，通过阐释某种特定状况的方式，图绘超越了其表达的世界的范畴。纵然埃文斯写道，"如果隐藏之物没有凭借图绘的方式映射现实，它们自身丰富的现实性就会消失，而且还会变得更加低效"，但是风景园林的图绘仍然既是一种投射，又是一种富有成效的提示符（productive prompt）。[35]

地图术（mapping）

在"图绘与建造"的文末，科纳论述道："图绘是一种战略性的、类似于地图的、可供实施的谋绘"，该论断为"地图术的力量"提供了理论衔接的前提基础。虽然统治权威（imperialist authority）通常把地图（此处为名词）视为一种有关权威和控制的技术工具，但科纳仍然尝试恢复地图术（动词）原初拥有的"探索性和开拓性"，且使之成为一项具备解放的、创造性的活动。

制作地图术的过程不可避免地兼具测量和抽象的特性。在其作为测量土地的投射这个层面上，纵然地图术和地图是具有"类比性的"（analogous），然而为了保证地图术的效用性以及提供相应的方位，地图通过省略、象征、标记和描述的方式再次呈现（或再领域化）这个世界。作为一种精心的决策，地图不仅复制了客观现实，还涉及象征性和工具性内容，而后者通过自身的媒介功能便可促使文化实践和理解模式发生变化。

作为一种协商（negotiation）和转译的过程，科纳的地图术替代了 20 世纪技术官僚式的传统"总体规划"和麦克哈格式的土地规划和可持续分析（这种方式早于 GIS 的发展，并且这些地图只提供中立的"数据"）。即便麦克哈格的价值层叠法既没有任何的预设结果，又具体化了某些过程，不过，麦氏的分析图却仍能揭示（或决定）某个强有力的"真理"，即一张最终的地图能够揭示合理的土地利用之适宜性。[36]

科纳的文章引用了马克思主义地理学家索贾（Edward Soja）、哈维（David

Harvey）、人类学家奥热（Marc Augé）以及他的"非空间"概念，他认为20世纪城市规划失败之后，地图术可以成为新时代城市规划的另类选择。通过（作为一种"乌托邦进程"的）地图术，风景园林师能够理解和呈现复杂的时空性和相互联系的城市化进程，以期替代静态的（作为"乌托邦形式"的）城市规划中客体空间的还原主义（static object-space reductionism）。

科纳将地图术视为一种"战略性"媒介，一种"策略性"的军事（militaristic）语言，虽然在随后的景观都市主义思潮中，他仍然使用了此类术语（他的事务所的名字是 Field Operations，由此亦可见科纳的意图），但科纳采取了一个相似却颇为显著的术语，以表明其达到了颠覆自身传统规划实践的高潮，即"一种战术性事业"（a tactical enterprise）[可见文化理论家塞尔托（Michel de Certeau）之于战略和战术的论述]，这种专业称谓是"修辞性的（rhetorical）、主动的（active）"（以区别于将消极且中立的地图看成是一种客观分析的工具）。[37] 地图术是一种具有说服性的工具，尽管我们很有必要通过它进行某些分析性研究，但地图术并不是我们最终的目标。"艺术性效果源于绘图技术的巧妙运用，相关的事物通过那些技术方式能够得到确立和设定"，"在现存的局限、事实、性质和条件中"创造"新的现实"。[38] 因此，绘图术本身是一种主动的、创造的过程，在此过程中，风景园林师期待着各种具有高度生产性的（且令人信服的）结果。

除此之外，科纳为地图术建立了一套专有词汇：漂浮（drift）、层叠（layering）、游戏板（game-board）和块茎（rhizome），最后一个术语出自德勒兹（Deleuze）和瓜塔奥（Guattari）1980年的著作《千高原》（A Thousand Plateaus），在当下的实践中，它们仍然被当成归域（reterritorialization）的主要方式，同时，它们还激发着多种解读场所的方式。正如韦勒强调的那样，这篇文章暴露出（从1991年之后）科纳具有激进且强烈的解构主义倾向，他希望以此消解"我们时代中不可调和的矛盾"。[39] 然而在"地图术的创造力"一文中，科纳把艾森曼（Peter Eisenman）的比例法和层叠法看成一种具有创造力的工作方式，他认为，艾森曼以语言和历史为基础运用记忆的方式进行场地分析，同时，科纳相信埃森曼的方法能"在陈旧的事物中创造出别开生面的虚构之物"。在这篇文章中，最具说服力的观点或许来自论述关于游戏板的方法，因为这种绘图方式能够激发公众的参与，协调空间之间的冲突，且在规划实践中发挥相应的实际效应；然而，地图术还是不得不变成那种转变性的、生产性的工具（比如创造性能动力）。因此，地图术的创造性探究的潜质应该得到持续性的关注。

作为隐喻代理的生态学（the metaphoric agency of ecology）

本书第2章"再现和创造力"所涉猎的议题颇为广泛，其最终论点是一种完全不同的创造性的能动性媒介，即生态学，这在科纳的后期写作中表现得尤为明显，与此同时，该议题也集中体现于科纳的专业实践中，比如，清泉垃圾填埋场和当斯维尔公园（Downsview Park）。在发表于 1997 年的论文"作为创造能动性的生态学和景观"（Ecology and Landscape as Agents of Creativity）中，科纳直接回应风景园林领域内"科学生态学"的观念，他深入探讨了作为一门综合性的生态学所具备的隐喻性内容。科纳提醒我们，生态学不是一种充斥着官僚技术的思维工具，而是另外一种观看和联系自然的途径，即一种再现的媒介，该生态学视角能够将世界投射成一种不同力量相互作用的动态网络。科纳在文中挑战了一系列观点，比如说麦克哈格式的分析隐藏着客观逻辑、资源主义者在生态实践中持有的开发性视角，以及修复模式中具有的被动状态和天真态度。与之相反的是，生态学是一种糅合力量（reconciliatory power），它能够协调现代科学和艺术中的再现分离或二元主义（这种分裂状态出现在 18 世纪），或者说，生态学能够消弭艺术家的主观感性与科学家的客观理性之间的分离。

生态学的"平衡性范式"（equilibrium paradigm）指的是，生态系统是一个封闭自足的系统（在这个系统中，人类没有一席之地），但从 20 世纪 80 年代开始，平衡性范式失去了自身的公信力，在认识到上述范式的转变后，科纳便提出一种具有不确定性（indeterminacy）的新模式。该模式将人类置于充满复杂性的、动态过程的自然界中。全新的生态系统对干扰活动具备很强的调节性反馈（adaptive responses），换言之，该生态系统能够容纳各种不确定的历史和文脉的特性（它们与高度可测的、普遍的演替过程形成了鲜明的对比）。科纳将这种境况表述成一系列新的内容、概念和术语（不确定性、不稳定性、机会、干扰、适应性和弹性），他后来的设计研究基础正是建基于这些概念上。只不过在千禧年之后，科纳的后续文章甚少涉及这篇论文的核心观点。

第三部分　景观都市主义

从 2000 年到 2004 年，科纳的写作更趋于修辞化，同时也更倾向实用主义。一来，科纳的实践经历变得越来越丰富（以实践而言，"修辞和说服的艺术性皆至关重要"）；二来，科纳不断巩固的业界地位提升其自信心，这两点都是科纳写作转向的部分缘由。[40] 第三部分内容的组织不以写作时间为依据，这部分的第一篇文章是 2004 年的"类似于生活本身：当下的景观策略"（Not Unlike Life Itself: Landscape Strategy Now），它最为清晰地表述了设计之于后资本主义城市中的作用，同时也集中体现了科纳之于景观都市主义的思想。生态学乃是第二部分最后一篇论文和第三部分首篇文章的理论衔接点。尽管把这两篇论文放在一起进行理解，将有助于揭示这篇1997年的文章如何为科纳不断发展的思想提供了基础性支撑，不过，我们也应该清楚地认识到科纳关于生态观念的转变，即之前的生态观念被视为一种文化的隐喻和再现的媒介，然而从这篇文章开始，科纳将生态看成一种操作模型（operational model）。策略、弹性（resilience）、适应（adaptability）和"适宜性"（fitness）（适宜性是麦克哈格经常使用的术语）皆是先辈们遗留下来处理颓废和匮乏的城市公共生活的对策，而科纳则以传承的方式运用了这些术语。

纵然科纳的写作之于景观都市主义（Landscape Urbanism）的兴起和关键内涵都产生了巨大的影响，但他从未歪曲风景园林历史为这个新兴学科的合法性提供任何辩护。在论文"类似于生活本身"中，科纳处理的议题主要关注空间形式（spatial form），他为景观都市主思想提供了一套真知灼见的话语，"那些回应的（responsive）、瞬时的、开放的、适应的、流动的、具有生态策略性的设计实践并非意味着其与形式的、材料的精确性（material precision）毫无关系"。[41] 一般来说，城市设计特别注重空间策略，大卫·哈维（David Harvey）批判了这种观念，从而提出创造某种特定的社会模式（Patterns of socialization）以替代之，尽管科纳试图站在哈维的立场上探寻一种关注城市化进程的策略性途径，但科纳坚守的设计立场依然以"不确定性"（indeterminacy）和"流动性"（flexibility）（这两个术语是景观都市主义中颇具争议性的理念）为基础概念。在2001年，科纳写了一篇遍布各种修饰语的短文"大地抹除"（Landscraping），比如说"建立不确定的预留地"（setting up reserves of indeterminacy），不过这种转变很可能源于科纳与宾夕法尼亚大学的风景园林评论家贝拉波蒂娜（Anita Berrizbeitia）的接触和交流，因此，在随后的写作中，科纳便会谨慎地宣扬空间结构的重要性。早在2001年，贝拉波蒂娜写了一篇关于当斯维尔公园竞赛的论文，她宣称，"与其关注流动性，我们或许更应考虑尺度的不可判定性（scales of undecidability）。尽管当斯维尔公园确实关注流动性，但我在此处强调的是景观形式的精确性（precision of form），易言之，我关注精确的开放性，而非模糊的松散状态。通过上述框架，我们可以拒绝这样的观念：景观要么是自然主义的、无定形的（formless），要么就是类似客体的（like-object）、绝对形式的（full-form）"。[42] 如果景观都市主义彻底采取某种形式精确性的立场，那么恰如科纳所言，景观都市主义能够更加富有成效地创造出有关未来城市的丰富话语。

科纳的教育背景和高校任职的经历塑造了他在形式和几何上的异常天赋。在20世纪80年代，科纳将风景园林和城市设计两个专业结合起来进行研习，这种学习模式点燃他对罗杰（Richard Rogers）、培根（Edmund Bacon）、科林·罗

（Colin Rowe）、罗西（Aldo Rossi）和其他城市设计学者的兴趣。实际上，在1986年宾夕法尼亚大学的硕士论文中，科纳创造了一种激进的、全新的费城方案，该方案最后赢得了ASLA的年度大奖（图2）。他的方案是一个规划的（水平的）底板，戏剧性的、甚至是突兀的（strident）几何形式唤起了拼贴和至上主义（suprematism）的重叠和程序性技术（programming）。科纳的形式感和排列性（range）随着时间的推移已经变得相当柔和，而且更加趋于精细和隐秘（以高线公园或Tongva公园为例），但我需要重申的是，对科纳而言，景观都市主义既是一种物质性的、形式的具体事务（affair），又是一种思想层面上的概念。

科纳进一步探索景观都市主义主要基于两个令人沮丧的事实：其一，景观作为城市的解毒剂、缓解剂或"慰藉"，其二，风景园林之于现代化和城市化进程始终扮演着边缘的角色。[43]尽管科纳不遗余力地澄清和阐释景观都市主义的原则，但是该理论思潮的定义依旧模糊，且术语略显故步自封，这让风景园林学的深度探索变得黯然失色（通常而言，景观都市主义更加注重表面性而忽视深度）。不过，学界和业内仍然非常渴望有关景观都市主的诸多概念，它们源于20世纪80年代末和90年代的理论思潮（主要建立于库哈斯的理论基础之上），其发起人是宾夕法尼亚大学的科纳、莫森塔法维（Mohsen Mostafavi）和瓦尔德海姆（Charles Waldheim）。[44]城市的官员亦对诸多术语的糅合产生了浓厚兴趣，尤其鉴于高线公园听起来似乎像一个适合营销的"绿色"增长模型，它成功地刺激了房地产开发和经济的发展（这个项目与其说是一个景观都市主义的案例，不如说是一个精彩的风景园林案例）。然而，之于景观都市主义的当前现状而言，我并未表达出任何的怀疑主义情绪，也不想将自身与最近流行的"不满情绪"发生任何瓜葛，因为这种"不满"无益于推动富有成效的城市设计之讨论。[45]不过，我始终认为应当继续深入讨论景观都市主义的基本原则以阐明自身的模糊之处，从而让风景园林师、建筑师和规划者这个职业群体，在景观都市主义是否真能有效塑造当今城市的公共生活这个议题中碰撞出一种更加具有创造性的对话。

景观都市主义内含一些有关社会责任感的议题，实际上，科纳的早期论述与此直接相关。例如2003年出版的"景观都市主义"（Landscape Urbanism），科纳运用意大利未来主义的修辞方式赞颂了不断扩张的市场驱动力和其他瓦解城市化的社会力量，然而却并未关注那些具有创造性和生产性的力量。科纳宣称，"当代都市处于失控中，此种情形非但不是一种灾害，反而可变成当代都市的优势"，他拥护"后工业时代的'元都市主义'（meta-urbanism），这种都市充斥各种密密麻麻的住宅、物流中心和停车设施，在其间纵横交错着一层层野兽派风格的混凝土交叉结构，它们凭借程序、肌理和流线之扁平化积聚的特

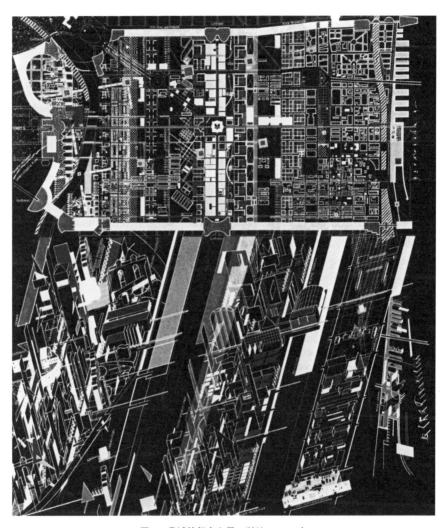

图 2 费城的都市之景，科纳，1986 年

点共同塑造了一个'景观'"。[46] 在这篇文章中，科纳征引了哈维的观点，即规划设计必须聚焦于"一种更加完善的社会性公正、政治性解放和生态性健全的时空生产过程（spatiotemporal production process）"，然而科纳却不认同那些"不受控制的资本积累、政治经济权力的阶级特权和不平等"的力量。[47] 科纳时而支持市场主导的城市主义，时而拥护马克思主义地理学家提倡的平等和公正，而这种矛盾态度导致"景观都市主义者"在近年来备受攻击。

与之相反，尽管 2006 年发表的"流动的土地"（Terra Fluxus）的题目暗示了某种消极的模糊性，但科纳仍然竭力尝试把自身的观点放置于 20 世纪城市设计史中进行思考，而且，他征引杰森（Jens Jenson）、柯布西耶、奥姆斯特德（Frederick Law Olmsted）和卢恩（Victor Gruen）等人的思想，将他们当成景观都市主义典范的筚路蓝缕者（比如说，景观为后续发展提供了特定框架）。正是在这篇文章中，科纳将之前总结的景观都市主义的五个"特征"（水平性、基础设施的、过程性、技术和生态）转变成"四个暂时性主题"：时间之过程性、表面之分段性（the staging of surface）、操作或实施方式（operational or working method）和想象性（imagination）。想象性始终占据着科纳探索景观都市主义思潮的核心，这是他最重要却最少得到承认的贡献。科纳将景观都市主义的"想象性计划"与 20 世纪城市规划者还原和简化丰富多彩的物质生命进行比较性分析。[48] 他继续论述道："一名出色的设计师必须能够整合图解（diagram）和战略与触觉和诗意之间的关系"。[49] 在这种完整编织体的面前，科纳显然从之前的失败教训中获益匪浅（比如 OMA 和 Bruce Mau 合作规划的当斯维尔公园就是一个失败的案例，他们的方案直接将图解转换成大地），其实从 20 世纪 90 年代早期的写作开始，科纳就借此机会开始反思上述的主题和思想。

许多人都将清泉垃圾填埋场当成景观都市主义的实际案例，但科纳却不以为然。他认为这个项目只提供了一种隐喻性的实验基础以之实现自身的某些概念，从而可扩充风景园林的话语（这个项目与之前的历史经验具有相似性：在园林设计中进行具有实验性的设计，然后再将探索成果应用到都市环境中；比如说，18 世纪和 19 世纪的巴洛克园林和法国城市规划）。[50] 科纳确实曾经在波多黎各大学的演讲中（见第四部分的"植物都市主义"）将清泉垃圾填埋场视为景观都市主义的早期案例，因为这个实施方案整合了转变、发展、生态和文化议程。然而科纳在深圳前海的规划中采取了一种更具广泛意义上的景观都市主义原则。前海位于中国珠三角流域的深圳市，是一个新兴的高密度城市地区，整个规划人口预计将达到 400 万。在本书后记中，韦勒（Riachard Weller）将这个项目看成一种未来高速增长的城市规划范本。最大限度地利用有限的开放空间的效用（比如说水体的净化和收集），然后将它们与作为结构要素的休憩设施结合起来，故而，此处的景观就转变成一种基础设施，它的美源于其易辨性（legibility）和可预期的性能（performance）。由于资本主义都市不可避免地发生某种文化的倒退（中国的一些城市已经或多或少受到影响），因此，景观如何抵挡住文化倒退所带来的威胁便成为一个至关重要的议题。

第四部分　实践

本书最后一个部分并非只是一些商业实践或描述近期的设计任务，这部分的重点在于：在这些实践项目和方案中，科纳依然探索和运用某些创造性的、有效的方法为当代都市创造与之相适应的项目和方案。1999 年，科纳与建筑师艾伦（Stan Allen）合作最终入围多伦多当斯维尔公园竞赛的决赛；随后在 2001年，科纳最终赢得清泉垃圾填埋场的竞标；2004 年，他又被任命为纽约高线公园的设计师，科纳迅速从象牙塔跨入实践领域，进而在美国巨型和高密度的都市建设中挥斥方遒。起初，科纳处理了纽约复杂的公共项目，随后又将业务范围拓展到全世界，这极大地影响了科纳的写作风格和内容。在此，我不必将前三章的分析性和语境性描述再进行赘述。尽管科纳的写作发生了明显的变化，但在第四部分中，科纳的创造性探索方式（这里指的是实践项目）仍显而易见，而且还构成了这部分的核心内容。除此之外，从 2000 年到 2004 年，纵然科纳的文章在很大程度上规避了文化隐喻和意义指涉，然而"植物都市主义"和"亨特的萦绕"（Hunt's Haunts）这两篇文章皆表明，工具性（instrumentality）从来都不是科纳关注的唯一主题，他总是置身于更广阔的关注议题，即在建造和体验场所的过程中激发和提升想象力。第四部分选择了一篇清晰简明的文章，它发表于 2010 年《哈佛设计杂志》（Harvard Design Magazine）关于风景园林和城市设计实践的专题上。这篇文章深入呈现了作为行业领军风景园林师的科纳所关注的批判性议题。尽管这篇论文流露出实用主义（pragmatism）的倾向，但是它仍然鼓励风景园林行业继续探寻新的创造性模式，主要体现在如下几个方面：1）"行动上的批判性试验"，而非学术研究中的诠释主义（hermeticism）；2）"支持想象和创新"的公众参与；3）创造性合作的必要性。科纳提出的后面两条建议能回应某些美国都市中（包括纽约、西雅图和圣塔莫尼卡）一些大尺度的公共项目，这最能体现一名成熟风景园林师的思考段位。恰在此语境下，科纳激发了新的创造性方法和技术。

比如说，"植物都市主义"这篇文章就详细描述了操作方法。科纳清晰地展示了如何将客户的需求纳入方案的实施中，并且在以后的项目中，科纳经常采纳此种操作方法。他以"三种激进性的设想"为题给大学的校长和董事会进行汇报，每一种设想都包含一系列特点，而且每个特点还能获得效果上佳的、启发性的持续讨论。通过初期提议和后期交流，科纳的事务所总能获取最重要的价值和优先性，并能生成一种"混合的嫁接"（hybrid draft）把三种不同的概念融合成一个整体。一旦涉及公共过程（public process），科纳并未把最初的激进状态带到方案的汇报过程中，也没有试图维护学术书写中的创造性话语，因为公共过程可能损害利益相关者的期望目标，进而让设计变成一种更加趋于顺从的妥协物，而非某处具有灵感性和想象性的场所。当然，人们或许会期待科纳在随后的社区参与和合作中能够将那些隐藏的潜力作为新的"创造性能动力"（agents of creativity）。

公众和客户的参与涉及一种说服术（the art of persuasion）的工作方法。说服并非意味着任何背后的操纵行为，而是一种创造性的构思论证，在大多数时候，说服行为需要依靠视觉材料才能得以实现。在此语境中，概念不是一些泛泛而谈的抽象术语，反而概念具备了可见和可实现的特征以促进项目的实施。尽管通过异常清晰的图像和批判性实践的方式"谋绘"（plotting）和挖掘设计概念不是科纳事务所每天的工作流程，但说服性图像和论点却能让事务所持续取得竞标的胜利。这些图像被当成一系列工具，它们能够刺激非专业人员以批判性的方式思考他们之于未来城市的展望和价值。由于当今的电脑合成技术突飞猛进，图像逼真的透视图已变得颇为泛滥，许多此类的图像工具已经丧失了激发灵感的属性。若是科纳想要一如既往地做出新颖的且令人信服的批判性项目，那么，他应该在此潮流下实现自我突破。

在一些未发表的研究成果中，科纳论述亨特（John Dixon Hunt）的文章极具代表性，亨特是一位高产且极具影响力的景观史学家，科纳凭借高线公园的写作向亨特致敬。虽然这篇不同寻常的文章似乎与其他论文具有巨大的差异，但是，这也恰恰说明科纳的写作广泛涉猎了各种各样的景观类型和景观建造。在宾夕法尼亚大学的风景园林系，科纳与亨特保持了长达20多年的亲密合作关系，这也使得亨特之于科纳产生了不可磨灭的影响，不过这种影响一直等到很久才逐步显现出来。高线公园引起了巨大关注，该公园促进了一个相对慢节奏的过渡区域向着数十亿美元规模的区域快速发展，高线公园的设计让整个区域变成一处绝佳的公众生活的交流场所，不过要想欣赏这个看起来并非花里胡哨的设计也并非易事（图3）。在"亨特的萦绕"一文中，科纳将高线公园看成一座园林，当然这个公园毫无疑问就是一座园林，科纳把亨特的观点纳入高线公园的设计和评论中（参阅亨特的"园林究竟是什么？"，What on earth is a garden?）使得园林这个术语被赋予了隐喻的内容和象征的意义。[51]

通过这个棱镜，高线公园不断挑战着我们理解自然世界关系的认知。自然

图3 高线公园，摄影者：班纳（Iwan Baan），2011 年

过程的持续性（自发性繁殖和演替）和配以植物繁茂的（被工业设施架在了半空的）超现实人造物共同激发了自然世界的理解阈值。科纳的言论恰恰成为其自身诠释学的（hermeneutical）中间地带，一个"萦绕于"科纳心头且充满妥协的两难境地，即科学技术的成就和现象学的栖居之间存在不可调和的矛盾。科纳在"测度深度"中追问道，"我们如何将日常情境中的普通性融入某些具有想象性或新鲜性的事物中，既让我们的时代与之紧密相关，又不曾脱离传统的语境？"高线公园便是该设问的一个应对之策。

展望

综合言之，科纳的文集应当促进风景园林理论和方法的持续性探索，且起到一种召唤和激励的作用。鉴于景观是一种捉摸不定的、不断转变的媒介，因此，当前的人们总是定期重新回顾某些景观的基础性概念、方法和调查模式，试图从这些历史性的回望中挖掘一些稀疏且分散的话语，而当卜的景观领域正在接受这些话语的挑战。

科纳在很多的场合引用过人类学家格尔茨（Clifford Geertz）"深度描绘"（thick description）的概念（参阅"复兴景观"和最近的一次讲座"景观的厚与薄"（The Thick and the Thin of It）。[52] 然而科纳的写作似乎不再面向未来：通过民族志的调查方式介入到某处特定场地的社会文化动态发展，并使之成为一种"创造性能动力"。尽管在 1999 年发表的"生动的操作和新景观"（Eidetic Operation and New Landscape）中，"生动的操作"和术语**风景**（Landschaft）的生产性内涵之间仍然保持一种模糊的关系，或许，一个可行的解决之策就是：如何塑造某处"现存文脉"（occupied milieu）的文化过程和空间实践，使之能被更深刻地理解成一种激发设计想象力的催化剂。对此，我们希望这个对策可以刺激新一轮关于公众性、最大程度上实现文化资产和传统以及具有意义的城市空间价值的讨论。

本书的各篇论文具有大量醍醐灌顶且令人信服的观点，它们将持续推动风景园林学的深层探索，而且与风景园林如何被理论化和实践化的议题保持一种交相辉映的状态。在其众多的观点中，科纳最执着且最基础的概念便是景观营建过程中想象性，而且他还坚信，景观的营建反过来亦能激发和挑战居住者和体验者的想象性。

注释

1 James Corner, "Recovering Landscape as a Critical Cultural Practice," in *Recovering Landscape: Essays in Contemporary Landscape Architecture*, ed. James Corner（New York：Princeton Architectural Press, 1999）, 2.

2 斯比克斯（Michael Speaks）通过引用威格雷（Mark Wigley）的论点宣称，美国的"理论是一种时髦的哲学（fast philosophy），在近期，建筑学领域也引入了这种理论类型"，Michael Speaks, "Theory was interesting...but now we have work," *arq* 6/3（2002）, 210.

3 科纳的理论基础建立在一个清晰的谱系之上，从宾夕法尼亚大学的教授戈麦兹（Alberto Péréz-Gomez）和莱瑟巴罗（David Leatherbarrow），到这两位教授的老师卫斯理（Dalibor Vesley），再到卫斯理的老师伽达默尔（Hans-Georg Gadamer）。在 1960 年出版的《真理与方法》（*Truth and Method*, 1960）这本著作中，伽达默尔又受到海德格尔和阐释学传统的巨大影响（*Being and Time*, 1927）。

4 马克文思（Margaret McAvin）关于此类问题的回应，参见 Landscape Architecture and Critical Inquiry," *Landscape Journal* 10/2（Fall 1991）, 156.

5 参见：Kenneth Frampton, "Towards a Critical Regionalism：Six Points for an Architecture of Resistance," in *The Anti-Aesthetic*, ed. Hal Foster（Seattle：Bay Press, 1983）.

6 在阅读该篇导论的初稿时，韦勒（Richard Weller）也强调了此种可能性。

7 这部分的引言来自科纳的论文"批判性思考和风景园林"（Critical Thinking and Landscape Architecture）的"附言"，不过科纳在本书中删除了这部分内容。*Landscape Journal* 10/2（Fall 1991）, 162.

8 Alberto Péréz-Gomez, Architecture and the Crisis of Modern Science (Cambridge, MA: MIT Press, 1983), 4.

9 科纳在"三种霸权"中解释道,"提到危机这个词,一般指的是一种焦虑和希望共存的时刻,人们不能确定某个问题在这个时刻是否能够得到相应的解决",参见 *Landscape Journal* 10/2 (Fall 1991), 131, n. 2.

10 Edmund Husserl, *The Crisis of European Sciences and Transcendental Phenomenology*, trans. D. Carr (Evanston, IL: Northwestern University Press, 1970) 21-60. Quoted in Corner, "Discourse on Theory I," Landscape Journal 9/2 (Fall 1990), 65.

11 Corner, "Discourse on Theory I," 77.

12 同上。

13 参见: Laurie Olin, "Form, Meaning and Expression in Landscape Architecture" in *Landscape Journal* 7/2 (1988): 149-68.

14 这种论述还可见于 Catherine Howett' 于 1987 所写论文,关于景观建筑的含义,名为 "Systems, Signs, Sensibilities: Sources for a New Landscape Aesthetic" (*Landscape Journal* 6/1)。在这篇论文中,郝薇特 (Catherine Howett) 指出了符号学和现象学之于风景园林实践的影响。虽然她的意图是阐明"一种新的风景园林美学典范",但是科纳在 20 世纪 90 年代的早期论文更加注重实践和理论过程。

15 在同行学者评审这篇导论时,审阅者告诉我,在 20 世纪 80 年代的都市主义实践中 (除了斯本之外),休 (Michael Hough) 也是一位践行都市生态策略的先锋者。

16 参见: Elizabeth Meyer, "Situating Modern Landscape Architecture: Theory as a Bridging, Mediating, and Reconciling Practice," in *Design and Values*, ed. Elissa Rosenberg (*CELA Proceedings*, 1992), 167-175; "Landscape Architecture as Modern Other and Postmodern Ground" in *The Culture of Landscape Architecture*, ed. Harriet Edquist (Melbourne: Edge, 1994), 13-34; "The Expanded Field of Landscape Architecture," in *Ecological Design and Planning*, eds. George Thompson and Frederick Steiner (New York: Wiley and Sons, 1997), 45-79. 梅耶和科纳在 20 世纪 90 年代的写作研究为风景园林学提供了基础,即使在当今的行业中,他们两人的观点依然还在被不断地践行着。

17 尽管评论家斯沃菲尔德 (Simon Swaffield) 区分了阐释性理论 (interpretive) 与批判性理论 (critical) 之间的差异,但是科纳的诠释学理论方法 (hermeneutical approach) 同时包含了斯沃菲尔德所论述的两种理论类型。Swaffield, "Theory and Critique in Landscape Architecture: Making Connections," *Journal of Landscape Architecture* (Spring 2006): 22-29.

18 参见: Richard Weller, "Between hermeneutics and datascapes: a critical appreciation of emergent landscape design theory and praxis through the writings of James Corner, 1990-2000," *Landscape Review* 7/1 (2001), 9.

19 James Corner, "Aqueous Agents: the (re)-presentation of water in the landscape architecture of Hargreaves Associates," *Process Architecture* 108 (1996), 34-42.

20 Corner, "Aqueous Agents," ("Coda").

21 Péréz-Gomez, *Architecture and the Crisis*, 138. 参见：Paul Ricoeur, *The Rule of Metaphor* ("Study 1：Between poetics and metaphor：Aristotle"), trans. Robert Czerny (Toronto：University of Toronto, 1977).

22 参见：Dalibor Vesely, *Architecture in the Age of Divided Representation* (Cambridge, MA：MIT Press, 2004), 24-36.

23 参见：Husserl, *The Crisis of European Sciences* and "The Origin of Geometry" (1936), 作为附录印于 *The Crisis*……

24 引自：Corner and MacLean, *Taking Measures Across the American Landscape* (New Haven, CT：Yale University Press, 1996), 149.

25 Corner, *Taking Measures*, 36.

26 参见：Marshall Berman, *All that is Solid Melts into Air：The Experience of Modernity* (New York：Simon and Schuster, 1982).

27 Corner, *Taking Measures*, xix.

28 Weller, "Between hermeneutics and datascapes," 17-18.

29 J. B. Jackson, "The Accessible Landscape," *Whole Earth Review* 58 [March 8, 1988], 4-9. 杰克逊在其中写道："我早年提倡从空中研究景观……但是……最近，我驾驶着一辆皮卡车从新墨西哥州一直开到伊利诺伊州和艾奥瓦州 (Iowa)，纵然整个漫长的旅途不时充满了无聊的时光，但我不曾为此感到后悔。这次旅行帮我突破了运用空中视角 (air-view) 审视网格式土地系统的局限，从而让我意识到继续探索大地表面上的景观仍然是值得的。隐藏于那些美丽抽象的矩形之下的各种景观类型亦值得细致的观察"。

30 Weller, "Between hermeneutics and datascapes," 18.

31 Corner, "Representation and Landscape," Word and Image 8/3 (1992), 248.

32 Robin Evans, "Translations from Drawing to Building," *AA Files* 12 (1986), 3-18.

33 Corner, "Representation and Landscape," 244-245.

34 "The Agency of Mapping" in *Mappings*, ed. Denis Cosgrove (London：Reaktion Books, 1999), 213; Corner, "Representation and Landscape," 265.

35 Evans, "Translations," 7.

36 参见：Ian McHarg, *Design with Nature* (New York：Natural History Press, 1969) and "Ecological Determinism," in *The Future Environments of North America*, ed. John P. Milton (New York：Natural History Press, 1966), 526-538.

37 参见：Michel de Certeau's distinction between "strategies" (as top-down) and "tactics" (as subversive; bottom-up) in *The Practice of Everyday Life*, trans. Steven Rendell (Berkeley：University of California Press, 1984), xviii-xix.

38 Corner, "*The Agency of Mapping*," 251.

39 Corner, "*Discourse on Theory* II," 124.

40 Corner, "Landscape Urbanism," in *Landscape Urbanism：A Manual for the Machinic Landscape* eds. Mohsen Mostafavi and Ciro Najle（London：Architectural Association，2003），61-62.

41 Corner, "Not Unlike Life Itself," *Harvard Design Magazine* 21（Fall 2004/Winter 2005），34

42 Anita Berrizbeitia, "Scales of Undecidability," in *CASE：Downsview Park Toronto*, ed. Julia Czerniak（New York：Prestel, 2001），124. 科纳以一种颇为自信的口吻说道："如果……分阶段发展的基础原则太过于拘泥、复杂和墨守成规，那么景观最终会囿于自身的建造活动中；如果这些原则过于松散、开放和薄弱，那么景观最终就会失去其易读性和秩序的形式。解决之法在于设计一种大型的公园框架，该框架足够强劲，从而提供结构和特性，与此同时又具有足够的韧性，以赋予其适应不断改变的需求和不断随时间变化的生态"。参见："Introduction," in *Large Parks* ed. Julia Czerniak（New York：Princeton Architectural Press，2007），13.

43 Corner, "Terra Fluxus," in *The Landscape Urbanism Reader*, ed. Charles Waldheim（New York：Princeton Architectural Press，2006），24. 史密斯（Robert Smithson）曾经将奥姆斯特德的作品解读成一种辩证的景观，在史密斯的研究中，奥姆斯特德的创作实现了人工建造的伟大成就，这种贡献只能在现代性拥有的工具性条件下才可能得以实现，科纳就是从史密斯的解读中找到慰藉和共鸣。参见：Smithson, "Frederick Law Olmsted and the Dialectical Landscape," Artforum 11（1973）。虽然科纳频繁引用库哈斯和屈米设计的拉维莱特公园方案，并且将其看成创新性风景园林的实例，但是值得注意的一点是，这两位建筑师的立论和设计皆忽视了景观设计自身的历史。关于批判屈米设计方案的文献，参见：Elizabeth Meyer' 的 "The Public Park as Avant-Garde（Landscape）Architecture：A Comparative Interpretation of Two Parisian Parks, Parc de la Villette（1983-1990）和 Parc des Buttes-Chaumont（1864-1867），" *Landscape Journal* 10/1（1991 年春），16-26.

44 在 20 世纪 80 年代，景观都市主义在宾夕法尼亚大学取得了长足的发展，科纳对此话语亦贡献良多，关于景观都市主义的深度研究可参见：Jeannette Sordi, *Landscape Ecological Urbanism*, PhD Dissertation（University of Genoa, 2013）

45 Andres Duany and Emily Talen, eds, *Landscape Urbanism and its Discontents*（Gabriola Island, BC：New Society Publishers, 2013）.

46 Corner, "Landscape Urbanism," 58.

47 Harvey quoted in Corner, "Landscape Urbanism," 61.

48 Corner, "Terra Fluxus," 32.

49 同上，32-33.

50 科纳事务所提出"生命景观"（Lifescape）作为清泉垃圾填埋场的原始概念，即通过三种塑形过程以"缝合"象征再现和现代科学之间的裂痕：带状种植的文化实践（大地之生命属性）、文化记忆的整合（WTC 残骸之大地艺术品）、播散本土植被种子随着时间演变出生物多样性的栖息地。

51 "What on Earth is a Garden?" 另参见："The Idea of a Garden and the Three Natures," from John Dixon Hunt, *Greater Perfections: The Practice of Garden Theory* (Philadelphia: University of Pennsylvania Press, 2000).

52 参见: C. Geertz, "Thick Description: Toward an Interpretive Theory of Culture" in *The Interpretation of Cultures* (New York: Basic Books, 1973). 参见: Corner, "Recovering Landscape," 24, n. 5 and his lecture, "The Thick and the Thin of It" presented at *Thinking the Contemporary Landscape* conference in Hanover, Germany, organized by ETH Zurich with the Volkswagen Foundation, June 22, 2013.

第一部分
——

理论

给予的设计条件

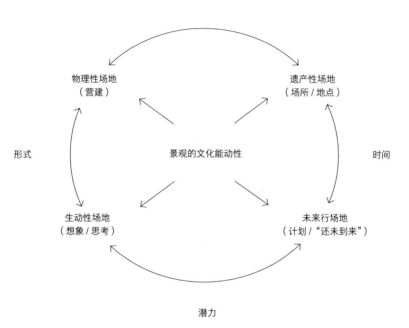

图 1　景观的文化能动性图解，科纳绘制，1996 年

批判性思维与风景园林

    什么是批判性思维（critical thinking）？其意义安在？我们在文学、艺术史或政治领域中能以更加轻易的方式理解其合法性，但是，批判性思维与景观具有什么关联呢？相较于当下重大且严峻的全球性问题而言，人们可以义正言辞地指出，谈论理论和批评（criticism）似乎既局限于学术语境又显得言轻意薄。从这一角度来说，艺术或许可以被视为一种异乎寻常的实践（eccentric practice），而且，在一个更加重视解决实际问题的世界中，艺术理论和批评变得略显无足轻重。当然，倘若有人尝试辩驳上述观点，他／她们常常会被贴上幼稚的标签，不过，令人感到更加幼稚的事情是，我们竟然忽略了探讨这两个紧密相连的议题（理论与实践、艺术与生活）中蕴含的潜在可能性，而且它们与景观想象性之间具有根本且显著的关系。

    在过去的两个多世纪里，技术性思维（technocratic thinking）支配了整个西方文化。强调客观和实用性推论（pragmatic reasoning）的倾向强化了注重手段和结果的效率性，而且相较于存在（existence）和存有（being）等问题而言，理性思维更加注重方法和技术。批判性思维提供了一个更加平衡的视角，从而将"为什么"（why）与"做什么"（what）和"怎么做"（how）等问题等而视之。最理想的状况变成：只要涉及居住环境的设计和栖居的议题，批判性思维便竭力弥合艺术与生活之间的间隙，且对风景园林与场所营造具有最为重要的意义。

    在展开这一话题之前，我们不妨回顾一下 17 世纪晚期欧洲的社会机制，根据文学理论家和批评家伊格尔顿（Terry Eagleton）之《批评的功能》（*The Function of Criticism*）的论述，这些社会机制构成了现代批评的起源。彼时的中产阶级获得了自由且受到良好教育，这使得他们卷入了两种力量的抗争，伊格尔顿指出现代批评恰恰诞生于这两种力量之间：一种力量是个人自由与选择

本文曾收录于：Landscape Journal 10/2（Fell 1991）：115-133 © 1991 Regents of the University of Wisconsin. 本次再版已获出版许可。

的追求；另一种力量则来自于独裁者和专制的国家体系。政治家、律师、神学家、医生、演员诗人和艺术家等社会人员应当在咖啡屋和俱乐部里交流各种观点，并且交换着不同的意见和想法。

斯蒂尔（Richard Steels）主编的《闲谈者》（*Tatler*）杂志和艾狄生（Joseph Addison）编辑的《旁观者》（*Spectator*）杂志曾经构成了18世纪早期新兴的公共领域（public sphere）的核心，与此同时，道德纠正（moral correction）的观念以及上层社会的讥讽言辞，确实也促进了这两本杂志的繁荣和流通。《闲谈者》和《旁观者》促进了新的社会分组——"一种改进型社会装置（a reformative apparatus）"。[1]《旁观者》成为艾狄生阐述英国园林背后思想的平台——这本杂志一方面突破了当时社会中某些不必要的制约；另一方面令更大的社会群体能够阅读这份杂志。

在这种早期的批判性思维中，四个方面的内容值得引起我们的注意。第一，就其开端而论，现代批评 [或者说 "合理话语（reasonable discourse）以自由和平等的方式相互交流"] 延伸至社会生活的方方面面，而且，还在更大范围的公共领域发挥着作用。[2]批评既不隔绝亦不孤立，它是一股相当重要的社会和政治力量，现代批评既依赖于传统（conventional）语言的内部机制运作，还能运用传统语言的种种效力。

第二，18世纪的批判思想家承担了通人和全能手（bricoleue）的角色（抑或称之为广泛的涉猎者）：一群游走于多种社会和知识领域的业余爱好者。扮演多重角色的批评家将多重观念和话语范畴（field of discourse）引至深刻的观察和论证中。[①]举例来说，艾狄生既是通告者和推广者，又是阐述者和调和者。因此，批判性论断并非是精英以脱离大众的方式创造出来的话语，而是与日常生活紧密结合在一起而共同生成的话语类型。[3]

第三，批判性话语的法则和构成不是建立在绝对权威和确定性的信条之上，其来源于对谈式的（conversational）、特定境遇的感受（circumstantial sense）。换言之，对话（dialogue）和沉思（contemplation）彰显了第三个假设的核心思想，即它们通过批判性的方式回应特定情形和特殊境况。

第四，早期的批判性思维既是解放性的，又是保守性的。一方面，批评寻求某种激进的决裂（这里指的是与专制政治的决裂）；另一方面批评又力求通过实践的整合（codification）和管理以维护和巩固新的统治地位。[4]在这一点上，批判性思维同时扮演了革命者和稳定者的双重角色。

在当今的风景园林领域中，批判性思维处于一种令人怀疑且不被信任的境地，此点颇具讽刺意味。人们普遍保持着谨慎的态度是，因为当今的批判性思维与18世纪的同等境况相比，缺少任何实质性的社会功能。令人感到遗憾的是，也许可以这么说，当代的建筑艺术的理论和批评要么变成了实践困境中的救命稻草（理论与批评通过一种虚幻的合法性话语，苟延残喘般地挽回着自身的颜面），要么被封闭的精英团体囿于学术圈的内部，从而使之无法在更广阔领域发挥影响力和引导力。

在基础批评中（primary criticism），设计师是表演者（performers），评论者通过自身的行动（doing）和活动（making）理解设计师的想法；与基础批评不同，次级批评（secondary criticism）则是抽象且位于外部的。[5]倘若基础批评主要是通过自身领域的实践活动更多地与文化政治建立密切关联，那么次级批评则是自治的（autonomous），其以一种自我验证（self-validating）、自我生成的（self-generating）方式介入批评之中。若以人类和生态意义上的创造性活动而论，基础批评乃植根于真实的经验，次级批评基于语法逻辑（grammatical-logical）的相关话语，后者则脱离了物质实践的精神概念和结构。[②]

当下诸多的批判性思维很可悲地聚焦于理论之理论（theories of theories），而非行动和行为的创造性过程。今天我们看到的很多著作都是关于某些书籍的双重解读（books about books about books），四成以上关于景观批评的理论文本皆脱离了真实生活。学术机构、批判性期刊、徒有其表的专业杂志皆以圈套和引诱的方式成为次级批评的寄生载体。理论和批评因其故步自封而处在危险的境地，二者不断地生产和消费自身的图像和话语（举例来说，这种倾向盛行于当今的建筑领域）。具体的建造形式可以体现真实且有意义的风景园林体验，然而，那种（处于次级批评下的）疏离的、外化的修辞（externalized rhetoric）却能非常轻易地取代真实的经验。矛盾之处便在于，尽管次级批评的目标是揭示和审视基础批评的本源，但次级批评身处自主性和自我直涉的本体中，而不可避免地限制和阻滞了创造性本源。

不过我们还要继续追问的问题是：批判性思维的本质形式到底是什么，特别是那些与风景园林相关的关键标准是什么？在风景园林领域中，哪些具体标准是有效且重要的批判性思维的决定性因素？

18世纪的离散式批评（discursive critcism）的某些特征确实能够为我们提供一些追问答案的线索，当然，教育学者布鲁克菲尔德（Stephen Brookfield）于1987年的著作《培养批判性思维》（*Developing Critical Thinkers*）亦能提供相应的依据。尤其是当我们面对从来不被怀疑的权威、规则以及传统的时候，布鲁克菲尔德和伊格尔顿均阐明了批判性思维如何起源于怀疑主义（skepticism）。[6]尽管怀疑主义可能具有颠覆性（subversive），但怀疑主义既不愤世嫉俗（cynical）也不具有破坏性（destructive），它反而源于失望或缺少满足感。

批判性思维还涉及反思行为（reflection），即深思熟虑地分析相应的问题和价值。然后是思辨性沉思（speculative contemplation），这是一种替代方案或可能的构想（它必定是流畅且不受限制的）。批判性思维最终在行动中达到高潮：决定即出，诸事皆毕。我们应当首先树立一种批判性立场，然后以策略性的方式将之施行。最终，批判性实践本身就不得不面向未来的阐释和批评。

具有批判性的思想者一直影响着风景园林学，艾狄生、奈特（Richard Payne Knight）、普赖斯（Uvedale Price）、芒福德（Lewis Mumford）、奥姆斯特德（Frederick Law Olmsted）以及史密森（Robert Smithson）已经向我们展示其批判性实践的积极效应，当今行业领军者的设计作品中依然延续着该传统。在设计领域中，倘若想要建造明晰、易懂且充满意义的景观类型，批判性的姿态确实不可或缺。批判性实践对于任何重要的风景园林作品来说都是至关重要的。

在我自己实践工作和设计课程教学中，"谋绘"（plotting）的设计方法具体体现了批判性思维。谋绘一个颇具求知欲的概念，因为它涉及四重涵义和启示。第一，谋绘涉及某块地的标注（marking）和建造，即土地的描绘；第二，谋绘在某些地图或平面中表达了景观的图形再现（graphic representation）；第三，谋绘指的是关于某个叙事（或时间序列）的分析，谋绘通常处于延展的（infolding）或序列的状态；第四，谋绘表明自身是一种策略性（或者是颠覆性）行动。总而言之，谋绘主要关注的是，如何在景观栖居中批判性创造和打造新的模式。我们绘制且"策划"项目的议程和策略，连接且阐释此前种种意想不到的关系，作为一种设计路径的谋绘便是我们批判性地培育与景观之间关系的重要方法。

谋绘恰是一种批评类型，其在特定的地点和时间下参与到具体的景观设计。谋绘要求设计师再思考、再表现或再谋绘（replot）各种隐秘的景观概念。这种重构方式既是风景园林批判性思维的最佳类型（par excellence），亦是一种行之有效的思维方式。谋绘与次级批评中的语法逻辑话语和学术讨论具有截然不同的差异。与之相反，批判性营造（making）暗示着评估和介入某个项目的关键之处恰好在于项目自身的条件。强调"项目"（work）的重要性意味着风景园林师既要创造一种令人迷惑的（puzzling）、具有营造属性的（making）时间性过程（即以一种批判性的、富有想象力的方式，充分挖掘场地和场所的触觉性感知），同时还指向了最终的景观建造形式。

从这个角度来说，弗兰姆普敦提出的术语"批判性地域主义"（Critical Regionalism）能够提供一种有价值的方法，而且，批判地域主义能在本地现象与全球技术和批判性洞见之间维持一种平衡的关系。弗兰姆普敦在 1983 年"面向一种批判性地域主义"（Towards a critical regionalism）的论文中阐明了一种实践类型，它能抵抗在现代化整体进程中出现的同质化现象（homogeneity）（即一种无处不在的景观），与此同时，该实践还以强烈的伤感情绪抵抗着回归前工业或乡土区域主义（vernacular regionalism）的冲动。[7]因此，批判性思维在整个设计过程中协调且连接了地域与全球，对接了旧时的遗产和未来的潜能，同时还架构起了复兴和创造之间的关系。

因此，在风景园林领域中，最为有效的批判性思维出现于实践活动的过程中。同样，关于风景园林的最好解读恰恰源于项目自身，而后续的各种再现（绘画、摄影、文本等）只能进一步强化和丰富实践作品的接受度。因此，谋绘是一种主动的批判性过程，其先是通过建造形式的具体实施，继而再通过再现和话语进一步丰富景观的理解。谋绘是一种工作方式（mode of work）。批判性思想者同时是评论家（critic）、战略家、传播者和创造者。

景观的想象性是社会批判活动的主要类型，它能创造性地思考景观设计的遗产、文脉和潜在价值。发生于空间、时间和传统之中的景观操作必将成为场地未来的映射、阐释和投射（projection）。因此，倘若没有强劲的、活跃的、不间断的批判性思维，那么充满意义且重要的风景园林也无从谈起。

注释

1 参见：Terry Eagleton，*The Function of Criticism*（London：Verso Editions，1984）。

2 同上，9。

3 同上，23。

4 同上。

5 George Steiner，*Real Presences*（Chicago：University of Chicago Press，1990）。

6 Stephen Brookfield，*Developing Critical Thinkers*（San Francisco：Jossey-Bass，1987）。

7 Kenneth Frampton，"Towards a Critical Regionalism," in Hal Foster，ed，The Anti-Aesthetic（Port Townsend，WA：Bay Press，1983）。

译注

①话语范畴指正在发生的事，即言语活动所涉及的范围，它包括政治、科技和日常生活等。

②科纳在这里试图将两种批评的本质关怀纳入一种对立的立场，语法逻辑与真实经验是相互对立的两种立场，强调语法逻辑的次级批评与强调真实经验的基础批评存在着根本性差异。次级批评与风景园林实践没有直观的关联，不关注项目的场地条件和日常的生活经验，更重要的是，次级批评没有介入社会、文化政治等领域中发挥其应有的功能。换句话说，以语法逻辑为特征的批评总是"孤芳自赏"，以致容易陷入"掉书袋"的困境中。

图 1　希腊的剧场就与"理论"的词根有关。建造希腊剧场的初衷是容纳神灵降临的各种仪式和庆典。
希腊埃皮达鲁斯（Epidauros）

图片版权：Douglas Stebila（www.douglas.stebila.ca）

深度探底：起源、理论与再现

没有思想的专家，没有情感的享乐者，这样的凡骨竟自负地认为自身已登上人类未曾达到的文明阶段。
——马克斯·韦伯（Max Webber），《新教伦理与资本主义精神》（*The Protestant Ethic and the Spirit of Capitalism*），1905 年

现代社会充斥着各种肆意操作的空洞符号（signs）和形式化语言，使得我们已经遗忘了存在（being），而之于符号（symbols）的关注则说明人们与神圣性又建立了新的关系，这能帮助我们超越当下关于存在的遗忘。
——保罗·利科（Paul Ricoeur），《阐释的矛盾》（*The Conflict of Interpretation*），1974 年

    近年来，实践者和学者们呼吁创立一种充满活力且包罗万象的风景园林理论。追问"缘何如此"的问题显得既有趣又恰逢其时。什么是理论？或者说，理论可能是什么？我们为什么需要理论？我们期望从理论中获得什么？

    或许，我们应该考虑以下两个因素：其一，风景园林学的发展历程较短（这里显然指的不是风景园林的艺术方面）；其二，风景园林学在人类时空的更迭中仅尽了绵力之功，故而，以学科发展和专业实践两个层面而言，我们试图从理论身上探求一种学科的根基，一个共享的基础和目标。就此而论，我们或许期望理论能够提供一个合理的架构、相应的原则和公理，与此同时，我们还期待理论在这些标准的指引下亦可引导相应的专业行动。

    换个角度，我们的关注重点也许不是理论中含有的稳定性和一致性，反而

本文曾收录于：Landscape Journal 9/2（Fell 1990）：60-78 © 1990 Regents of the University of Wisconsin. 本次再版已获出版许可。

我们更在乎理论的内在断裂性（rupture）和新奇性（newness）。理论既能诱发某种破坏性效应，又可提升特定的创造力量，易言之，理论孕育且促进着新的学科思考和质询。

理论受到追捧的原因可能源于两点：一方面，理论能够提供一套行之有效的生产原则，而且，理论反过来还能固化那些特定的原则；另一方面，理论抵抗现状，维护事物的异质性，同时可促进事物的变化。在前者，理论是稳定剂；于后者，理论是创新机制。理论的双重特点既不二元对立，亦非相互矛盾，两者反而具有一种难以被轻易理解的关系。也许我们会发现，相较于风景园林理论的萌生阶段而言，当下的理论实际上显得更加难以捉摸和神秘。[1]

有人笃定当下的行业态势根本不需要任何的理论，或者说，他们诸事缠身以至于无暇顾及理论。另一些人则认为，风景园林学主要是一种工艺性专业（craft profession）、一门需要多种技能（skills）和天赋的手艺实践。这些人常会告诫我们需要穷其一生学习和掌握那些数不胜数的技能，但是，在这个不断学习技能的过程中，理论却扮演着与之对立的角色。这种观点听起来似乎倒也在理。很多职业主要专注于物质性建造（material endeavor），通过相应的技能获得更大程度上的艺术性和优雅性，因此在当代的诸多话语中，大量且多样的修辞（rhetoric）与此种手工的职业门类几乎没有任何的关系。

然而，工艺和动机（motivation）、（建造的）技能和（激发技能的）意图（purpose）之间存在一定的差异。工艺或许能够经常赢得业内设计行业间的相互竞争。手工艺者不断重复打磨自身的工艺水平，或者说，工艺在某种程度上能够实现师徒之间的传授。与工艺有关的技能可与感受、历史和理念完全脱离关系，风景园林师可以随时随地运用技能。但是动机需要界定一种特定的生活状态，换言之，生活的定义特指那些与文化相关的且与世界和生存问题密切相关的理念。动机借助深埋于文化记忆和个人经验中的感受以生成意义、惊奇和表达。动机的意图性极强。最重要的是，动机是一种顿悟（epiphany）、一种揭示（revelation）、一种看待世界的全新方式。动机帮助我们建立了警觉感和敏锐的好奇心，亦培养一种永不停歇地渴求奇迹之心。某处建造的风景或许能在充满瑕疵的工艺中流传至今，但是若无创意之源，那么该风景最终难逃泯灭众人的命途。

我们忽视了工艺和动机的关系（它们是"如何"发生的，以及它们"为何"会发生），而这恰是理论承担的功能之一。起初，艺术和建筑被理解成由**技术**（techne）和**建造**（poiesis）共同组成的统一体。[2] 在此，技术涉及有关世界的揭示性知识，建造主要关注的是具有创造力的、象征性的再现。理论与实践同时包含于技术（Techne）这个术语中。营建（Making）这个术语集中体现了知识和理念的实现；我们可以声称，工艺的发生是被动机所驱使的。然而，在 17 ～ 18 世纪，技术与建造的统一性就被瓦解。技术变成一种强调工具性或生产性的知识类型，建造则变成一种以自主性创造为特点的主观性审美现实（aesthetic reality）。现代科学（技术）与审美（艺术）的起源与上述的分离过程同步进行。这种状况也不可挽回地改变了理论之于建筑领域的地位。

在这篇论文中，我希望追溯上述转变的本质，并阐释多种理论的转变形式。我将论证，18 世纪传统的认识论断裂（epistemological break）在很大程度上直接造成了当代意义的缺失，然后继续总结，现代技术思维仅仅塑造了一个过度"硬化的"（hard）世界，然而在这个技术世界中，我们几乎无法寻觅到文化和景观想象。

理论（Theoria）和宇宙学

大约在公元前 17 世纪，前古典时期的希腊开始出现有关**"数学"**（mathesis）的概念。这些概念形成了早期的数学，它们使用一系列的数字符号系统来表达**"生活世界"**（Lebenswelt）。生活世界的词源学可追溯到古德语，意指生活于世间（world-as-lived）且处于未思的（pre-reflective）状态，一种与生活的、主观的体验密切相关的状态。[3] 这意味着我们通过感官和直觉了解周围的世界。在此境况下，感知构成了人类的主要认知方式，这同时也意味着我们必须直接参与到世界的各种活动中。数学概念下的象征符号永远不会与这个可被感知的、有限的物质世界的关系发生任何的分离。与之相反的是，象征符号还被视为永恒不变的实体（entities），并且能够交流和传递各种知识。数学体系下的象征符号具有强大的魔力，以至于其能改变物质世界。

数学是迈向**理论**（theoria）的第一个阶梯。理论提供了首个连贯的概念系统，人类通过这个概念系统能在更高维度上理解自身的生活世界。理论使人类摆脱眼前世界的平庸，让其进入一个独立的话语世界。

在以后希腊哲学的发展中，理论被扩展至天文学和宗教，参与协调眼前世界的事件与宇宙的神圣秩序之间的关系。术语理论（theoria）延伸出神学（theology，关于存在的科学）、显灵（theophany，神的出现）以及剧场（theater）。**剧场**是众神显现的舞台；宇宙在其间得以彰显出来，奇观可以创造出来，在此等境况下，观众将超越日常生活的平庸（图 1）。**神圣使团**（theoriai）指的是古希腊使者，他们长途跋涉来剧场参观，参加各种节日，从而观察并理解"可见众神"的"可被测度的举动"。神圣使团通过世俗观察期望着一种启示性见证，这种见证能很快帮助人类搞清楚自身之于宇宙中的存在。因此，只有那些特定身份的理论学者才掌握理论实践和阐释的权力。比如说，建筑师和园林设计师无权涉猎理论知识，他们只是一群掌握技巧的专业人员。另一帮特定的（包含神职人员中的）理论型学者全权决定着举办古代仪式的场地和方位。[4]

理论的另一个涵义指的是持续性地预测某些事物，既包括出乎意料的、无法预见的事物，也涉及那些随后改变一个人生活的事件，比如说启示和幻象（vision）。建筑理论家莱瑟巴罗（David Leatherbarrow）曾写道："古老的理论经验主要由三部分构成：憧憬的体验、神圣或真实事物的发现，新时代或新生活的开启"。[5]因此，古典语境中的理论角色可以转变成一种理解生活世界的方式，也可以转变成一种逃离日常生活且畅游于惊奇宇宙的途径；而且，人们还期待理论所具有的启示性理解能够促发生活中的某些变化。

在古代以及随后的经典哲学中，人造物（artifacts）和园林是关于理论世界的隐喻性表达。希腊哲学为建筑理论的出现创造了条件，即一种关于建筑的**逻格斯**（logos）。建筑师意识到自身具有一种改变物质世界的能力，而该能力恰被视为形而上学（metaphysics）的优先形式。人类能够把神圣的世界实现形体化（embodied），同时，人类还可以借此参与到这个神圣世界中。①在亚里士多德的观念中，诗意建造的概念指的是一种创造性活动，而且在整个建造的过程中，建造者赋予那些**原始材料**（hyle）以相应的形式。通过某些特定的**理念**（eidos），诗意建造便可以被看成一种充满意义的圣像（icon）。[6]因此，早期的人造物（特别是寺庙）和园林正是这种不可见的理念之可见形体，我们采用不同术语描述那些建造物，比如符号、**类型**（typo）、象征和**隐喻**（figura）。在亚里士多德的世界中，理论和实践的关系是浑然天成的；一方面，理论阐明并佐证实践；另一方面，实践维持其作为诗意建造的原本涵义（图2）。

回顾（我们现在惯常称之的）风景园林学的开端是很重要的，因为该专业的起源深藏于神话和宗教的符号本体论（symbolic ontology）之中，同时，风景园林学作为一项广泛深刻的传统行业，其首要的思想形式乃是一种再现性艺术（representational art）。建筑批评家科洪（Alan Colquhoun）曾把艺术的目标总结成一种关于"隐喻的等级化组织形式"的创造活动，"艺术既能建立一种核心的文化类型，又能在超越的层面上处理各种现代生活的问题"。[7]在此情况下，传统再现的本质理念隐藏于动词"启迪"（edify）之中，这意味着建造或提升皆需考量精神之维。举例来说，伊甸园或者赫斯帕里得斯花园（Hesperides）既充满了魅力和神秘，又体现了身体与精神上的双重回归。而且这两座园林还为世界文化提供了最令人感到慰藉且久远的神话。其他的例子则与之迥异，在埃夫伯里（Avebury）、巨石阵（Stonehenge）和卡纳克（Carnac）等古老的地方，这些大地景观的营建则源于理论层面上的动机，它们集中体现了当时的祭祀仪式和天文学。

在早期的美索不达米亚文化中，土壤、空气、火、天体运动、四季变换皆

图2 这张图片描绘了亚里士多德意义上具有整体性和完整性的宇宙。

引自：西赛瑞阿诺（Cesare di Lorenzo Cesariano）于 1521 年重新编辑维特鲁威的
《建筑十书》（*Ten Books on Architecture*）

图片版权：Anne and Jerome Fisher Fine Arts Library，University of Pennsylvania

具有深刻的神圣意义。天与地、神与人的整体性（totality）唯有通过与神明的沟通才能获得建立。同时，天地人神之间的整体性还能通过井然有序的天地运行和循环，在民居和寺庙中（以多层次的方式）获得相应的体现。金字塔总是建造于山丘的最高处，既与地面的城市相互垂直，还居于城市的中心，与此同时，金字塔自身还是山体的象征。金字塔既关乎天（celestial），因其上触苍穹，每一层级都获得了自身的色彩；金字塔又关乎地（terrestrial），因其安顿了地下的神陵。中心性和对称性代表了宇宙统一性的象征形式。[8]

尽管波斯的天堂式园林和格拉纳达（Granada）的封闭摩尔园林 [阿尔罕布拉（Alhambra）和赫内拉利费（Generalife）] 与金字塔完全不同，但它们之间却具有类似的象征性内涵。纵然这些园林涉及各种望、闻、尝、触等人类感官体验，同时还赋予了身体上的欢愉和诗意的愉悦，但它们仍旧被理解成一种关于伊斯兰宇宙世界的宏大再现图像。它们既是理想化的，又获得了具体的表达。丰富的感官性（sensuality）蕴藏于美丽的伊斯兰园林，这些园林充当了真主阿拉的化身，即世间天堂。[9]

此后，欧洲中世纪的园林恰恰受到伊斯兰天堂式园林的影响，才开始涌现细腻且丰富的感官性特征，故而，中世纪园林便与原始自然的荒野属性分道扬镳。尽管这些园林是舒适和愉悦的来源，但它们仍然承载各种宗教象征和隐喻。在但丁的《神曲》中，作为**微缩世界**的园林构成了上帝居所，因此，相较于险恶的外部世界而言，园林变成了更为神圣且温和驯服的场所。

园林艺术通过感知实现了关于首要现实（primary reality）的**模仿**，而首要现实意指世上所有可触的、可变的事物。然而这种模仿不仅只是一种复制，它还是永恒**理念**的隐喻性再现。通过现实（诸如植物、天气、季节和其他元素）的象征性嬗变，艺术能够协调人神之间的关系。根据艺术史学家维特科尔（Rudolf Wittkower）的论述，只有当人们以理论的方式凝视事物之时，美才能得到显现，美与数学、音乐和自然法则皆保持着密不可分的关系。[10] 比如说，中世纪早期的画家运用了大量的象征符号，但它们与事物的真实外观基本没有任何的联系（图 3）。很多绘画和园林能够传递出神圣的完美符号（例如理想化的自然、永恒和神圣），然而这些符号却与日常生活没有丝毫的关系。

很多建造于启蒙运动之前的景观，具体展现了象征性的神圣秩序。这些景观彰显了理论知识。在这段时期中，园林提供了一个孕育着历史和神话的宇宙"采石场"（quarry）。理论仍然包含着宇宙秩序的统一概念。作为再现艺术的园林提供了与历史和宇宙息息相关的象征性情境。

以文化共享而论，理论知识凭借其完美的模仿（idealized mimesis）和图像学内容（iconographic content）一直从古代延续到文艺复兴晚期和巴洛克时代。[②]

图 3　这张图片描绘了人类受惠于上帝恩赐花果的场景。它是一张有关象征性的图像，
这份手稿的插图出自圣塔提之手（Tacuinum Sanitatis）

图片版权：Austrian National Library, Vienna

以兰特庄园（Villa Lante）或者阿尔多布兰迪尼庄园（Villa Aldobrandini）为例，
很多庄园的图像学内容囊括了丰富的古典造像、象征性喷泉和隐秘性洞窟，借
以表达古典神话的方方面面。[11] 在这些例子中，园林的形式、几何和图案皆富
有深刻的象征意义，它们共同承载、传播且映射各种各样的理念。

科学革命

在 17 世纪晚期和 18 世纪早期的过渡阶段，科学思想的变革彻底改变了理
论和再现的传统象征体系。而在中世纪和文艺复兴时期，算数和几何学是一种
连接人与神的普世性科学。甚至，即使在 1619 年，数学家、天文学家开普勒
（Johannes Kepler）在《世界的和谐》（Harmonices Mundi）中写道：

基督徒有赖于数学的规律和原则方可知晓物质世界的创造，而且，数学规律与
上帝永世相伴，只有上帝在真正意义上才是世间最纯粹的灵魂和心灵 [12]（图 4）。

而且，

以本源而论，具有神性的造物者（上帝）有意选择弧线和直线来塑造整个世界。[13]

在 17 世纪早期，伽利略提出，理想（ideal）和经验现实（empirical reality）究其本质而言皆隶属于数学的范畴，而且他还率先质疑了人与神之间的关系。伽利略把数学解释成一种"自足"（in-itself）的纯粹性建构，从而开拓了客观主义（objectivism）的思想潮流。人们把数学从日常的生活世界中抽离出来，且将之客体化。作为客观推理工具的数学日益变得流行起来，它最终取代了理想化的再现形式。这一转变出现于 17 和 18 世纪之间，正如建筑史学家韦塞利（Dalibor Vesely）将其称之为"再现断裂（divided representation）"的时代。[14]换言之，在再现断裂的时代，数学仍然是传统宇宙学的组成部分，而且仍旧被赋予了神圣的属性，然而这个时代却涌现了一种关于再现的新基础：现代科学的工具性（instrumentality of modern science）。

由于牛顿的自然哲学为神话的神圣本质打下了理论基础，因此，神话在 18 世纪依然在很大程度上继续维系着上述转变。尽管大家在这一阶段皆认同和接纳牛顿的实证研究，随后，牛顿的研究又演变成 19 世纪实证主义的基础，但是，强有力的新柏拉图主义（Neoplatonic）的宇宙学仍然余温尚存，因此，对于许多人而言，几何和数学依然具备着超越性价值。牛顿和其他很多人坚信上帝构成了宇宙中的恢弘实体（great masses），是上帝在维系着井然有序的宇宙运动。大约在公元前 360 年，柏拉图的著作《蒂迈欧篇》（*Timaeus*）出现了在纯粹空间中创造万物的概念。

最终的转变出现于 1800 年左右，此时的几何学、数学和其他象征系统完全转变成正规的学科，它们已经完全脱离了形而上学的内容。[15]倡导现代工具性的人们宣称，数学的准确性和实证的清晰性远远超过了象征和宇宙再现中模棱两可的不确定性（indeterminacy）。这种转变正是现象学家胡塞尔（Edmund Husserl）所谓的现代科学和理论之"危机"。胡塞尔认为，来自生活世界或感知世界的知识置换（displacement of knowledge）拉大了人类生活与自然之间的距离。尽管科学脱离了生活世界的基础和主观本性（subjective nature），而且科学也毫无争议地构成了现代社会取得辉煌成就的必备条件，但胡塞尔坚持认为，科学的普及裹挟着异化（alienation）的危险，同时还导致人类陷入客观主义的危机，这些后果都会令世界变得愈发抽象与疏离。对于胡塞尔而言，现代科学的自主工具性（autonomous instrumentality）"将自然缩减为数学的复印本"。[16]

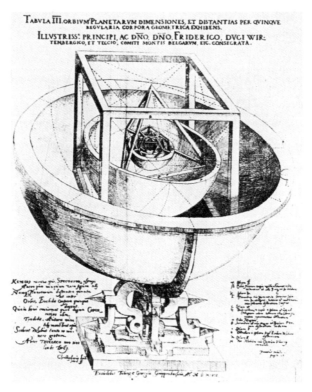

图 4　开普勒运用欧几里得的几何和数字秩序，以理论的形式阐释宇宙的神秘性以及宇宙的和谐运
　　　动，这幅图是开普勒（Johannes Kepler）创作的雕刻画
图片版权：开普勒的《宇宙奥秘》（*Mysterium Cosmographicum*），1596 年

　　与之相随，宗教秩序亦发生了相似的变化。在面对新事物时，宗教隐喻开始失去其自身强大的力量。随之而来的是，教会影响人们想象力的程度减弱了，宗教在此后的数个世纪中失去超凡的世俗和道德力量。因此，宗教整体性和神圣价值的全面退化，以及理性和科学的全面进步，共同导致且加剧了 17 和 18世纪发生的传统断裂。

　　这些变化的一个重要后果是把曾经处于整体且完整的宇宙分割为不同的类别。在 18 和 19 世纪，艺术、科学、语言、宗教和神话等学科被各自区分开来，且被严格划分到特定的知识体系中。尤尔根·哈贝马斯（Jürgen Habermas）这样写道：

> 18 世纪的启蒙哲学家开创了追求现代性的事业，依据自身的内在逻辑，现代性致力于发展客观的科学、普世性的道德和法律、自主性的艺术。同时，现代性旨在从它们各自深奥的形式中释放出每个领域的认知潜能。启蒙哲学家

试图利用不断积累的专业文化丰富日常生活，易言之，人们能够通过专业知识理性地组织日常生活。[17]

随着不同专业的细化和发展，这些独立的知识领域变得愈发自治和自我指涉（self-referential），它们将自身围于学术象牙塔而脱离了大众生活。哲学家福柯（Michel Foucault）把这种现象与环状监狱（panopticon）建立起联系，即知识受困于环状的狱墙。一方面，知识可以接受各种检测且能被仔细研究，但在另一方面，知识变得无处逃遁且围于某一确定范围之内。若是切断创造性交流与（更大范围内的）共享性话语世界之间的关系，那么，创造性交流的发生机制便会遭受严重的损害，从而造成它与历史和共享知识之间产生一种彻底的不连续性。[18]

在整个 18 和 19 世纪，创立机构和学院的目的皆源于专家们从事的理性事业（project of reason）。举例来说，法国皇家科学院（French Royal Academy of Sciences）成立于 1666 年，连同伦敦皇家学会（Royal Society of London），这两个机构皆自认为致力于献身培根（Francis Bacon）的"乌托邦研究"计划。[19]回头审视那个经历了启蒙运动的世界，各大研究机构皆欣然接受了以实证为基础的科学理念，并且以理性和因果关系建立他们的理论和实践。艺术变得愈发不能基于模仿进行创作，因为物质世界已经被减损成若干的事实，在这个过程中，世间之物排除（或中立）与神圣有关的内容。

在这个时间段里，建筑院校和相关的艺术机构也发生了相应的变化。皇家建筑学院（Royal Academy of Architecture）在 1671 年成立于巴黎。理性观念以前所未有的方式取代了共济会（Masonic guilds）的传统学徒制。综合理工学院（École Polytechnique）也于 18 世纪晚期成立于巴黎，这是一所激进的学院。该学院首次将建筑学等同于科学进行教学活动，同时强调逻辑和理性的方法。学院把欧几里得几何、代数分析、秩序和风格划分成不同的类型和系统，然后将它们当作技术和设计的普适性方法。

让 - 尼古拉斯 - 路易·迪朗（Jean-Nicolas-Louis Durand）担任学院的建筑学理论教授，他于 1801 年出版了《建筑物的参考和汇编：古代与现代》（*Recueil et Parallèle des Édifices en Tout Genre, Anciens et Modernes*）（图 5）。建筑史学家佩雷兹 - 戈麦兹（Alberto Pérez-Gómez）曾把迪朗的著作作为例证来说明，建筑理论已经彻底退化为一种控制实践（praxis）的自我指涉的工具。[20]易言之，迪朗成功建立了一套建筑秩序的基础，它既不基于传统，亦非来自生活经验，而是涉及建筑的自主性。迪朗强调建筑的超验判断之"无关联性"（irrelevance），拒绝一切直觉和隐喻的力量。对于迪朗而言，在一个受实用价值主导的物质世界中，建筑只需在有效和理性的前提下证明自身的合理性即可。

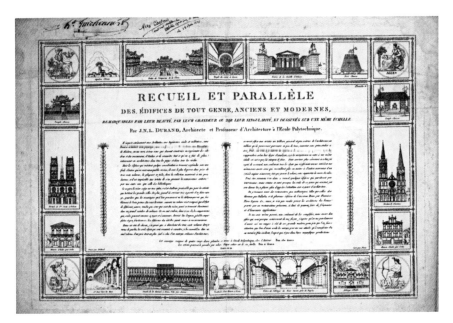

图 5 这幅卷首插图摘录于迪朗（J. N. L. Durand）1801 年的著作《古代与现代：各类大型建筑对照汇编》（*Recueil et Parallèle des Édifices de Tout Genre，Anciens et Modernes*）

图片版权：Adam Fetterolf Collection，Anne and Jerome Fisher Fine Arts Library，University of Pennsylvania

从迪朗和综合理工学院开始，西方就出现了一种基于纯粹方法论和技术的建筑学理论。理论被还原成技术操作，这促使建筑学对人类直觉和感觉感知（sensible perception）产生了怀疑。韦塞利指出建筑学已经沦为"一种工具性学科，虽具备堂而皇之的意图，但却无明确清晰的意义，这让建筑学变成通过数学方式揭示真理的纯粹工具"。[21]

设计师朗利（Batty Langley）在 1726 年出版了《实用几何：建筑物、调查、园林和测量法之应用》（*Practical Geometry as Applied to Building，Surveying，Gardening and Mensuration*），他又在 1727 年出版了《园林新则》（*New Principles of Gardening*），这两本著作是理论退化成规则与方法的又一例证。该著作论述了许多必要的欧几里得几何原则和公理，它们为所有的建造技艺提供了基础。在方法和实践层面上，朗利运用欧几里德几何描绘园林的形式和布局，绘制迷宫、树林、城市和房产（甚至包括"荒野"）的平面图（图 6）。对于朗利而言，几何学既是一种科学工具，又是"所有园林布局的基础"，在巴洛克园林的风格手法中，尽管一些几何形式会强加于自然元素之上，但朗利似乎无法领会其几何学的象征性意义。

迪朗、朗利和其他持相同论点的人追随笛卡尔的步伐，从而变得愈发怀疑

图 6　以新几何为基础设计的英国园林，

引自：兰利（Batty Langley）在 1927 年的著作《园林新则》（*New Principles of Gardening*）

图片版权：Anne and Jerome Fisher Fine Arts Library, University of Pennsylvania

人文学科，他们认为人文学科充斥着主观的随意性和模糊性。[22] 通过物理科学的、理性逻辑的数学法则，人类创造人工建造物，与来自模仿和直觉的产物相比，人们认为数学法则主导下的建造物具有更高的价值。美（beauty）和审美情趣（aesthetic delight）曾是数学、音乐与知识的组成部分，现如今，它们被分割成不同的事物。以传统的眼光而论，艺术是一种既模糊又主观的创造物，因此，之于理性的现代人而言，这种艺术类型只不过是一些杂乱无章且不合逻辑的事物。

鲍姆嘉通（Alexander Baumgarten）在 1750 年出版了《美学》（*Aesthetica*）。这是第一本研究艺术哲学和理论的严谨著作，尤其关于美感与审美的论述。鲍姆嘉通认为，人们从具象的混沌之物中提取特定的内容（即专注某方面的内容而抛弃无关的事物），从而让精确且独特的认知获得自身的明晰性。但他同时还提到另一种认知模式，即主体感知（subjective sensibility）。鲍姆嘉通宣称，主体感知与清晰性和独特性无关，与之相反，主体感知具有一种注重复杂性和丰富性的具体感觉。

对于鲍姆嘉通而言，科学思维不可避免地造成了人类感官的贬损。因此，他主张将主观感性作为看待世界的优先模式。科学的任务是揭示世界的隐藏结构，鲍姆嘉通认为艺术能够揭示世界的丰富性，是科学的必要补充。故而，在18 世纪中叶，整个社会思想都摇摆于美学和科学思维之间。尽管鲍姆嘉通承认两者的本源关系是相辅相成的，但后来美学与科学之间的对抗性不断增强，使得它们之间的关系变得渐行渐远。

在某种程度上，"品味"（taste）的演变和发展导致了科学与美学的分离。鲍姆嘉通所确立的品位指的是：一个受过良好教育的人无需去解释任何原因（或者说，不用任何的知识来说明为什么），便能凭借直觉判定某些事物是否正确。品位之于美学恰如理性之于科学。先天具有良好审美的人能够自发地体验到自身之于世界的感受。但是对于那些缺失审美意识的人来说，便会存在一个疑问：如何制定某种标准以指导且控制美感？为了尝试提供某种具体的美学标准，沙夫茨伯里的伯爵（The Earl of Shaftesbury）曾经设定了大量重要的美学规则和范例。

因此，随着"良好品位"的概念不断深入人心，专业院校变成品味教育的仲裁者。这些机构为学者们提供一系列培养良好且合理的品位所依赖的原则和标准。令人讽刺的是，鲍姆嘉通起初创造主观性品位的概念是为了赋予艺术家足够的创作自由，但品位如今却退化成一种由学术精英们操控的既定标准。[23]

关键之处在于，以下的两股思潮已经完全代替传统的再现象征体系（理论曾经是其重要组成部分）：其一，强调以科学主义为主的自治性 / 工具性再现；其二，以品位谬误为基础的审美性再现。

上述的演变过程还涌现出历史主义（historicism）的实践。由于这是个过于复杂的话题，因此，我无法在这里展开相应的论述，不过值得注意的一点是，以理性为绳墨的启蒙运动哲学家同样寻求一种客观描述的方式来理解历史和传统。[24] 历史主义将历史看成是关于时期（period）、史实（factual occurrences）和形式风格的理性演变。与感性世界的遭遇类似，历史领域在很大程度上也被还原且客观化了。景观和建筑的传统被凝结成一种形式和类型的组合，它们完全变成一种可分类的、可测量的要素。18 世纪之前的建筑秩序和形式具有特定的意义，历史主义削弱了建筑意义的文化基础。正是凭借这样的"思维定式"（mind-set），欧洲的伟大巡礼不仅带来了一种古典品位的美学财富，同时，还运用历史的风格和形式代替之前"高雅"文化理想中所蕴涵的象征性图像。

关于启蒙美学和历史主义的简练描述为后两个世纪的理论发展奠定了基础。当人们追溯 17 世纪晚期以来风景园林的发展，以下三个趋势已经变得愈发清晰：景观的审美化（aestheticization）、设计师不断从历史中攫取象征性的（emblematic）形式、已经发生改变的理论本质和实践基础变得越来越清晰了。

景观的审美化

17 世纪，笛卡尔的理性思想逐步风靡欧洲大陆，在此，凡尔赛宫或许可以成为体现世俗化（secularization）的一个例证（图 7）。凡尔赛宫的园林平面布局不再以教堂为中心，而是围绕国王的宫殿进行布置。凡尔赛宫、林园（park）和外围之景同形成紧密镶套的空间结构、无限的远景和无垠的大地包裹着林园，林园围绕着宫殿，它们又进一步强化了宫殿的中心性。所有的造园布局皆按照皇帝的观赏视线进行布置。在凡尔赛宫，统治者的视线占据至高无上的地位（类似于"神圣王权"），这简直就是世俗化的绝佳例子。尽管凡尔赛宫是理想和完美的化身，但其不再能调解人神之间的关系。哲学家哈里斯（Karsten Harries）曾写道：

> 凡尔赛宫这件艺术品诞生于这样的一种意识之中：人类远离形而上学之后所产生的孤独感。人类渴求度量（measure）的目的是寻求某个答案，如果那个答案是关乎美学的话……那么，作为艺术品的凡尔赛宫为人类提供了一种十足的幻觉；而现在人类为此幻觉必须付出的代价是自身的自主性（autonomy）。人类自身成为艺术作品的组成部分。[25]

然而在当时，凡尔赛宫的几何性仍保留着象征力量。尽管没有直通神灵，但是其几何性显然是一种象征性操作，它同样能激发完美的真理和卓越性。无论从哪个层面来说，巴洛克的透视主义（perspectivism）与其 19 世纪的处境完全不同。人们无法将凡尔赛宫的景致与奥斯曼（Haussmann）的林荫大道进行比较。正如佩雷兹 - 戈麦兹（Pérez-Gómez）所写的：

> 在 17 世纪的凡尔赛宫，五彩缤纷的颜色、气味、光线、水戏、烟花和丰富多彩的神话确实扮演了举足轻重的角色。凡尔赛既是政府人员娱乐的场所，又是太阳王路易十四的寝宫，因此，凡尔赛宫的意义来源于两种力量的交融：几何性，以及几何提升感受力的潜力（its potential to enhance sensuality）。[26]

设计师莫勒特（André Mollet）在 1657 年出版的《游乐性花园》（Le Jardin de Plaisir）率先强调了身体和审美的欢愉，法国形式主义（formalism）的几何性恰好充当本书中的实例。纵然莫勒特给出了一些实践层面上的建议，但是其行文仍属于亚里士多德的话语体系。以莫勒特的立场而言，实践（Praxis）与万物有灵论的宇宙观（ananimistic cosmos）密不可分。一个造园家的生活理应是宇宙时间韵律的一部分。无独有偶，设计师波易溲（Boyceau）在 1638 年发表了《园林原理》（Traité du Jardinage），尽管波易溲主张造园家应该掌握一些实践知识，但他最终仍然把传统的诗意建造（poesis，即连接人类与大地）视为造园的主要目标。因此，造园从来都不仅限于作物生产或者自然的支配。

1709 年，造园家德扎利埃（Dezallier d'Argenville）发表了《造园的理论与实践》（La Theorie Et La Pratique Du Jardinage），该著作主要把艺术形式归纳为相应的规则和公理（axioms）。詹姆斯（John James）改写的英文翻译出版于 1712 年。德扎利埃的著作与莫勒特和波易溲的研究成果构成了强烈的反差。德扎利埃的著作没有涉及形而上学的范畴，仅包括了实践指导、规则和方法，这些内容主要应用于场地营造、植物培植和种植技术。如今，巴洛克园林的几何形式与测量员的实践性几何图形已经变得相差无几。与迪朗的工作如出一辙，德扎利埃亦构建了一个新的"理论"概念：理论被当作纯粹的方法和技术（ars fabricandi）（图 8）。

随着穿越欧洲、美洲和中国的旅行变得越来越流行，这为拒绝法国呆板的几何园林提供了原动力。早在 1685 年，坦普尔爵士（Sir William Temple）曾论述过"自然的"、不规则的中国园林，并且广泛注意到叠石和野趣具有愉悦的"美学"经验。随后，建筑师钱伯斯（William Chambers）撰写了一篇论述东方园林的文章，主要介绍园林变化（variety）和对比（contrast）的形式原则。[27] 1700 ~ 1720 年间，英国的造园从法国和荷兰模式转变为以下的景观类型：不规则性（irregularity）、对比性、多样性和注重远景效果（distant views）。在诗

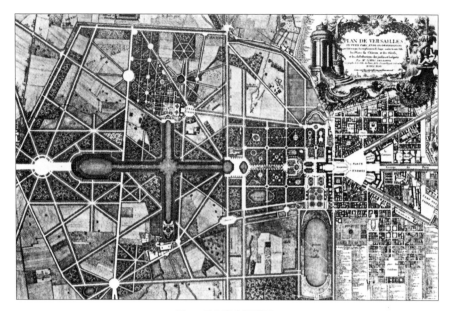

图 7　凡尔赛宫平面图，
德拉戈维（Abbé Delagrive）绘制，1746 年

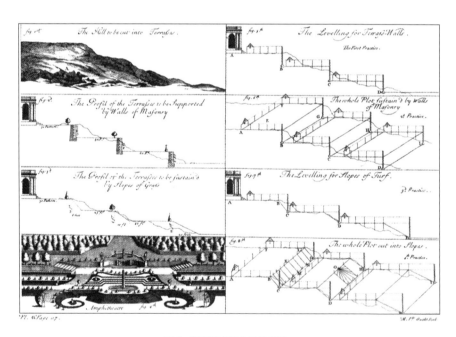

图 8　测量技术和台地的建造，
引自：约翰·詹姆斯（John James）在 1712 年将达琼维尔（Dezallier d'Argenville）于 1709 年
出版的《园林的理论与实践》（*La Théorie et la Pratique du Jardinage*）翻译成英文版的插图

图9　位于斯托园（Stowe House）的一座帕拉蒂奥石桥和一座哥特教堂，英格兰白金汉郡

图片版权：Roger Bennion（http://www.flickr.com/photos/53783410@NO3/）

人蒲柏（Alexander Pope）、艾迪逊（Addison）朗利（Langley）和设计师斯威策（Stephen Switzer）的写作中，他们不仅把这种新的景观模型归纳成一种理论，而且还阐明了实现该美学所需的技术性知识。[28]

持续繁盛的欧洲旅游业（European Grand Tour），以及不断风靡的洛兰（Claude Lorrain）和普桑（Nicolas Poussin）的风景画共同点燃了大众之于古典文学和意大利阿卡迪亚田园景观的兴趣。该趋势还激发了景观营造需要以兼容并蓄的方式吸收其他异域的历史风格。绘画和文学深刻影响着景观，象征性的历史片段充盈于景观之中，而作为第四种艺术类型的戏剧和舞台设计也全方位地渗透于景观中。[29]

斯陀园（Stowe）或许可以作为这波潮流的最佳案例。早期的英国园林似乎是由象征性节点、文学寓言和戏剧布景拼接而成（图9）。在此，注重激发感受力和想象力的景观类型诞生于启蒙时代的美学，而启蒙计划的起源和历史又须景观以兼容并蓄的方式处理那些废墟和象征性节点，易言之，历史时间的象征意义需要与寓言性叙事相互统筹编排。

18世纪晚期，关于景观理论本质的讨论主要聚焦于审美和品位。普莱斯爵士（Uvedale Price）于1874年发表论文"论画意及其与崇高和优美的比较"（An Essay on the Picturesque，as compared with the Sublime and the Beautiful）。艺术家吉尔平（William Gilpin）也于同年发表了"关于如画美学的三篇论文"（Three Essays on Picturesque Beauty）。奈特（Richard Payne Knight）曾是反对普莱斯和吉尔平的得力干将。在他们三人之间挑起了一场关于美学品位的论战；相较于"优美的平滑"（smoothness）而言，"如画的粗糙"（roughness）更受推崇，由于前者缺乏自然之戏剧性和内在之忧郁（melancholy）而备受批评（图10）。普莱斯给万能布朗（Capability Brown）贴上的标签是"犹如空洞无物的天才"。他写道："布朗在任何项目上都打上单调的烙印，这真是太糟糕了"。[30] 普莱斯的文章明显且激进地透露出偏向纯粹视觉标准（visual criteria）的重要性。当然，吉尔平的文章也明确推崇视觉审美，因此，视觉性在吉尔平的景观理解中占据着非凡的地位。

通过参考罗萨（Salvator Rosa）和康斯特布尔（John Constable）的绘画，捍卫如画思想的作家们创立一套新的形式句法："前景与遮掩""粗糙与变化""对比与明暗""层次与效果"。景观被当作图画（picture）进行设计。尽管肯特（William Kent）在25年之前就已涉足绘画领域，但肯特的景观内容却极为丰富，比如说，每处设计的园林景致都包含某些特定的文学或者寓言。然而在充满乡村气息的如画审美之下，被压缩成单一图画再现的景观变成了纯粹的图像。[31] 这种趋势导致了景观的审美化，在此语境中，形式和图画构成了景观的主要内容和意义。

雷普顿（Humphry Repton）于 1794 年出版了《景观园林中的草图和线索》（*Sketches and Hints on Landscape Gardening*），在 1805 年，他又出版《景观园林理论和实践之研究》（*Observations on the Theory and Practice of Landscape Gardening*），这两部著作帮助雷普顿捕捉到了画意的"公式"（formula），或者我们可以将之称为"理论"，即便理论这个词已经遭受着各种非议。19 世纪的景观设计既重视审美化又强调折中主义，雷普顿的写作无疑扮演了先行者的角色，他写道：

> 我既不信奉勒诺特（Le Nôtre）也不追随布朗，而是从他们的风格中选取各自的美，在勒诺特身上，我吸纳与宫殿相衬的壮美；在布朗身上，我吸取唤起自然景观的优雅魅力。每一种风格都有其适合的情境；上佳的品位能够将时髦的风格转变成基本常识。[32]

雷普顿提出，只要以"良好品位"的名义为出发点，景观设计便可混搭任何的美学方法和风格。然而，假如抛开雷普顿论文中肤浅的内容和风格化的表述，我们便发现雷普顿实际上暗示了景观可以被理解成具有某些原始内容和意义的事物。他写道：

> 我承认我的野心不仅在于写出一本图册，而是为了提供某些线索以证明：相较于其他优雅的艺术来说，真正的景观园林品位不是一种外在的偶然效应，而是一种能够通过与外部事物的对比、分离和结合而获取的愉悦感，并且，还能从人类心灵里追溯那些欢愉存在的先天原因。[33]

雷普顿似乎意识到，艺术仍然主要隶属于人类的思想和创造性思维的范畴。他有一位植物学家的友人劳顿（J.C. Loudon），在雷普顿去世之后，其写作和理论促使了劳顿汇编、编辑和宣传他的作品。在 1843 年，劳顿的同事建筑师帕克斯顿（Joseph Paxton）设计了伯肯海德公园（Birkenhed Park），该公园最终激发了奥姆斯特德和园艺师唐宁（Albert Downing）的创作想象力。唐宁于 1841 年出版了《论景观园林的理论与实践》（*A Treatise on the Theory and Tractice of Landscape Gardening*）。

从迪朗到雷普顿，从德扎利埃到唐宁，启蒙时代的理论状态显然区别于前启蒙运动时期。在一个世纪的光景中，理论的形式与目的逐步发生了改变。理论退化成技术性知识，即一种伴随着标准和原则的方法论。理论变成一种实践"语言"，其作用在于提高生产和促进重复性活动（repetition）。然而在 1800 年

图 10 上图是没有精细处理的园林场景（如画美学），下图是经过细致加工的景象（美丽动人），
引自：Richard Payne-Knight 的著作《风景》（ *The Landscape* ），1794 年

以前，艺术主要是理念和知识的形体化（embodiment），艺术是富于想象力的文化表达，那时的艺术并不依托于解释性语言，其更类似于隐晦的姿态（gesture）和象征系统。在早期现代运动的伊始过程中，从启蒙时代延续下来的理论和再现机制发挥了极有力的影响，然而，我们必须意识到，相较于古代内涵而言，这些理论与再现皆经历了启蒙时代的过滤和转变。

20 世纪

艺术批评家克拉克（kenneth Clark）把塞尚视为一位革命性艺术家，塞尚之前的绘画是一种基于自然的模仿再现，塞尚之后的现代艺术则转变成一种非隐喻的（nonfigurative）形式。[34] 当然，克拉克会承认塞尚没有任何试图跳出自然和首要领域（primary realm）以外进行艺术创作的意图。与之相反，塞尚恰恰深受自然的启发，以至于塞尚发现一种更为深刻的方式来表达自身之于场景的"情感"（feeling）。塞尚认为应该突破关于自然的直接光学之表象（appearance），转而关注自然的内在气质（temperament）。塞尚的路径同样适用于早年蒙德里安（Piet Mondrian）进行的树木研究，这表明艺术的关注点逐步从表象转向了本质[35]（图 11）。

同样，在艺术家克利（Paul Klee）的作品中，作为图像的自然更加深刻反映了自身的神话叙事和精神内容。康定斯基（Wassily Kandinsky）和施莱默（Oskar Schlemmer）对色彩和形式产生了浓郁的兴趣。其他人也同样运用抽象的、形式的媒介代替可见的自然，比如马列维奇（Kazimir Malevich）或者蒙德里安。此时，美学对象仅是一种有关媒介的表达、是其特定的生产技术。这种全新的自主性美学令艺术对象只能诉诸自身。

形式主义美学在 20 世纪初得到了长足的发展。在这段时期的写作中，艺术的首要角色逐步倾向于强调视觉和感官的美感。艺术史学家费德勒（Konrad Fiedler）提倡"纯粹视觉性"和"非透明性"，哲学家克罗齐（Benedetoo Croce）和艺术史学家沃尔夫林（Heinrich Wölfflin）的写作共同推动了抽象的艺术运动。设计师恩德尔（August Endell）是德国新艺术（Art Nouveau）的成员，他宣声：

> 我们不仅刚刚踏上了创造新风格的征程，同时还处于发展一种全新艺术的临界点。这种类型的艺术形式没有任何的象征意义。[36]

在 20 世纪的早期，艺术不需要在变化与永恒之相互协调的基础上模仿自然或象征。与之相反，自主的、自我指涉的形式是一种"纯粹"之物，这些形

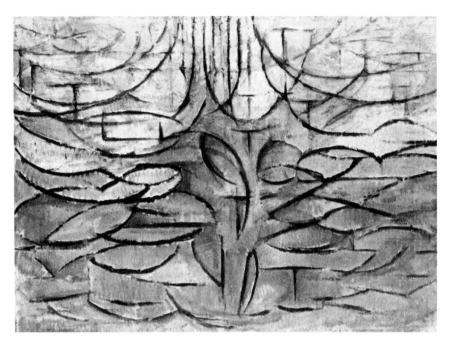

图 11　开花的苹果树（Flowering Apple Tree），蒙德里安，1912 年，蒙德里安消除了文字的建构性（literal reproduction），这种视觉图像有利于观者捕捉绘画的本质以及事物背后的本质概念

图片版权：Gemeentemuseum Den Haags ©2013 Mondrian/Holtzman Trust c/o HCR International USA

式能够在自身的媒介界限内自圆其说。倘若音调和节奏构成了音乐的本质，那么，造型艺术的本质就是形式和色彩（图 12）。

　　从这时候开始，自主性美学的力量已经渗透至所有的艺术门类里。现代艺术和现代风景园林已经演变成一种特定的美学，即形式激发内容。形式不再需要表达（或传递）理念、神圣肖像或隐喻。如今的形式已经完全不等同于内容。传统艺术是一种再现外部理念的模仿，然而，纯粹形式则仅指涉自身，因此，纯粹的形式割裂了任何的模仿关系。故而，纯粹的形式或称之为形构（gestaltung）既是自主和自我指涉的，又是自我生成的（self-generated）。

　　诚然，我们不能说这样的作品毫无意义。意义的基础来源于知觉（perception）；因此，这类作品一旦被感知，人们便可以重新阐释它们，而且这些作品还能影响后人的世界观。自主性艺术和抽象艺术具有巨大的变革价值，过去是，现在亦然。

　　建筑深受新艺术精神的影响。包豪斯成立之初便开始探索纯粹形式和几何空间的本质属性。象征性再现（甚至"本质"的概念）很快无人问津。在此，一处园林（或者某个人造物）可以没有任何价值：它不必非得像其他之物。园林不再需要直接的表达和象征，或者说，园林不须召唤任何的自然本质、传统

图 12　Composition QVIII，维也纳，莫利－纳吉（Moholy–Nagy），1922 年，整个构图强调形式探索的重要性，形状、色彩、透明性、视觉平衡和光学的动态性构成了主要的"概念性内容"

图片版权：Hattula Moholy-Nagy ©2013 Artists Rights Society（ARS），New York / VG Bild-Kunst, Bonn

或理念。园林能够完全挣脱模仿和象征的机制。

"空间"不再含有文脉或场所的属性，空间变成了笛卡儿坐标系语境下的自主性集合，空间总是处于无限的漂浮状态，这种概念构成了时下处于主导地位的空间概念。启蒙运动的内在思想取代了能够容纳连续生活经验的"空间"。在形式主义试验大行其道的年代，大家皆痴迷于这种全新的句法潮流、空间平面、体量、几何形体和新材料。在景观领域，建筑师古艾瑞克安（Gabriel Guevrekian）沉浸于这种形式试验，而风景园林师斯蒂里（Fletcher Steele）也与此风尚有染。随后，风景园林师埃克博（Garrett Eckbo）、凯利（Dan Kiley）、马克斯（Roberto Burle Marx）、巴拉干（Luis Barragan）和哈普林（Lawrence Halplin）各自皆以不同的方式发展了这种抽象的设计方法。或许，哈普林是上述设计师群体中的一个特例，他通过设计重唤自然之涉，哈普林既从自然的形式与过程中抽象出设计语言，又尝试激唤出自然的内在属性（图 13）。

早期的现代主义（特别是上文提及的部分）显然是启蒙运动的产物。"纯粹主义"（purism）、原创性（originality）和新颖性（novelty）完全取代了传统性和连续性。理性化、审美化和历史主义以其自身方式构成一种亚文化的基础，也就是说，职业化的"专家"决定了"什么是值得品味的，什么是美丽的"，也决定了"什么样的景观应该被建造出来"。当今的理论就是此种趋势的延伸。如今的理论可以解释事物存在之缘由（即实证主义），或者说，理论能提供必要的知识以弄清期待之物的建造和实施过程（即规范性方法论），但无论理论扮演着什么样的角色，它已经完全不是古典意义上的理论。尽管起初的理论是调和性的（reconciliatory），在宇宙意义的层面上亦能提供集体性参与的契机，然而，当下的理论却是激进的，它们仅仅变成了一种与自主性、控制、权威和合法性有关的工具。[37]

当下的景观与理论：一种批判

在 18 世纪，景观是一种美学，到了 19 世纪，景观变成实用主义（pragmatism）和折中主义的社会产物，在 20 世纪早期的现代运动，景观又变成一种纯粹的美学，然而到了战后，景观处处弥漫着实证主义（positivism）的气息，在此，当代风景园林的理论基础直接从现代科学思想中演变而来。狭隘的、片面的、矛盾的原则和教条催生了风景园林学的理论基础，然而，现如今，这些原则仍旧蔚然成风。一方面，有些院校太过注重技术型导向的理论风尚，要么基于实证主义，要么依赖于生态机制和管理来解决问题；另一方面，其他院校以历史主义和形式主义为基础，结合个体化诉求转而注重景观的审美引导。因此，艺术、美学、生态与历史之间存在一种若即若离的、模糊多变的复杂关系，而景观恰好挣扎于其间而彷徨迷途。

在此等区分之下，很多人把风景园林看成一类专注于美化与娱乐的服务性商品，这种观点难道真的很难理解吗？运用该视角创造出来的景观具有高效、实用、美观等特点，但是，它们异常空洞，且缺乏深度和神秘感，更谈不上任何的品质，这类景观似乎除了功能之外便身无一物。在当代的诸多实践中，技术性"生态"取代了诗意的栖居；过度审美化的态度代替了象征性的力量；教条的历史主义替代了真实的历史与传统；乡愁式的地域主义和地方主义对抗着当代的现代性；基要主义者（fundamentalist）的"自然"运动替换了艺术与文化的再现；各个阵营之间充斥着毫无批判性的教条主义，批判性的交流根本无处可觅。

理论在人类与神灵、即时与永恒的关系之间发挥着调解性的功能，然而在当下的语境中，理论的原初功能似乎已经终结。[38] 在功能性的旗帜下，当下的理论已经转变为一套以技术特征为主要考量的操作规则和程序：设计方法论、类型学、形式主义的语汇规则、功能主义、行为主义等。对于人类而言，自然与文化世界的神秘性和隐喻性受制于工具性与控制性，自然和文化皆变成了中立的因素。

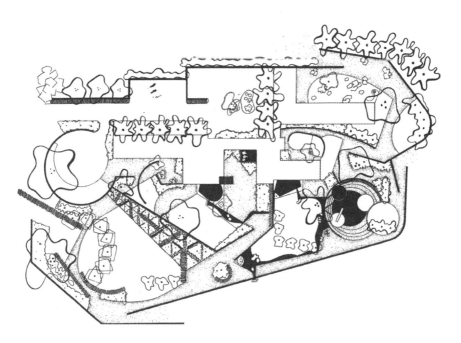

图 13 博得花园的平面图（Burden Garden），纽约威斯特彻斯特县，Garrett Eckbo，1945 年

图片版权：Garrett Eckbo Collection，Environmental Design Archives，University of California，Berkeley

在本文开篇，我区分了技术和动机之间的差异，并指出景观或许可以幸免于工艺上的缺陷，但是却几乎不能从创意（a creative stillbirth）的缺失中获得幸存之机。放眼于当今全球的语境，胎死腹中的景观类型比比皆是。在纯粹理性、同质化、白板场地的温床下，蕴藏于事物和场所之内的神秘性（enigmatic）被压缩成扁平的状态，最终它们将变得既无深度亦无广度。在这种环境中，我们没有机会探寻到任何的想象性与深层意义。

结论

起初，艺术和建筑的意向性（intentionality）具有超越的（transcendental）、象征的属性。象征符号能够在有限且可变的事物和无限且永恒的事物之间建立有效的联系，这些符号连接了鲜活的现实与抽象的理念之间的鸿沟。因此，象征性（Symbolization）构成了人类存在的最基本的操练形式。象征性首先属于隐喻与诗意的范畴，与客观理性和代数方程式毫无关系。在这个乏善可陈的世界中，到处弥漫着一种注重效率和功能的实用性价值，象征和诗意的意向性常常被世俗化（trivialized），且时常被理解成一种天真的姿态，因此，真正困境之处在于，前者（实用性）的价值取向完全压倒了后者（象征和诗意）。

风景园林学在社会中始终占据着重要的位置，这个专业能够为文化惯例和相关话语（discourse）创造出充满象征性的环境。风景园林是自然与文化之间的伟大协调者，在重塑当代城市及社区意义和价值的层面上，这个专业扮演着重要的角色。风景园林学不仅局限于"绿化"或者提供"开放空间"，它更应专注于提升人类的精神世界，从而构建出某种经验和共享价值之深邃形式。这一专业使命不应脱离于人类身体（以及人类身体与世界接触）的先验状态（a priori）。故而，风景园林理论应当跳出规范性方法论和公式化技术的牢笼，方能在感知、现象和文化想象的维度中大胆求索和翱翔。

> 如果把人类永远铆钉于整体的单个片段之上，人类只能变成单一片段的化身……人类若不以其秉性（nature）为根基来培育自身的人性（humanity），那么，人类终将不过是其职业（occupation）的某种印迹罢了。
> ——弗里德里希·席勒（Friedrich Schiller）《审美教育书简》（On the Aesthetic Education of Man）（1795 年，译于 1909 ~ 1914 年）

注释

1 这篇文章与一些学者的研究工作紧密相连，我深受他们的影响。相似的研究和论点可见，Dalibor Vesely, *Architecture and Continuity*（London：Architectural Association, 1981），Alberto Péréz-gomez, *Architecture and the Crisis of Modern Science*（Cambridge, MA：MIT Press, 1983），and Hans-georg gadamer, *Reason in the Age of Science*（Cambridge, MA：MIT Press, 1981）我特别感谢莱瑟巴罗（David Leatherbarrow）和欧林（Laurie Olin）为本文提供的参考资料，与他们的长期探讨也深刻影响了本文的写作。

2 参见：E. grassi, *Kunst and Mythos*（Hamburg：Rowohlt, 1957），Jacques Ellul, *The Technological Society*（New york：Random House, 1964），and Dalibor Vesely, "Architecture and the Conflict of Representation," AA Files 8（London：Architectural Association, 1984）.

3 参见：Maurice Merleau-Ponty, Introduction to *The Phenomenology of Perception*（Evanston, IL：Northwestern University Press, 1971）；Edmund Husserl, *The Crisis of European Sciences and Transcendental Phenomenology*, 翻译：D. Carr（Evanston, IL：Northwestern University Press, 1970），and Alfred Schutz, *Structures of the Lifeworld*（Evanston, IL：Northwestern University Press, 1973）.

4 感谢 David Leatherbarrow。另参见：Péréz-gomez, *Architecture and the Crisis of Modern Science.*

5 David Leatherbarrow, "The end of theory," 未出版手稿，1989 年。

6 以这种方式，物质被"转化成"（informed）概念，因此艺术家扮演了与造物主创造宇宙相类似的角色。参见：Erwin Panofsky, *Idea：A Concept in Art Theory*, 翻译：Joseph Peake（New york：Harper and Row, 1974），40；and Rudolf Wittkower, *Architectural Principles in the Age of Humanism*（New york：Random House, 1962）.

7 Alan Colquhoun, *Essays in Architectural Criticism*（Cambridge, MA：MIT Press, 1981），13.

8 参见：Peter Carl, *Themes I：Architecture and Continuity*（London：Architectural Association, 1983）.

9 参见：Anne-Marie Schimmel, "The Celestial garden in Islam," *The Islamic Garden*, 编辑：Elizabeth MacDougal and Richard Ettinghausen（Washington, D.C.：Dumbarton Oaks and the Trustees of Harvard University, 1975）.

10 参见：Wittkower, *Architectural Principles in the Age of Humanism.*

11 参见：David Co in, *The Italian Garden*（Washington, D.C.：Dumbarton Oaks and the Trustee of the Harvard University, 1972）.

12 In J. Kepler, *Harmonics Mundi IV, I*（1619），引用：W. Pauli, "The Influence of Archetypal Ideals on the Scientific Theories of Kepler," in C. Jung and W. Pauli, *The Interpretation of Nature and the Psyche*（London：Routledge and K. Paul, 1955）.

13 In Kepler, *Mysterium Cosmographicum*（Tubingen, 1956），引用：Werner Heisenberg, *The Physicists' Conception of Nature*（Westport, CT：greenwood Press, 1970）.

14 Vesely, "Architecture and the Conflict of Representation," 22.

15 参见：Péréz-gomez, *Architecture and the Crisis of Modern Science.*

16 In Edmund Husserl, *The Crisis of European Sciences and Transcendental Phenomenology*, 翻译：D. Carr（Evanston, IL：Northwestern University Press, 1970），21-60.

17 Jürgen Habermas, "Modernity—An Incomplete Project," in *The Anti-Aesthetic*, ed. Hal Foster（Port Townsend, WA：Bay Press, 1983），16.

18 Michel Foucault, *The Archaeology of Knowledge*（New york：Pantheon Books, 1972）.

19 Francis Bacon, *The Wisdom of the Ancients and the New Atlantis*（London：Cassell, 1900）.

20 Péréz-gomez, *Architecture and the Crisis of Modern Science.*

21 Vesely, "Architecture and the Conflict of Representation," 24. *Ars inveniendi* 暗示通过数学揭开真相的 "艺术"。

22 Rene Descartes, *Oeuvres*（11 volumes）, eds. Adam and Tannery（Paris：L. Cerf, 1974）.

23 参见：Karsten Harries, *Meaning and Modern Art*（Evanston, IL：Northwestern University Press, 1968），24.

24 关于历史主义的讨论，读者可以参考科洪（Alan Colquhoun）的文章，特别是，"Modern Architecture and Historicity," in *Essays in Architectural Criticism*, and "Three Kinds of Historicism," in *Modernity and the Classical Tradition*（Cambridge, MA：MIT Press, 1989）.

25 Harries, *Meaning and Modern Art*, 26.

26 Péréz-gomez, *Architecture and the Crisis of Modern Science*, 175.

27 William Chambers, *A Dissertation on Oriental Gardening*（London：W. gri in, 1772）.

28 参见：John Dixon Hunt and Peter Willis, *The Genius of the Place：The English Landscape Garden*, 1620-1820（London：Paul Elek Ltd, 1975）.

29 关于解释舞台设计如何渗透到早期英国的风景流派，参见：S. Lang, "The genesis of the English Landscape garden," in *The Picturesque Garden and Its Influence Outside the British Isles*, ed. N. Pevsner（Washington, D.C.：Dumbarton Oaks and the Trustees of Harvard University, 1974）. 同时参见：John Dixon Hunt, *Garden and Grove：The Italian Renaissance Garden in the English Imagination*（Princeton, NJ：Princeton University Press, 1987）.

30 引用：Marcia Allentuck, "Sir Uvedale Price and the Picturesque garden：The Evidence of the Coleorton Papers," in *The Picturesque Garden and Its Influence Outside the British Isles*, ed. N. Pevsner（1974）.

31 有关图片与副本反转的有趣讨论，请参见：Rosalind Krauss, "The Originality of the Avant-garde," in *The Originality of the Avant-Garde and other Modernist Myths*（Cambridge, MA：MIT Press, 1986）.

32 引用自：J.C. *Loudon, The Landscape Gardening and Landscape Architecture of the Late Humphrey Repton, Esq.*（London：Longman and Co, 1840）.

33 同上，164.

34　参见：Kenneth Clark，"The Return to Order" and "Epilogue," in *Landscape into Art*（New york：Harper and Row，1984）。

35　尽管本质指的是某些存在的事物，但正如本质存在于我们的知识体系之外，本质的发生与人类的感知没有任何的关系；换言之，本质的内涵与表象处于完全对立的关系。Immanuel Kant 的 *Critique of Pure Reason*，1781 年出版。

36　In August Endell，"The Beauty of Form and Decorative Art," in *Form and Function*，T. Benton and C. Benton，（London：Crosby Lockwood Staples，1975）。

37　把技术从诗意建造中分离出来，该过程与现代科学（技术）和现代美学的起源是同步进行的。虽然技术曾经隶属于表达象征性再现的诗意建造，但是它们如今也发生了分离。当代的技术已经全面地压制了诗意的建造，这种情况让普遍性和材料性代替了超越性和想象性。

38　参见：Leatherbarrow，"The end of theory."

译注

①关于形体化（embodiment）的详细论述可见，阿尔伯托 - 佩雷兹 - 戈麦兹 . 建筑在爱之上 [M]. 邹晖译 . 北京：商务印书馆，2018.

②图像学指的是从某件艺术品的图像和形式，兼具自身的文化含义以及时代价值。关于图像学的经典研究可见，戚印平，潘诺夫斯基 . 图像学：文艺复兴时期艺术的人文主题 [M]. 范景中译 . 上海：上海三联书店，2011.

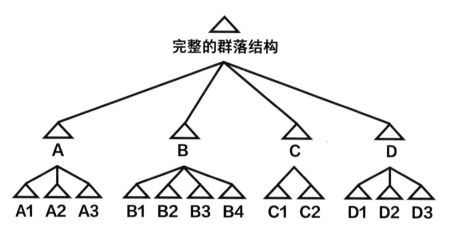

A1 包含的必要条件 7, 53, 57, 59, 60, 72, 125, 126, 128.
A2 包含的必要条件 31, 34, 36, 52, 54, 80, 94, 106, 136.
A3 包含的必要条件 37, 38, 50, 55, 77, 91, 103.
B1 包含的必要条件 39, 40, 41, 44, 51, 118, 127, 131, 138.
B2 包含的必要条件 30, 35, 46, 47, 61, 97, 98.

图1　一个设计问题的结构，类似于树状的等级模式，并且以逻辑为主导的解决之策，
引自: Christopher Alexander, Notes on the *Synthesis of Form* (Cambridge, MA: Harvard
University Press, 1964: 151)

图片版权: Harvard University Press © 1964 by the President and Fellows Harvard College;
© 更新: 1992 by Christopher Alexander

当代理论的三种霸权

一些人总是竭力避免探索和研究概念（labor of the concept），并且厌倦了种种的理论争辩，他们认为，我们应当深入挖掘事物本身和相关的文本。科学危机的标志是理论与实践阐释（practice of interpretation）之间相互分离，而上述言论即是科学危机的症候。

——彼得·伯格（Peter Berger），《先锋理论》，1984 年

若无预言（prophecy），便无希望；若无记忆，交流亦无从谈起。

——科林·罗（Collin Rowe），《拼贴城市》，1978 年

在过去的 20 多年中，许多学者已深入探索后现代的社会状况和文化维度，然而后现代的主要特征仍可从整个现代历程追溯到 18 世纪启蒙转变的时期。[1]由于与传统发生了根本性断裂，故而，在这个处于转变的过渡时代，我们的文化终于得以塑造成形。依据海德格尔所言的"为上帝，为时已晚（Too late for the gods）；为存在，为时尚早（too early for Being）"，这种错置的文化走向了一种全新的意识状态，即"在面对各种新的体验和意识之时，人们需要学习如何重新做人（learning anew to be human）"。[2]现代技术和全球化经济控制着整个世界，理性悬置了人类的信仰。海德格尔认为此种人类状况是一种人类与自身环境、人类与社区之间的"亲近（nearness）的遗失"，或者说亲密性（intimacy）的遗失。[3]现今大量的建成环境皆明显反映此种疏离感（estrangement），而且，当下风景园林和相关艺术理论与实践的思潮持续影响着我们周边的建成环境。本文通过两个主要研究的议题探索后现代社会的基本状况：第一，考察理论在

本文曾收录于: Landscape Journal 10/2（Fall 1991）: 159-161. © 1991 Regents of the University of Wisconsin. 本次再版已获出版许可。

风景园林学中的作用；第二，风景园林理论在解决我们时代的（人的）存在问题（existential problems）上所具有的功能。[4]

在过去的 200 年间，技术的客体化逻辑（objectifying logic）统治了我们生存的世界。它以追求效率和生产为准则使社会控制了外部世界；然而，由于这种技术逻辑具有进步革新之效（progressivist position），因此该逻辑取代了传统的内在发展规律，又由于该逻辑强调艺术创造的最优解（optimization），因此它还压制了艺术的诗意（由于其乐观的意识形态）。最终，众多的人文主义者都把社会顽疾归因于技术和资本主义的异化（alienating）效应，这批学者呼吁我们必然要先超越"技术 - 经济"思维的简化主义（reductionism），才能创造出更加充满人性的建造环境。[5] 当下文化存亡的首要问题不再关乎技术 - 生物的（techno-biological）内容，而是关乎审美和道德的层面。[6]

以传统的眼光来看，文化之晶（在历史中发现的文学、绘画、音乐、建筑物或风景园林作品）再现了无限丰富的阐释性姿态（interpretative gestures）和比喻性形体（figurative embodiments），它们皆尝试以各种批判性途径调和历史与当下、永恒与瞬间、普遍与特殊之间的关系。然而，在当下，我们发现越来越难以处理这些关系。人们已经遗忘风景园林在文化结构和形体 embodiment 中所扮演的角色，也记不得建造景观的内在象征性和揭示性力量，尤其在集体记忆、文化定位和连续性等方面，人们更是早就淡忘了景观的这些功能。毫不夸张的说，当下的风景园林理论与实践不断地提升其枯燥乏味的技术性特点，从而遗失了其形而上的、神话创造的（mythopoetic）维度。[7] 毕竟，在科学世界中，追求效率和最大效益的实用价值常常被认为更加"真实"（real），而那些想象的诗意愿景总被贴上天真的标签。[8]

当下，理论与 theoria（理论的希腊语）截然迥异。[9]theoria 源自人类经验和认知的基础领域，具有调节性和反思性，然而现代理论则建立在外部原点的自主性（autonomous）原则之上，并且在很大程度上变成了一种关于必然性和控制的工具。在人类中心主义的世界观中，现代思维的主要特点是被占据压倒性优势的理性方法和工具性技术赋予的。在现代科学中，尽管科学的态度已经取得了各种成就，但这种态度同时也促进了大量空洞文化的涌现，尤其在社区、环境和时间等层面上，这些文化形式始终以挣扎的方式探寻着它们的意义和连续性。对于大多数专业人员来说，风景园林学所面临的空洞文化则是一种疏离的景观。

风景园林理论如何能够重建一种"有关存在的地基"（existential ground），一种地形学（topography）：其兼具批判的连续性、记忆和创新、定位（orientation）和导向（direction）。为了求索答案，我们必须首先考察当代理论的三种主流途径，每一种途径皆具退化的基本趋势，即趋向于一种既居高临下又故步自封的霸权。

第一种是**实证主义**（positivism）：该途径具有独断的（dogmatic）、实证的（empirical）特点，它信奉全面且客观的事实结构能够产生一种符合逻辑的综合性思想；第二种是**范式**（paradigms）：该途径坚信普适的模型可以充当解决策略，或许还能解决相应的难题；第三种指的是**先锋派**（avant-garde）：该途径是一种寻求原创性的、蓄意的颠覆性运动，这让先锋派总是追求一种永无止境的实验性行为。尽管每一种类路径迥异，不过它们都源于现代技术的科学思维，且始终致力于维系一个过度"坚硬的"（hard）世界，在此，文化和景观的想象既不能实现调和，也不能发生相互的隐喻关系。[10]

实证主义

实证主义主要描述和解释事实性（factual）现象。科学方法能够检验有些事物的真实性（reality），而且它们还需经受各种细致且客观的审查，实证性陈述便是关于真实性的论断。实证主义的一面是**实质性理论**（substantive theory），或者，称之为具体性科学。这种理论类型主要用于辨别、解释和理解具体现象，其目的是提供一种先于任何行动的客观性和分析性知识基础。实证主义的另一面是**程序性理论**（procedural theory），它主要与设计过程的科学描述和阐释有关。将实质性和程序性理论结合起来，两者共同构成了一种致力于描述世界和阐释相应行为的**方法论理论**（methodological theory）。[11] 在现代实证主义思潮中，符合逻辑的客观理性最终诱发人类产生了一种幻觉，即人类具有无限的能力来解释、控制和操控自然力量。

风景园林和城市规划中的实证主义表现在：直到所有的基础性事实数据收集完之前，不允许采取任何的行动，或者说，不允许做出任何的改变。召集专家小组协同工作，以期能够收集到最完整的、最准确的数据集（data sets）。专家们通过归纳步骤将逐步得到一些成果，最终把它们绘制成地图，量化成相应的数据，并制成有关的表格。然后专家们计算出增长率，确定占据支配地位的蓝图，在此基础上，专家们有可能会制定出具体的发展规划。以上的描述恰是现代"系统理论"和其他方法过程（特别是规划过程）的真实写照。只要搞明白建筑师亚历山大（Christopher Alexander）于 1964 年出版《综合形式的笔记》（*Notes on the Synthesis of Form*）中的复杂矩阵（metrices），或者，浏览过麦克哈格在适应性分析之时不遗余力进行的数据收集，我们就便能知晓实证主义的方法论本质是建立在巨大工作量的基础之上。类似的电子电路图、抽象图解、图表和地图皆代表着理性的过程（rationale of the process），该过程既解释了最终成果的逻辑性，又可为之提供相应的合法性基础（图1）。

霸权恰巧隐藏于此处，因为实证主义假定实际数据能自动导向某种符合逻辑的、可信的整体。[12] 数据（data）自身既变成项目的基础资源，同时又决定项目的命运，被包装过的精美技术图像（techno-iconography）常常再现那些数据，这种方式不禁让人怀疑某个被编程的机器人是否也能做出相应的实用主义规划。最终的成果似乎永远赶不上数据推导的过程更为重要。

极端实证主义之于规划设计的失败之处在于，它们总以客观范畴证实自身的理论从而压制一切想象性的视野，或者说，极端实证主义排除有关思辨的自由意志。结果，实证主义者追求可实证的解决之道，即，通过推断出"自然而然的"（natural）当前状况以预测未来的特定轨迹。建筑史学家科林·罗（Colin Rowe）曾经写道：

> 极端实证主义的真实目标并非专于创新，而是为了揭开事物的固有性（immanent），这种方式可以帮助某个特定境况（假设该境况是潜在的）"去发现"（discover）自身；实证主义总是渴望避免任何可能的外部干扰和影响，而且还源于一种极为严谨且精准的理论，即，做到最大程度上的不干预（我们应该采取无为的方式以阻碍时间的创造性铺展）。[13]

令人感到讽刺的事情是，人们在此教条中不能认识到观察活动中所浸润的价值属性。实验和适当的数据收集都应建立在此假设的前提之下：真实的现实（factual reality）之本质（即自然）是数学性的。工具性思考只能解释当前科学和数学认知范围内的事实，然而却不能解释感觉经验的（sensuous experience）世界。某些假设的基础条件就源于被选择和运用的"事实"。因此，"科学所绘制的图景正危及着当代思想"，理论物理学家海森伯格（Werner Heisenberg）写道，"目前，科学的图景被认为能完全解释自然本身，以至于在研究自然的过程中忘记了科学只是在研究自己，然而，这正是危险之所在"。[14]

而且，即使人们可能认为某些事实是确凿且无偏见的，但随着时间的推移，那些事实终究还是会改变的，因此，不断改变的事实导致其原始基础变得失效且无用，该变化将经常削弱那些"具有极强弹性和适应性的"规划方案。[15] 试想一下伦敦港的犬之岛案例（Isle of Dogs），在20世纪80年代早期，该区域被规划成一块"经济创业区"。整个规划过程出了岔子，建筑师维福德（Michael Wilford）全面批判了这个项目，还指出"理性"设计方法论的谬误所在。众所周知，海量的分析性数据是实证主义的方法论基础，而且市场上还流通着一些令人诱惑的宣传手册，其上印刷着各种符合草根大众品味的插图，它们也巩固

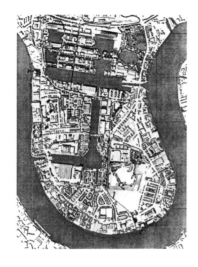

图2 犬之岛（Isle of Dogs）概念规划图，
1982年，
引自：*Isle of Dogs: A Guide to Design
and Development*（London docklands
development corporation，1982）
图片版权：Greater London Authority（GLA）
and GLA Land and Property

且强化实证主义的方法论基础。[16]

尽管犬之岛的最终规划方案具有无限的弹性和适应性（这恰是撒切尔政权需要的规划结果），但这个规划缺乏强有力的形式和物理空间的特征。作为"新实用主义"的城市设计案例，此种弹性的规划概念只具备"较弱的"（weak）形式，最终这些形式被那些私人买主和经济利益所滥用，而且他们还毁掉为充满凝聚力且振奋人心的公共领域所提供的任何可能性。其结果就变成一种"秩序混乱"的都市景观，一组彼此之间几乎毫无关联的开发商项目（图2）。若以尺度和体验之间的一致性而言，犬之岛似乎是应某种（政治）需要而兴建的临时性项目，缺乏任何清晰的空间图景或**概念**。维福德描绘这个概念的字眼是"简单的（simplistic）。这个方案既不表达某种典范性（exemplary）图像，也没有传递出自信或信誉（credibility）的氛围。该规划是一份高度纯粹的图解……其以谨慎和质朴的标准为出发点，且基于最低限度的干预原则"。[17]

其他源于实证立场的建造景观似乎同样缺乏想象且索然无味。它们通常在数学意义上是高效的，在经济层面上是盈利的，但场所的诗意却已消失殆尽。有关公共卫生的景象（hygienic image）以普遍流行的风尚为基础，但却流于空洞和无害。看看乏味的凯恩斯城（Milton Keynes）、无聊的伦敦港区，或者一些单调的美国商场和郊区的发展：这些贫瘠的量化论证祛除了记忆和意识，从而形成一长列麻木的景观类型（无论这些麻木的景观在多大程度上为大众文化所青睐）。

从一种虚幻的事实结构中推测某种未来是非常可疑的（尽管这些事实结构是基于定量研究得出来的）。如果将形而上学、诗意、神秘和阐释性想象从真实的图景中祛除出去，那么任何的结果即便不是完全错误的，也肯定会被视为是不完整的。人类的存在世界不可能被技术经济的逻辑还原成数学公式。有一部分人相信这个绚烂如迷的世界到处洋溢着神秘和无尽的价值，对于这些人来说,控制论的态度（cybernetic attitude）却令人生厌。我们应该跳出把世界的（或者说景观的）价值仅仅当成一种可测度的资源（measurable resource），将它们的价值想象成同时包括可测度和非可测度的资源，而后者需要综合运用实用的、经济的、美学的"性能标准"（performance metrices）进行考量，然而对于当今大多数人来说，这种认识是何其之难啊。[18]

范式

另一种理论途径是范式。一种范式特指一面棱镜，透过其镜面，某些学术研究团体以特定的历史和自然观念为共识性基础，进而运用一种稳定的、连贯的方式进行相应的实践。物理学家库恩（Thomas kuhn）将范式定义为"在一个时期，一些取得普遍性共识的科学成果能为某一团体的内部实践者提供问题模型和解决方案"。[19] 通过范式的运用，实践既能阐释世界，又可在世界中运行。由此，某个共同体便可凭借作为一种途径的范式来获取普遍的认同感，一方面建立社交化圈子；另一方面还以连贯的、富有成效的方式从事实践。共同体的成员通过遵守某个特定范式的规则,且依照特定方法处理其模型,那么,他（她）们就能在解决问题的道路上迈上坚实的一步。

范式服务于共同体，由于范式具备区分和归类的基本属性，能为密集的、详细的工作提供一个共享的基础平台。共同体成员通过范式提供的模型和方法得以理解和处理复杂的问题。然而，只有当其能够解释某个特定情境时，范式才可以持续地发挥作用。当异常发生之时，范式便不得不面临着修订，然后新的范式最终会取代旧的范式。库恩在天文学和物理学中追溯此类"范式的转变"，从亚里士多德开始到托勒密（Ptolemy），经由 13 世纪的哥白尼革命到开普勒（Kepler）、牛顿、拉瓦锡（Lavoisier）和爱因斯坦。当然，风景园林领域也有范式转变的时间线，比如说，18 世纪初的英国园林从古典主义转向浪漫主义，或者，从 19 ~ 20 世纪的人类中心主义对于自然的控制，转到近来人类系统与环境之间的生态整合。

新的范式会附带一系列的原则、方法论和模型。在风景园林领域中，新的范式表现为新的论著、宣言、期刊和各种完成的成果。若某人意欲解决某个难题，那么，他（她）必须求助于解决此类问题的背后原则。作为风景园林师，我们时常面对特定场地和项目之时，可能会使用一种范式性的"解决模型"。接下来的任务就变成了，我们需要改变模型以适应处理特定问题的情形。经过很长一段时间后，运用、适应和转变模型的整个过程能够改善和丰富范式，并且最终使之变得更加完整。

由于范式这个术语能够以两种完全不同的方式来理解，故而，我在此做出了一个区分。首先，范式能够代表一种**思想意识**（ideology）：一套完整的信仰、价值和普遍规律的集合，某个特定共同体恰好能够运用和分享那些思想，即一种观看世界的方式。其次，范式能够指涉**范例模型**（exemplary models）、特定形式或"**类型**"（types），它们恰是思想意识**被运用**之后的最终成果。[20] 进一步的阐释可见下文。

作为思想意识（ideologies）的范式

思想范式是在某个特定的哲学流派中建立起来的理论框架。在此语境中，形式主义、历史主义、生态主义或者后结构主义皆是范式性的。实证主义与先锋派也是思想范式；也就是说，它们是一些具有规律和价值的信仰体系，并且它们为统一的实践提供了必要的基础。我们不能跳出范式的牢笼，而且假如范式尚且适宜或奏效，那么，我们也不会选择跳出去。

然而，尽管此类范式无可避免，但它们总是局部受限的视野使得范式不能解释现实的方方面面。一种范式只能体现一种观看事物的方式，而且范式通常只能建构出一个强势的世界（a compelling world），该世界便压制了看到其他世界的可能性。当然，或许存在着各路能够演变出自身范式的"思想学派"，但各个学派之间的对话机制却几乎难以形成，因为每一思想学派皆具自身特定的语言、编码和准则。最坏的情况是，思想范式生产出某些思想狭隘的研究和实践会变得死板和孤立，然后不可避免地封闭自身，最终退化成教条。比方说，前文的实证主义即为一实例；另一个例子是现代主义的消亡和后续涌现的后现代主义。

作为模型的范式

尽管在第二个层面，范式更具争议性，不过建筑师和风景园林师却最经常使用它。[21] 范式的概念变成一种非常特定的"类型"，或者说变成一种范例性的正规模型，而后者恰好体现在一种已经得到运用的思想意识中。比如说，杰弗逊（Thomas Jefferson）在 1822 年完成的弗吉尼亚大学规划可以被视为一种运用了经典原则的模型，即从某个特定的情形中挪用过来，且将之运用到校园规划中（图 3）。另外一例则可从解构主义者的世界观窥之，艾森曼（Peter Eisenman）和欧林（Laurie Olin）于 1988 年规划设计的俄亥俄州立大学的韦克斯纳艺术中心（Wexner Center for the Arts）则可视为一个运用离心（decentering）和缩放比例（scaling）方法进行设计的实例。这些建成项目反过来又成为空间

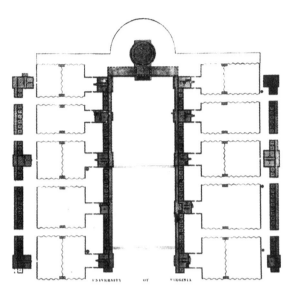

图3 杰弗逊所规划的弗吉尼亚大学校园的平面图，手稿由内尔森（John Neilson）绘制，玛沃瑞克（Peter Maverick）随后把平面图刻成版画，1825年

图片版权：Special Collections, University of Virginia Library, Charlottesville, Virginia, Accession #6552 and 6552-a

和社会意识形态的范式，而且它们还在不断的复制或嬗变。

阿尔伯蒂（Alberti）和帕拉弟奥（Palladio）的早期建筑专著也是运用范式模型写就的。莫雷（Andre Mollet）、达琼维尔（Dezallier d'Argenville）、雷普敦（Humphry Repton）和唐宁（Andrew Jackson Downing）完成的风景论文同样提供了范式性模型，而风景园林学作为一门历史谱系清晰，连贯的学科，其某些应用性原则（applied principles）正好体现了那些范式模型。为了建造一处"能够获得预期效果的"景观，一系列的定理（axioms）、规则和技术被分门别类地概括出来以供设计师选择和运用。

例如，唐宁于1841年发表的著作《景观园林理论和实践的论文》（*Treatise on the Theory and Practice of Landscape Gardening*），作者在开篇就陈述了其目的。如果谁有意愿美化自家的土地，那么只需咨询且查阅本书即可，读者能在书中找到"一些主要的原则，这些知识可以帮助他们相对容易地创造出令人愉悦的、满意的结果"。[22]

以雷普敦为宗，唐宁在书中花费大量的笔墨区分"美"（beautiful）和"如画"（picturesque）之别。"美的"被描述成"优雅的……流动的……曲线美的……翠绿的……宁静的（placid）"，然而"如画的"则被描述成"惊艳的……不规则的……粗糙的（rough）……喧嚣的"。洛兰（Claude Lorrain）的绘画是关于

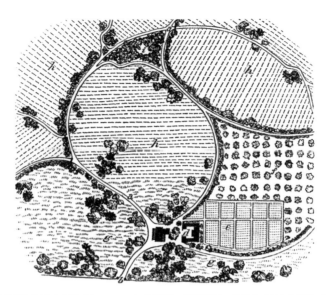

图4　一种关于如画式农场的（ferme ornée）原型，唐宁绘制，收录在1841年版的《景观园林理
论和实践的论文》（A Theatise on the Theory and Practice of Landscape Gardening）
图片版权：Gift of Elizabeth Kirkbridge，Courtesy Anne and Jerome Fisher Fine Arts Library，University of
Pennsylvania

美的模型，而罗莎（Salvator Rose）的绘画则代表如画的模型。唐宁的"原则"
之一就是美和如画不能相互混合，并且应当"突出其中一个，或者让某个表达
占据主导地位；风景园林师的初始设计目标需要二选其一"。[23]作者通过草图、
植物平面图、概念图解和平面布置阐明如何运用这两种造园风格（图4）。

　　在艺术的语境中，范式性的思维方式存在一些问题；在唐宁著述的时代，
当初孕育着英国园林思潮的思想意识和智识性狂热（intellectual fervor）已经开
始逐渐消散。哲学变得虚幻；只有**图像**存留了下来。当原始模型的思想内容消
失殆尽之时，空洞的形式不过是逝去文化和时代理想的肖像（icon）。范式性模
型或"类型"的危险之处就源于此：当哲学基础根本不复存在，那些形式和图
像却仍然不曾幻灭。形式代替了内容，并且缓慢地徘徊（lingers）。

　　以上的论述部分解释了我们的专业困境，当下的许多实践首先注重特定
模型的形式意象（formal image），然而对它们的起源或传统置之不理。符号的
运用只能引发审美主义和历史主义的泛滥，将范例的模式还原成"印刷模板"
（stencils），以便于时尚和品位欲望的再生产。

　　在当代的建筑和城市设计领域，里昂·科瑞尔（Leon Krier）和罗伯特·科
瑞尔（Rob Krier）是此种类型学途径（typological approach）的倡导者。[24]科瑞
尔认为范例式类型是一种事实存在的形式（de facto form），自身保持着恒常的

状态，免于发生巨大的嬗变。他们将此类建筑形式置于历史进化的过程之外，并且赋予建筑形式以永恒的、不变的法则。科瑞尔的"类型"分类学和"设计原则"建立在两个基础之上：其一，古典模型；其二，城市规划师西特（Camillo Sitte）于 19 世纪的著述 25，但是科瑞尔对其解读是极为有限的。当下的新城市主义者仍然以原则、形式和类型的路数从事城市设计和规划。

虽然一些新城市主义者的作品具备较强的理念和上佳的美学质量（比如说 Seaside 项目），不过，设计师必须提防潜在的乡愁对于创造力和文化变迁的瓦解。当某种绝对的历史主义让位于真实历史之时，艺术的进步本性仍旧巍然不变。若是依赖于前启蒙时代的模型来推演未来，这就意味着我们忽视了所有此间发生过的历史。怎么能宣称毕加索、库宁（Willem de Kooning）和杜尚（Marcel Duchamp）对我们没有丝毫的影响呢？更不必说那些对风景园林产生重大贡献的人物，比如说奥姆斯特德、埃克博（Garrett Eckbo）、麦克哈格、哈普林（Lawrence Halprin）、马克斯（Robert Burle Marx）、史密斯（Robert Smithson）和法瑞尔（James Turrell），宏到仰望星河的探索，微至俯察基因的结构，这些研究不都在挑战我们之于时空的概念吗？自然和景观的范式不断发生着改变。要想脱离这种动态的时空连续体既是一种幼稚的想法，又是拒绝历史演变的做法，而且还忽视了"现代"的内涵和意义。回想起历史学家埃利阿德（Mircea Eliade）的话："人们的生活与原型（archetypes）的一致性相互结合意味着遵守'法则'……古人通过重复的范式性姿态（gesture）得以成功地否定了时间"。26

然而，并非所有的类型主义者都是科瑞尔那样的绝对主义者（absolutists）。建筑史学家科洪（Alan Colquhoun）曾经说道，人类一共有两种主要的历史观：一种是绝对主义；另一种是相对主义（relativist）。相对主义将历史视为一系列封闭的时期，每一段时期相对于自身的文化和时间皆有明确的起点和终点。27上述关于历史主义和历史编纂学的诞生乃是启蒙时代的产物，大多数的风景园林历史亦是按照此种历史模式书写而成，即通过一种编年体（chronology）使特定的时期对应着特定的风格、形式和类型，以此进行历史叙述。对于相对主义者来说，类型学并非由"永恒的"形式构成，与之相应的风格"时期"（periods）的形式和思想才真正构成了类型学。

罗和科洪同时认为，相对主义的观点激发了两种主要的立场：一种是历史主义，主要表现为回望过去；另一种是未来主义，主要表现为眺望前方。在前者的语境中，历史面临着被简化成当下所见的危机。形式的风格变成了一种符号，代表了先前文化的"更高级的"理想典范（ideals），而且这些形式符号可以在任何情况下皆可获得相应的挪用（appropriated）。在过去的 20 多年中，正如我们亲眼所见的后现代主义潮流其实是一种新保守主义的（neoconservative）

运动，它具有一种历史原真性正在变得枯竭和乏味的趋势。早在 1794 年，歌德（Goethe）便已犀利地指出了这个问题：

> 所有的半吊子都是剽窃者。他们通过重复和模仿的方式，摧毁和消耗尽生命中那些原本蕴藏于语言和思想中原初的、优美的事物，并以此填补他们内心的空虚。因此，经年累月，语言变得充斥着掠夺式的（pillaged）短语和形式，语言不再言说任何事情；一个人尽管可以阅读·本文体优雅的书籍，但此书却了无深度和内涵。[28]

如果说，实证主义者的作品是一种不注重形式的程序（program），那么，理性的类型主义者则是一种不关心程序的形式（form）。[29]

以进步主义的视角而言，历史面临着被置若罔闻的危机。与寻求过去的范式不同，未来主义者寻求一种既关乎社会计划，又注重形式关系的激进性创造。通过背离传统和历史，进步主义者寻求一种乌托邦式的未来，他们相信自身已经处于那个属于自己的相对时期。实际上，以上的思考逻辑既是现代主义的基础，又是先锋派思潮的根基。

先锋派

从维特鲁威到昆西（Quatremère de Quincy），从雷普顿和唐宁到亚历山大和麦克哈格，理论的首要目标是创造和生产，在此过程中，理论负责阐释各种规则和程序。然而，先锋派的显著特点则是抵抗格言（percepts）所带来的稳定性，这让先锋派能有效规避任何的传统和惯例。先锋派的拥护者们坚信他们的作品必须永葆新意，并能在冒险、创新和充满争议性的实验中找到创造的快感。拒绝规则和限制让先锋派主动创造特定的断裂状态，他们为此打出的标语是"创造新事物"（图 5）。

我们当下的时代可以被看成先锋派运动的连续性后果、一种历史相对化的产物。早期的先锋派厌恶历史折中主义，拥护现代化的发展，赤裸裸地拥抱未来，先锋派在具体行动中笃信历史**精神**（spirit）：艺术能够通过两种方式实现自身的历史命运，其一，背离传统；其二，表达自身时代的独特性。实现现代化意味着实现全新的状态，实现全新的状态就意味着必须保持原创性。

先锋派的观念拒绝一切传统的艺术基础，尤其是**模仿**（mimesis），即艺术品在模仿再现中可以指涉自身之外的其他思想。[30] 与之相反，福莱德尔（Konrad Fiedler）和其他人谈论艺术品的模糊性（opacity），这种类型的艺术品只需反诸

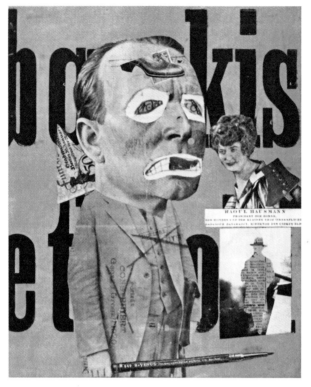

图 5 "艺术评论家"（The Art Critic），豪斯曼（Raoul Hausmann），1919 ~ 1920 年

图片版权：Tate Gallery, London ©2013 Artists Rights Society（ARS），New York / ADAGP, Paris

求己即可。[31] 当社会现代化的疾风骤雨将至之时，早期的先锋派运动也从新发现的自主形式中寻求避风港。自此之后，未来主义、纯粹主义（Purism）、构成主义（Constructivism）和各种运动便接踵而至。（通常是政治左翼阵营发出的）激进宣言号称古典美学的终结，并且拒绝以自然为艺术的最高隐喻的传统概念。马列维奇（Kazimir Malevich）、塔特林（Vldaimir Tatlin）、里茨斯基（El Lissitzky）和车尼科耶夫（Yakov Chernikov）展示了早期实验性艺术的形式和非再现特征，这些创作完全是前所未有的艺术运动。除此之外，蒙德里安（Mondrian）和康定斯基（Kandinsky）的非隐喻性作品探索了色彩和形状的纯粹属性如何构成了自身的意义和完整性。布拉克（Georges Braque）和毕加索创造出立体主义和拼贴，他们将日常材料提升到一个前所未有的高度上。杜尚则走的更远，他通过提议一种全然的"反视网膜的"艺术来回应时下流行的形式主义，杜尚认为"反视网膜的"艺术只应当将美的愉悦感建立在对纯粹精神性概念的"戏谑"（playfulness）上。因此，在早期的先锋运动中，表达媒介自

图6 诺瓦耶庄园（Vicomte de Noailles）的园林，法国耶尔（Hyères），Gabriel Guevrekian，1926 年

图片版权：André Lurçat, Terrasses et Jardins（Paris：Editions d'Art Charles Moreau, 1929）

身和创作技术成为了审美客体，这致使批评家格林伯格（Clement Greenberg）将先锋派定义成"自主的"、"自我指涉的"（self-referential）和"自我生成的"（self-generating）的运动。[32]

在 20 世纪 20 年代的风景园林领域，法国的一些住宅园林试图将现代艺术运动的新思想在园林形式中进行表达。早在 1912 年，风景园林师维拉（Andre Vera）就开始批评园林设计的历史方法（尤其是勒诺特的设计），维拉的写作显然影响了建筑师蒂文斯（Robert Mallet-Stevens）和古埃瑞克安（Gabriel Guevrekian）。[33] 古埃瑞克安于 1925 年巴黎装饰艺术展上的"水与光的花园"（Jardin d'eau de Lumiere）是一件惊艳的三角形构成作品，它的空间构成主要由不同的平台组成，并且跌水流于其间。其中一些被抬起的平台上种植了一些淡粉色和深红色的花草。整个空间的中心是一个由满是七彩琉璃和镜子组成的球体，这个循环的球体闪耀着绚丽的光芒，时而掠过花园的地表。而古埃瑞克安设计的位于海耶尔（Hyeres）的园林同样显得颇为激进（图 6）。这个住宅园林是一个棋盘式的平台，有的格子填充了色彩绚丽的植被，有的格子则是混凝土和马赛克铺地，它们以错落的方式相互组合而成，且逐层升高以延伸到三角形的外墙。锯齿状的种植床则以之字路的（zigzagged）形式紧贴着墙壁。这两个园林都是史无前例的，它们反映了古埃瑞克安对立体主义构成和共时性概念的探索，以及对新材料的尝试性运用。

在 1930 年的《风景园林》（landscape architecture）杂志上，斯蒂尔（Fletcher Steele）以"园林设计的新先锋"（New Pioneering in Garden Design）为题，热情洋溢地撰文介绍了古埃瑞克安和其他的法国风景园林师。至此之后，在几何空间的形式构成中，埃克博（Eckbo）、邱奇（Thomas Thurch）、马科斯（Burle Marx）等设计师采用了各种材料、植被和色彩，并且雄心勃勃地探索了各种新的形式。如今，此种现代主义的"传统"路数仍然可见于舒瓦茨（Martha Schwartz）、早期的哈格里弗斯，以及德维尼耶（Michel Desvigne）为代表的新一代法国学院派设计师的作品中，而且现代派的"传统"路数也表明了，先锋运动如何在当下变成了自身传统的模式化产物。格林伯格曾经断言，这种不可避免的稳定性（stabilization）定会发生，而且解释过，先锋作品的"功能"如何在自身特定学科的传统"法则"下才能变成真正的范式。格林伯格写道："现代主义的本质在于运用自身学科的独特方法，不仅为了颠覆之，而且还在其适用范围之内更加牢固地保护之"。[34] 某种逆反的决裂行为（reactionary act of rupture）能够催生一种"崭新的崩裂"（fresh break），不过，它们自身最终还会转变成一种更加具有范式性的学科结构，此种观念依然充当了先锋派研究的首要价值点。

比如说，在拉维莱特公园竞赛之前，屈米早期的理论文章通过植入各种外界的新奇概念，非常明显地突破了建筑（以及风景园林）的常规标准。[35] 屈米在 1982 年拉维莱特竞赛获胜方案中的建筑理念是一个各领域思想技术的大汇集：电影摄像的蒙太奇技术、未来主义的宣言、乔伊斯（James Joyce）的文本、巴塔耶（Georges Bataille）的阴郁色情主义、拉康（Jacques Lacan）的精神分析、巴特（Roland Barthes）的符号学、福科和德里达的哲学。1982 年赢得拉维拉特竞赛之前，屈米励精图治于理论研究 10 余年之久，才将各路的观点整合到自己的建筑理念中。此处，有意思的一点是，拉维莱特公园被许多人认为是"先锋派"，这意味着该方案具有原创性和新意，然而尽管众说纷纭，但拉维莱特实际上看起来仍然像 20 世纪早期的构成主义（Constructivism）。事实上，在超过 10 年的岁月中，20 世纪早期的作品恰是屈米的研究重心。当然，我们在舒瓦茨的作品中也能发现相似的路径：那些作品并非真的是新生的，或是原创性的，实际上它们承接了早期先锋派的余温，甚至于流露出一丝的怀旧之情

图 7　法国巴黎拉维拉特公园，屈米（Bernard Tschumi）

图片版权：Guillaume Bauviere，2012

（nostalgia）。尽管屈米和舒瓦茨或许跳出了各种专业的传统界限，但是，对于那些熟稔 20 世纪早期热血沸腾的年代的人来说，他们两人的实践仍然踏在这些熟悉的共同基础之上（图 7）。

具有革命性的（evolutionary）先锋作品和决然与传统保持断裂关系的（endless rupture）先锋作品相比是大不相同的。同理，"僭越策略"（strategies of transgression）与"颠覆策略"（subversion）亦存在差异。僭越的目标旨在从自身的内外界限中完成理论建构。僭越涉及一种创造性的界限（limits）重置，或许还能间接诱发建立某个新范式。巴塔耶（Bataille）写道："通常我们不能真正领略一些观察到的界限的真谛，即便僭越能帮助我们打开理解那些界限之门，但僭越仍然维持着那些界限的原始状态。僭越是世俗世界的补充物，它能越过界限，但不能摧毁界限"。[36] 以冒险姿态逼近界限，便是要揭示其模糊的终止状态（loose ends）和格格不入之处（the misfits）。某个范式或许含有各种异常的现象，然而鼠目寸光的专家却无力发现它们。要想迈入一个能够具有催化作用的区域（a catalytic region）则需要一种果敢的探索精神；该举动是一种无法预测的探寻，且充满各种危险或风险。史密斯写道："某位艺术家的早期求索之路可能步步为营，但最终却迷失了自己，或者说，这位艺术家让自己深陷眩晕的句法中（syntaxes）；他（她）或许一直都在探寻以下事物：意义的零散聚合、陌生的历史路径、出人意料的回应、未知的幽默、知识的空无（voids of knowledge）"，不过他也警示过，"这种求索之路风险很大，并且充满了无穷无尽的虚构和永无止境的（理论）建构（endless architectures）"。[37]

在此语境中，倘若先锋派作品没有创造性，那么，它们起码能激发反思（provocative）。真正的危险在于伯格（Peter Burger）所言的"新先锋派"（neo-avant-garde）或者颠覆性：

> 新先锋派彻底实现了对于先锋派艺术的制度化，因此，前者从根本上丧失了先锋派的初衷……产品创造和生产的状况（而非艺术家的创造性意识）决定了艺术品的社会效应，从术语的角度而言，"新先锋派"是一项自主性艺术，这意味着新先锋派彻底否定了以下信条：将艺术带回到生活实践中（praxis of life）。[38]

伯格继续论述道，新先锋派以冷嘲和漠视对待惯例和日常美德，这恰恰表明"处于深度孤独感的人渴望获得发声的机会"，然而他（她）却又置身于大众集体的规范（norms and codes）之外。在先锋派进入最激进的时期，这种颠覆性态度最为普遍。此时，凡是先锋主义者意欲反对的事物，他们就会对之发动极为精准的猛击，即便先锋主义者不能提供任何积极的补救方案。尼采、德里达和他们的追随者（解构主义者，deconstructivists）的文字皆明显传递出上述的虚无态度。

解构主义者对真理或超越性从来不抱任何希望，他们猛烈地攻击世界的意义和稳定性的根基，进而寻求维持当今时代中存在的不可调和的矛盾。[39]正如哲学家利奥塔（Jean-Francois Lyotard）宣称的：

> 我们已经为怀旧付出了足够的代价……让我们向总体性（totality）宣战；让我们见证那些登不上大雅之堂的事物；让我们激发差异（differences），且拯救相同的荣耀。[40]

利奥塔以激烈的态度抗拒完整性（completion）、稳定性和整体主义（holism）的乌托邦。一种新的、加上前缀的（如 de-，dis-，trans-）语法结构组成了解构主义的核心词汇。比如说，艾森曼和屈米经常使用的词汇："去中心化、解构、混乱、分离、移位（transference）、片段、断裂"等。人们可能通过意义碎片理解世界，正如在心理分析领域一样，意义碎片被集合到一种位移的（displaced）、刻意未决的混合状态中。通过一系列比如拼贴、蒙太奇、缩放、重叠、嫁接的技术，当下后现代社会具有的纯粹异质性（heterogeneity）在一个"互文的场域"

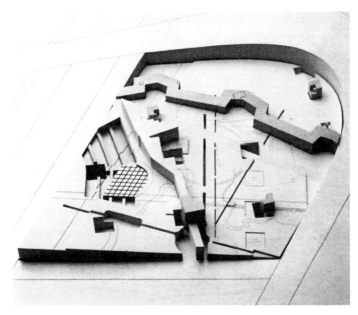

图 8 "唱诗班的作品"（Choral Works），艾森曼事务所（Eisenman Architects）与德里达（Jacques Derrida）联合竞标的拉维莱特公园的竞赛，设计师通过缩放、覆盖和错置的方式来处理七个"文本"（texts）或叠层，从而生成一种不可还原的多重阅读

图片版权：Eisenman Architects

（intertextual field）中变得更加丰富多彩。人们身处这样的场域中，没有任何的限制，没有单一的中心、逻辑和秩序。与自然如出一辙，该场域亦不可被化约（图 8）。

解构主义蕴含某些创造性策略，虽然人们可能对之颇有兴趣（如果人们没有完全被那些创造性策略所折服的话），但仍然存在几个需要解答的棘手问题：当下文化的充满生命力的延续和未来到底是什么？或许解构主义者会说，在一个异质的、不断变化的世界中试图建构此种文化图景是一个不实现的乌托邦梦想。然而，解构主义者的良策只会让当下变得更混乱，而且颇具反讽意味的是，这些对策只是借助了再现手段，归根结底依然摆脱不了传统的烙印。即便人们或许为了能以新奇的视角审视景观以求进一步"解构"景观，不过，这并不意味着景观就必须显得破碎和迷失（disorienting）。

霸权

客观而言，尽管风景园林学在整体上对于实证主义、范式和先锋派的理论贡献颇为有限，而且这个专业运用这些理论的态度也很保守，不过这三种途径仍然集中代表了风景园林学的理论和实践探索。虽然这种状况可能让风景园林专业保有一定的朴素无邪，从而使该学科免于过度智识化（excessive intellectualization）所带来的种种问题，但也导致了一种毫无批判性的、无思辨的教条主义。在求索风景园林的具体理论和语言的过程中，我们首先必须意识到，当前在方法论上占统治地位的系统理论、问题求解、生态主义、类型学、历史主义、形式主义、行为主义（behavioralism）皆是上述三种态度的变体形式。

尽管每种途径都很复杂，且对风景园林学皆具有相应的价值，但总体来说，那些理论**不能囊尽有关存在的**（existential）复杂性，反而在人类追求绝对的确定性和掌握感（control）的时候，那些理论还趋于还原和消除这种复杂性。相较于追问存在（existence）和存有（being）的关键问题而言，现代社会强调的客观性和实用理性已然促发了一种更加注重方式、目的、方法和技术效率的生活观念，即，"什么"和"如何"的问题代替了"为什么"的追问。

传统与诠释学（Hermeneutics）

我们究竟需要在怎样的基础上才能另辟蹊径，尤其是找到一条适合风景园林学科的理论途径呢？倘若我们以一种**批判的**（而非教条的）、**阐释的**（interpretive）态度表达历史、文化、传统、自然和艺术过程，那么，求索的答案或许就会浮现出来。以此为基，该理论途径便可建立在三种可操作且奏效的假设之上。

首先，世界不是全部可知的，然而现代技术却让我们深信世界可知。生活世界既是明亮的，也是不透明的，生活世界不可能完全适合某一种观念。这个不确定的、诗意的大千世界拒绝被人类完全征服，当我们揭示了事物的一个面向，而事物的另一个面向必然被隐藏起来。无论人类如何理解世界，阴晴和圆缺总是如影随形。这意味着，即便某些理解已经见弃于人，但之前关于世界的所有理解既不全然是错的，亦非不真实，更不是没有任何价值。尼采曾经说过：

> 我们如今称道的世界是一系列错误和幻想的结果，在有机体的整体发展中，这个世界将那些错误和幻想融合起来才逐渐形成，此刻，我们继承了这个聚集起来的珍宝（a collected treasure）：因为人性的价值恰建基于此。[41]

尼采的格言说明，文化世界的历史隶属于一种纯粹的观念，一种**投射**在文化产物（语言、音乐、人工制品和园林）中的凝结之物。[42] 人类若能看透历史的进程以窥见其纯粹的本质，或许会为看到世界之显现而感到欢欣雀跃，真的是一切尽收眼底"，但实际上，世界是空的（empty），易言之，世界在本质上

图 9 六岁的达利（Dalí at the Age of Six），达利（Salvador Dali），1950 年，这幅绘画描绘了想象性在揭示那些隐藏于世界内部的事物的作用，当达利六岁的时候，他认为自己是个女孩，掀起水帘，窥见海洋的底部躺着一只狗

是没有意义的"。[43] 因此，凭借艺术和语言，意义通过文化"积淀"而成；但意义已不再是"天赐之物"。

推而广之，"真理"只是一个相对的概念，它取决于转变（shift）和改变。"对我们来说，世界已变得无限了"，尼采写道，"这意味我们不能拒绝将意义的可能性置于无限的解释之中"。[44] 故而，通过一种阐释方式认识世界的同时，世界总能被另一种阐释方式所认知。

因此，阐释（interpretation）不同于生产性理论的运作模式。比如说，阐释总是专门回应某一特殊的情境（其具有一系列特定的情形）。[45] 纵然当今的理论大多源于科学的路径（从一个假设的人工模式中，科学的路径倾向于导出某种理想化的理论），但阐释总能置身于特定的文脉中，而且充满弹性地回应阐释者身处的特定情形。在 1960 年出版的《真理与方法》（*Truth and Method*）一书中，伽德默尔写道："让现代学术变得符合科学标准恰恰源于这样的事实：传统被客体化了，而且在方法论的层面上，阐释者的影响以及其在时间维度上的理解状态也被消除了"。[46] 情境的观念意味着我们不能置身事外，而应居于其间。我们"栖居"（dwell）于情境（situations）之中。[47]

而且，因为阐释是有情境的、具体的（circumstantial），所以阐释只能是局部的。阐释承认自身的不完整性，它反对宏大的乌托邦模式或整体性计划，阐释总以较小的单元进行相关的探寻。伽德默尔写道，阐释"只是一种尝试，看似合理且富有成效，但阐释的方式从来都不具备全然的确定性。阐释总是处于开放的、未完成的状态"。[48] 一种情境式的、阐释性的理论和实践途径不会假设某种确定性，它排斥单一的理解，进而以开放的姿态与世界共舞（图9）。

第二个假设是，基础性知识来源于直接经验。我们生存在一个肉体的（corporeal）、现象的世界，身处真实的事物当中，生活在特定的场所，唯有通过对于事物（岩石、河流、太阳活动周期、季节更替、人类互动等）的知觉（perception），不同的文化才能理解进而实现各自的理想形式。[49] 人们是从所见所感的事物产生相应的知觉。[50]

传统艺术通过阐释现象世界以揭示和表达某种不可见的理想。依此方式，最具启迪的古代风景园林作品，一方面能为人类提供一种充满意义的归属感（belonging）和方位感（orientation）；另一方面，这些作品又超越了世俗的限制，比如说，它们探求一些与"园林"或"场所"有关的特定概念。通过物质的形体化（embodiment），文化能够理解存在和自然的神秘性，否则，文化便会被困在日常生活的易变性实在中（mutable reality）。

在风景园林领域中，蕴含着构思过程的（之后又变成具体形式的）媒介就是景观自身。这个媒介不仅包含组成景观的物质材料和自然过程，还包括

图10 这张照片显示了日本风格的水池边缘的细部，设计师运用诗意的、触觉的方式处理各种建造材料，这些材质的内在属性能通过感觉和身体的沉浸状态而获得全然的理解

图片版权：Norman Carver, Kyoto Gosho, Japan

文化层面上的密码和语言，凭借后者，我们能够理解景观的文化含义。因此，景观就是我们生活的**环境**，景观变成了构成意义和价值的感觉／智识的知觉（sensual-intellectual perception）。以此类推，唯有通过亲近（nearness）、亲密（intimacy）和亲身参与，我们才能真正理解事物和场所（图10）。因此，从本质上说，某种生产且浸淫于知觉范畴的理论和实践，必然迥异于某种先验的（priori）概念原则，该先验概念与数学逻辑或理性规划相似，而且它总是**先于**行动而存在。唯有以真实知觉为基础（比如，意象性图绘、模型、人工制品和实际景观的建造），风景园林师才能获得景观时空的电影丰富性（cinematic richness）。唯有通过时间的、现象的行动和建造，隐秘之事才能得以显现。事实上，上述追求变成了一种涉及自我探索、自我掌控的（self-possession）、带有危险性的个人任务，之所以称之为**个人的任务**，乃是因为实现创造性的首要条件必须依靠建造的触觉性经验，即一种解蔽的创作（techne-poiesis），其之于任何重要的构思过程都是至关重要的。[51] 因此，我们的目标是抵达一种具备形体化思想的景观，即建造一种思维的"场所"（a built "topos" of mind）。

第三种假设与"传统"有关，在此，传统指的不是关于过去那些凝固的、不可回溯的、模糊不清的回忆，而是特指一种创造性的、过程性的力量，身处其中的我们亦变成了传统的一个组成部分。伽德默尔将传统描述成一种"正在发生（happening）"的状态；一种持续显现的人类力量，或许，我们最好把这种力量理解为人与自然之间是等同的关系。人类与自然界的现象总是精彩纷呈，能抵抗客观化和理性的剖析，而且由于自身的流动易逝性（fluid），使其难以局限在形式化或重复性（repetition）的桎梏之中。

因此，传统是一个动态的人为事物、一种人类创造和观念积累的产物。在文化的构成过程中，传统一直处于亦步亦趋的状态。无论是个人还是历史事件，任何时下的风潮都不可避免地成为影响随后发展中的构成因素。[52] 当然，上文讨论的"霸权"显然也隶属于此逻辑。人类的理性与自身的抽象模式如影相伴，它们是人类现代状况的组成部分，将来也会不可避免地构成我们未来工作的基础。若是粗暴地拒斥此种现代文脉，或选择置身事外，皆会显得幼稚和不负责任，对前者来说会承受一种本不存在的乡愁危险，而后者则会遭受一种堕落的孤立主义（preserve isolationism）的危机。

若以上述方式界定传统的现象，那么，畅想某种理论途径的浮现就"八字有了一撇"，该理论既能够批判性地应对之前考古学的（archaeology）辉煌成就，同时还能映射未来（projecting into the future）。据此，某种可靠的、批判性的理论应该试图调和先前和当下的宇宙观，尝试在过去与未来之间寻求新的意义结合点。

推而广之，这项任务就是利科（Paul Ricoeur）所言的当代文化的核心议题；换言之，"如何变得现代的同时，又能够回到过去；如何激活一种陈旧的、静止的文明，并且使之参与到普世的文明之中"。[53] 重新于现代文化和其重要遗产之间建立相应的联系，需要重绘我们自身的历史与传统，在此任务中，风景园林学能够扮演颇为重要的角色。景观营造的目标就是通过对传统（过去）进行具有批判性的、富有想象力的再解释，从而建构出新的意义（未来），由此便可超越图画意象（pictorial image）和历史风格的肤浅之风。比如说，毕加索的绘画恰是批判性地解释了西方绘画的历史，以及在某些时刻重新演绎了西方的原始艺术。

因此，介入传统（engaging of tradition）乃是一种调和性实践，一方面使其远离进步至上的启蒙神话（实证主义和现代先锋派）；另一方面又令其远离后退的、保守的冲动（历史主义）。弗兰姆普顿将此境况描述成一种"批判性**后卫**"（critical arriere-garde），它既脱离了"先进技术的效益最优化，也避免陷入野火烧不尽、春风吹又生的历史主义的乡愁趋势，或者说，避免落入华丽装饰性的窠臼之中"。[54]

诠释学（hermeneutics）

以上三种基础性假设 [情境式阐释、知觉的首要性、传统的"此时此刻"（happening）] 构成了诠释学的根基：一种关乎理解和阐释的理论。[55] 赫尔墨斯神（Hermes）的使命是调和诸神和人类的矛盾，诠释学的词根出自赫尔墨斯神，诠释学最开始用于晦涩难懂的宗教经文，随后又加入包罗万象的伦理和法律议题，最后，诠释学演变成一种实践性翻译（practical translation）的方式。作为一种亚里士多德实践和政治哲学的变体，诠释学的目的是服务于**城邦**（polis）或公民权益，将普世的"律法"与特定的环境实现一定程度的调和。与古希腊的理论（theoria）如出一辙，诠释学既反映了自身的社会意义，也与一种有关存在的功能（existential function）有关。

如今，诠释学的应用领域由各种各样的情境（situations）构成，在这些情境中，我们会遇到不能立刻理解而需要额外阐释的意义。[56] 诠释学通过探寻不同知识体系间的共性和协议状态（agreement）以试图实现整合这些知识的目标。而且由于诠释学是一种直觉的／实践的理解形式，它能赋予那些知识体系（比如说，艺术、景观、诗歌和哲学的经验）一定的深度和有效性，而且这些知识恰恰不能以科学的方法论标准获得相应的证实。

因此，诠释学与先前描述的理论途径存在本质区别，它拒绝一种分析性的、计算的"体系"（实证主义），在此，诠释学首先是一种沉思的（contemplative）、调停的（mediative）实践。诠释学不关心方法论层面的、普世的理论途径（范式），反而注重存在论意义上的（ontological）、特定条件的（circumstantial）理论类型。诠释学持续将自身献身于传统的进程中，从而拒绝那种无止境的激发（provocation）和创新所带来的非连续性（比如先锋派）。

通过运用修辞和隐喻的手法，诠释学能够履行其艰难的授权（perform its difficult mandate）。在本质上，修辞和隐喻是一对紧密相连的技巧（mechanisms），凭借它们，曾经彼此分离或对立的意义能重新结合从而找到彼此之间的共性，比如说，艺术与科学、理论与实践、人类与自然之间的联系。除了连接共性之外，隐喻还能赋予旧的象征／喻体以新的意义和用法，借此便可揭示潜在的关系。因此，隐喻的运用既属于一种调和性（reconciliatory）实践，也属于创新性（innovative）实践。在培育传统的过程中，诠释学能够创造这样的一种**认知**（recognition）：产生关于事物的新认知（knowing）。

当代风景园林专业的诸多困境之一就在于上述过程的重新编码（decoding）和嬗变（transformation）。景观的意义看起来显得离散和乏味，那么，如何让景观获得新生，使之更新成一种艺术形式的同时又可维护其自身的传统？换言之，我们如何将日常之平凡（既与我们当下的时代休戚相关，又扎根于传统的土壤之中）幻化为充满想象和别致的事物？

一部分答案可从伽德默尔的言论中寻觅，"有关诠释学问题的核心就是要以不同的方式不断解释那个唯一的、相同的传统（the one and same tradition）"，在风景园林领域，这里所谓的传统可以描述成各种各样的境遇。[57] "境遇"是一个有关存在的术语，它指向了世间的存在（being）问题。正如韦塞利（Dalibor Vesely）写的那样：

> 境遇是一种网罗既定体验和事件的容器，这些事件最终在境遇中沉淀出特定的意义，该意义不仅关乎生死存亡，或者，也不应只被视为残余，它还应该被当成续曲的引子，一种未来的必备之基。境遇赋予经验以绵延的维度，在与其建立联系的过程中，其他的各种体验也将获取相应的意义……凭借自身历史的深度，意义的回响使得境遇具备了丰富性。[58]

人类的境遇包括出生、死亡、爱情和康复，从另一个维度而言，人类境遇还包括公众相处、友谊、学习、讨论等等，实际上，正是这些人类境遇构成了文化的概念。[59] 人类的各种境遇建基于深刻的神话之上，而神话恰恰来自被遗忘的潜在意义。从传统的层面上说，景观和建筑为不同的境遇塑造了各种环境（settings）以表达和象征其相关的内容。因此，高度情境化的事件被呈现且化身为一种指涉任何未来意义的终极结构。[60] 那么，境遇与环境之间就发生了不可避免的联系，两者之间的对话关系不仅与当下的时刻直接相关，还与过去和未来的持续交流亦有联系。因此，一种有关诠释学的风景园林恰恰建基于情境化的经验上，其既放置于特定的时空之中，又深植于传统之内，对于此种风景园林来说，之于传统的回溯或重生／复兴与创新是同等重要的。

在描述诠释学与艺术的关系之时，文学评论家斯坦因（George Steiner）写道，任何严肃的艺术品都是"批判性行为"，它们体现了"一种关于艺术品自身传承和文脉的解释性反思"（expository reflection）和价值判断。[61] 因此，在反思我们当下境遇的时候，之前的文化成就（景观、建筑、绘画、文学等）能够为之提供一种宝贵的资源。[62] 不过，任何与当下境遇相关的判断都是一种充满想象力的活动，它不能通过形式密码的方程式获得解答，并且无论怎么阐释，这种判断皆须萌发于事物的内部本身，而非外部的概念性和逻辑理性。

诠释性景观

景观自身是一个有待解释和嬗变的文本。景观同时还是一种有关时间、空间和传统的高度境遇化的现象，景观的存在既是人类文化遗产的基础构成，又让文化地景（geography）处于时刻的演变过程中。景观因由人类对栖居地的改造而与荒野（wilderness）区别开来。不过，事实远不止如此。景观不仅是一种物质性现象，还是一种文化的认知图式（cultural schema），更是一种概念性的（conceptual）滤镜，透过景观这个媒介，我们便能理解人类与荒野和自然的关系。

景观是一种由占有性场所（occupied place）组成且经过精心营造的世界，与之相对的是一个充满未被占有的场所（unplaced place）的世界。换言之，在语言被创造出来之前，"景观"是一种无法立即被理解的现象；直到我们选定某个视野，并且在地图上对之进行了标绘，然后标记出部分的景观信息（当然，这个标记构成也忽视了其他的信息），此时，景观才获得了意义。[63] 在此，涉及的媒介还包括绘画、诗歌、神话、文学、建筑以及其他对大地的塑造。这些作品是一些凝聚人类境遇的符码，是一些打在土地上的标桩（posts），以标绘出某种"景观"。

随着时间的流逝，那些被标记的景观历经沧桑，任由自然无情地锤炼。当周遭的环境斗转星移，新的景观概念就会冒出来，随着新的标记方式覆盖了旧的，由此便可产生一种拼贴的、历经风化的历史层叠。文化与土地之间存在着各种由记忆、更新和嬗变组成的关系，在地形的羊皮纸画卷上，残留之物为这些关系提供相应的发生场（loci）。这些发生场正是原本栖居中既熟悉又意外的场所。

景观作为一种人造的投射之物兼具文本性和场地性，在一定程度上，景观既界定了世界，又在世界中划定了我们生存的场所。因此，文本景观（textual landscape）是一种诠释性媒介。故而，通过在世界中的营建活动，风景园林可能被视为一种逃避和再介入（rescaping）的实践类型，其能够与自然和"他者"（other）维系一种既分离又结合的关系。出于同时对现代语境和传统继承的反思，风景园林学或许可以将景观作为素材进而创造出一种与诠释学相关的谋绘（plotting），这种谋绘既涉及政治的、策略的层面，又兼具关系的、物质的层面。作为谋绘者的风景园林师将同时扮演着评论家、地理学家、交流者和创造者（maker）的身份，其职责是在活生生的景观中挖掘并揭示那些隐蔽的、潜在的可能性。每一种"投射"或者都伴随着某种特定的重生：在每一个路径中，文化的人工制品和自然的无限魅力皆会经受新的洗礼（rendered fuller）。[64] 谋绘、描绘（to map）、挖掘（to dig）和设定（to set）：难道这些动作不正是风景园林的根本传统吗？

倘若通过案例以说明此种诠释学途径的话，我会偏爱巴拉甘（Luis Barragan）的作品；尤其是他建于 1945 到 1950 年位于墨西哥火山区域的埃尔

图 11 马厩饮水槽的广场和园林，墨西哥阿波勒达斯（Las Arboledas），巴拉甘（Luis Barragán）。1950 年，巴拉甘试图在现代语境中重置传统以重新唤起过去的体验和回忆。这种设计既不是模仿过去，亦非激进拒斥过去，而是把新／旧事物纳入一种"相互吸纳"的关系中

帕德拉（El Pedregal），或者是建于 1968 年的克里斯博（San Cristobal）的农场和马厩；当然，还有许多他设计建造的小教堂和园林也颇具代表性（图 11）。那些作品的建造秩序确实脱胎于早期现代主义的原创性和抽象性，但那些空间类型仍然根植于巴拉甘自身的文化延续性中，并且通过诉诸人类共享的原始经验，在一个更大的文化语境中变得意义非凡。在某种特定的宗教热情中，巴拉甘源源不断地再现了那些文化原型，比如说，墙体、台阶、门洞、路径、座椅等元素同时具备了记忆和预言，它们为集体定位和文化永续提供了"场所"。

在此，风景园林师尝试塑造一种围合感与静谧的环境，诗意地安放礼仪和文化境遇，通过对人类身体的动静状态进行感知性控制（sensual control），从而引起期待与兴奋，以超现实的方式构成和布置空间，对空间、光线和触觉经验进行等级化控制，所有这些设计活动试图在一种回眸传统且向前探索的文化语境中，将某种生生不息的关于延续的可能性变成现实。

结论

以诠释学途径介入风景园林的理论中，或许可以提供一种根植于文化延续性的本体论（ontology），此种立场既拒绝那种思想狭隘的重构意识，又驳斥了抽象的破坏性自由（abstract destructive freedom）的观念。我们苦苦求索的东西在于"一种发生于文化之间的对话，一边是文化的当前形式，另一边则是一些文化的各种可能性，而这些文化传统既活跃于记忆、文学和哲学中，同时又被人们遗忘，或处于沉睡的深渊中"。[65] 若想让文化间的对话变成现实，那么，需要人们将自身的历史看成是一种储存意义的容器，在这里，某些特定的、深刻的人类境遇不断重复上演着，而且它们会以无数种丰富的方式获得自身的呈现。因此，这种人类意识的来源可能为我们的创作提供源泉，一边回望着过去，一边面向未来，以之揭示各种超越当下的潜力。这里与其说是模仿自然，不如说是一种文化的模仿，一种对"典范性境遇"（exemplary situations）的模仿，在其中，人性获得了重塑，当然景观也受到了影响。[66] 哲学家梅洛 - 庞蒂说道："丰腴的文化产物在它们出现之后仍然能持续地获取价值，并开辟一片反思之地，在其中，这些文化产物将得以永生"。[67]

故而，尽管我们应当铭记的一点是，自然最终总是在与人类的契约中取代了文化符码，之于风景园林学来说，此时却是最令人激动人心的时刻。毋庸置疑，自然的无限复杂性总是不断挑战景观的境遇和隐喻，不过，批判性景观的建造（或重建）需要诠释性的反思，因为景观不是静止不动的，而是需要在时间中不断被反思和重构。凭借那些批判性景观的营建，或许，我们能发掘取之不尽用之不竭的文化瑰宝和自然资源，从而引领当下的现代栖居迈向一种更厚实的价值意义，重塑一种与景观密切相关的、同时具备整体性（wholeness）、连续性和意义丰富的生活关联。[68]

将景观置于一种预测（divination）和修复（restoration）、启示（prophecy）与记忆（memory）的诠释学核心之上，便是帮助处于瞬息万变的现代文化塑造和定位其自身的集体意识。

注释

1　参见：Jürgen Habermas，"Modernity—An Incomplete Project," in *The Anti-Aesthetic*，ed. Hal Foster（Port Townsend, WA：Bay Press, 1983）；Jean-Francois Lyotard，*The Postmodern Condition—A Report on Knowledge*（Minneapolis：University of Minnesota Press, 1984）；Andreas Huyssen，*After the Great Divide*（Indianapolis：Indiana University Press, 1986）。起初，理论（或者 theoria）提供了某种完整的宇宙观，它阐释且参与到整个人类的文化活动之中。园林和人造物被构想成整个理论世界的比喻性再现（figurative representations）。如今，我们不再以古典的绳墨来理解理论。取而代之的是，我们时常渴望参与生产的关键环节，于是，便倾向于把理论视为设计"方法"的一部分，即技术性理论和程式的"知其所以然"（procedural know-how）。"技术／科学"模型的现实投射已经在根本上改变了理论的原初的超验意义（transcendental sense），且以惯例（prescription）和效率（efficiency）代替诗意和想象力。在此模式下，艺术和景观当然可以成为美妙的视觉享受，不过却很少以一种意义深远的知识形式被众人所熟知。

2　Martin Heidegger，*Basic Writings*（New york：Harper and Row, 1977），37；George Steiner，*Real Presences*（Chicago：University of Chicago Press, 1990），2.

3　Heidegger，*Basic Writings*.

4　本文常常提及当代意义和价值的"危机"，特指胡塞尔在 20 世纪早期的著作中所预见和描述的"危机"，Edmund Husserl，*The Crisis of European Sciences and Transcendental Phenomenology*，翻译：D. Carr（Evanston, IL：Northwestern University Press, 1970）。当然，当某人不确定某个问题能否被解决时，"危机"也指那些焦虑和希望并存的时刻。

5　参见：Husserl，*The Crisis of European Sciences*；Heidegger，*Basic Writings*；Alberto Pérez-Gomez，*Architecture and the Crisis of Modern Science*（Cambridge, MA：MIT Press, 1983）。

6　Lyotard，*The Postmodern Condition*.

7　Pérez-Gomez，*Architecture and the Crisis of Modern Science*。当下流行的趋势是将理论等同于一种客观的方法论和技艺，其与传统理论的概念大相径庭。现代理论的基础是"抽象性"或自主性（autonomy），与之完全不同的是，传统意义上的理论乃是基于生活世界（Lebenswelt），参见：Alfred Schutz and T. Luckman，*The Structures of the Lifeworld*（Evanston, IL：

Northwestern University Press, 1973）.

8 Péréz-Gomez, *Architecture and the Crisis of Modern Science.*

9 David Leatherbarrow, "Book Review of *On the Art of Building in Ten Books*, " Journal of Architectural Education 43/2（1990）: 51-53 and James Corner, "Sounding the Depths—Origins, Theory, and Representation," *Landscape Journal* 9/1（1990）: 60-78. Theoria 是希腊语中 "理论" 的原始形式。这个词语的出现是为了理解自然世界现象，特别是与神圣相关的实践。实践被视为人类和自身存在相互协调的理论形式。

10 "坚硬" 指的是世界变得如此之清晰（特别是经验性的语境中），以至世界丢失了自身的神秘性和魅力。世界变得难以理解（impenetrable）和异常顽固（unyielding），它摒弃惊奇（wonder），且转向一种冰冷的、中性的实体。这种情况使得文化难以 "隐喻自身"。隐喻是一个修辞学术语，意为 "充满隐喻性地构成"（to form figuratively），特指通过比喻的方式（metaphors）。我们这样做的目的是，人类有能力想象和理解自身的生存状况。在很大程度上，倘若我们想要实现这个目的，那么就需要（通过比喻的方式理解）那些创造或构建出来的观念。

11 Jon Lang, *Creating Architectural Theory*（New York: Van Nostrand Reinhold, 1987）.

12 Colin Rowe, *Collage City*（Cambridge, MA: MIT Press, 1978）.

13 Rowe, *Collage City*, 12.

14 Werner Heisenberg, *The Physicist's Conception of Nature*（Westport, CT: Greenwood Press, 1970）.

15 Rowe, *Collage City*.

16 Michael Wilford, "O to the Races, or going to the Dogs?" *Urbanism*: *AD Profile* 51（London: Architectural Design, 1984）.

17 同上, 15.

18 将现代的 "自然观" 与古代希腊人的 "自然观" 相互比较是一件很有趣的事情。后者通过一个更加整体的概念（physis）来理解世界。Physis 同时包涵了存有（being）和存在（existence）。人类、自然和神三者之间不存在任何的分离。然而技术科学的理性法则产生了一个分裂的世界，人类和技术变成了主宰力量，自然世界被征服了。参见: Martin Heidegger, *The Question Concerning Technology*（New York: Harper Torchbooks, 1977）.

19 Thomas Kuhn, *The Structure of Scientific Revolutions*（Second edition, Chicago: University of Chicago Press, 1970）, viii.

20 Kuhn, *The Structure of Scientific Revolutions*, 176-191. 以更加综合的视野来看范式的话, 理论将更局限于功能与结构。库恩对范式的见解更偏向于一种类似于 "学科基本组织架构" 的概念, 其中包括:（1）象征性的、普遍性的主体结构（法则）;（2）特定的隐喻与类比（语言）;（3）价值;（4）模式范例。

21 换言之, 模型和范例已经构成了我们教育中的主要内容。它们是一些具体的、看得见摸得着的形式, 并且在特定的范式性状况下解决一系列的问题。对于风景园林学科而言, 我们如此重视空间视觉结构, 因此, 模型和范例将很可能依然是未来教育和实践的基础性部分。

22 Andrew Jackson Downing, *A Treatise on the Theory and Practice of Landscape Gardening*（New York：Orange Judd Company，1841），vi.

23 同上，30.

24 参见：Leon Krier, *Houses*，*Palaces*，*Cities*：*Architectural Design Special Profile*，n. 54（London：Architectural Design, AD Editions, 1984）；Robert Krier, *Architectural Composition*（New York：Rizzoli, 1988）.科瑞尔属于新潮小组的组员（neorationalists），他们积极寻求为社会能够提供一整套空间类型学的途径，并且将其作为一种清单目录（inventory）或分类（classification）。

25 参见：Camillo Sitte, *The Art of Building Cities According to Artistic Principles*，翻译：George R. Collins and Christiane Craseman Collins（New York：Random House, 1965）.

26 Mircea Eliade, *Cosmos and History*（New York：Harper, 1959）.区分原型（architype，作为某种"境遇"或概念性）和类型（type，作为特定形式或式样）两者的关系是极为重要的事情。原型是一种人类的境遇（situations），正如（荣格说言的）"陈旧的残余"（archaic remnants）一样，这些境遇始终存留于时空之中。原型与形式或图像无关，它们能够以多种方式被再现或阐释。在《现代建筑和历史性》的论文中（"Modern Architecture and Historicity," in *Essays in Architectural Criticism*，Cambridge，MA：MIT Press and Oppositions Books, 1981），科洪（Alan Colquhoun）区分了作为"原型"的类型和作为特定形式的类型。他说道，"在第一种层面上，类型有一种基因性的内涵（genetic connotation）：这种类型具备一种从初始时便存在的本质意义，以后的每一种形式都会不断的回应那种本质意义。在第二种层面上，类型只是蕴含着一种事实上的形式内涵（p.15）"。

27 参见：Alan Colquhoun, *Essays in Architectural Criticism and Modernity and the Classical Tradition*（Cambridge，MA：MIT Press, 1989）.按照科洪的说法，历史以及范式的"类型"，可能被视为两种解读的视角。在他的著作中（p.11-15），科洪将第一种途径定义成"文化主义"的视角，在此语境下历史变成了储藏永恒价值的容器，在该视角中，"处于黄金时代的人们对起源和信仰普遍充满着迷思（myth），而且在这个时代中，那些永恒价值能以某种纯粹的形式获得彰显"。在此视角下，建筑形式变成了一些外在于历史演变进程的事物，而且它们总是充斥着普遍的、永恒的法则。在第二种视角中，历史被理解成一系列不同的时期，每个时期都具有"自身自我评判的价值体系"。在此语境下，所有的社会文化现象都由各自的历史决定，因此，这些现象也都是相对的。科洪认为第一种历史观点属于"规范性的"，它的基础是一种理想化的、范例性的过去，因此，它是绝对主义。第二种历史观点属于相对主义的，在其中，文化和形式都处于相对的时间、空间和文化环境里。

28 Johanne Wolfgang goethe, Werke, vol. 47（1794），313. 引用：Peter Burger, *Theory of the Avant-Garde*，翻译：Michael E. Shaw（Minneapolis：University of Minnesota Press, 1984）.

29 Rowe, *Collage City*.

30 传统艺术是对感知的现象世界的主要现实性的模仿模仿，该艺术是一种对外部概念的再现，它与现代艺术背道而驰，现代艺术求诸己，排斥（对外部世界的）再现。参见：

Clement greenberg, "Modernist Painting," *Art and Literature* 4（Spring 1965），193-201，and Burger，*Theory of the Avant-Gard*e.

31 参见：Colquhoun，*Modernity and the Classical Tradition* and Philippe Junod，*Transparence et Opaciti*（Lausanne：L'Age d'Homme，1976）.

32 Greenberg，"Modernist Painting."

33 Andre Vera，*Le nouveau jardin*（Paris：Emile Paul，1912），iii-v.

34 Greenberg，"Modernist Painting," 194.

35 参见：Bernard Tschumi，"Architecture and Transgression," *Oppositions7*（Cambridge，MA：MIT Press and Oppositions Books，1979）and *Questions of Space：Lectures on Architecture*（London：Architectural Association，1990）.

36 Georges Bataille，*Eroticism*，翻译：Mary Dalwood（London：Boyars，1987）.

37 Robert Smithson，*Writings*（New york：New york University Press，1979），67.

38 Burger，*Theory of the Avant-Garde*，58.

39 解构主义是后结构主义的一种激进流派，在过去的 20 余年中，该流派在文学批评领域兴盛起来。德里达将其发展成一种哲学的话语。在建筑艺术领域，屈米、艾森曼或里伯斯金（Daniel Libeskind）可称之为代表人物。

40 Lyotard，*The Postmodern Condition*，82.

41 Friedrich Nietzsche，*Human*，*All Too Human*，翻译：Marion Faber（Lincoln：University of Nebraska Press，1984），24.

42 "由于数千年来，我们总是带着道德的、美学的、宗教的主张审视整个世界；带着盲目的偏好、激情和恐惧等情绪，并迁就自己继续沉溺于非逻辑的坏习惯中，这个世界已经变得光怪陆离、惊人（frightful）、深刻（profound）且悲切（soulful）；虽然这个世界获得了色彩，但是，我们却成为画家"。同上。

43 同上，25.

44 同上。

45 参见：Robert Irwin，*Being and Circumstance：Notes toward a Conditional Art*，ed. Lawrence Weschler（Larkspur Landing，CA：Lapis Press with Pace gallery，1985）；David Leatherbar-row，"Review of Thought and Place," *Journal of Architectural Education* 43/2（1988）：51-53.

46 Hans-Georg Gadamer，*Truth and Method*（New york：Seabury Press，1975），333.

47 参见：Dalibor Vesely，"On the Relevance of Phenomenology," in *Form*，*Being Absence：Pratt Journal of Architecture* 2（New york：Rizzoli，1988），59-62.

48 Hans-Georg Gadamer，*Reason in the Age of Science*（Cambridge，MA：MIT Press，1981），88.

49 "主要结构"是一个易变的、有限的范畴，知觉正是被"赋予"这样一个范畴。现象世界形成了人类存在的范畴。知觉是我们主要的认知形式，若无身体结构和身体介入世界的先存条件，那么知觉便不复存在了。身体是所有存在概念的（existential formulations）核心，心智（mind）则能够在现象世界中探寻到次要的意义。Maurice Merleau-Ponty，*Phenom-*

enology of Perception（London：Routledge and Kegan Paul，1962）.

50 同上。

51 *techne-poiesis* 指的是技艺和知识的原始结合状态，在此基础上就有了这个短语"形体化建造（embodied making）"。传统建筑师为了熟悉专业技能（metier）不得不事必躬亲地生产创作。逻辑概念的理论不可能代替传统的学徒模式（apprenticeship）。Techne 最初指的是启示性知识的维度（揭示真理），而 poiesis 指的是创造性和象征再现的维度（making，建造）。在 17 世纪的时候，当 Techne 变成了具体关乎工具／生产的知识（技术），当 poiesis 变成了现代美学的时候，两者的结合体出现了分离。

52 传统可以比喻成一种地质的连续层，我们人类就被安放在各个地层之上。我们当下的历史乃是复杂历史地层的产物，依然充满着各种裂缝和滑动。比如，当代哲学家德里达和福科就频繁地使用"地质学的"隐喻，尤其当他们描述历史进程的风起云涌之时，*The Archaeology of Knowledge*（New york：Pantheon Books，1972），

53 Paul Ricoeur，*History and Truth*，翻译：Charles A. Kelbey（Evanston，IL：Northwestern University Press，1961），267-77.

54 Kenneth Frampton，"Towards a Critical Regionalism，" in *The Anti-Aesthetic*，ed. Hal Foster（Port Townsend，WA：Bay Press，1983），20.

55 诠释学是一种理解和阐释的理论。它与文本注释（textual exegesis）（解释和诠释），以及更加宽泛的意义和语言等问题有关。阐释学必然涉及反思（reflection），它不能被简化成规则管控的技术或方法。解释者不是被动的观察者，而是必然为诠释内容带来特定的观念和知识（亦即某种不可避免的偏见）。解释者只能依据自身特定的情境和环境做出相应的解释。而时间、场地和环境总是千差万别，相应的论点也随之变化。正如伽得默尔在《历史与真理》（第 258 页）中写道，存在着"一个将自身纳入传统进程的情况"。当代倡导诠释学的主力干将是利科（Paul Ricoeur，*The Conflict of Interpretation*，Evanston，IL：Northwestern University Press，1974）和伽德默尔（Hans-Georg Gadamer，*Truth and Method*；*Philosophical Hermeneutics*，Berkeley：University of California Press，1976；Reason in the Age of Science，Cambridge，MA：MIT Press，1981）.

56 当代对 20 世纪一系列哲学的积极回应，帮助学界重新燃起对诠释学的兴趣。一般来说，当代哲学比较关注在"客体化"的世界中克服"主体"的异化。胡塞尔很大程度上在《欧洲科学危机》中开启了这种关注，并表达出对"获取一种不被任何理论或预期（anticipatory）曲解的、未经深思的已知事物（prereflective givenness of things）"的渴望（Gadamer，Philosophical Hermeneutics，xiii）。诠释学运动旨在还原理论客观化之前的事物状态，寻求在生活经验的范畴中"安置"意识（即现象学）。因此，通过探掘非客体化的开放模式，诠释学试图挣脱渗透于现代思想中的方法论。

57 Gadamer，*Truth and Method*，278.

58 Dalibor Vesely，*Architecture and Continuity*（London：Architectural Association，1983），9.

59 同上。

60 形体化（embodiment）与环境（setting）一定不能与"类型"或模型搅合在一起。类型只是一种异常清晰的抽象产物（虚构的历史理想），因此，类型的属性只是部分的、次要的。意义的首要真实性建基于体验至上，它不能被智识上的"确性（certainties）"所替代。韦塞利写道："与类型（typicality）相对，体验的特性是一个历史性演变的现象，它不能只在形式的语境中被理解。通常来说，经验总是先于特性形势存在的意义的化身。比如说，尽管阅读是所有图书馆意向的本意，但是，有关阅读的体验总是超越图书馆这张空间类型的功能"。"Architecture and the Conflict of Representation," *AA FILES* 8（London: Architectural Association, 1984）, 9.

61 Steiner, *Real Presences*, 11.

62 韦塞利写道："传统的神奇魅力在于能够调和不同的体验，以及各种体验的具体形式，从而将我们当下境遇的维度向历史的纵深展开，并且能够让当下境遇的维度与死气沉沉的现实之间建立其有效的对话"。参见："Architecture and the Conflict of Representation," 8.

63 我使用标记（mark）这个词汇暗示人们透过各种各样的方式表明自身与大地的关系。一般来说是人们创造了这些表意符号，当然也有特例，比如有些存在于土著的歌谣中（aboriginal songlines）。

64 我的这个类比借自：David Leatherbarrow, "Book Review of *On the Art of Building in Ten Books*."

65 Dalibor Vesely, "Architecture and the Conflict of Representation," 12.

66 参见：Vesely, "Architecture and the Conflict of Representation," 12, and Péréz-gomez, "Abstraction in Modern Architecture," *Via* 9（Cambridge, MA: MIT Press and the University of Pennsylvania Press, 1988）. 瓦萨里写道："范例性境遇的本质与各种现象（亦不同的词汇描述，比如说机制、深层结构、范式、原型或原型类图像……街道、园林、房屋，当然还有城镇本身）的本质类似……虽然范例性境遇可以培育、再诠释和超越，但是却永远不能被彻底代替。传统解释过程常以模仿（mimesis）这个古典形式为人所知，这既是其本质也是其限制。"

67 梅洛·庞蒂（Maurice Merleau-Ponty）继续说道："过去之积累（productions）正是我们今日之素材（data），它们曾经亦是超越自身之前的那些积累，然后奔向了我们正在生活其中的未来，在此语境中，过去便渴求现在的人们给予它一种变形（metamorphosis）"。收录在 *Signs*（Evanston, IL: Northwestern University Press, 1964）, 59.

68 我使用"整体性"和"连续性"这两个术语，没有任何意图去暗示某种单一的（monolithic）文化观念，提及它们是为了指出两个事实：首先，似乎存在着某些确定的原型境遇或行为，即便具有各自迥异的具体呈现形式，它们仍然存活于各种文化之中。这些境遇或行为是我们所有人类共享的原始经验。其次，整体性和联系性既可以应用于某种特定的文化，也可以应用于一系列的文化。事实上，在那些特定的文化中，还可能维护、支持和体现差异、突变（contamination）、冲突（collision）和多样。的确，那种张力可能恰是文化整体性和连续性的基础。整体性依赖于文化生活、境遇和环境的高度整合的丰富性（a highly articulated richness）和多样性。

图 1　作为含有丰富环境文脉（milieu）的景观不再能忽视或排除大都市动态的、偶然变化的特点，而这张照片恰好捕捉到了景观的这层内涵。这是一张由美国资源卫星拍摄的佛罗里达州局部的高空影像，主要内容包括了左侧的迈阿密市到右侧的沼泽地

作为一种批判性文化实践的景观复兴

假如景观是一个意义丰富的复写本（palimpsest），那么，若以后现代的视角观之，景观与恰当的技术、理论或思想（ideologies）相互结合之后，似乎它不再是一个能够恢复其自身"真实的（real）"或"原真（authentic）的"意义，景观更像是文字处理显示屏中的文本，只要人们轻触回车键，它的意义就会被重新创造、延展、改变和修饰，甚至最终还能被一键删除。

——科斯格罗夫（Denis Cosgrove）和丹尼尔斯（Stephen Daniels），《景观图像学》（*The Iconography of Landscape*），1988

近年来，风景园林的理论和实践领域涌现出越来越多的批判性基础（critical foundation），本文以之为基础，并且强调两个方面的发展：首先，关于景观的复兴（recover）越来越引人注目，或者说，在相对多年的沉寂和被边缘化之后，景观在文化领域中再次崭露头角；其次，重新审视景观的本质，重新思考景观到底是什么（或者，景观可能变成什么），此处，景观既被视为一种理念（idea），又被看成是一种由人创造的产物（artifact）（图 1）。前者关乎回忆（recollection），后者涉及创新（invention）。无论哪一种定义更适合解释景观，它们都应该被理解成一种动态的发展计划（an ongoing project），一番雄心勃勃的事业，换言之，景观需要通过创造力和想象力方能丰富周围的文化世界。

实现上述目标的基础缘于我个人的两个专业信条：1）在现行社会的运作中，景观具有以批判的方式介入形而上学的（metaphysical）、有关政治性的程序（programs）的能力；2）风景园林不仅是一种文化的映射，更是一种塑造现代文化的积极工具。[1] 除了自身具备物质性和经验性（experiential）的特征之外，

本文曾收录于：James Corner, ed. Recovering Landscape：Essays in Contemporary Landscape（New York：Princeton Architectural Press, 1991）：1-26. 本次再版已获出版许可。

景观还包含着生动的内容，其具备表达理念的能力，且能发人深省，这些特征皆使得景观可以重塑我们生活的世界。与此同时，在尺度（scale）和范畴（scope）的层面上，由于其具有的宏大性，景观具备包罗万千的多样性，而且可以变成一种多元主义（pluralism）的隐喻，一种允许差异性贯穿于整个景观过程的综合性"概观"。在此语境下，尽管景观可能仍然涉及某些自然主义的、现象学的体验，但是，其整体功效已经扩展至一种综合性的、策略性的艺术形式，该景观类型能够统筹各种多样且相互竞争的力量（比如社会机构、政治诉求、生态过程和策划需求），从而形成全新的、自由的、互动的整合体。

某些持有怀疑论的读者可能会发现，上述之论似乎带有某些乐观的情绪，甚至显得有些不切实际，当然，这些质疑是可以理解的。不过，大众视野中的景观要么太过温和，要么过于被动，以至于景观无法在当代事务中承担积极和战略性的角色。我也承认，当今的景观热点不再是宏图大志的或野心勃勃的计划，而是更加注重情感上的回忆（要么是重塑过去的景观，要么是保护历史性景观）。怀旧（nostalgia）和消费主义之间的结盟，一方面驱使和强化情感回忆的欲望；另一方面却抑制了尝试实验和创新的雄心壮志。

如果把景观与现代经济、信息、媒体技术、企业和政治决策的创新效应相比，则其滞后局面显得更加突出。全球化背景下的生产模式变得快速且高效，然而景观更像一种陈旧的媒介，景观设计则是一种处于边缘地位的行业。在此境况下，一群浪漫的、温和的自然爱好者总是带着某种莫名其妙的热忱，而景观设计恰巧就是通过他们的热忱实现的。都市生活中到处弥漫着愤怒的情绪，结果景观变成了一幅唤起善良、仁慈本性和抚慰人心的图像，站到了都市愤怒情绪的对立面；一般来说，人们不会把当代都市视为一种景观进行规划建设，或者说人们会认为，想象景观（landscape）要比想象田园牧歌的、如画的园林景观（the pastoral and the gardenesque）更加容易。从这个角度而言，很多人难以理解景观之创造性媒介的内涵，这种内涵一方面可以摧毁最传统且最具压迫性的社会；另一方面还能以最为自由的方式重新组织复杂的社会元素。

由于业内普遍保持着上文提及的保守态度，故而，大家根本没有任何意愿或欲望塑造新的景观，此种因保守而弃新的行业状态或许源于对于先前国家政权（state regimes）和现代乌托邦的怀疑，或者，这种行业状态仅指涉了某种文化符号，其只是试图运用过去的完美意象摆脱当下之困境。尽管欧洲和美国已经在国家层面上建立强大的代理和信托（agencies and trusts）来保护景观，但是这些地区仍然缺乏相应的机构培育未来的文化状况。荷兰、法国、西班牙等国家和地区正在建设一些深谋远虑的、令人兴奋的项目，这些具有创造性的城市和景观设计得到了当局和民众的鼓励和支持。这些活动被视为经济健康和文化活力的基础，同时也成为潜在的公共意愿和政治诉求。

阻碍景观发展的因素不仅在于感伤情怀（sentimentality）和保守主义，而且还受到一个不断壮大的团体的影响，该团体坚信自然世界的管理（stewardship）将会成为左右景观发展的唯一因素。持该立场的极端主义者们断言，具有文化想象力的景观项目在面对环境问题时将会束手无策，当然，倘若仅从生物修复和栖息地多样化的角度而言，这种文化无用论并无不妥之处。如果某个景观具有文化内涵，那么它一般不涉及生态议题，况且是环境主义者掌控着景观的解释权，好比说，景观的文化内涵隶属于精英和智识性艺术实践（intellectual art practices）的研究领域，而非更加侧重于修复地球的实践领域。世界的人口不断激增，但是资源却逐渐减少，尤其在急需相关的生态知识的境况下，上述观点能够在社会政治的层面上诱发出极大的影响力。伴随着遗产保护团体的兴起，环境保护和研究的机构（无论是国家层面的，还是区域层面的）如今已初具规模，谢天谢地。但是此举亦存在问题，比如说，当我们的专业目标强调运用技术性过程来修复自然世界的时候（这里的自然世界没有任何的文化意义），风景园林的文化创造力经常被忽视，甚至遭到抑制。

若从运用术语的角度而言，上文最后一句话存在一个明显的矛盾，尽管世界上确实具有能够挣脱文化束缚的现象，但是，我很怀疑"生态"和"自然"能够像环境主义者所宣称的那样脱离文化（culture-free）。由于我们不可避免地将自然与特定的社会情境进行各种关联和再现，因此，没有文化关联的自然之可能性既是未知的，同时又是不可想象的。不幸的是，环境主义的倡议者总是不断强调一种客观的自然状态，他们始终坚信自然可以独立于文化而存在。世界的本质具有建构性（constructedness），建构的图示化（schematization）是一种具有巨大力量的文化观念，然而由于上述观点的局限性，风景园林的专业人员没有认识到建构性的深刻影响。环境主义者错误地将环境及其诸多影响和弊病置于文化世界的外部而非内部，他们仅仅试图修补（甚至预防）种种环境损害，但是世间存在（being and acting in the world）（这是环境问题的首要性根本所在）的文化方式依旧没有得到相应的改善。正如缝合皮肤层上的伤口只会诱导更大面积的损伤，纵然持续地解决某些小问题是一种值得赞扬的努力，但这种方式没有足够重视那些根本性问题。我们当然要感谢地区性和国家性保护团体和环境组织的远见，以及他们已经完成的工作成果，但是，缺乏培育有关景观创造性之文化代理人的力量或组织仍令人感到极为惋惜，况且提升景观的文化创新力量恰是时代之亟需。[2]

景观之能动（landscape agency）

实现景观复兴要求聚焦能够以批判的方式介入文化习俗和惯例的项目。之前，景观被认为是一种文化的产物，如今，我们应该把景观转变成能够丰富且创造文化的能动力量。为了强调作为动词的景观（作为过程性或活动）价值，作为名词的景观（客体或场景）应该趋于消隐。本文较少关乎景观的形式问题，与之相反，景观在时间中的形成性效应（formative effects）则是本文的关注焦点。换言之，本文几乎不涉及有关景观之肤浅表象（simple appearance）的论述，景观的能动作用（景观如何发挥效应，景观能够做什么）乃是重中之重。

若以发展变化为准绳，那么景观的营建将会变得斑驳陆离，它们的最终形态便会取决于此时此地的境况（circumstances）和境遇（situations）。无论某个景观形式是自然式的、方形的、曲线的，规则的，还是不规则的，其实都已经无关紧要了。关键的问题在于：在处理特定议题和发挥特定效应的时候，景观如何能够保证其形式和几何性变得更加合情合理。因此，复兴景观几乎没有论述任何有关外观和美学的内容，其特别关注策略性工具（strategic instrumentality）的议题。[3] 形式问题纵然不容忽视，不过还是少关注外观为妙，风景园林师的精力应当主要放在有效地布置（disposition）景观的各个组成部分。景观没有理由过于执迷于求索新的形式或美学风格，与之相反，我们应当在更广阔的文化语境中积极地拓展和深化景观的维度。

景观理念（The landscape idea）

景观理念的内在力量不能以物理层面上的"空间"（space）作为评估标准，我们既不能低估景观的空间性，亦不能过分推崇之。[4] 景观乃是空间环境（milieu）和文化意象（image）的结合体。正是如此，景观空间的营建必须与特定的观看方式和行为密切相关。在此意义上，景观是一种不断与外界发生交换的媒介，在不同的时代和社会中，景观同时在想象性和物质性实践中获得自身的演变。随着时间的推移，景观犹如地质结构一样不断地层层累积，而且每一层都粘附着新的再现系统，它们不可避免地加深且丰富了景观的各种可能性和阐释维度。[5]

进一步而言，景观在不同时代和文化中会以不同的方式彰显自身的理念；景观的意义、价值，连同其物理空间的和形式的特征，也不是一成不变的。设想一下，若是每个社会皆遵从美国、英国和法国的景观思想，那么单一的景观思想甚至会统摄其他社会的景观认知，显然，这种假设错误地将自身的文化思想强加到他者身上。诚然，过往的很多时代和社会根本不存在任何的景观概念（notion）。即便放眼欧洲史，景观也是新近的产物。正如克拉克（Kenneth Clark）所言：

> 直到最近，人们依然将自然看成是一种孤立客体的集合（assemblage），
> 没有将［它们］联系成一个整体的场景……因此，直到 16 世纪的早期，当最
> 早的"纯粹"景观被绘制出来以后，［景观才能被人们所构思（conceived）］。[6]

而且，东方的景观概念与西方之间存在着显著差异，后者在传统上更加倾向于布景化和风格化。正如建筑学者冯世达（Stanislaus Fung）所言，中国景观理念的兼容并包与西方景观概念的二元对立之间具有巨大的差异。[7]然而，无论跨文化比较视角下景观的精确起源、编码（coding）和强度（intensity）到底是如何发生的，有关景观的理念能以一种生动的滤镜示人，通过这个滤镜，不同的文化模式皆能审视自身的山水、田野和树林，进而获取相应的社会归属感。

统而论之，尽管每个社会皆能以历史的方式认知周边的**环境**，但是，类似的物质层面的观察并非总能被提升到景观的层次上，因为在很多社会中，景观是一种明确的主题类别（genre），其通常被特意放置在文化意象、艺术和文学的突出位置上。即便最低调的再现形式也可暗示某种相当成熟的景观理念的发展状态，因为那些理念恰是构想景观的产物。正如科斯格罗夫（Daniel Cosgrove）所提醒的那样，"从被注视的那刻开始，景观已经变成了一种精神性的产物（artifice），这要远早于景观的图画式再现"。[8]恰恰由于人们总是以一种明确的、主观的方式理解景观，因此，景观无法等同于自然或者环境。正如地理学家（Augustin Berque）所言：

> 景观不是环境（environment）。环境是文脉（milieu）的真实呈现：也就是说，
> 社会与空间和自然之间通过环境文脉的各种关系紧密相连在一起。景观强调关
> 系之间的可感性（sensible aspect）。因此景观是一种依赖于主体性（subjectivity）
> 的集体形式……假设每个社会皆具备特定的景观意识，那仅仅是因为我们将其
> 他文化形式转变成了我们自身的内在感受。[9]

故而，景观史学家斯蒂尔戈（John Stilgoe）经常被学者们引用的景观定义是："景观是荒野的对立面，是经由人类塑造而成的大地"，或许我们可以进一步补充道：塑造景观当中的想象性内容（此点可在语言、神话、地图、绘画、电影和其他再现形式中得到体现）并不少于其物质性内容（景观是一种被建造和再现的物质性空间）。[10]的确，荒野举目皆是（其广泛分布于影像、合法保护的土地和旅游地），曾经那种禁足踏入的、"不为人知的"领地彻底被当成可预想

的景观类型，如今，各种出现于图像和文学中的荒野，已经与实际存在于地表之上的荒野在数量上相差无几。换言之，荒野是一种社会建构的理念，即属于景观（的范畴），尽管其在表面上可以是完全"自然的"。梭罗（Thoreau）曾经意识到荒野与景观之间关于存在的（existential）根深蒂固的讽刺，并写道："任何尝试区分人类与荒野的努力都是徒劳的。世间并无荒野。自然界的原始活力（vigor of Nature）来自人类的脑海和心灵，恰是人类的文化建构能激发了梦想与欲望"。[11]

人们对于自然、荒野和景观的理念不断发生着变化，它们持续地影响着设计的实践和建造，与此同时，这些物质空间反过来又进一步改变和丰富了文化概念。科斯格罗夫和文化地理学家丹尼尔斯（Stephen Daniels）写道，"一处公园可能很容易被察觉，但公园不再比一幅风景画或者一首诗歌更具真实性，或者比诗画更缺乏意象性（imaginary）"，而且，在各种各样的再现形式之间，公园与其他再现形式之间相互影响，相互改变着彼此。[12] 比如说，18世纪的英国广泛使用了一种经过打磨光滑的铜镜，观者透过这枚铜镜欣赏某处特定的风景，被凝视的风景好似经由画家洛兰（Claude Lorrain）之手画上去的；铜镜与风景之间的距离增加了一倍，在观者的眼前，真实的风景本身不再是被注视的焦点，取而代之的是反射于彩色且略带倾斜的铜镜上的镜像，以及其暗指的绘画流派。事实上，观者需要在事前通晓图画（pictures）的相关知识，这构成了欣赏18世纪如画风景的基础条件，换言之，唯有画家首先通过绘画表达风景之后，该风景才能获得自身的"显现"（appear）。[13] 同样的，教育经历、社会背景和地位皆能培育欣赏风景的"良好品位"（good taste）。结果，18世纪欧洲景观的发展便等同于象征着财富、高雅文化和权力的风景图像，它们既体现在园林艺术中，又表现在绘画、文学和诗歌中。景观，正如在法语中的"Paysage"一词，带有着延续至今的民族感和文化认同感。英语词汇"乡村"（country）同样也体现了这一理念，其既暗指民族国家（nation），**又指非城市的部分**（that which is not the city）。

上述例子表明，景观与文化理念和图像之间存在着密不可分的联系。因此，倘若只把景观看成某处风景优美的景色，或某处需要开发的资源，抑或是科学的生态系统的话，便会折损其原有的内涵。假如仅在视觉的、形式的、生态的或经济的语境下审视景观，我们则不能完全理解其内在的意义和社会结构之复杂性和丰富性。文化概念如何决定建造活动，反之，建造活动在更广阔的文化想象中又是如何促进了景观理念的发展，因此，在特定的风景园林学视角下理解此意便显得极为重要。在景观的观看与行动之间，我们需要保持一种互惠的关系，这种双向关系隐含着巨大的价值，而且两者的关系常常被视为某种特定的手段，风景园林师便可凭借该手段批判性地重塑和再创造景观。在设计的层面上，风景园林师以制图、描绘、概念化（conceptualizes）、想象和预测（projects）的方式决定着建造的内容，且决定着建造所带来的影响。

综而叙之，就设计而言，再现的技术手段（Techniques of representation）构成了所有批判性活动的核心。如果说景观概念取决于其前期的图像制作（prior imaging）（它不仅包括透视图，还涉及地图、规划图和其他的再现形式），那么就虚拟的事物而言，具有创新性的图像投射（image projection）在构思和实践两个方面都是必要的。

20 世纪的景观

时光荏苒，人工建造的景观难免历经各种跌宕起伏的变迁。正如在 18～19 世纪欧洲所发生的现象那样，在特定的社会中，每个特定时期的文化意义皆会从根本上影响人们观看景观的方式，然而在 20 世纪的大部分时间中，除了史密森（Robert Smithson）、海泽（Michael Heizer）和理查德·朗（Richard Long）等人引领的大地艺术运动之外，先锋艺术运动和现代主义文化却均普遍忽略关于景观的实践。[14] 纵观整个 20 世纪，除了少数作品，景观的理念几乎皆以如画美学和乡村景致的面目示人（无论是以怀旧和消费主义作为其最终目的，还是作为环境主义的议题）。

现代技术、城市化和变迁导致乡村的理想化形象的消亡，不过广泛分布于绘画、电影、传播媒体和旅游营销活动中的关于当代景观的再现，却能在一定程度上能够唤起那些久已消失的景象。在当代社会中，罗兰爱思（Larua Ashley）品牌、拉尔夫·劳伦（Ralph Lauren）以及各种汽车公司皆深谙此道，但同样的，遗产保护团体也运用了田园式的、前现代的图像以达成自身的目标。人们把景观表述成一处逃难之地，这块飞地既能躲避当世之病态，还能摆脱未来之焦虑。但是，此种情感性审美的循环往复却阻碍了批判的、崭新的（fresh）景观形态。令人感到遗憾的是，当今的趋势仍然热衷于把景观看作一种所向披靡的畅销商品。欧美的景观营造通常不仅逐渐削弱了参与者的身体经验（例如，当地的工业园、主题公园，或者新的房地产开发项目所宣传的"蜿蜒小径"），而且往昔的卓越辉煌替代了未来的希望曙光，由此形成了令人沮丧的文化萎靡。或许正是因为彻底地摒弃了希望与创新，因此，再造往昔美好世界的想法可能不会冒犯任何人。即便这种方式可能掩盖且弥补了现代生活中一些更严重的问题，但是，我们应该进一步保持怀疑的态度，且有必要进行着相应的反思。拜这些"无罪"效应所赐，徒劳无功的景观（landscape without portent）为真正现代的、进取的（enterprising）景观奏响了丧钟。

无论人们的思想是浪漫的还是激进的，然而要想实现景观复兴的目标，我们必须超越狭隘的专业限制，进一步思考景观现象如何才能具备更广泛意义上的（或者更具有说服力）文化属性。正如前文所述，如果我们忽视了文化批判维度上的景观技术，那么景观的营建活动只会沦落到更加边缘的位置。建造景观不能仅被还原成生态或形式的程式，与之相反，景观应当关乎其文化视野。因此，与不断增加的大众之于景观的需求和兴趣（比如说园林、旅游、教育、户外休闲）一样，不断涌现的智识性批判景观（特别是建筑艺术领域，当然也包括地理学、电影和文学）同样也是专业之所需。

由于跨学科间的思想交流已经在很大程度上影响了景观设计的实践、再现模式和建成环境，故而，多学科的（multidisciplinary）研究视角对于理解当前的景观现象至关重要。我们发现，18世纪的绘画深刻影响了欧洲后世的风景园林的发展（特别是英格兰），此外，20世纪的生态学革新及其影响之于当前规划和设计实践亦具有相似的促进作用。[15] 尽管当代电影和传媒对于景观赏析的影响尚未得到充分研究，但我比较怀疑这种影响具有深远的价值，尤其考虑到美国正处于流行文化的洪流之中。

上述影响是双向的，既包括了新景观的营造过程，也包括在艺术领域中再现这些新景观，二者均能在革新（evolution）、赋值（value）和意义（meaning）的层面上创造更丰富的景观理念，甚至它们还可以影响其他类型的文化实践。比如说纽约的中央公园既凝聚了城市社区的集体认同，又强化了城市与自然之间的关系；正如运用连续的、非等级化的网格模式测量、描绘和调查美国的腹地一样，这种方式有助于体现平等、自由和可及性（accessibility）的集体理想。[16]

建造与想象之间的互惠关系既是风景园林自身创造性的源泉，也是风景园林之于文化贡献的核心所在。人们相信风景园林既能在很大程度上超越回归化的（regressive）、多愁善感的"自然观"和"乡村观"，又能提供创造性的潜力，此外，景观的创造性潜力绝不只满足于为土地开发者所带来的创伤提供改善性策略。在美国境内，如今大部分的"景观化"（landscaping）进程皆没有实现有关文化和艺术生产的干涉性基础（interventionist）的飞跃。[17] 人们对待景观的态度总是过于简单化，且将景观视为一种时尚术语或者消耗性的奢侈品，这等同于忽略并低估了景观实践之于环境、文化和意识形态层面的转变性效应。

景观的阴暗面（The Dark Side of Landscape）

"复兴"（recovery）这个术语意指事物的某些属性曾经发生了缺失、贬低、遗忘或错位，但是这些属性再次被人们重新发掘和挽救，并使之重新焕发活力。

同时，正如以一种正确的方式回归，复兴也意味着收复、控制以及恢复健康和常态（normalcy）。自古以来，这类意义便与土地纠纷和领地划分（marking of territory）密切相连。因此，复兴必然承载着一种特定的双重内涵。一方面，重现年代久远的文化瑰宝充斥着乐观主义和希望的态度，展望全新且令人振奋的未来；另一方面，复兴意味着一定程度上的感伤（怀旧）和权力（占有），此点与景观具有千丝万缕且不可分割的关联，而且还指向了景观构造（landscape formation）中的更为阴暗（more insidious）的面向。巴雷尔（John Barrell）将此状况描绘成景观的"阴暗面"（dark side），即某种道德的阴暗性内在于景观本身，而权力利益集团则利用之以图掩饰和延续他们的影响。[18] 胁迫下的景观文化所致的摇摆不定（cultural sway）再次将景观（景观带有主观的、修辞性的意义）与环境区分开来。正如评论家威廉姆斯（Raymond Williams）所言，"一个劳作的乡村很难称得上是一处景观"，利奥塔（Jean-Francois Lyotard）回应了该论调，"如果想要对景观产生情感，那么你必须先抛弃自身之于场所的情感"。[19] 他们两个人的论述进一步分辨了作为栖息场所的劳作乡村和作为客观化场景的景观区别。在前者中，主体（以主动的、不自知的方式）完全融入环境当中；在后者中，主体（以被动的、凝视的方式）与环境保持着一定的距离。作为一种保持距离的工具，景观被利益团体（无论是权贵阶层、国家或者企业部门）牢牢掌控着，从而使这些利益团体藏匿、巩固和实现特定的利益。景观之所以在这方面屡试不爽是其能够巧妙地遮蔽了那些把戏，如"自然化"（naturalizing）或者将建造和时间效应渲染得不可见。这种情况使得利奥塔总结道："疏离性（estrangement）没有创造景观。尚存另外的蹊径。但是通过景观而获得的疏离感……却是确凿无疑的"。[20]

当下我们或许能够更加全面地领会到克拉克的观点："人文精神似乎在绘画上大放异彩之时，'景观'本身的概念（因此）既不存在，亦难以置信（unthinkable）"。[21] 克拉克的话意指景观的疏离性（estranging）和被疏离性（estranged），复兴景观的固有特征标志着一个无处不在的严峻时期，在这段困难的时期中，景观不再承担一种解放性的（emancipating）、转变性的新角色，而是常常用来掩饰或补偿某些过失和缺点。正如米歇尔（W. J. T. Mitchell）所写的那样：

自从拉斯金（Ruskin）之后，作为审美事物的景观鉴赏不再是一种自满的（complacency）、纯粹的思索行为；对于大地上发生过的暴力和罪恶，景观必须集中注意力将焦点放在历史的、政治的以及（当然也包括）审美方面的警醒，从特纳（Turner）开始（或许从米尔顿开始），暴力的邪恶之眼便与帝国主义和民族主义密不可分。景观自身扮演着掩饰和归化罪恶的媒介，这点已经变得世人皆知。[22]

以上的言论或许有些骇人听闻，但是它确有警示之意：景观不一定服务于全部社会成员的利益，其呈现出来的无害和理想主义常常掩盖着不可见的政治议程（agendas），隐藏着社会的不平等以及正在持续发生的生态灾难。由于景观将世界客观化了（比如说，景观以"优美的景色"、"资源"或"生态系统"的姿态出现于公众眼前），因此，景观在社会团体之间、人类与自然之间设立了一种等级化的秩序。当人们观察已建景观的时候总是扮演着一名"局外人"（outsider）的角色，因为"局内人"（insider）意味着景观必须融入日常的场所和环境。在更深层的意义上，作为场所和环境的景观能提供更具实质性的意象（substantial image），而非有距离感的秀美幻境，因为场所的结构能够帮助社会建立群体的集体认同（collective identity）和存在意义。这便是景观有益的建设属性（constructive aspect），一方面，场所具备了创造丰富文化想象的能力；另一方面，场所还可在三个层面上提供基础性支撑：在地性（rootedness）、连接性（connection）、家园和归属感（home and belonging）。[23]

为了完成复兴景观的目标，我们应当同时关注局内人和局外人的不同视角，局内人可以提供一种更加深层的、为社会所知的（socially informed）、场所和存在（being）的物质性感知；外部者则在更广阔的程度上具备唤起已知的、日常生活的边界之可能性。前者的视角重在地域（locality）之社会实践和物理条件的基础上进行景观营造，而后者的视角则寄希望针对场地产生更为广博和新颖的概念。风景园林师格鲁特（Christophe Griot）将两种类型区分为："直觉的（非疏远的内心所感）"和"经验的（综合性的、关于事实层面上的分析）"。格鲁特的分类恰好回应了伯克（Berque）关于景观理论的诉求：景观是由一种由环境的"事实"（facts）和景观的"感知"（sensibilities）共同组成的全新综合体。[24]

复兴景观

如前所论，景观不是一种被动接受的结果，它需要不断置于创造和重塑的循环中；景观作为一种继承性遗产，需要经历复兴、培育以及依托于新目标进而做出相应的预期。就复兴理论而言，风景园林学应该特别留意场地（site）的特征（specificity）。风景园林学历来强调重新挖掘场地和场所（place）的内在价值，通过把场地现象当成某种创造性装置来探索新的形式和程序。近年来，场所修复不仅注重记忆和时间价值，而且兼具生物学价值，比如说，不断消失的或处于贫瘠状态的生态环境得以修复，而且变得更加多样和丰富。因此，场地的重生可以通过以下三个方面来衡量：其一，追觅场所和时间的记忆与文化内涵；其二，依照社会议题和服务设施，比如开发新的活动和功能；

其三，依照生态多样化和群落演替。若以这三方面为准，具有创造性底蕴的风景园林学就能积极地革新自身的文化和自然进程，在此，世间众生的丰富度将会得到强化。

随着现代主义建筑和城市规划设计之普遍性和乌托邦的整体性式微，当今的注意力逐渐聚焦于场所和景观。正如上文所述，其重要原因之一在于现代的规划设计忽视了地域特征和本土价值，这导致了其失败的宿命。一方面，景观被当成抵抗环境同质化的途径；另一方面，景观又能提升地域属性和场所的集体认同。正如地理学家洛温塔尔（David Lowenthal）所言，过去的存在（presence of the past）提供了一种"完整感、稳定感和永恒感"以抵抗快节奏的当代生活。[25] 景观已愈发受到欢迎，亦是因为其作为象征性意向（symbolic image）和作为满载象征（signs）的图景，能够赋予某处场所或地区以文化独特性、稳定性和价值。当然，上文也谈及了，使场所价值重生不仅在于景观的怀旧和补偿性功能，更在于其创造性本质（invention）能够营造出符合公众福祉和使用的新型景观。

从第二个层面上说，复兴景观需要关注生态和环境。景观通常等同于生态现象的表达。那些表达类型不仅存在于风景优美的保护地中，而且更显著地体现于高空摄影和卫星图像所拍摄的区域和全球生态系统。初次太空飞行拍摄的地球画面极具震撼性，这些风景图像使我们认识到景观中的自然概念，还有助于景观挣脱视觉优美的美学牢笼。陡然之间，我们会从全球尺度进行景观的思考，接受并表达景观与生态学之间的交互关系。地域性事件（local events）对于区域的、洲际的和全球生态学的效应变得颇为醒目，正如水体和空气的流动一样，甚至连地壳的运动也展现在世人的面前。

日益发展的卫星成像技术，结合大众媒体关于自然灾害的广泛报道，以及不断活跃的环境行动者们，这些因素共同加强了公众的环境意识。从地方性问题（如废弃物、污染和骤减的栖息地多样性）到全球性的危机（如臭氧层的破坏、森林退化、物种灭绝、核污染以及资源消耗等），环境议题囊括了各种尺度上的具体内容。景观能够在每一种危机中为之提供相应的理念，以引起和强化大众对于特定危机的普遍关注，从而使得人们在言辞辩论和行为活动上得以同时处理相应的环境危机。

景观理念在环境的层面上扮演着双重角色。一方面，景观为环境退化提供最为清晰明确的表达和测量，在此，景观既是牺牲品，又是指示物（indicator）。然而在另一方面，景观提供了绿意盎然且和谐的世界中（这个世界已不复存在，但是大众又发自内心地渴求它的重现）完美的、田园牧歌式的图景。结果，正如上文所述，景观既以一种善良且道德的形象示人，同时又被当成一个傀儡（figure），一方面景观充当了科技罪恶的牺牲品；另一方面又被相互竞争的利益团体所利用。通过大力倡导殊异性（divergent）、相互竞争的（competing）生态学方式，作为特定环境之拟像（simulacrum）的景观已经风靡数十年（从资源主义者到保护主义者，再到资深的生态学家和生态女权主义者，ecofeminism）。[26] 此处，将景观与自然画上等号不仅揭示了两者的本质都具有意识形态属性和主观性（subjective essence），而且还指出两者之间存在不可调和的矛盾性。如前所述，有些人始终高喊自然和景观含有不加反思（unreflective）的、多愁善感（sentimental）的理念，实际上他（她）们的观点恰恰压制了文化的实验性，并且阻碍了探索景观实践的另类发展模式。显而易见的是，我们不得不全力发展一种具备创造力的生态学（比如适应性的、有关宇宙论的、艺术的实践），以抵抗那种愈演愈烈的毫无思辨的、科学化的生态学，后者指向了一种不断趋于抽象的"环境"。[27]

伴随全球传播经济和服务经济的整体转向，第三种复兴景观的现象就是大规模的去工业化进程（deindustrialization）。该转变强调市中心和乡村地区的双重价值，甚至还倡导打破城乡之间的差别。[28] 结果，新的需求主要聚焦于土地利用规划和多功能的适应性（accommodation of multiple），然而两者的矛盾常常却难以调和。在过去的数年中，巨大且综合的后工业城市区域已经为风景园林师和城市设计师提出了全新的挑战。

倘若为后工业的城市发展出谋划策，那么，我们很可能需要一种创造性的鉴别力，换言之，需要理解如今的时空状态与历史传统存在着怎样的差异。我们生活在到处充斥着电子媒体、图像、网络、信息高速公路、环球通勤和物质迅速交换的时空景观中，无论它们是可见的，还是不可见的。这是一个充满着无限传播的世界。[29] 所有的事物都将变得唾手可得，并且能被即刻兑现。世界上的任一地理坐标已经不再仅仅具有空间意义，地理坐标反而被深深地纳入速度（speed）和交换（exchange）的过程中。比如杰克逊（J. B. Jackson）和鲍德里亚（Jean Baudrillard）已经表明，至少对美国来说，现代景观不再是一种等级化和中心化的场所，与之相反，景观具备了瞬时性（transience）、流动性（mobility）、循环性（circulation）和交换性。[30]

近年来，场地、环境和新技术等议题促进了景观的发展。比如说，战后的休憩和旅游业出现了井喷式发展，这种现象不仅重新激发了人们对于景观的兴趣，而且至少对资本家、享乐主义者和多愁善感的人来说同样带来了新的价值。无论是消费者（公共需求）还是生产者（区域经济发展的利益），景观逐步寻求自身独一无二的特性，比如景致（scenery）、历史性和生态价值。无论是主题公园、荒野区，还是风景观光大道（scenic drive），景观已经变成了一种巨大的、异域的（exotic）引力场，其中充斥着各种娱乐、奇幻、逃离（escape）和庇护（refuge）。[31]

另一个影响景观复兴的流派是 20 世纪 70 年代涌现的大地艺术。该运动一直深深地吸引着风景园林领域，特别是大地艺术中内在的、基础性的艺术形式。此处，景观既扮演了场所（venue）的角色（即场地），又充当了艺术表达的材料（即媒介）。随着时间和自然过程的介入，场地的独特性和物质属性能使景观（相较于疏远的、有待观赏的美景或图画而言）变得更加迷人且瞬息万变。在史密森、海泽（Heizer）、玛利亚（Walter De Maria）、克里斯托（Christo）、莫里斯（Robert Morris）、拜耶（Herbert Bayer）和特瑞尔（James Turrell）等艺术家的实践中，景观较少作为供人沉思（contemplation）的场景，而是更多地介入时间和运动（motion）的维度中，其更多表现为一种处于自然进程的、正在转变的（shifting）、物质性的场域（material field）。

艺术评论家克劳斯（Rosalind Krauss）的论文《延展场域中的雕塑》（Sculpture in the Expanded Field）在风景园林学中产生了巨大的影响，这篇文章纠正了雕塑、建筑和景观分属不同学科的传统认知。[32] 因此，各种智识性活动进一步挑战了现代主义者否认自然和景观的基本立场，而且批判了技术和扩张主义（expansionism）之于他者的强势压制（特别是女性主义批判，但也包括环境主义和社会批判）。[33] 与此同时，这些活动又促进了智识性和艺术性的景观思辨，甚至激发了探索主要涉及景观的理解（comprehension）、设计和拓扑学（topology）的新形式。故而，本文的重点不在于上述罗列的艺术史学者、描述性分析师（descriptive analyst）或推测性诠释学者（speculative hermeneutician）关于景观复兴的论述，反而更加注重景观的物质性基础。景观的场地属性和物质性提供了实验环境和文化探测的基底，从而让人们可以直接地感知和参与其中。

20 世纪 80 年代，景观兼具物理性和概念性的基础观念逐步得到承认，因此使得各大领衔的建筑学院再次萌生对于景观的兴趣。[34] 从那时起，各个设计院校对地形学、场地、生态学和地理学产生了日益浓厚的兴趣。就在不久前，建筑师绘制建筑平面和立面的时候仍然没有任何的地形特征、树木抑或是更大的基地环境（larger horizons）。如今，至少在顶级的建筑学院中，场所与环境不仅贯穿于图绘和模型的制作过程，而且还包括项目概念和物质构成的相关内容。最佳的预期是，我们不再以孤立的思维方式构思建筑项目，强调场地特征成为建构景观方案的起点，而场地特征能让建筑融入更广阔的环境和过程中。

就建筑和环境艺术而言，景观文脉（context）的意义不仅在于土地的感知和经验维度，而且还关涉其符号学的（semiotic）、生态的、政治学方面的内容。因此景观不再只充当建筑周边的装饰物，与之相反，景观扮演着更重要的角色，比如说，景观为建筑提供更广阔的文脉，提升建筑的体验，并且将时间和自然纳入建筑物当中。[35] 我们逐渐认识到，景观能为建筑和都市提供更为坚实的环境基础，从而激发新的体验形式、意义和价值。正在形成的景观概念几乎与风景优美、绿色、荒野和田园牧歌等内容没有直接的关联，它们更加强调一种无处不在的环境（milieu），一种包括了生态、体验、诗意和生命力的丰富糅合物。[36]

近些年，建筑师创作出的相当数量的图绘和项目皆以不同寻常的景观形式示人：比如，扎哈（Zaha Hadid）的建筑图绘和绘画具有明显的至上主义（suprematism）倾向，这些图画表现类似于内爆碎片（imploded fragments），它们毛躁地穿插在巨大的山腰上，并且在区域尺度上充当了基础设施；当然还包括库哈斯和大都会建筑事务所（OMA）创作的那些令人惊叹的作品，建筑物、景观和区域的综合体渗透于每一个具体项目中（无论项目本身的大小如何），以及艾森曼（Peter Eisenman）设计的那些折叠的（folded）、单一表面的（single-surface）平面图（很多是与风景园林师欧林（Laurie Olin）合作完成的），这些作品与库哈斯注重的领域特征（territorial distinctions）存在着相似性（既包括学科层面，又涉及地理学术语），而两者的不同之处在于：艾森曼强调场地与文本指涉（textual reference）之间关系要更甚于程序性计划（program）。

若从建筑的景观化层面（forging a new architecture of the landscape）进行考量，屈米于1983～1990年建造的拉维莱特公园或许发挥了最重要的作用。[37]这个公园极具争议性地扭转了自然之于城市的传统角色，且将城市的密度、拥挤（congestion）和丰富性引入都市公园中。在此，景观被视为一种手段，它能将社会和制度活力注入城市，巴黎、巴塞罗那、斯图加特和里尔等城市也出现了类似的项目，它们与拉维拉特公园共同强化了景观的上述功能。对于在更小尺度上进行创作的建筑师来说，比如说西扎（Álvaro Siza）、米拉莱斯（Enric Miralles）、雷普多克（Antoine Predock），德贡布（Georges Descombes）等，尽管每个人采取了截然不同的设计路径，但是他们对待场地和景观的构建性态度（formative attitude）深刻地影响了设计和建造行为。

即便建筑师对诸多的景观议题重燃了兴趣，然而，职业的风景园林师并非保持默默无闻的姿态。在当前的美国风景园林领域，通过可见的方式激活景观和城市公共空间的设计师，或许应该首推沃克（Peter Walker）和舒瓦茨（Martha Schwartz），他们总是不知疲惫地探索着现代主义景观设计所注重的视觉和形式问题。[38]在风景园林实践的另一个极端（相对于沃克等人的艺术性探索而言），在以创造性的栖息地修复和环境敏感性的规划层面上，近期的设计师也取得了突破，比如说，Andropogon和Jones & Jones等机构一方面更新了公众对于土地公共意识，另一方面建构出一套更具生态适用性的栖居模式。

风景园林中的"艺术性"和"科学性"很难兼而有之，而似乎哈格里夫斯通过充满了可塑性和复杂性的作品有效地嫁接起二者。一方面，哈格里夫斯从

图 2 （位于西欧的）斯凯尔特河东部的暴雨防浪堤（Eastern Scheldt Storm Surge Barrier）作为沿海的鸟类栖息地，West 8 都市设计和景观规划设计事务所，荷兰泽兰省，1992 年

图片版权：Hans Werlemann

大地艺术中汲取灵感；另一方面，又运用了技术和科学知识，在垃圾填埋场、淤泥地、污染的泛洪区建造了一系列超现实的大型项目。[39] 在欧洲，与哈格里夫斯类似的设计师是拉茨（Peter Latz），他拥有令人惊叹的独创性和克制力。拉茨最近在德国杜伊斯堡的一片巨大废弃钢铁厂的基地上建造了一个全新的公园。[40] 该项目希望通过时间的推移可以净化和循环场地中的水体、土壤和其他物质。一方面，拉茨和哈格里夫斯重新激活了欧美城市边缘的污染区域；另一方面，他们弥合了艺术表达和生态技术之间的鸿沟。

高伊策（Adriaan Geuze）以及他在鹿特丹的事务所（West 8）的作品具备强烈的视觉几何性，它们为荷兰人民提供一种新的景观形式。高伊策的作品复兴了荷兰景观中蕴含的清晰的建构性（unequivocal constructedness），其生态性和干预性亦推动了现代社会的发展，而且还为公共空间提供各种各样的新形式。高伊策通过生态的、程序计划的（programmatic）的独创性提升了项目的层次和意义，使之超越空泛的、图画式的形式主义。比如说，在贝壳项目（Schelpen Project）中，鸟蛤壳和贻贝壳共同组成一条条带状物，它们既是海鸟的食物源，又作为其隐藏的领域，同时还是吸引海湾鸟类的目的地；同样的，在阿姆斯特丹机场的项目中，高伊策设计了一个宏大的种植策略，这一方案融合了蜂窝、三叶草的种植床以及排水渠，这些策略皆建构了一种自调节的（self-regulating）生态系统（图2）。

类似的范例不胜枚举，我只是想要表明近年来的景观设计如何被视为一种承载文化表达和转变性思辨的令人兴奋的媒介（critical and exciting medium）。然而，我们仍旧任重道远。这要求我们去尝试试验，创造各种复杂的再现模式，以更具批判性的远见和文化学识从事景观实践，如此这般恰是复兴行业未来的基础。[41]

当人类跨入千禧之年，世界范围内的风云际会正在对风景园林艺术提出各种挑战和机遇。从区域和基础设施的规划，到公园、园林、地图和旅游地（journeys）的设计，于大地之上进行实践的从业者需要承担一份责任，即需要我们把握各种时机，并且将景观置于文化和政治生活的重点领域中进行考量。相比于那些关注土地的历史性描述、信息的分析或者商业性开发的从业者而言，设计师和艺术家在复兴景观的使命中扮演着更加积极主动的参与性角色，恰由于此，新的宏图、技术和愿景必须引领着风景园林的教育和实践。[42] 在此层面上，复兴的事物不是景观之场景（scenes）和客体（objects），而是景观的概念、操作（operations）和文化意义。犹如在景观想象的荒原中撒下了一捧植被的种子，希望上述的提议能够激发出一种比之前任何时代更加繁荣且更具活力的专业图景。

注释

1 参见：W. J. T. Mitchell, ed., *Landscape and Power*（Chicago：University of Chicago Press, 1994）; and James Corner, "Critical Thinking and Landscape Architecture," *Landscape Journal* 10/2（Fall 1991）, 159-162.

2 参见：James Corner, "Ecology and Landscape as Agents of Creativity," in *Ecological Design and Planning*, eds. George Thompson and Frederick Steiner（New York：John Wiley & Sons, 1997）, 80-108.

3 关于景观策略的研究可参考朱利安的研究，Francois Jullien, *The Propensity of Things：A History of E icacy in China*，翻译：Janet Lloyd（New york：Urzone, 1995）. 参见：Michael Speaks, "It's Out There：The Formal Limits of the American Avant-garde," *Architectural Design Profile 133：Hypersurface Architecture*（1988）：26-31.

4 景观的空间构成和文化想象之间的关系可以参见：Denis Cosgrove, *Social Formation and Symbolic Landscape*（1984; reprint, Madison：University of Wisconsin Press, 1998）; and Denis Cosgrove and Stephen Daniels, eds, *The Iconography of Landscape*（Cambridge：Cam-

bridge University Press, 1988). Simon Schama, *Landscape and Memory* (New Haven, CT: Yale University Press, 1995); Robert Pogue Harrison, *Forests* (Chicago: University of Chicago Press, 1992); and David Matless, *Landscape and Englishness* (London: Reaktion, 1998).

5 关于"深度"（thickness）和阐释可参见：Clifford Geertz, "Thick Description," in *The Interpretation of Cultures* (New york: Basic Books, 1973), 3-30. 参见：James Corner, "Three Tyrannies of Contemporary Theory and the Alternative of Hermeneutics," *Landscape Journal* 10/1 (Fall 1991), 115-133.

6 Kenneth Clark, "Landscape Painting," in *The Oxford Companion to Art*, ed. Harold Osborne (Oxford: Oxford University Press, 1970). 参见：Kenneth Clark, *Landscape into Art* (1949; reprint, New york: Harper and Row, 1984).

7 参见：Stanislaus Fung, "Mutuality and the Cultures of Landscape Architecture," in *Recovering Landscape*, ed. James Corner, (New York: Princeton Architectural Press, 1999), 141-51.

8 Cosgrove, *Social Formation and Symbolic Landscape*, 16. 参见：D. W. Meinig, "The Beholding Eye," in *The Interpretation of Ordinary Landscapes*, ed. D. W. Meinig (Oxford: Oxford University Press, 1979), 33-48.

9 Augustin Berque, "Beyond the Modern Landscape," *AA FILES 25* (Summer 1993), 33.

10 John Stilgoe, *Common Landscape of America*, *1580-1845* (New Haven, CT: Yale University Press, 1982), 12. 关于景观再现的复杂性可参见：Denis Cosgrove, *The Palladian Landscape* (State College: Pennsylvania State University Press, 1993); and James Duncan and David Ley, eds, *Place/Culture/ Representation* (London: Routledge, 1993).

11 Henry David Thoreau, *Journal* (1856 年 8 月 30 日), 引用：Landscape and Memory, 578.

12 Cosgrove and Daniels, *Social Formation and Symbolic Landscape*, 1.

13 参见：Norman Bryson, *Vision and Painting*: *The Logic of the Gaze* (New Haven, CT: Yale University Press, 1988), 42-44, 对于与"真实"景观相关的绘画的讨论，参见：James Corner, "Representation and Landscape," *Word and Image* 8/3 (1992 年 7 ~ 9 月), 258-260.

14 参见：John Beardsley, *Earthworks and Beyond*: *Contemporary Art in the Landscape*, 第三版 (New york: Abbeville Press, 1998); 以及 gilles Tiberghien, *Land Art* (New york: Princeton Architectural Press, 1995).

15 参见：Ann Bermingham, *Landscape as Ideology*: *The English Rustic Tradition*, *1740-1860* (Berkeley: University of California Press, 1986) 和 Rosalind Krauss, "The Originality of the Avant-garde," *The Originality of the Avant-Garde and Other Modernist Myths* (Cambridge, MA: MIT Press, 1985), 151-170; 参见：Ian McHarg, *Design with Nature* (1969; reprint, New York: John Wiley & Sons, 1992) 以及 george Thompson 和 Frederick Steiner 的版本，*Ecological Design and Planning* (New york: John Wiley & Sons, 1997).

16 参见：J.B. Jackson, "The Accessible Landscape," in *A Sense of Place*, *A Sense of Time* (New Haven, CT: yale University Press, 1994), 3-10, 以及 James Corner and Alex MacLean, *Taking*

Measures Across the American Landscape（New Haven，CT：Yale University Press，1996）。

17 关于这种失败的哲学论述可见：Peter Carl，"Natura-Morte，" in *Modulus 20*，ed. Wendy Red-
field Lathrop（Charlottesville：University of Virginia School of Architecture and New York：
Princeton Architectural Press，1991），27-70.

18 John Barrell，*The Dark Side of the Landscape：The Rural Poor in English Painting*，1730-1840
（Cambridge：Cambridge University Press，1980）。另外参见：W. J. T. Mitchell，"Imperial
Landscape，" in *Landscape and Power*，5-34.

19 Raymond Williams，*The City and the Country*（Oxford：Oxford University，Press，1973），36；
Jean-François Lyotard，*The Inhuman*，翻译：geo rey Bennington and Rachel Bowlby（Stanford，
CA：Stanford University Press，1991），189.

20 Lyotard，*The Inhuman*，190.

21 Clark，*Landscape into Art*，viii.

22 Mitchell，*Landscape and Power*，29-30.

23 参见：Cosgrove，*Social Formation and Symbolic Landscape*.1.

24 参见：C. Girot，"Four Trace Concepts in Landscape Architecture，" in Recovering Landscape，
59-67. And Augustin Berque，"Beyond the Modern Landscape." See also Augustin Berque，
Mediance：De Milieux en Paysages（Montpellier-Paris：Redus- Documentation Francoise，1990）.

25 参见：David Lowenthal，The Past is a Foreign Country（Cambridge：Cambridge University
Press，1985）.

26 关于相互矛盾的环境观点的深入讨论可见：Max Oelschlaeger，*The Idea of Wilderness*（New
Haven，CT：yale University Press，1991），281-319；and Michael Zimmerman et al，eds，*En-
vironmental Philosophy*（Englewood Cli s，NJ：Prentice-Hall，1993）.

27 参见：Corner，"Ecology and Landscape."

28 参见：Peter Rowe，*Making a Middle Landscape*（Cambridge，MA：MIT Press，1991）；Joel
garreau，*Edge Cities：Life on the New Frontier*（New york：Doubleday，1991）；Deyan Sudjik，
The 100 Mile City（New york：Harcourt Brace，1992）；David Harvey，*The Condition of Post-
modernity*（Cambridge，MA：Blackwell，1989），and *Justice，Nature，and the Geography of
Distance*（Cambridge，MA：Blackwell，1996）.

29 参见：Christine Boyer，*Cybercities*（New York：Princeton Architectural Press，1996）；and
William J. Mitchell，*City of Bits*（Cambridge，MA：MIT Press，1996）.哲学家维利里奥（Paul
Virilio）进一步深入思考了现代时间和速度所造成的后果，参见：Paul Virilio，*The Aesthetics
of Disappearance*（New york：Semiotext（e），Columbia University，1991）；and gianni Vattimo，
The Transparent Society（Baltimore，MD：Johns Hopkins University Press，1992）.

30 参见：Jackson，*Sense of Place*；and Jean Baudrillard，*America*，翻译：Chris Turner（London：
Verso，1988）.

31 参见：Alexander Wilson，*The Culture of Nature：North American Landscape from Disney*

to the Exxon Valdez（Cambridge, MA：Blackwell, 1992）.

32 Rosalind Krauss, "Sculpture in the Expanded Field," in *The Anti-Aesthetic*, ed. Hal Foster（Port Townsend, WA：Bay Press, 1983）, 31-42.

33 参见：Elizabeth K. Meyer, "Landscape Architecture as Modern Other and Postmodern ground," in *Ecological Design and Planning*. 另见：E. A. grosz, "Feminist Theory and the Challenge to Knowledge," *Women's Studies International Forum 10*（1987）：475-480；and Zimmerman et al, *Environmental Philosophy*.

34 伦敦 AA 建筑学院正是这种类型的代表，库哈斯、屈米和扎哈在 20 世纪 80 年代初期就对大尺度的项目产生了浓厚的兴趣，该情境促进了景观议题的探索。随后，索特（Peter Salter）、威尔森（Peter Wilson）、塞勒特（Jeanne Sillett）和伯德（Peter Beard）开拓了另外一种从地理学和生态学借鉴而来的景观途径。

35 参见：Marc Treib, "Nature Recalled," in *Recovering Landscape*, 29-43.

36 斯本（Anne Whiston Spirn）在 1984 年出版的《花岗岩花园》（*The Granite Garden*）是最早提倡融合建筑、景观和都市等专业的书籍之一。自此之后，其他人又描绘了更加生动且整体性的活力都市形式，比如说，Sanford Kwinter, "Landscapes of Change：Boccioni's Stati d'animo as a general Theory of Models," *Assemblage* 19（1992）, 50-65；and Lars Lerup, "Stim and Dross：Rethinking the Metropolis," *Assemblage* 25（1994）, 82-100. Significantly, both Kwinter and Lerup draw from Henri Bergson's much earlier Creative Evolution, trans. Arthur Mitchell（1911；reprint, Lanham, MD：University Press of America, 1983）.

37 参见：Bernard Tschumi, *Cinegramme Folie：le Parc de la Villette*（New York：Princeton Architectural Press, 1987）；更有趣的讨论，请参见：Bernard Tschumi, Christophe girot, and Ernest Pascucci, "Looking Back at Parc de la Villette," *Documents* 4/5（1994 年春）：23-56.

38 参见：Peter Walker, *Peter Walker：Minimalist Gardens*（Washington, D.C.：Spacemaker Press, 1997）；and Heidi Landecker, ed., *Martha Schwartz：Transfiguration of the Commonplace*（Washington, D.C.：Spacemaker Press, 1997）.

39 参见：Process *Architecture 128：Hargreaves—Landscape Works*（1996 年 1 月）.

40 参见：Peter Latz, "Emscher Park, Duisburg," in *Transforming Landscape*, ed. Michael Spens（London：Academy Editions, 1996）, 54-61；and Peter Beard, "Life in the Ruins," *Blueprint*（1996 年 7 月）, 28-37.

41 参见：James Corner, "The Agency of Mapping," in *Mappings*, ed. Denis Cosgrove（London：Reaktion, 1999）, 212-252.

42 探索"新颖"这个主题的文献可见：Jeffrey Kipnis, "Towards a New Architecture," in greg Lynn, ed, *Architectural Design Profile* 102：*Folding in Architecture*（1993）, 41-49.

第二部分

—

再现与创造性

图 1　柑橘林的喷灌系统，加利福尼亚州，麦克林恩（Alex S. Maclean），1996 年

图片版权：© Alex S. MacLean / Landslides Aerial Photography

图 2　带有建造标记的新高速路的坡道，马塞诸塞州查尔斯顿（Charlestown），麦克林恩，1996 年

图片版权：© Alex S. MacLean / Landslides Aerial Photography

高空再现：精确时代下的反讽与矛盾

高空再现与景观营造（making）

1935 年，柯布西耶出版了一本薄薄的著作《航天飞机》（Aircraft），通过从空中观测大地的方式，他思索出一些关于地球和人类聚居地的全新洞见。柯布西耶描述了此种全景图像（synoptic vision）如何形成另外一种对待城市和区域规划设计的态度，他写道："作为一名建筑师和城镇规划师（与此同时，这些专业人员受惠于人类的伟大创造），我置于飞机的侧翼之上运用鸟瞰视角进行空中俯瞰"。在高空中，"眼睛能够观测到那些仅限于思维联想的事物；（高空观测）具备一种增进我们感觉的全新功能；高空观测基于新的感觉之上，且是一种全新的测量标准（measurement）。人类将会利用高空观测去构想新的目标。城市将会在自身的灰烬中重新矗立起来"。[1]

前文言之的高空观测是一种具备分离式的（detached）、分析性的测量方式，这种清晰的方式构成了人类最具广泛性的测量类型之一（图 1、图 2）。高空观测并非仅限于审美功能，它能以理性和综合性的方式理解大地形态，从空中观测和构想广大区域的能力才真正率先启发了柯布西耶和其他的现代规划者们。大地的高空视角具有透视视角（scenographic perspective）和工具性功用（instrumental utility）两大特点，然而在随后的 20 世纪关于地表的现代化改造中，前者相较于后者而言变得没有那么重要。换言之，高空观测不仅能捕获到人类之于地球的想象力，而且还能在区域规划和建造中充当一种强有力的工具。

高空观测通过综合理性的方式（synoptic rationality），持续地夯实且提升了大尺度区域的土地系统性规划。麦克哈格在《设计结合自然》中描述了该规划

本文曾收录于：*James Corner and Alex MacLean*，Taking Measures Across the American Landscape（New Haven, CT: Yale University Press, 1996），15-19, 25-37. © 1996 Yale University Press. 本次再版已获出版许可。

图 3　横贯网格地的浅滩隆脊，北达科他州雷诺兹（Reynolds），麦克林恩，1996 年
一个水岸线不断退却的湖泊正在侵蚀着昔日的河床，这些河床突起的沙丘脊部正好与
几何性的调查网格"针锋相对着"

图片版权：© Alex S. MacLean / Landslides Aerial Photography

方法论,这本极具创造力的经典著作出版于1969年,恰逢人类首次登月不久。[2]麦克哈格是一位世所公认的生态景观规划之先锋者,他开篇使用了阿波罗计划中拍摄的地球照片,照片中地球奇异地悬置于浩渺无垠的宇宙之中。他运用卫星和遥感观测、高空照片、鸟瞰视角、分析性地图和规划平面支撑其论点和方法。倘若麦克哈格的目的既不在于调查整个星球的信息,也不是谋求指导全球尺度的发展的话,那么,麦克哈格实际上生动地描绘了一项恢宏的全球工程,这项研究的构思借助于高空观测,同时还不断促进了土地的理性规划。然而,与其他的环境主义者如出一辙,麦克哈格偶尔会将人类刻画成一种巨大的"地球灾难";若不是鸟瞰提供了证据,难以想象人类对于地表创伤的图景达到了此等程度,具有讽刺意味的是,恰是麦克哈格和其他规划者们将同一批人类(即那些破坏地球环境的人)看成英雄式的仲裁者,同时,他还运用这群人的技术(高空的和其他的)度量所有的事物。相互矛盾之处在于,一方面,高空观测诱发人类的谦卑之心,另一方面,高空观测还引起了一种感觉,即无处不在的权利和控制力。

在18世纪以来的社会和经济进程中,乐观信仰逐步建立于理性和技术性工具的基础上,这种信仰已经构成了美国聚居和文化生活的特征。美国的立业之基在于资本主义和创业实践,因此,勤奋工作和独创能力通常能够带来各种效益和经济的增长。在此种乌托邦的计划中,具有分析性内涵的高空观测既是一种逻辑的结果,同时又充当了能动代理人(agent)的角色,这种关系尤其表现于18世纪末美国直角坐标系的调查系统之中(图3)。尽管美国早期的土地调查员不能轻易地获取高空影像,然而,这种高空感知却可见于巴洛克式的、鸟瞰的全景图绘、地图和规划平面图,它们弥漫于阿勒格尼(Alleghenies)西部的土地关系的分析、调查和殖民化过程中。美国的土地调查由各种无边无际的直线组成,这种线性特征正如从高空进行观测一样也被强加到地图上,其几乎没有考虑地形学和生态学意义上的地方性变化。时至今日,此类控制土地的态度仍然没有得到改变,例如某些大型的工程项目就是该态度的产物,通常来说,这些项目较为庞大,有时候它们直接占据了某条河流系统,有时候横跨广大自然地理的区域,或者,该控制土地的态度也体现在大尺度的交通规划和通信基础设施规划中。

很多现代项目根本没有任何的想象力(或者说,至少是不切合实际的),它们遗失了世纪之初的高空再现所具备的实际性(factual)和想象性维度。当前取得重大突破的卫星影像可以记录生物圈化学成分的改变,再现全球气候形势,且能将数据整合到电脑化处理的地理信息系统之中,这恰好反映了复杂的综合性观测到底是如何完成的。该观测同时影响了文化想象力和人类社会的活动，特别是针对区域和全球生态的新政策和实践而言更具影响力。

相较于其描述性能力而言，高空影像的作用更加偏向于人类在建成环境中观看和行动的**状况**（conditioning）。正如其他再现工具和方法，高空观测表达并建造了整个世界；它以真实和想象的方式蕴含着巨大的景观创造力。此点已经得到了明证，即不同时空的人们以完全不同的方式审视这个相同的世界；世界并未改变，只是人类观看和行动的方式不同罢了。从特定视角出发的描述和投射行为（其既是空间的，也是修辞性的）不仅显现了某个既定的真实，而且还创造了另一个真实。正如学者和评论家已经认识到的那样，在再现的过程中，单一视势必导致某种不可避免的设想（assumption），此设想从来都不是中立的，也不可能不具备相应的创造力和效应：再现既不提供事物的镜面反射，也不提供简单的、客观的事物清单。[3]替而代之的观点是，再现是一种能够创造真实性（reality）的投射方式，我们从世界中获取真实性，同时又将其扔回到世界中。而且，绘画、文学和制图学的历史已经表明，世界的镜像复制（或者说，某种类型的描述极为精确和真实以至于与它所描绘的客体如出一辙）是一种不可能存在的幻象，同时也表明，就本体论而言，再现自身的存在也是不可避免的。[4]

比如说，地图正如高空影像或者绘画一样亦是记录性资料，它们与土地自身具有极大的差异；地图是平面和线性的，且由各种符号和象形文字构成。要想读懂地图，就必须接受制图学的专业训练。但是地图与土地之间并非没有共性，因为地图确实准确地反映了土地的某些（经过遴选的）特征。而且，倘若地图没有表现土地的主要状况，那么其意义和效用性就会大打折扣。同样，如果没有掌握主要的地图知识，那么景观的空间和地形意识（topographic awareness）就很有可能受到限制，从而使其变得模糊不清。地图能使不可见之物变为可见之物。

即使地图经常引导读者们相信，他（她）们正在观看的图纸是完整的、客观的土地形式，但是，一批地理学家和文化历史学家已经指出，地图如何在内容上进行了必要的信息遴选，以及地图无论如何也不能完全表达出土地固有经验的阐释性意义。[5]地图外观具有可度量的客观性，这通常蒙蔽了地图的虚构性和非完整性，正如与其遮蔽性如出一辙，地图还具备影响人类未来活动的作用。而且，地图的虚构性不仅是特定建构方法产生的结果（因此，地图只是多种图解中的一种结果），而且之于地图上显示的信息和未显示的信息而论，地图必然会产生一定程度上的主观偏差。究其根本而言，阐释（interpretation）是没有价值中立可言的，无论地图如何宣称自身的公正性。在地图中，清澈明净的双眸是不复存在的；我们习惯于带着偏见阅读和书写真实性，因此，地图既易受意识形态的干扰，又易受到权利滥用的影响。[6] 例如在纳粹德国的宣传地图中便可找到具有强有力的符号性（symbolic）和语义性（semantic）的再现形式，为了提升和控制民族主义者的集体想象，纳粹当局篡改了地形学层面上事实，且凭此方式呈现其地理领土和图形。[7] 相比之下，国家公园、旅游地和商业地区的地图则以更加积极的方式表达了这样的观念：地图的制作要为委托者的利益而服务。同样，20世纪全新的高空再现以一种空间的、象征的、易于误用的方式产生了关于区域和全球生态的崭新意识，其煽动和促进了一种土地规划和大尺度聚居的模式，并且丰富了无数生活和劳作在地球上的人类想象力。[8]

文化实践和理解模式（modes of understanding）的改变与再现性方面的创新并不存在绝对的先后之分。例如16世纪，绘画透视的发展深刻影响了空间的描绘，而稍后的空间设计和建造（正如那些无限延伸的线）则以辐射的形式穿过景观，从而打开了中世纪那种具有内在关照感的围合空间。凡尔赛宫的园林正好反映了透视的应用，这体现了朝着一种空间和审美感知的转变，与此同时，还象征着17世纪法国君主的绝对权力，预示着启蒙科学的发展。

对于艺术家来说，再现性的创造力能激发他们以新颖且别样的方式看待世界。同样的，地理学家、制图员、历史学家、科学家和作家的成果亦可丰富文化的想象和状况，从而启迪人类以什么样的行为介入世界，如何用自身的行动改造世界。与其他发现一样，黑洞、DNA、百慕大神秘三角洲、赤道、沙漠等事物皆以启示的方式描绘和构建真实性。它们都是观念。反之，每一种关于世界的全新再现都受制于其他再现的严格审查，要么以其他再现为基础，使之更加牢靠，要么与其他再现分道扬镳，进而使之被颠覆。累积于先前再现基础上的再现可以诱发更深层的阐释，而新的阐释随着时间的推移而转换和丰富共享的文化真实性。有些人（比如说，这些人可能是"master planner"）会以绝对的自信和确定性来营建土地，然后人们可能会带着怀疑的态度审视那些人，因为这些人的行动和测量通常基于某个特定的虚构体（fiction），同时还建立在某个再现之上，因为这种再现方式不仅充斥着意识形态，而且还要受制于时间变迁所引起的转变和修正（revision）。我们需要建立两种全新的模式（再现模式和阐释模式），并且对这两种模式保持持续的批判性，而文化生活的充盈和丰富多彩便建立在两种模式之上，当然，高空观测的再现和阐释模式同样也赫然在列。

例如，我们来思考一下美国大地艺术家朗（Richard Long）的漫步路线。起初，纵横于各种地图绘制之上的、自主性的定量／几何逻辑（an autonomous quantitative/geometric logic）生成了那些笔直的线路。但在实际的景观中，沿着直线的行走揭示了地图、土地和事件之间存在一系列不可预测的共谋关系，它们三者之间不断挑战且重新启迪着彼此的原有界定。⁹倘若我们没有运用精确测量的方式处理地图和土地的分析的话，那么便可开启一个完全不可预知的可能性和未知事件的新方向。

"丈量美国景观"（taking measure）的项目期望是将（关于再现性和栖居的）文件资料、方法和实践相互结合起来进行综合考量，使之能在未来的影像和地图绘制中得到清晰的表达，然后这些图解（illustrations）在应对不断演变发展的美国土地之时，可以提供某些替代性的观看模式和行动模式。我们尝试描述和投射（to project）极具虚构性的美国景观，在一边探索的同时，又作用于高空再现的叠加图层，促进其处于转变中的创造力量。或许我们的终极追求就是：在未来的景观耕耘中，那些从事土地规划、管理和建设的专业人员可以在丈量美国景观的过程中获得灵感和激情，使之能以更加批判和综合的视角来观看和行动（see and act）。

精确时代的反讽与矛盾

美国的地表由一系列经过精心测量的景观组成：土地调查的直线、矩形的土地划分、灌溉的圆圈（irrigated circles）①、高速公路、铁路、大坝、防洪堤、运河、护坡、输油管道、电力发电厂、港口、军事区和其他建设区。与那种冷酷的、客观的、理性的逻辑如影随形，这些景观横穿沙漠、森林、平原、沼泽地和山岳，以其漠视的、高效的独特方式呈现于大地之上。高度规划的、横跨美国全境的几何建造实际上皆是测量的结果，我们一直都在运用这种测量方法来确保人类得以占有地球和土地资源。测量同时兼备精确和想象两个维度，它们建造出人类最接近于乌托邦的形式。过去的两个多世纪，美国已经变成了一个民主和强盛的国家，在这块大地上，所有事物都将变得唾手可得，而如今的任何事情亦皆可发生。美国哲学家鲍德里亚（Jean Baudrillard）在1988年的著作《美国》中写道："这个国度的任何之物都是真实且实用的（pragmatic），然而它们常以梦幻的名义存在……美国是一个充满真实性的乌托邦"。¹⁰在现代景观中（例如公路、电线传输线以及测线），看似最缺乏想象力且平淡无奇的测量实际上提供了一种"超现实"（hyperreality），该测量方式具有激动人心的、解放性的潜力，即一处蕴含着欲望和希望的地方。

---

① 又称为 central pivot irrigation "中心枢纽灌溉系统"，是美国中西部地区应用较为广泛的灌溉系统之一。——译者注

然而，矛盾之处不仅缘于充满梦幻的真实性，美国还是一处充斥着暴力、冷漠和疏离的国度。灾难、压力和恐惧既是司空见惯又是"去测量化"（dismeasure）的症候，或者说，它们是事物之间极度不平等、不和谐的表现，而这些事物则源于土地纠纷和社会冲突。与犯罪、贪婪和仇恨一样，都市冲突和地理灾难以同样冷漠的方式不断地上演着。由于美国的测量需要遵守各种条款（provision），因此，美国变成了一块具有争议性的国度，一种粗犷式的蔓延，就这种现象而言，人们普遍感到悚恐和迷惑的情绪。这样的美国是一处没有场所感的空间（placeless space），在其间，所有的价值都是中立的，所有的测量都消隐了意义和希望。这块大地变成了乌托邦的绝对对立面，即一种糟糕透顶的反面乌托邦。

在美国，人们面对现代生活的时候，随即产生了一种不可避免的心理矛盾。尽管美国生活的测量标准将人们从自然和意识形态霸权的牢笼中解放出来，赋予几乎每个人准入的权利（access），且为美国公民提供了各种机会，但同样的测量标准也具有其自身的不足，尤其在生态和社会关系所采取的冷漠态度上，这些标准显然远远不能满足现实需求，甚至还应该承担一定的责任。即便现代测量为成百上千万的居民提供了财富、自由、希望和潜力，但是它们在缓和异化（alienation）、意义消解、污染和浪费等议题上成效甚微。技术测量的每一个测定和规定似乎都能导致一种奇异的溢出或不足，好像所有的事情将会立刻变得既过于简化又过于具体，比如说美国西部大规模的水利工程项目。巨大的堤坝、发电厂、运河和灌溉系统让曾经这片不毛之地摇身变成了富饶之乡，并且给上百万的人们提供了家园；然而由于长期的盐化和淤泥累积、锐减的栖息地多样性、不断增加的人口需求，皆使得这套具有创造性的测量系统不得不承认其失败之处（图 4）。

现代测量的失败不仅涉及环境和经济层面，而且还包括社会意义和伦理价值。对于当今的许多人来说，现代的真实场景看起来呈现片段化和瞬时性（temporary），且不具任何宏大的目标。在一种非连续的流变中（a flux of discontinuity，该流变状态兼具空间性和时间性），其最关键之处恰是永恒的此在（the eternal present），换言之就是"此时此地"，它以一种健忘的方式对待已经逝去的昨日，同时又以匮乏的热情、渺茫的希望、微不足道的责任感拥抱未来。当然还有一大部分人（包括我自己在内）仍在不断地求索着美国那种彻底的魅力和自由，以便让自身可以栖居于其间，然而这种求索方式只会让当前的困境更加严峻，让当前的局面变得更具讽刺性。正如下列事物所表达的那样：拉斯韦加斯设有空调的赌场和喷泉；横穿亚利桑那州和加利福尼亚州南部干旱沙漠的灌溉草坪；拥挤堵塞的高速公路和立体交叉道；无处不在的加油站和停

图4 格兰峡谷大坝（Glen Canyon Dam），亚利桑那州科罗拉多河，麦克林恩，1996 年

到了春天，落基山上的融雪开始解冻且流入科罗拉多的水系流域，这使得犹他州和亚利桑那州大峡谷中的河水形成了汹涌奔流之势。如今，这股猛烈的水汩河流已经被一系列巨大的混凝土堤坝拦截成面积极大的湖泊。那些被储蓄的净水面已经替代了曾经狂哮奔腾的峡谷和幽深的山谷，宏伟崇高的科罗拉多的大峡谷河口已经退变成一条涓涓细流的小溪，引自：Marc Reisner, Cadillac Desert（New York：Viking Penguin, 1986）; Philip L. Fradkin, *A River No More*（New York：Knopf, 1981）; Norris Hundley, Water and West: *The Colorado River Compact and the Politics of Water in the American West*（Berkeley: University of California Press, 1975）

图片版权：© Alex S. MacLean / Landslides Aerial Photography

车场；各种食物以综合管理的方式种植于美国大地（同时包括东部、西部和中部地区）且表现出相当可观的总量和多样性；不断蔓延的城市中的那些办公大楼、贫民窟和绿色田园的郊区，美国的生活是极度充满活力的、兴奋的、创造的、可实现的和令人向往的；然而与此同时，美国的生活又是那么不可思议的单调、消耗巨大（entropic）和祛魅（meaningless）。[11] 这种双重的矛盾性独属于现代美国，在这个国度里异质性和碎片化才是主流特征，这既与传统社会的整体性结构不同，又与（在建构世界的层面上）测量所具有的和谐功能（the more harmonizing role of measure）大相径庭。

传统之测量

传统的测量具备两个特征，不过这些特征已经不包含在现代的惯例中。第一个传统特点：无论是星球的运行还是有规律的季节变换，抑或者天上神灵的召唤，传统测量具有将日常世界与无限和不可见的宇宙联系起来的力量。对于柏拉图来说，善和美具有一种可度量的、恰当的、和谐的定义。比如说，体现宇宙秩序的古代几何形式尤其表现了柏拉图的观点，一方面，几何象征着人类活动之间存在一种整体的理想关系，另一方面，几何还揭示了宇宙至高无上的秩序和完美状态。自然与艺术之间不是相互对立的关系，而是相互结合共同诠释了一种积极的、整体的秩序。[12] 与此同时，自然被理解成美的终极源泉，而且在诸多古代文化的宇宙观中，这种理解占据着主导地位。艺术与测量揭示了完美的自然秩序和至高无上的宇宙法则，例如霍皮人（the Hopi）和阿纳萨齐文明（the Anasazi）试图通过整体性以建立空间建造和宇宙建构之间的关系，这些美国的原住民就以不同的理解方式体现了上述的整体性。

第二个特点是：传统测量在人类身体与物质活动和材料的相互关系中获得了自身的发展。例如，在中世纪的乌克兰，农民们会说"一天的田地"（day of field），这意指他们在一天之内播种或收割的土地面积。[13] 然而显而易见的事实是，根据土地地貌的状况和单个农民的劳动力之差异，耕作土地的实际面积必将随之变化。同样的，法国的度量单位**阿邪**（arpent）意味着一块区域的面积，它取决于一个农民在一天之内使用两头牛所犁土地的范围。如同那些高度植根于地方性的、由特定社会衍生出来的测量方式一样，古代法国测量的变化程度很大程度上也是取决于特定的情况。例如，在古代，爱尔兰西海岸的田地尺度便是依照既定的距离划分而成的，此距离就是一个农民从地面扳起一块石头所行进的路程，而如今的测量则以石墙之间的间隙作为记录方式。这些横穿土地的间距和标记，连同农民布满老茧的双手和佝偻的背部，皆是业态（occupational circumstance）中常见的测量形式；它们是经过不断演变的表达（expression）形式，是与土地之间发生身体接触之后的产物，既是若干元素的集合，又是某个既定情形下的偶然性结晶。

因此，传统的测量单元源于劳动力、身体和场地之间的相互关系。例如在测量服装的长度和宽度之时，裁缝则分别使用"胳膊"和"手"来完成测量。在测量马匹的时候，人们也采取类似的方式，将马的高度记录成多少"掌宽"[①]（hands），尽管其他动物并没有统一运用这种测量方式。同样，某块场地的范围是"一块石子的投掷距离"，其与一块"射击距离"的场地范围完全不同。传统测量的立基在于具体的日常生活经验。这种类型的测量适用于特定的情境，不必要求放之四海皆有效；它们只需要在自身的环境中指涉特定数量的价值。相比之下，一英亩或者一公顷将一块区域的面积规定成一个标准的单元，但是该单位并不涉及其性质上的价值，或者，亦不涉及存在的状况（circumstances of being）。

传统测量具有实用性（practical），场所的特性构成了其本质特征，再加上传统测量是通过几何获得场地的理想形式和宇宙学含义，因此，在通常意义上，这意味着传统世界可以被设想成一个有机的整体，该整体能将再现的、互动的社会性单元注入日常生活中（正如霍皮人和查科人的实例所表明的那样）（图 5、图 6）。通过此种早期的测量和几何学，我们就能建构起有关真实性的现象学维度和想象性维度。由于传统测量能够将象征性意义与实际生活实现相互的交融，故而，此种测量便可使人类、场所、活动、道德和美之间保持一种内在的一致性。

现代的测量

传统的测量源于社会性和象征性，不过在 17 世纪科学革命的过程中，其内在的一致性开始发生改变。在人类知识的领域中，随着伽里略、培根、牛顿和笛卡儿等人提出各种激进的思想，测量不断地趋向于一种自治的、自我指涉的（self-referential）形式，这与其体验性和文化性相关的本源特点开始变得渐行渐远。启蒙时代的哲学家将世界从主体中抽离出来（或者说，把世界从主体中抽象出来）以详细分析这个世界，从而便于对客观世界进行相关的实证研究。现代实验是一处洁净无菌的环境，具有各项数据的相同性，这确保了事物能够在隔离的环境下进行研究从而不受任何的外部干涉。因此，整个世界就被放置于一个同质的、绝对的空间中，且由一系列可量化的、可操作的客体所构成。事物不再以它们与特定主体、场所或境遇（situation）作为判断标准；取而代之的是，真实性的各个"部分"既被客观化，又被描绘成中立的事物。测量最终变成了一种激进的自治性实践，它不再与充满现象性的、交互性的世界发生任何联系，测量反而变得只与孤立的、呆板的客体有关。主体与客体之间的分离，

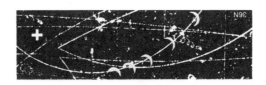

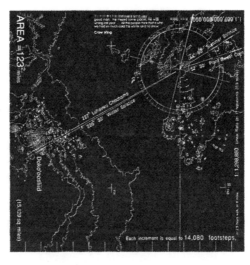

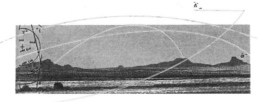

图 5　霍皮人的天气日历（Hopi Horizon Calendar），科纳绘制，1996 年

霍皮人通过精确标记太阳在地平面的运动轨迹以建立自身的时间观念。太阳每日照常升起，春夏秋冬悄然流逝，太阳的轨迹终会触及最远的水平距离，然后，在抵临冬至日之时，太阳的轨迹就会逐渐变短，通过测量地平线上的景观距离，霍皮人把地理刻度（geological calibrations）当作计时器和日历预测种植、丰收和宗教仪式的时间表。对于霍皮人来说，一年中最重要的时节是冬至日，因为太阳的运动在回到水平线和预示新季节之前，将会放缓乃至停息几天。如果太阳在其"冬屋"（winter house）里待的时间太长，那么，一个漫长且严寒的冬季会经受春霜的覆盖，便可能延误种植的日期，毁坏处于幼苗的庄稼；然而，如果太阳在"夏屋"（summer house）里待的时间不够长，那么，庄稼的生长季节可能太短以致不利于庄稼的丰收。沿着水平线记录的太阳轨迹是一种带着期许（anticipation）和希望（hope）的测量方式，它创建了一种不断变化的时间节奏。引自：Leo William Simmons, ed., *Sun Chief: The Autobiography of a Hopi Indian*（New Haven, CT: Yale University Press, 1972）; J. McKim Malville and Claudia Putnam, Prehistoric Astronomy in the Southwest（Boulder, CO: Johnson, 1991）; Michael Zeilik, "Keeping the Sacred and Planting Calendar: Archaeolastronomy in the Pueblo Southwest," in Anthony F. Aveni, ed., *World Archaeoastronomy*（Cambridge: Cambridge University Press, 1989）, 143-166

图 6　波尼托（Pueblo Bonito），查科峡谷（Chaco Canyon），新墨西哥州，科纳，1996 年

首次在人类与现象世界之间建立起一道不可逾越的距离，让人类将自身设想成自然的主宰。现代技术的全景视角（synoptic perspective）促进了各种具有超然性的监视形式，在人类控制自然世界的能力方面，现代技术形成了一种前所未用的信仰，而且继续着乌托邦式的建造。除此之外，各种事物之间的潜在关系被瓦解了（或者说，至少是被压制了），它们之间的关系被一系列相互矛盾的状况所替代，比如说，工程师的"理性主义"（rationalism）与艺术家的"感受力"（sensibility）之间的对立，技术的工具性和栖居的现象学之间的矛盾，普罗大众的生活与个体独特的生活之间的相悖。

度量单位米（亦称公尺）的现代定义最早诞生于 1799 年的法国，它被当作一个单元，相当于地球子午线的 1/40000000。[14] 从 1889 年到 1960 年这段时间，单个条形的铂铱合金在巴黎的金属实验室内被作为米的国际标准。为了降低不精确的容忍度，米就被定义成"长度相当于真空中原子质量为 86 的氪原子，其释放出来 1650763.37 的橘色光波长"，这个惯例便在各项同性的（isotropic）、去人性化的（dehumanized）实验室中被界定成行业标准。[15] 因此，不同于具有意义的传统测量方式，现代测量是技术法则的产物；相较于追求普遍标准的数学和国际性需求而言，现代测量不再具有更大的社会学或宇宙学意义。

在不经意间，启蒙哲学家预示了全新技术时代的来临，在这个时代中，普遍应用的测量系统成为人类统治的终极工具，结果整个世界被简化成了一个获取利益和利润的中立性资源库。纵然，这种狭隘的、客观的测量形式与定性的、具体的、象征性的传统测量系统之间存在着显著的不同，但是，在过去的两个多世纪里，此类具有自治性的测量形式构成了大多数美国景观发展的基础，并且时至今日，该种测量仍然占据着文化论证（cultural reasoning）的主流。然而，就当代的美国而言，现代测量的简要阐释既非准确无误，亦非尽是虚无。相较于美国是一块贫瘠的、寡言的、轻易被划分的土地而言，美国更像是一块矛盾的集中地。尽管在很大程度上，美国景观的创造依赖于现代的测量方式，但是与此同时，这种方式也彰显出十足的丰富性，当现代测量被放置于美利坚的文化背景中，其丰富性便依靠技术而获取。不妨参考一下杰弗逊的例子，他向来以公共土地调查系统（Public Land Survey System）的早期规划而闻名于世。

现代测量与美国景观

对于杰弗逊而言，测量不仅具有技术价值和工具价值，而且还具有道德和社会价值。早在青年时期，杰弗逊坚持参与到测量、调查和地图制作等工作之中。在位于蒙蒂塞洛（Monticello）的家中，杰弗逊一头扎到各种各样的测量仪器堆里，例如罗盘、直尺、磅秤、瞄准的柔性焦距透镜、气压计、三脚架、显微镜、表格、图表、横断面等。这些仪器使他能够沉浸在观察自然现象的梦幻迷恋之中，当这些现象是天气、四季的节气、环境的塑力、园艺、耕作和植物的时候，杰弗逊则表现得尤其痴迷。杰弗逊特别喜欢观察和记录它们可测量的特征，从而得到了这些现象的海量数据、样式、法则和韵律。这些测量的结果具有巨大的实践意义，使他能够以一种理性且易懂的方式创造和布置各种事物。

杰弗逊对于日常之事的兴趣完全不亚于其对于国家事务和政治的投入。例如，豌豆是杰弗逊最喜欢的蔬菜之一，于是他花费了大量的精力来研究这种予人以耕作之乐（epicurean delight）的食物栽培和生长习性。他写道："2月20日，我播种一丛最早熟的豌豆和一丛生长适中的豌豆。500颗豌豆重量可达3盎司……大约2500颗可以填满一品脱。3月19日……两床豌豆起苗了……4月24日：早熟的豌豆丰收了……此处，第一批豌豆是最便宜的、最让人开心的，也是对舒适生活最有益的"。[16]这位事务缠身的显赫人物竟然花费大量的时间栽植、培育、观察、测量和享受这些不值一提的蔬菜所带来的生活乐趣。但是杰弗逊却在整个过程中发现，测量的定量和分析能够支持"舒适生活中最有益于健康的奥秘"。当然，他在有益于健康的生活与豌豆的精致培育之间建立了一定的关联，但扩展一步说，杰弗逊也涉及了一个关键议题：到底什么是人类聚居中的善良与美好之物。通过实实在在的方式、克制的手段和可度量的规律，不可度量的幸福是有可能被创造出来的。人类、蔬菜和优雅的餐饮文明之间存在一种和谐的关系，而现代测量的精密性和严谨性可以建构起这种既高效又平衡的关系。在一种具有目的性的、创造性的互惠关系中，计算能力（numeracy）、活动和价值实现了相互的连接。

而且对于杰弗逊来说，道德和审美判断总与尺度、数量和比例有关。例如，在批判威廉斯堡（Williamsburg）的首府建筑（Capital）的时候，杰弗逊写道："首府建筑是一种轻盈且通风（airy）的结构，其两种柱式的前面设置了一排柱廊，低一点的柱式类型是多立克，这种柱式的比例和装饰恰如其分，不过柱间距却非常的大。上一层是爱奥尼柱式，从整座建筑的尺度来说，这种柱式的大小和尺度实在太小了，与建筑的整体装饰不符，柱间的比例也失调了。柱子上面的三角山墙使整个柱廊变得拥挤不堪，而且相较于柱子的跨度来说，三角山墙又显得太高了"。[17]对于杰弗逊来说，何为"得体"（just）和"适宜"（proper）不仅关乎尺度的精确，还涉及审美和社会的得体程度。他从欧洲的传统中继承了上述理解，并且将上述知识运用于蒙蒂塞洛的家居选址和建筑实践之上。

在构想公共土地调查系统的时候，就个体之间的土地买卖和所有权来说，杰弗逊最关心的事情是如何能高效且公正地执行土地的划分方案。经过几次关于土地划分、标记和出售的程序讨论后，杰弗逊得出了一个指导性法则："每个公民应该至少得到一定量的土地"。[18] 该法则随后被纳入了 1785 年的土地条例法案，经过修正之后又成为 1796 年土地法案，恰恰在这个时候，全国土地的调查就真正开展起来了（该程序经过更改之后已经不同于杰弗逊最初的主张，它使用了一种不同的尺寸标注系统，且没有解释南北线合并的问题）。[19] 因此相较于控制权和占有权而言，美国景观的测量与划分更倾向于如何以民主的方式销售土地，以及如何有序地结算土地。任何人皆有怀揣美国梦的权利，每个美国公民都应切实享受美国梦带来的馈赠。

划分土地的单元被称作一个甘特链（Gunter Chain），在英格兰地区，一个标准的甘特链是由 4 个杆子（或长棒）组成，每一个杆子为 16 英尺，这使得每一链的长度相当于 66 英尺。这种划分单元被证明是有效的，其原因是 10 平方链构成了 1 英亩，640 英亩正好是 1 平方英里。通过使用重复性的调查程序，经纬相交的矩形网格就能标记出整个国家（图 7）。

为了监管土地销售，以及避免土地投机者大规模购买大片土地，政府设置了一种分割土地的系统，这个系统横贯大约 36 平方英里，然后再以边长为 6 英里方形划分成一个个的"镇区"，镇区的尺度恰是马匹和货车往返市场的合理距离。反过来说，这些镇区又被划分成 36 个部分，每一个部分的尺度是边长 1 英里的方块，其被称之为"片区"（section）。这些片区以"折返次序"（boustrophedonic order，即从上到下，第一行从左到右，第二行再从右往左，以此类推）的方式进行编号（或者说锄犁跟随着耕牛一样），故而，现代的、理性的计划竟以这种难以置信的途径代替了传统程序。[20] 随后，为了使民众能够充分地利用更小的片区，这些片区又再次被细分；起初，一分为二，然后变成四分之一，又变成八分之一，最后变成十六分之一。这种经过不断细分的单元最终由 40 英亩构成，随后 1836 年的立法使之开始生效，当然，如今的土地系统仍然保留了小块圈地（plot），在美国的中西部各州，这种小块圈地类型在今天亦是司空见惯。

对于自由和勤劳的民众来说，土地调查本身就是一种高效的、公正的、妥当占有的测量方式。上述的那种几何和矩形系统的形式和格局主要表达了一种社会规则，这种社会规则反映了民主和社会公平之间的均衡关系，而非两者之间的统治和控制关系。

实施土地调查的专业人员具体控制着各个地区的地形、水文和土壤的变化，独裁式视角或许只有在他们显而易见的漠视态度中方能被人们理解。这种官僚主义的僵化作风所造成的后果之一就是，有时会使得镇区和个人土地份额与相邻地块之间产生巨大的差异。而且，考虑到特定区域的生态系统（例如纽约州

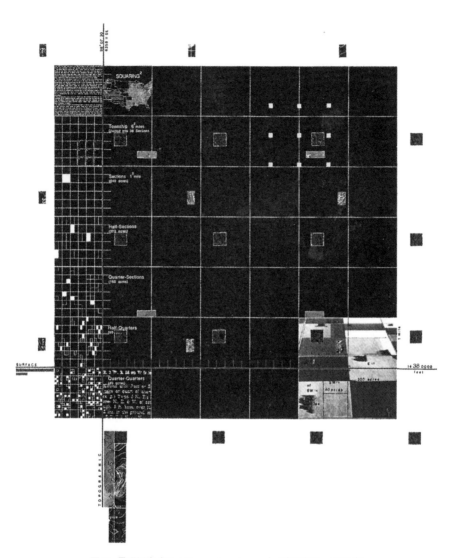

图7　景观调查（The Survey Landscape），科纳绘制，1996 年

为了给更多的人提供购买土地的机会，国家土地调查（National Land Survey）的单位面积被分为原来的
1/2，随后是 1/4，乃至 1/8，而 1/8 个原始单位面积相当于 40 英亩的地块，这种情况在美国如今的中西
部地区十分常见。地块的边线变成道路，然后更小的土地则被标杆（post）和围栏所描绘和标记出来

北部的冰丘和手指湖地区）或者特定的使用类型（美国印第安土著可能认为网格式的土地毫无道理可言，他们不能很好地利用这种类型的土地，而且耕作于坡地的农民发现矩形的划线极为怪异，严重地影响了他们耕种于坡地时的生产效率），一块土地的资源配置（configuration）和尺度不尽然总是最适当的。

相较之下，将法国的土地划分方法应用于美国大陆则更加积极地回应了美国的地理环境。大约在 17 世纪和 18 世纪的早期，大多数的法国人定居点都依傍于河流的洪泛平原（特别是密西西比河和圣劳伦斯河等主要干流），这是由于他们需要利用这些航道来运输物资（特别是毛皮），以便于货物能顺利地往返于欧洲。为了应对自然弯曲的河流，以及满足居民之于河道滩涂的可达性，垂直于河道边缘的直线就被绘制出来以划分财产，或者划定长条状的地块。每一个长条地块是河道面（river frontage）的二到三阿邪（约384 ~ 576 英尺），而且其长度是宽度的十倍。[21] 由于每一位居住者都能使用河道，享用洪泛平原的肥沃土壤，以及利用位于长条地块末端的较高的安全地带，因此当他们聚居于河道周边的时候，恩泽与危险是并存的。当然，土地的划分方式会随着地文学的（physiographic）、程序性的（programmatic）环境条件而进行适时的调整，这种情况亦常见于其他类型的定居点（例如新英格兰的村庄和山地城镇），显然，此类的土地划分方式要早于墨守成规地遵循公共土地调查系统的规范性步骤。

定性测量

调研、自然调查、算数、尺寸、比例、空间和间距等问题依然出现在当今的土地规划和设计领域中。然而这些空间测定到底是如何完成的，却始终不是一个容易回答的问题。实际上，我们又是如何知晓对于某处特定空间或材料的判断就是正确的呢？这些测量源于何处？通常来说，正如指导手册和技术参考书中记录的那样，特定的技术标准为同时代的尺寸标注（dimensioning）和分配估算法（apportioning）提供了一种基准。一些土地规划者提及的"决定因素"或者说"可量化的"因素，确实可以在逻辑上推导出特定的测量和解决方案。实际上，由于计算机在既定的问题上具有储蓄和处理各种"决定性变量"（determinant variables）和"原型性解决法"（prototypical solutions）的功能，因此工程师和风景园林专业人员所建造的现代环境正在不断地被转变成标准化模式。这些标准化的规范通常需要被授权或者得到法律条文的批复，然而物质世界恰恰通过这些规范实现了空间化和组织化。故而，减少建设变成了一种有损"公共"的"健康、安全和福祉"的行为（无论该地区的选民是何人），而增多建设则被视为理所当然（至少有那些无名氏编写的技术手册作为依据）。

一旦成功地应用了这些规范标准，那么测量过程就只存在少许的不确定性；而且它们至少能应付大多数的测量对象。当然，最后的结果是形成了一种普遍存在的、标准化的建成环境，比如纽约的景象，肯塔基州的安克雷奇（Anchorage），或者新墨西哥州的阿尔伯克基（Albuquerque）。空间探索的历程和挑战正在不断地趋于枯竭，差异性被掺进了最小公分母之中最终完全被抹除了。无论其自身有何特性，每一处场所都让人看起来（或者感觉起来）是中性客观、单板且乏味的景象。

幸运的是，至今仍存在一些没有完全受限于教条刻板的（如同僵尸般的）标准化的建造环境。比如说，据我所知，在涉及空间设计和程序性功能的时候，许多顶级风景园林师已经表达了此种焦虑。某位风景园林师在一块特定的场所上纠结于杨树林的空间摆放：它们应该间隔 15 英尺、18 英尺还是 20 英尺？另外的风景园林师似乎对于土丘坡度是否应该是 1/4（垂直方向与水平标准之间的比率）总是犹豫不决；或许，这个坡度可以是 1/5，或者 1/6，甚至可以是1/8。还有一些风景园林师常常为墙或者台阶的尺寸而感到苦恼，每次都会根据项目的特殊性而不断改变尺度的大小。上述这些设计师时常与标准和准则不断地进行着博弈，因为每一位设计师通过自身能够感知到不同的场地皆具其自身特性，特别是当考虑到增长的动态性、侵蚀以及时间的过程性等因素的时候尤为如此。设计师们自行判断设计元素的体量和大小，他／她们不再依赖于手中的准则或者思维中的特定程序。设计师们不再使用温度计或者参照辐射的温度，而是直接判断一种特定的材料到底是过暖了，还是过冷了。取而代之的是，这些空间和材料的测量和最终判断皆由定性的（qualitative）方式确定下来；它们是自身经验的产物，这些现象是被"感觉到的"（feeling out），此乃既定情境下的最佳选择。结果，他们的设计不可能完好无损地（或者以一种完美的方式）获得相应的复制。对于某块给定的场地来说，什么是最佳的处理方式呢，设计师的决策不应以确定性为绳，而应取近似值（approximations）为最佳标准。这种采取近似值的标准与技术／数学意义上精确性完全不同，前者乃源自于一种建基于文化上的精确形式和性质的精准。正如米开朗基罗的"虚假真理"，即在感觉对路（correct in feeling）和精神实质的层面上，这种艺术再现似乎比实证定量的"真理虚假性"显得更加可靠，对于场地自身的文脉而言，直觉的（intuitive）测量判断既是独特的又是正确的。[22] 通过其别出心裁的方式，定性测量在隐喻的层面上更可能获得有效的理解，并且由此方能创造新的空间形式。

上文的论述涉及了定性的精确性（qualitative precision），我们了解到数量、界限、间距和公差总是处于社会、道德和审美意义的复杂环境中。引用德里达的话来说："只有感知到空间的距离，我们才能知晓自身的存在……通过空间中发生的事情，一方面建构了我们的身份；另一方面又告诉了我们到底是谁"。[23] 世界的丈量和空间化不仅反映出人类之于地球上的存在本质，而且还在于构建人类、社会和环境之间的关系。进一步来说，日常生活中的"优等测量"就是在精确、经济和优雅的标准下践行适宜之事。测量的正确性不再主要关注尺寸和数学意义上的准确度，而是更加注重道德的适当性和判断的精确性，这种属性依靠义化层面获得，并且只在特定的境况下才能施行；之前所使用的法规和规范惯例已经不能单独地运用于实践。因此，测量需要以一种特定的方式来指导阐释和行动，这种方式既是定量且普世性的，又是定性且基于特定文脉出发的。相较于一种严格意义上的认知理论模型（theoretical mode）来说，该测量更偏向于一种知识的实践形式。如今，这两种测量方式处于非平衡的状态，一方面是工具性的、计算性的、客观的、标准化的、公式化的，另一方面则是感知的、诗意的、主观的、偶然的，它们两者共同构成了20世纪末美国全境内的测量困境。无论是传统的立场还是现代的立场，我们皆不能给出两者绝对的优劣判断，因此我们应当将两者融合进更加互惠的形式中。

测量的调和功能（Reconciliatory Function）

海德格尔以《诗意的栖居》为题来命名一篇简短的美文，这篇小文主要反思了测量的本质。通过援引霍德林（Friedrich Hölderlin）的诗句，海德格尔宣称"测量的过程便是诗意地栖居之所在"。[24] 随后，他将这句话倒过来念："若以其自身存在（being）为基础，恰可在诗意之处寻觅到测量之本"。[25]

我们应该如何理解这种晦涩的阐释呢？或许，我们唯有置身于诗意的环境之中才能给出某种清晰的回答。音乐家或者诗人可能不会认为海德格尔的这番话有什么难懂之处，不过，或许我们可以领会这样的一个事实：除非使用类比推理的方式（analogical reasoning），否则海德格尔已经在最大程度上清晰地言明了其理论基础。几乎可以肯定的一点是，海德格尔并未谈及量化或工具性。因为从太阳系到基因编码，物质世界的维度和权重已经被我们来来回回地测量过很多遍了，然而所有的数据最终仍然显得乏味且单调。而且，法定的（legislative）、具体的复杂测量已经风靡于全球，甚至超过了地球的范围。或许只有20世纪才能够发生如此大规模多样且复杂的测量，但是如果说当今的美国是"诗意的栖居"的话，那么该说辞是否合适呢？在美国的民众、社会和自然世界中，是否已经发展出了一套真实的互惠关系？即便现代文化中到处充斥着艺术和诗歌，但是这似乎并不足以说明美国是一个"诗意的社会"。事实上，如果以无家可归、污染、浪费、撤离（withdrawal）和普遍性的疏离状态作为考虑因素的话，那么，现代文化的栖居从整体而言既是非诗意的、负熵的（entropic），又是赤裸裸的现实。讽刺之处在于，正是政府和科学机构不遗余力地进行测量才导致了上述的社会状况，而且大规模的测量仅仅产生了微乎其微的效益。海德格尔当然也认识到了现代生活的这种特征。事实上，他宣称"非诗意的栖居以及实施测量能力的丧失，皆源于近乎毫无节制的疯狂度量和计算"。[26] 我们可以把这种无节制比喻成一个人，这个人看不到周边的事物，因为他看到了太多的东西——这种情形可以通过下列的例子得到说明：技术－经济之危急关头的测量（measures of techno-economic exigency）具有一种过于精准且简化的趋势，该测量在现代世界中占据主导地位，且能呈现和表达出无关紧要的所见之物。最终的结果变成了，在健康且多样的生物圈和文化领域中出现一种萎靡的现象，这恰是 20 世纪后期的生活特征。如同自然科学家和社会科学家所记录的那样，这种退化既具有美学和实验的效应（这在环境的持续性同化和贫瘠中也得到了证实），还具有生态和伦理的影响（例如人本主义的意志要统摄其他一切，而且还要消除他异性和差异）。

显然，海德格尔和诗人所言的测量与纯粹计算和工具性测量完全不同。前者关乎的是，人类生存的正确性和适宜性（fitting）的"显现"。对立双方的和谐状态是通过诗意测量（或者说是隐喻）获得揭示的。此类测量既令人愉悦又是美好的，它们拓展了差异性的维度，建立事物之间的相互联系，并且创造出更多有益健康的生存形式。正如哲学家霍夫斯塔德特（Albert Hofstadter）所言："经过计算的定量分析不能得到关于人类的测量本质。人类自身的存在（being itself）只有通过人类自我与现实的生动邂逅才能辨别其测量的标准到底是什么。人类的测量标准应该在自我的指归（belonging）中探寻，也就是说，其需要在我们自身与他人相处的量级（magnitude）、方向和程度中进行寻求"。[27] 此处提及的相互连接性（interconnectivity）既是一种独特的关系又是一种时空模式，其根据因地制宜的、调和的方式实现人类的存在问题。因此，作为隐喻的测量或许能够充盈整个世界的存在状态（being），从而在众多的他者中进一步强化和丰富某个事物的生命，最终整个测量过程就具备了生态价值和社会意义。[28]

倘若想要进一步理解测量的调和功能，我们既不需要保持模棱两可的模糊状态，亦不必将其理论化，因为人类能够在日常生活中愉快且适当地践行测量活动。当某个人参加某个社交晚会，出席舞会，或者与朋友共进晚餐的时候，他（她）总会产生一种感觉：到底怎样才算是合适的言谈举止呢。在哲学术语中，测量的自我意识被称为"实践智慧"：一个人在特定境遇中能够意识到自身存在的量级、性质和局限，然后，他（她）也能懂得如何拓展和培养与其他人之间的关系。[29] 通过将自身融入预期的衡量（due measure）中（这是任何社交或舞会都会随之发生的事情），此人便可克服分离和距离，而后开启某种关系和对话。那些社会性衡量将自我与他者结合起来。就地球的层面而言，这些关系就是健康耕作和美好栖居的文化基础。他们在自然世界和社会之间构成了一种空间和伦理的"适宜性"，这一切都显得恰如其分（图8）。

　　显然存在着一种特定的伦理，其内涵主要关乎谦逊和节制（temprance）。例如，谨慎的行为（measured behavior）暗示了一种与其他人接触时的分寸感和相关意识。正如霍夫斯塔德特定义的那样："节制就是在我们所关注的事物上坚守着预期的衡量和分寸——欲望、渴望、灵感和诉求；凭借着克己修身，我们得以不会越雷池半步；我们不会超越存在的本质所赋予的衡量标准"。[30] 当某人确实超越了底线和限制（"分寸和范围"），随之而来的将是一种疏离和迷失之感，例如孤僻、成瘾、痴迷、精神分裂、癫狂、异化和社会退缩。

　　而后，此处便暴露出测量的核心困境，其充满了各种讽刺与矛盾。在一个要求精确度和先进技术资源的时代，人与大地的关系变得既亲密又疏远，与此同时，人们之间的关系亦是如此。一方面，标准的、通用的测量（每一个都在数学意义上是如此的精准以至于超越了任何感知上的容忍度）已经建立起了全球性合作和彼此之间的相互理解，因此，当此类测量标准为医药、通信和技术提供高级的新形式之时，它也同时消除了专横霸权和错误再现（misrepresentation）的威胁。另一方面，现代测量将事物和场所的独特性和关联性削减且客体化，同时又促进了一种同质化和异化的状况。正如现代测量总是造成过于专门化和过于简化的结果，现代测量在产生了自由与限制的同时又创造出可达性和疏离感。在此，具有丰富优雅性、延展性和创造性的事物凭借着一套普遍适用且自治的系统，既变得可行，又受到相应的限制，那么，此种二元分裂的状态（dichotomy）是否也能够适用于美国的社会和景观之中？比如说，美国西南部的"水力社会"（hydraulic society）的案例就体现了这种矛盾性和反讽性。[31]

　　当然，与此情形截然相反的是，无处不在的社会、文化和自然的真实性抵抗且汲取了技术的抽象系统。技术性测量自身是居无定所的；它既是自治的，又是随心所欲的。然而，当技术型测量被操作的时候，它必须在某个时间段与具体的情况相结合，因此技术测量必须与内在于场所和时间的野性力量（wild force）实现紧密的融合。所以该测量体系将不可避免地继续发展，从而进一步丰富和促进文化和生物生命的资源库。[32] 例如，以美国矩形调查体系（U.S. Rectangular Survey System）之单调性而言，当我们直观地了解这个调查体系的时候，它其实是异常的丰富和多样；土地、时间的流逝和聚居的独特性，抵抗且汲取了理性和重复性策略所拥有的想象性（ideality）——实际上，这种策略

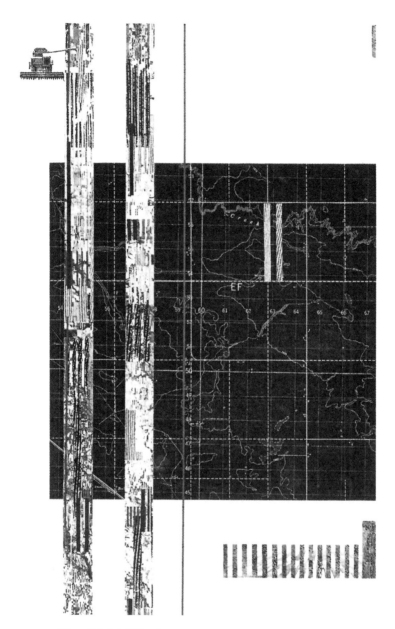

图8 间状分布的旱田（Dry-Farming Strip），科纳绘制，1996 年

在北部的平原区，位于非耕作区域（fallow）中交错排列的麦田条带（strips）贯穿平原区的南北，它们的目的是在干旱的、饱受风吹的大草原中收集珍贵的水资源。有些条带的长度可达 1 英里长，而宽度仅仅只有 140 英尺，在平原区上时常遭受着来自西部强风的影响，因此这些覆盖种植物的条带就能保护非耕作区域的土壤免受干旱和侵蚀。在受到保护的灌溉水槽的位置上，土地耕作的边线上的突起丘脊和犁沟通过被种植的幼苗可以标示出北部平原的方位。对于整个麦田条带而言，每一小块条形带（band）的宽度皆源于细致测量具有实际效应的防风罩的长度，而且还源于收割机单次劳作范围的尺度测量能够赋予民主的聚居和私有的土地一个触手可及的公平机会。[33] 尽管某些地方的测量线并未相接，某些道路没有那么笔直或精确，一些财产所属权的划线存在着奇怪的不规则转角，还有一些直线所围合的秩序被打破了，但这是一个经过妥协过程才产生的调查系统（虽然是在不自知的情况下造成的）。每天土地上的生活已经发展成一种富饶和癫狂的景观形式，各种事物的复杂性相互交织：农场、路边小餐馆、加油站、作物喷粉机、汽车旅馆、洪水、龙卷风、棒球、玉米地、城镇、山丘、保育、争论、舞蹈、太阳升起、雪花和干旱。通过一些不可避免的误差，这种相似的丰富性也可用于描述其他类型的技术性土地建造。例如，亚利桑那州的"生物圈 2"（Biosphere 2）既是一个完全密闭的、自我持续的环境，也是一种不断失败的数学模型容器，"生物圈 2"工程的失败源于人类没有容纳自身的欲望、错误、顽皮和改变的能力。与之类似的是，20世纪诸多大尺度城市规划项目均以失败而告终，恰恰由于此种规划压制了城市（它不可避免地具备了各种混杂性和多元性）之中动荡的、复杂的、不可引导的力量。当代城市规划的技术和测量与其目标并不相符。比如说，生物圈 2中的环境处于高度控制的状态中，故而，任何的新生命都不能在实验室中被创造出来。

兼具荒唐与宏伟的美国景观揭示了人类的独创性，也让人们与土地之间的关系变得既紧密又疏远（图 9）。针对这种模糊的精确景观（ambiguously precise landscape），我们需要一种全新的途径来实施景观和城市规划设计中的测量活动。如果我们想要创建一种丰腴的社会和生态景观，那么，相较于计算性和工具性的测量和几何而言，我们应该注重更具丰富想象力的实践类型。此种理解方式可能基于某种测量的隐喻，它既具有将精确性和客观理性与主观性和想象力相互结合起来的能力，又有穿越和连接空间和时间的强大功效。在这种途径之中，景观和自然犹如那些被定量测量所支配的事物一样，便可能摆脱它们自身作为外部性的客体身份，从而以一种主动的姿态出现于正在展开的生命序幕之中，并且出现在人与人相互接触的关系中。此类行为体（actants）与基因和理念如出一辙，倘若它们能以精准的方式被建构出来，那么与此同时，这些行为体便可充斥着等量的欢愉和不确定性。唯有如此，测量之实施才能进一步考量传统或者现代的维度，同时容纳那些精确的不确定（the precisely errant）和系统的扑朔迷离（the systematically bewildering）的维度。[34]

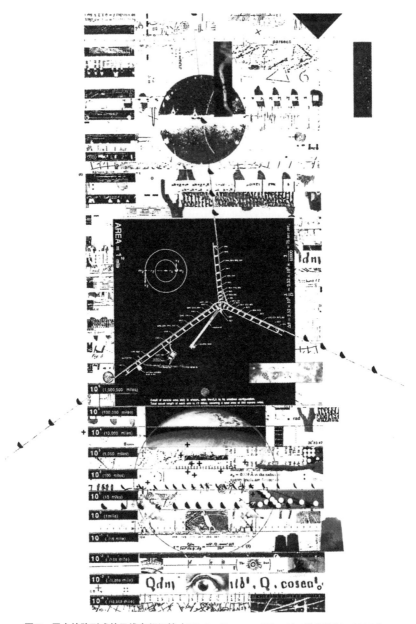

图 9　巨大的阵列式的无线电望远镜（V.L.A.：Powers of Ten I），科纳绘制，1996 年

新墨西哥州的马格达莱纳（Magdalena）位于圣奥古斯汀山上的平原区，是一个巨大的阵列式的无线电望远镜（Very Large Array Radio Telescope）。在古代，人们运用地面的夹角以揭示宇宙中的守护神（angels of the heavens），并且按照沿着地平线的指向标（beacons）测量那些交错的间隔（alternative spacing）。在静态的景观中，现代工具所具备的微观精确度不断容纳且表达复杂庞大的星系，地表上不断缩小比例的纳微米（nano-micron）能够代表穿越数光年的空间距离的测量，引自：Philip Morrison and Phylis Morrison，and the office of Ray Eames，Powers of Ten（New York：Scientific American Books，1982）

注释

1   Le Corbusier, *Aircraft*: *The New Vision* (1935; reprint, New York: Universe, 1988), 5, 96.

2   Ian McHarg, *Design with Nature* 第二版 (New York: Wiley, 1992).

3   James Duncan and David Ley, eds., *Place/Culture/Representation* (London: Routledge, 1993); Denis Cosgrove and Stephen Daniels, eds., *The Iconography of Landscape* (Cambridge: Cambridge University Press, 1988); Svetlana Alpers, *The Art of Describing*: *Dutch Art in the Seventeenth Century* (Chicago: University of Chicago Press, 1983); D. W. Meinig, "The Beholding Eye," in *The Interpretation of Ordinary Landscapes*, ed. D. W. Meinig (New York: Oxford University Press, 1979), 33-48.

4   E. H. Gombrich, *Art and Illusion*: *A Study in the Psychology of Pictorial Representation* (Princeton, NJ: Princeton University Press, 1961); Jonathan Crary, *Techniques of the Observer*: *On Vision and Modernity in the Nineteenth Century* (Cambridge, MA: MIT Press, 1990); Kenneth Clark, *Landscape into Art* (New York: Harper and Row, 1976); Hans-Georg Gadamer, *Truth and Method*, 修订版, 翻译: J. Weinsheimer and D. G. Marshall (New York: Crossroads, 1990).

5   J. B. Harley, "Maps, Knowledge, and Power," in *The Iconography of Landscape*, 277-312; Trevor J. Barnes and James Duncan, eds., *Writing Worlds*: *Discourse*, *Text*, *and Metaphor in the Representation of Landscape* (London: Routledge, 1992).

6   Denis Wood, *The Power of Maps* (London: Guilford Press, 1992).

7   John Pickles, "Text, Hermeneutics, and Propaganda Maps," in *Writing Worlds*, 193-230; W. J. T. Mitchell, ed., *Landscape and Power* (Chicago: University of Chicago Press, 1994).

8   卫星影响与地图和环境数据调查之间密切关系的显著案例参见: National Geographic Society, *Atlas of North America*: *Space-Age Portrait of a Continent* (Washington, D.C.: National Geographic Society, 1985).

9   Richard Long, *Walking in Circles* (London: Southbank Centre, 1991); Rudolf Herman Fuchs, Richard Long (London: Thames and Hudson; New York: Solomon R. Guggenheim Museum, 1986).

10   Jean Baudrillard, *America*, 翻译: Chris Turner (London: Verso, 1988), 28.

11   Alexis de Tocqueville, *Democracy in America*, 翻译: George Lawrence, eds. J.P. Mayer and Max Lerner (New York: Harper and Row, 1966); Claude Lefort, *Democracy and Political Theory*, 翻译: David Macey (Minneapolis: University of Minnesota Press, 1988).

12   参见: 例如, Hans-Georg Gadamer, *The Relevance of the Beautiful and Other Essays*, 翻译: Nicolas Water, ed. Robert Bernasconi (Cambridge: Cambridge University Press, 1986).

13   Witold Kula, *Measures and Men*, 翻译: R. Szreter (Princeton, NJ: Princeton University Press, 1986), 29-30.

14 同上，120.

15 同上；参见：Adrien Favre, *Les origins du systeme metrique*（Paris：Presses Universitaires de France，1931）.

16 Edwin Morris Betts, ed. *Thomas Je erson's Garden Book, 1766-1824*（Philadelphia：American Philosophical Society，1944），4-5.

17 Thomas Je erson，注释于 *the State of Virginia*（1785）；quoted in Ralph E. Griswold and Frederick D. Nichols, *Thomas Je erson：Landscape Architect*（Charlottesville：University of Virginia Press，1978），4.

18 引用：Hildegard Binder Johnson, *Order upon the Land：The U.S. Rectangular Survey and the Upper Mississippi County*（New York：Oxford University Press，1976），39.

19 同上，40-49.

20 同上，77.

21 John Fraser Hart, *The Look of the Land*（Englewood Cli s，NJ：Prentice-Hall，1975），48-49；John Francis McDermott, *The French in the Mississippi Valley*（Urbana：University of Illinois Press，1965）.

22 David Leatherbarrow, "Qualitative Proportions and Elastic Geometry," in *The Roots of Architectural Invention：Site, Enclosure, Materials*（Cambridge：Cambridge University Press，1993），107-119.

23 Jacques Derrida, "Point de folie—maintenant l'architecture," in Bernard Tschumi, *La casa vide：La villette*（London：Architectural Association，1986），7.

24 Martin Heidegger, "… Poetically Man Dwells…," in *Poetry, Language, Thought*，翻译：Albert Hofstadter（New York：Harper and Row，1971），221.

25 同上。

26 同上，228.

27 Albert Hofstadter, *Agony and Epitaph：Man, His Art, and His Poetry*（New York：George Braziller，1970），2.

28 Karston Harries, "The Many Uses of Metaphor," in *On Metaphor*, ed. Sheldon Sacks（Chicago：University of Chicago Press，1978），165-172.

29 Hofstadter, *Agony and Epitaph*（New York：George Braziller，1970），1-5；Werner Marx, *Is There a Measure on Earth?* 翻译：by Thomas J. Nenon and Reginald Lilly（Chicago：University of Chicago Press，1987）.

30 Hofstadter, *Agony and Epitaph*，254.

31 参见：Marc Reisner, *Cadillac Desert*（New York：Viking Penguin，1986）；Philip L. Fradkin, *ARiver No More：The Colorado River and the West*（Tuscon：University of Arizona Press，1984）；Worster, *Rivers of Empire*. 在讨论科罗拉多河沿岸的灌溉工程中，瑞斯纳（Reisner）

认识到测量的内在矛盾，并将其看成是一种"创造性的、生产性的破坏行为（vandalism）"，第 503 页。

32　Gianni Vattimo, "Utopia, Counter-utopia, Irony," in *The Transparent Society*, 翻译：David Webb（Baltimore：Johns Hopkins University Press, 1992）, 76-88.

33　Johnson, *Order Upon the Land*, 239-242；Michael Conzen, ed., *The Making of the American Landscape*（London：Harper and Collins, 1990）.

34　有意思的地方或许在于，超现实主义者们（比如布列东或者恩斯特）在自身的时代与不断客体化的世界相互抗争，与理性已经战胜思维模式和行为模式相互抗争。参见：Kevin Kelly, *Out of Control*：*The New Biology of Machines*, *Social Systems*, *and the Economic World*（Reading, MA：Addison-Wesley, 1994）.

译注

①古英国时期因为没有国际公认的度量单位，人们往往用自己的手掌测量马的体高。为了统一，以标准男人的手掌宽度为一个掌宽，亦即 1 个掌宽等于 4 英寸，即等于 10.16cm……

图 1　地理册页（Geography Pages），戈温（Emmet Gowin），1974 年

景观的空间体验不限于审美层面，人们更倾向于把景观当成一处可供生活于间的土地（a lived-with topological field），或者，将之视为一张由各种相互关系和联结体组成的境遇性网络（situated network），在此，人们的种种体验或许能被有效地表达成一张拼贴的地理图像。

图片版权：Emmet Gowin and Pace/McGill，New York

景观媒介中的图绘和建造

通常而言，"景观"是一个模糊的术语，其首要特征是一种认知图式（schema），一种再现（representation），一种观看外部世界的方式（a way of seeing），而且，根据每个人的视角，每种认知图式皆会随之巨变。地理学家和画家以不同的方式观看土地，开发商和环境主义者亦以自身之道观看土地。[1]如果被要求描绘某处景观，那么，每个群体皆以各自独特的认知模式创造不同的图形模型（graphic models）和再现。图绘（drawings）的形式是多样的，它可能从制图学家的地图过渡到生态学家的横断面表现图，也可能扩展到艺术家的透视效果图。当描述某处景观的时候，诗人相较于视觉图像而言可能更倾向运用文字和隐喻（tropes）。总的来说，每个文本都能为现存景观"描绘出"一种特定的描述（description），或一种分析（analytique），正如从某个特定的概念棱镜（conceptual lens）进行理解如出一辙，该文本将随之改变或转化景观的内在意义（图1）。故而，景观不可避免地成为文化阐释的产物，随着时间变迁而积累的再现性沉淀物；当景观以文化的方式被建构，或者以层积的方式被创造出来的时候，它们便与"荒野"（wilderness）分道扬镳。[2]

以风景园林学的专业视角而论，一个重要的议题就是景观不仅是一种分析对象（phenomenon of analysis），而且在更重要的层面上，景观还是一种被**建造**（made）或被设计的事物。风景园林师的职业兴趣是在物质空间上改造土地，以之反映和表达人类关于自然和聚居（dwelling）的思想。究其根本而言，风景园林不仅是一项改善（ameliorative）或修复的实践，更确切地说，风景园林还是一门隐喻性（figurative）和再现性艺术，其通过象征性环境的营建而为文化提供一种存在主义的取向（existential orientation）。风景园林与其他文本一样皆是一种概念性的、概要性的（schematizing）自然，亦是一处人类生存的场所，

本文曾收录于：Word & Image 8/3（July-Sept. 1992）：243-275. ©1992 Taylor & Francis，Ltd.（http://www.tandfonline.com）. 本次再版已获出版许可。

但是，风景园林与其他景观再现的不同之处在于，风景园林的操作和实施既要依赖于景观媒介，同时，其自身又是景观媒介的组成部分。换句话说，具有生命的景观是一种兼具解释性的（construal）和建造性的（construction）媒介；再现不仅限于各种相关的文本媒介中（例如文学或绘画），再现还具体表现在建造的景观中，而且认识到这一点尤为重要。归根结底，风景园林的图绘是一种文本媒介（textual medium），其重要性总是次于景观的真实性，风景园林图绘永远不可能被简单地、孤立地视为一种表达（reflection）和分析；它在本质上是一种生动的（eidetic）、**具有创造性的**（generative）活动，图绘在风景园林学中充当一种生产性代理人（producing agent）的角色，或者说，它具备思想性催化剂的作用。[3]

然而，图绘与建造景观之间仍然存在着模糊性。当我们停止反思为何图绘能在景观的建造过程中具有如此影响力之时，上述的模糊性确实将变得更加晦涩难懂：将图绘与景观的现象相比较，难道它看起来不是更像一种抽象的现象吗（图2）？如果将风景园林图绘与其他艺术品（例如绘画或雕塑）相比较，那么，这种特质会更加明显。许多画家和雕塑家承认在刚着手创作的时候，他们时常不知道作品的最终形态是什么，此点并非无足轻重。然而，当艺术家全力处理媒介的时候，诸多的可能性便萌现于这个作品的自身，此时，艺术品逐渐"呈现出来了"（unfolds）。不变的是，卓越的艺术家最关注的焦点是对于人工制品的建造（making）、触摸（touching）和拥有（holding），而这个人工制品既是艺术家先前处理的对象，亦是艺术品的最终形态。[4]在全身心投入的过程中会出现一种自发的情感和表达，它们既来自设计师之于媒介的创造性回应，也来自其深处的想象性源头。此时，身体与想象以一种集中的、创造的、无自我意识的整体方式紧密地结合到一起。建造自身便是一种介于媒介和想象力之间的对话，一种知觉性交谈（perceptive conversation），如果我们脱离经验的话，那么，建造本身既不被思索（thought），亦不可理辨（intellectualized）。[5]古希腊人通晓此理；其术语**"制造"**（poiesis）代表着"去创造"或"去建造"，它的一个重要内涵就是，唯有通过触觉性（tactile）和创造性行为的感性知觉（sentient perception），即唯有依靠真实的**建造行为**（work），那些发现与启示（revelation）才能得以发生，期盼的揭示性"时刻"（"moment" of disclosure）才能获得显现。正如海德格尔认识到的那样，人类的能动性（agency）挖掘出隐藏于事物中的"真理"（truth），而此处的真理指的就是事物的**本质**（essence or aletheia）。[6]

然而风景园林的困境在于，实际项目的建造通常由专门的建筑工人完成，而非风景园林师。现代建造程序中的工具性（instrumentality）几乎排除了情感性或触觉性。与钢琴家、音乐家、雕塑家或者传统造园家不同，风景园林师鲜

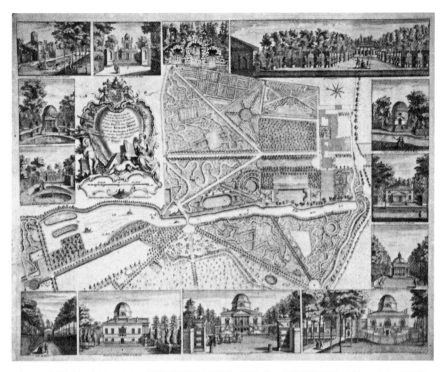

图 2　奇斯威克（Chiswick）的版画平面和透视图，英格兰，米德塞克斯（Middlesex），洛克斯
（J. Rocque），1736 年

景观的生产（production）和接受（reception）难免影响有关风景园林的版画（engravings）。这些版画
又左右着某个既定景观的意义，其影响因素取决于以下方面的内容：景观生产的所处阶段（建造之前、
建造之中，或者建完之后）；表现方式的惯例（平面、断面和透视图）；表达模式（生动的、静谧的、
动态的、轻盈的、绘画式的）；究其本质，版画仍然是风景园林项目的主要组成部分，它们常能把不可
见的事物变得可见，并且为文化谜底（或文化棱镜）提供解释性的阐释

图片版权：大英博物馆

有机会触碰和塑造景观媒介。尽管景观师（landscapists）最终需要借助植物、土地、水、石头和光线建造场所，但他们与这些元素之间存在着一种奇异的距离，与之相反，景观师的实践对象则是一种完全不同的媒介，其具有间接性和转译性，我们通常称之为图绘（drawing）。因此，以创造性姿态介入真实的景观是一种非直接的、遥远的艺术活动，易言之，二维的平面性（screen）掩饰了介入活动的本底。

　　图绘与景观之间存在着显而易见的差异性或矛盾性，这使得距离和间接性的问题变得更加复杂。即便初稿的草图与绘画和雕塑之间具有明显的相似关系，但是一张图绘，或者说任何的图绘，与（构成了真实景观的）媒介完全不同。图绘与景观之间的不一致性意味着，再现与建造之间经常存在矛盾性。

图绘与景观的本质以及它们各自的意义皆处于迥异的状态，同时，它们的体验模式也完全不同，尽管认识到这一点极为重要，但是两者之间的差别并非一定是不利的。

风景园林设计中的图绘与风景画家的艺术形式亦不同。在 1986 年一篇名为《从图绘到建造的翻译》（Translations from Drawing to Building）的惊艳文章中，建筑师埃文斯（Robin Evans）描述了建筑图绘如何不同于其他绘画艺术，建筑图绘并非后于主题完成，而总是先于主题被绘制出来，也就是说，图绘总是在建造和营建之前便被绘制完成。[7] 风景园林图绘并非表达一种先前存在的真实性（a preexisting reality），易言之，风景园林图绘创造出一种后续才浮现的真实性。有待建造的景观必须早做打算，它们只能出现在图绘的后面，而非图绘之前。

因此，作为本文论点的前言，图绘在风景园林学中的困境主要来自以下三个方面：(1) 设计师与景观媒介之间具有间接性（indirect）和分离性（detached），或遥远性（remote）；(2) 图绘与其描绘主题的非一致性，即图绘的抽象性与真实的景观体验之间的不同；(3) 之前的、预期的图绘功能，即图绘的生产性角色。矛盾的是，恰恰由于上述三个特点使得图绘在消极和积极两个层次上皆都显得如此神秘和高深莫测（enigmatic）。一方面，图绘是一个虚弱的行骗者，一种不真实的类比，它们总是以一种危险的方式被还原和误用；然而另一方面，图绘具有一种启示性的潜力，它能促使风景园林师窥见之前不可见的、颇为丰富的景观信息。

下文进一步探讨图绘与建成景观的关系，特别是作为图绘的媒介与作为建造景观的媒介之间存在着显而易见的不协调。文章的第一部分探讨的内容是作为媒介的景观（medium of landscape），第二部分探索的内容是作为媒介的图绘（medium of drawing）。剩余部分关注图绘和景观之间的相互联系，这部分主要强调图绘的矛盾性和神秘性，进一步解释图绘所依赖的机制，而且，图绘通过这种机制能在景观的想象性阐释和建造中完美地实现自身的角色。最后需要强调的是，在实现一种艺术性和精致性（non-trivial）风景园林的过程中，其首要困境来自人类想象力和思辨性能力（speculative vision）的局限性，即一种"理解力"（see）、一种差异性的审视能力、一种分辨事物其他可能性的能力。

作为媒介的景观

景观首先是一种媒介，它在感觉的（sensual）、现象的语境中具有不可简化的丰富性。在传统世界中，景观能提供极为丰富的经验场（experiential quarry），从古代开始，来自这个经验场的一系列思想和隐喻启迪了有关自然的艺术创造和文化取向。作为一种象征性再现的媒介，景观和其构成元素（比如石头、植物、水体、大地和天空，这些元素是以艺术的方式被组合起来）为人类提供一系列最具有神性和权力的场所，并且这些场所含有具身化的意义（embodied meaning）。没有任何事物（当然肯定也不包括图画，picture）能够取代或者等价这些场所中直接的、身体性的体验。需要强调的是，景观媒介和景观体验具有三种独特的现象，这些现象让景观的再生产不同于其他的艺术形式，同时还造成了风景园林图绘的最大困境。我们可以暂时性地称它们为景观之空间性（spatiality）、瞬时性（temporality）和材料性（materiality）。

景观的空间性

与绘画或小说不同，抽离或者避开景观体验的可能性是微乎其微的。就空间而言，景观充盈着光线和氛围（atmosphere），它们向我们完全地延展开来，并且将我们紧紧地裹住。景观在很大程度上控制着主体的体验：它决定着我们的记忆和意识，塑造了我们日常的生活。

我们身浸于景观中，而且景观还以一种无限的方式塑造着我们。景观具有宏大的尺度（scale）。尽管尺度与尺寸（size）和度量（measurement）有关，但是，尺寸显然指向了事物的相对尺寸、相对范围或程度。人们通常谈论的景观尺度是指其宏大性（bigness），它是相对于景观自身的巨大性（enormity）而言。景观的这种无垠状态被转化成广阔的、彻底的、广袤的、覆盖的、迷人的主体感受。尺度的影响并非由于景观之客体性（其是外部存在的），而是因为景观是一种渗透到我们想象意识中的现象。哲学家巴什拉（Gaston Bachelard）曾经描论述过这种经验，他将世界"直接的无限性"（immediate immensity）（即森林和海洋的无限性）区别于人类想象性的"内在无限性"（inner immensity）（即自我的、无限的、明亮的内在空间）。巴什拉论述道，外部广袤的自然世界在主体内唤起的原始回应能够洗涤灵魂，凝练一种矛盾性的思维，而这种思维可以舒缓与世界之间存在的那种"亲密的无限感"。在我们面前，一个完美的、无限大小的空间徐徐展开，身处其间，乱飞的思绪、驰骋的想象力与景观的空间物质性（spatial corporeality）互患并融。[8] 景观的尺度不仅将身体完全包裹进来，而且还包含着想象力和精神性（spirit）。

景观空间的本质是广阔无垠的（all-enveloping），其尺度极为宏大，人们关于尺度的感受是强烈且纯粹的，而且，景观与诗意的想象性之间存在千丝万缕的联系，这些特点皆是景观媒介的独特性。如果不经过某些改变或删减，全然的景观空间体验是不可能被呈现出来的：体验既不能被绘制出来，因其本质不是图画性的（pictorial），亦不能将景观的定量分析过度简化，因其不是可完全测量的。

进一步而言，景观空间是一种高度境遇化的（situated）现象，这与地理学意义上的场所和地形紧密结合在一起。文化图谱和自然格局相互结合的空间结构构成了特定的景观，这意味着场所是紧密交织下的文脉的、累积性的产物。每处场所皆是独特的，也是特殊的，场所被镶嵌在特定的处所或"地形"之中。在古希腊的语境中，**处所**（topos）指的是一处清晰可辨的场所，该场所能立刻让人想起各种事物之间的相互联系。就像物（things）一样，场所能够引起丰富的图像和思想；我们身处于议题和修辞性的争论，与处理地形学和空间上的问题是一样多的。我们总是发现自身宿命般的与场所紧紧联系在一起。因此，我们关于空间的知识和体验更多涉及的是本体的（ontological），或者"有关居住的"（lived），而非数学意义或者笛卡尔层面上的（Cartesian）。海德格就认识到了空间的境遇性（situatedness），正如下文所言：

> 在本质上，空间乃是所居之所的建造（room has been made），其边界之内可以容纳其他事物。居所一旦被建造起来，总是能获得扎根之态，因此，所居之所就可以实现相互的联系，而且它们是通过某处地点（location）连接起来的……**因此，诸空间（spaces）乃是经由地点而非"空间"（space）获得其本质。**[9]

地点"汇集"且联结现象；它们"承认和建立"彼此间的相互关系，进而将这些地点转变成"场所"。梅洛·庞蒂（Maurice Merleau-Ponty）写道："空间不是由被安排好的事物所构成的环境（setting，真实的或者逻辑上的），而是手段（means），这些手段能让事物的位置（position of things）变成可能"，他描述了空间是如何作为一种让事物彼此联系的"普遍性力量"，以及空间是如何完全依赖于主体的能力去体验和探索。[10] 因此，每一个人都"充盈于"（spaces）周遭的世界。通过空间的间隔化（spacing），我们自行锚定身处的方位（orient ourselves）且构建自身的地理学存在（being）。[11]

间隔化意味着一种"思考"空间的概念性能力。正如海德格尔所言，思考能够通过时间和距离而使其"延伸"至任何事物或任何地方。[12] 当某人在景观空间中移动，此人正要去"他处"，这正是他（她）的目的地，在现象学的语境中，该个体之一部分（part of the individual）已经存在于斯，其占据着、思索着、弥漫着。

因此，存在于景观之中的主体完全沉浸于空间的、现象学的关系之中，而且主体是景观不可分割的组成部分。景观空间的体验从只不是一种审美活动，在更为深刻的层面上，景观空间被视为生动的拓扑性场域（topological field），除此之外，景观还是高度结合的种种关系和联结的网络，这种网络或许能于高度结合的多维度地理绘图中获得再现。显而易见的是，以地质本体论（topo-ontological）为基础的景观空间体验，挑战了笛卡儿几何和代数测量体系下的空间工具性（spatial instrumentality），后者则在当前空间再现中占据着主流的地位。笛卡儿坐标系构成了纯粹的技术性投射图绘，它们在尘世范畴内中既不可能引发创造，也不能导致终结，这种坐标系并未真正地内置于场所，它们总是飘浮于分析性数学体系的抽象框架中。

景观的时间性（Temporality）

内嵌于景观中的意义总是需要在时间维度上获得体验。此处存在着一种体验的绵延感（duration of experience），一种于体验之前和体验之后仍然存在的连续的、延展的流动性（unfolding flow）。正如一处景观不能在空间上被还原成单一的视角，景观也不能被冻结成时间中的单一时刻。我们通过残余（frag-ments）、迂回（detours）和事件的沉淀以及随着时间的"叠加"了解一处场所的地理信息。无论何处，何时，以何种方式体验景观，人们皆能引发和生成意义，而这种意义恰恰来自景观本身。

而且，正如梅洛·庞蒂所定义的，没有人的地方就不存在事件（events），他写道：

> 我并不满足于将时间记录为真实的过程或者演替。时间是从我与事物之间的关系中产生的……我们不能说时间是一种"意识的数据"；而我们可以更准确的说，意识（consciousness）支配或者建构了时间。[13]

只有当主体处于在场的状态且游走于景观中，用心感知和体验的时候，景观的既定意义才能获得显现。这种现象学意义上的观察不仅意味着，景观的理解与特定时间和条件下的体验有着直接的联系，而且还与特定的文化视角有关。周而复始（periods）便构成了历史。例如，我们如今"观看"（see）凡尔赛宫与17世纪的权贵们和节庆参与者们有所不同。

在空间中移动身体进一步增加了景观体验的时间维度的复杂程度，我们称这种现象为动觉（kinesthesias）。当身体穿过景观空间，不仅存在着源于外部环境的一股动态流动的知觉（perceptions），而且还存在着肌肉和神经上的活动。[14] 一个人可能奔跑、踱步、跳舞或者漫步于景观中，他通过身体移动的步幅和状态（nature）改变着彼此之间的意义。下述事实进一步把问题复杂化了：在景观中移动的身体常常处于注意力分散的状态，而且个体对于周边环境只是给予些许的关注。我们很少花费与观摩绘画相当的精力来感知景观。正如本雅明（Walter Benjamin）所言，源于景观和建筑空间的意义是通过"一种注意力分散状态的集合"获取而来的，即通过"习惯性挪用"（habitual appropriation），或者通过日常使用和活动的方式，慢慢领会景观的象征性环境。[15] 景观的体验需要时间性，它源于不经意的事件和日常经历（encounters）的积累。

景观的时间性与建筑和其他空间艺术形式不同的第三个方面是：景观是一个具有生命的生态群落，随着时间的推移，它通过自然过程的运作而不断流动和变化。侵蚀、沉积物的动态演变、生长（growth）和天气的效应皆持续性地改变着处于转变中的景观结构和格局。当一处景观正在遭受着洪水的泛滥，或笼罩于浓雾，或被冬雪覆盖，或被烈火灼烧，这意味着空间、光线、纹理和氛围（ambience）的特性发生了变化，人们就会以完全不同的方式体验景观。这种动态性不仅挑战了风景园林意义的意向性（intentionality）和艺术性（由于这种媒介总是处于流动和改变之中），而且，动态性也让永恒的再现和体验景观（如果这不是不可能的话）变得异常困难，例如通过图绘的方式。

景观的物质性和材料性

景观是由基本物质（elemental matter）构成的一种具体的、实质性的（substantial）媒介，该事实进一步促成了景观自身的复杂程度。物质（matter）是未经雕琢的、原始的材料，而物（things）便是凭借物质创造出来的。物质构成材料的属性，并使之能被我们所感知。物质性（Materiality）是物质之所以为物质的性质，人们通过触觉和身体感知更好地理解物质性，而且，这种感知不同于其他任何次级的或客观的演绎形式（deduction）。

触觉不仅包括表面上的现象，例如粗糙度和光滑度，黏性和柔顺度，而且还涉及本质上的性质，例如密度，黏度，弹性，塑性，硬度和刚性。景观中的材料能散发出一系列感官上的刺激，这完全受控于具有感知能力的身体：材料的芳香；潮湿和湿度的感受；光线明暗和冷热的强度。不同的木材会以不同的方式燃烧，从而产生各种各样的火花：或噼啪作响，或嘶嘶低语，或余热徐徐，或青烟袅袅。正如我们所知道的万千树木，它们是如此之不同。在松林中，风声是飒飒的；在橡树林中，风是沉吟的；而在白杨林中，风则沙沙作响。事物与场所为我们所知是通过其可被感知的方方面面所形成的不同组织（very organization）。任何事物的意义就包裹且渗透于可感知的物质之中。

如今我们痴迷于视觉图像和图画，但景观体验隶属于触觉的感官，也涉及材料与触摸（touch）的诗意，对于后者的重视则更具重要的意义。例如，一块沼泽地可能在视觉上看起来是单调乏味的，但是通过身体和触觉的体验，人们能以一种完全不同的方式欣赏这片沼泽地：脚下的泥水发出咕咕的噗嗤声；酷似海绵状的地面能以弹性的方式复位；寒冷、晦暗和无风的空气中弥漫着湿气；这些事物共同构成了整个沼泽地中那种宁静的柔美。显然，若以景观的空间性和时间性而论，图绘的表达力是受限的。虽然图绘或许能够表示某种性质，但它不能复现或者再现真实物质材料的定性经验（qualitative experience），正是这些经验构建出可感知的景观。

因此，在表达景观的空间、时间和物质性等现象学特性的维度上，图绘和再现具有诸多不能逾越的困难。第一，图像表现的平面性（flatness）和定格（framing）既不能捕捉到景观空间的延展性（all-enveloping），亦不能表达出景观空间的绝对尺度。被呈现的景观就是一张有关客体的图画，一张扁平的正面描绘（flat frontality）。第二，无论在画廊还是书中，图绘都具有自主性（autonomous）。图绘与场所或场地不同，当图绘远离了生活境遇的复杂性之时，它仍保持一种不变的状态。它完全不具备境遇性（situated）。第三，图绘是静止的，也是即时的（immediate），这意味着当眼睛从单一的、全局性的视点浏览图像的时候，图绘便会马上被解码。景观经验获取于瞬间、一瞥和偶然的迂回中，随着时间的推移，或漫步游赏，或习惯性地回顾，景观经验在移步景异中逐渐铺陈开来。第四，图绘由其自身的材料构成，它具有自身的实质性，因此，即使图绘有时具备使人类更好地认知景观属性的效力，但图绘既不能重现，也无法实现物质景观（corporeal landscape）的感觉性和触觉性体验。第五，或者，这是最重要的一点，图绘是视觉上的体验，其要求把精力全神贯地放在图像上，然而景观更多依靠身体而非单独依靠眼睛去体验。处于景观之中的主体总是其空间、时间和物质关系中的一个重要组成部分，即便媒介之中的再现精彩绝伦，但是，没有任何事物能够重现生活经验中的意义。[16]

作为媒介的图绘：投射、标注和再现

景观体验的现象学特征让人觉得继续讨论图绘已无多大的必要，或许，他们依然会怀疑（或者说，至多是好奇）图绘与景观之间的关系到底是如何建立起来的。然而事实上，有益且富有想象力的景观图绘与建筑图绘已经演变了数个世纪（无论乍看之下，这些图绘是多么的片面，多么的无关），但是，它们仍然可以分成截然不同的类型进行讨论。我们暂且将之称为投射（projection）、标注（notation）、再现（representation）。

投射

投射必须处理图绘与建造之间的直接性类比（direct analogies），它包括平面、立面、轴测图和透视图，在其中，设计师较少使用透视图。在《博物史》（*Natural History*）中，博物学家老普林尼（Pliny the Elder）讲述了狄普塔斯（Dibutades）在墙上描摹一个将要离去的爱人的影子的故事，这正是关于绘画起源的传说。[17] 埃文斯（Evans）曾经把阿伦（David Allen）关于老普林尼所述故事的绘画（题为《绘画的起源》，*The Origin of Paintng*，创作于1773年）与建筑师申克尔（Karl Friedrich Schinkel）的同名绘画（完成于1830年）进行了精彩的比较。[18] 在这两幅作品中，光束将人物的影子投射到平整的墙面上，从而形成了一个描摹的轮廓，这或许可以称之为"投射"。一个形体（shape）透过空间被投射到一个扁平的平面之上。埃文斯描述了在阿伦的绘画中，单一点光源如何将坐着的爱人的影子映射到室内的墙上，进而成为被投射的图绘（the projected drawing），然而，在申克尔的绘画中（他以建筑师身份闻名，而非画家），图绘是太阳光线的产物（因此，图绘是一种平行投射的结果），它把人物的影子映射到一块完整的石头上（图3）。因此，对于建筑师来说，投射图绘是先于技术方法而存在的，它充当了一种模版，且能把图形转变成被雕琢的石头（from figure to cut-stone），或者更准确地说，它能将理念（idea）转化成建成物（artifice）。

因此，投射性图绘与建造具有直接性类比的关系。绘制一份图纸相当于建造一栋建筑。它们两者都是"工程"（project）。调查和测量某处景观的图绘，正是将其地形切实地投射于图像的平面之上。另一方面，图绘提出了一种全新的景观，然而这种景观处于未实现的状态。在设计师的构思（或者概念性方案）与此种方案的落地性建造之间，图绘是沟通信息的协调者（mediator）。调查性图纸是关于大地的投射，而建造性图纸则被投射到大地上。当这两种图绘类型同时揭示出某个建筑或某处景观的隐藏部分，那么它们两者皆具说明性。例如，一个平面图或者地图能够使某处遥不可及的鸟瞰地貌（an aerial topography）变得具有可见性。

对于维特鲁威来说，建造的组成部分是根据"理念的设置"（ideas of disposition）而定，它们由三种方式构成：**平面**（ichnographia）；**立面**（orthographia）；**剖面**（scaenographia）。[19] 这些图绘将建筑的转译（architectural translation）和建造的"理念"具体化了。因此，平面图实际上表明了地面上的布局和组织，这与标注出某处地基是相似的；立面图表达了竖直面的抬升和构造，类似于脚手架；剖面图表明了各个部分之间的细部和关系；截面的线形透视图确保了比例和尺度在视觉上的修正（图4）。[20]

图3 绘画的起源，26cm×29cm，辛克尔（F. Schinkel），1830 年

辛克尔的绘画表明，他将影子投射到一块没有经过雕琢的岩石上。投在岩石上的影子轮廓又变成石面雕刻的模板，这恰好呈现出妙计之始（artifice），也代表了文明"建构"之端。因此，投射这个理念与模仿（mimesis）如影随形，而且，投射还把象征性再现和工具性再现结合到一起

图片版权：Von der Heydt—Museum Wuppertal（Inv. Nr. G 0184）

　　维特鲁威的"理念"相较于与落地的（reality of execution）概念性策略而言，前者并不关注传统的图形惯例。还存在另外一种投射，即水平投影图（planometric），这种投射与景观和园林的关系更加特别，它可能起源于古埃及，后来于中世纪得以发展。在此，建筑或者园林的垂直元素"被放置于"平面之上，正如立面图一样。好像上文所述的那样，该种"双重"投射一方面可以具体表达从上往下看的景观地形；另一方面又能清晰阐释正面的（或者立面的）景观构成，此外，水平投影图向造园者告之各种植物造景的分布，同时还标明各个园林局部之间的关系（图5）。地板、墙体和顶棚在体量上围合起建筑物，而景观的建造与建筑物不同，它更类似于水平投影图的运作模式（workings of planometric），其同时强调平面和立面的特征。

　　翻译家巴尔巴罗（Daniele Barbaro）于1569 年评论了维特鲁威的论文，他坚信平面、剖面和立面的投射几何性比透视重要，并清晰地区分了"理念"和"图纸表达"之间的差异。[21] 投射性图绘既不是图画（picture），也不是中立的信息集合，它们通过相似且互补的（complimentary）投射体现建筑的概念，而在本体论的层面上，这些投射类似于建筑作品本身的象征性意图。如今，大家在很大程度上遗忘了此种实践性关系（practical relationship），它被一种更加工

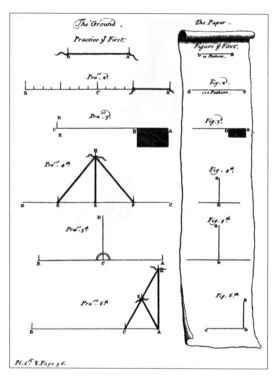

图4　这些示意图表达了纸上线条被转译成地上之线（lines on the ground）的过程

引自：詹姆斯（John James）的著作《园林理论与实践》（*The Theory and Practice of Gardening*），1712 年

具性的、描述性的投射几何所替代。根据戈麦兹（Alberto Pérez-Gómez）的描述，在 17 世纪的大半时间中，建筑师尚能区分本体性图绘（ontological drawing）和虚幻性图绘（illusionary drawing）的差异，例如，"实际的"（practical）图绘与虚构的（artificial）透视之间的差别。在巴黎综合理工大学（École Polytechnique），生动的（eidetic）投射性图绘退化成一种注重功能的、系统的方法论，对此，戈麦兹写道：

> 初始的建筑"理念"被转变成普遍性投射，而这些投射能够（也只能够）被视为建筑物的还原物，进而造成了一种错觉，即图绘是一种中立的工具，一种如同科学论文那样可以准确无误地传播信息的媒介。[22]

换言之，说明性（demonstrative）图绘的内在力量基于它对于阐释保持着开放性，无论是处于建造之前还是位于建造之后，皆是如此。这种图绘是整个

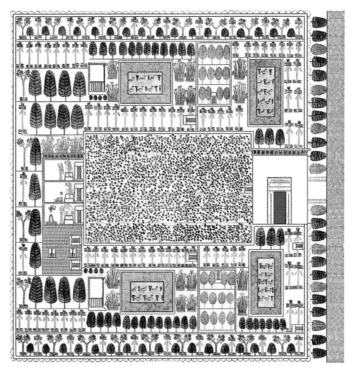

图 5　这是一幅遗存的壁画，上面描绘了一处隶属于埃及第十八代王朝底比斯（Thebes）的园林的
水平投影图（planometric drawing）
引自：Ippolito Rosselini in *Monumenti dell' Egitto e della Nubia*，1832–1840

艺术性"工程"（project）的重要组成部分，它能使掩藏的事物变得可见，也能使人在更高的层面上理解事物。例如，肯特（William Kent）毕生的图绘，或者如屈米的拉维拉特公园竞赛中使用的图册皆具有相同的特点，即图像（images）深刻地影响着观看和理解景观的方式。图绘绝不仅仅是一份沉默的，或工具性的纪录工具。然而，现代的投射性图绘只是纯粹意义上的程序性技术（procedural techniques），这种图绘很容易从一种综合的、诠释的（hermeneutical）建造模式和认知模式中将设计师和建造者分离开来。从兰利（Batty Langley）在 18世纪的书中尽是一些关于园林布局和设计的几何性模版，到现如今广泛接受的"图形标准"（graphic standards），再到当下诸多关于形式和"类型"（types）的专业术语，投射性图绘已经退化成一种相对无害但缺乏思考且零散琐碎的图画。如今人们相信图绘要么是一种客观交流的工具（工具性建造图绘），要么是一些说明性的图绘（毫无内涵的表现性图绘），这种观点在象征性和本体论层面上皆严重曲解了投射的根基。[23]

标注

某些标准性投射（standard projection）系统隶属于标注性图绘的范畴。标注系统旨在**识别**一份图解（schema）的各个部分，使它们能够被生产、激活和执行。标注系统包括了日程安排、钢琴乐谱以及舞蹈记谱法（dance notations）。经过测量的平面、剖面、立面和方案说明也属于标注系统，因为它们的主要目的是详细说明某个特定项目的本质特征，以确保其转译过程中尽可能地规避模糊性。在《艺术的语言》（*Language of Art*）一书中，哲学家古德曼（Nelson Goodman）曾经写道，标注的图解必须采取一种符号系统，这一系统"能够在清晰和有限的参数中实现句法上的（syntactically）差异"。[24] 因此，标注在严格意义上是一种指示性的（denotative）图绘，而非一种含蓄性的（connotative）图绘。统计学家塔夫特（Edward Tufte）曾经指出"记录舞蹈舞步的设计策略包含了许多……展示性的（display）技术：小倍数（small multiple），联系紧密的文本－图形之整合体（text-figure integration），平行的序列，细部和全景图（panorama），复调音乐（polyphony）的分层和划分，数据被压缩成以内容为主的度量（content-focused dimensions），以及避免冗余"。[25] 标注所具有的本质特征是清晰性，它努力避免含蓄的或者主观上的误解，例如，即便是弹奏音乐的乐谱，也仍将受到音乐家的不断阐释。显然，寻求严谨的指示性客观标准仍然是标注性图绘的基本原则，但是与此同时，我们需要牢记的一点是，阐释性表意系统（semiosis）仍是解读标注的一个不可或缺的部分，即使在这个表意系统中能够容忍的变化程度可能非常小。

风景园林设计中的标注系统不仅具有交流和转译的作用，而且还能让人兼顾不同层面上的同时性体验（simultaneity），它既属于运动层面（movement），又属于时间层面。例如，理论家拉班（Rudolf Laban）曾经创造出一套名为拉班舞谱（Labanotation）的舞蹈记谱系统，这个记谱系统能够在时间和空间上精确地编排身体移动的舞蹈动作，并能让舞者演绎一个特定的表演（图6）。[26] 拉班舞谱成功地挑战了如下观点：复杂的运动几乎不可能通过一种抽象符号和符码的分层部署（a layered deployment）来表达有关标注的主题。哈普林（Lawrence Halprin）曾经也使用标注记谱（notational scores）来设计和协调喷泉，同时还考虑到特定游线或序列上各种要素的布置和体验。哈普林还开发出一套"记谱"（scoring）的方法，这种方法能够让群体参与到决策和规划当中。当该创造性过程以图形的方式被描绘出来的时候，这种复杂的（但是却具有高度参与性的）记谱方式就变成了整个规划的一部分。[27] 然而在风景园林领域内，除了哈普林，标注系统的发展是极度缺乏的，但是，景观与叙事、舞蹈、戏剧或电影相类似的特点则表明标注可能是一项具有潜力的研究领域。我们可以从画家纳吉（László Moholy-Nagy）的戏剧记谱方式，或者电影导演爱森斯坦（Sergei Eisenstein）的故事版（storyboards）开始着手研究，爱森斯坦将电影体验划分成各种不同的层级，从而协调镜头的运动与音轨的配合，以及光线的明暗和剪辑的时机。爱森斯坦将不同层级的交互称之为"相关性"（correspondence），以此解释电影中的完整意义如何通过这些层级之间的即时性关联得以实现的，即一种称之为蒙太奇（montage）的叠层手法。[28] 屈米采取了类似的策略，他将不同层级的空间、时间和物质性现象转化成一套标注序列，这便是拉维拉特公园中的"电影步道"（cinematic path）。标注成功地消减了体验的视觉维度，从而强化了程序性（programmatic）和空间性体验（图 7）。

这些标注可以提供一套编码基质（a coded matrix），设计师凭借标注来布置时空的叙事，从而使人能够协调空间、时间和触觉性体验的同时性。然而，由于需要专家去解码那些复杂的记谱，还需要他们将记谱理解成一种经验（experience），因此，这些句法复杂的图像存在自身的局限性。当我们阅读钢琴乐谱的时候，实际上到底有多少人能够听见音乐，或者说，到底有多少人通过故事板就能体验电影情节？另一方面，标注无法（也不应该）去尝试描绘体验；它们的功能只是辨识经验的各个组成部分。

再现

与投射和标注不同，再现性图绘的目标是**再次呈现**（re-present）某处既定的景观或建筑，不过，再现性图绘是以一种不同的媒介再次唤起相同的体验效果。[29] 因此，当绘画透视从某个特定灭点（vantage point）以人视高度来描绘一处场景的深度和空间状态，那么，在此种情况下，这种绘画透视便是一种再现形式。绘图者仔细观察明暗对比（chiaroscuro）、纹理和色彩，将它们绘制出来，该图绘是一种准确的透视结构，且能在很大程度上模仿（resemble and imitate）某处特定的场景，好比说，在观看的主体与景观之间放置一块玻璃，透过这块玻璃，被凝视的景观就被绘制（或者说掩映）在玻璃片之上。例如，康斯特布尔（John Constable）在他的绘画中竭力捕捉场景的"真实性"（truth），以一种几乎符合科学精度的方式忠实地记录眼前的景观（图 8）。同样的，康斯特布尔对明暗关系的重视程度不亚于透视关系，其绘画是"自然主义"学派，该学派总是尽可能完美地寻求与真实景观的模仿性，康斯特布尔的绘画精确地记录出一种视网膜上的（类似于摄影照片的）印象。康斯特布尔极具天赋，他能超越刻板的、技术性的绘画方式，比如说"克劳德镜"（Claude-glass）（一块打磨光滑的铜镜，它能让呈现其上的景致犹如 17 世纪克劳德的绘画那般），康斯特

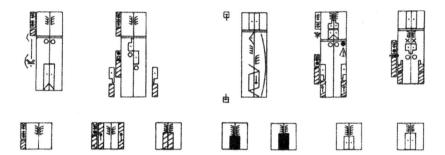

图6 读者需要从图面的垂直方向阅读舞蹈记谱,还需要结合舞者身体左右两侧之物进行阅读,而舞者的身体移动则绘制于图面中垂直时间线的两侧。有关拉班舞谱的细节(labanotation detail)具有大量的标记(marks)和图形(figures),它们构成了特定的身体部分和舞蹈姿势的编码(encodings)
引自:Albrecht Knust, Dictionary of Kinetography Laban (Labanotation), (Plymouth: Estover, 1979)

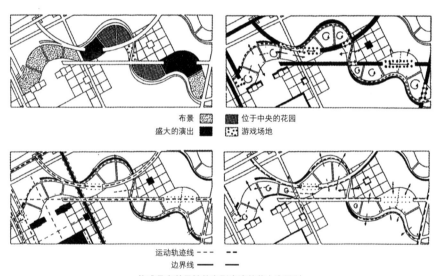

布景 盛大的演出 位于中央的花园 游戏场地

运动轨迹线 - - -
边界线 ——

构成具有差异性的电影表演的蒙太奇原则

图7 电影步道的标注(Cinematic path notations),拉维莱特公园,屈米(Bernard Tschumi),构成这些图绘的图面语言是一种标注式的编码图解(notational coding scheme),这种图绘能在"电影步道"(cinematic path)之旁演奏出各种各样的体验
引自:Bernard Tschumi, Cinégramme folie: Le Parc de la Villette (New York: Princeton Architectural Press, 1987)
图片版权:© Bernard Tschumi

布尔没有将自身的技艺拘泥于教条的有序图解（methodical schemata）和技术，他的油画在这方面表现得更加游刃有余。他不受文化的视觉符号的限制，而是让场景与图画之间实现了生动的对应关系，这便是康斯特布尔"艺术真理"的追求，也是其成功之处。[30]

然而，直接模仿的现实主义（realism）为风景园林设计带来了诸多的挑战。康斯特布尔的绘画起源于某个已经存在的主题（a preexisting subject），而风景园林的图绘则先于主题出现，绘画与图绘具有天壤之别，此点当需谨记。因此，绘制一处将要被建造的"场景（scene）"便颠倒了艺术创造的过程。若人们感知某处场景，画家的绘画则再现此处场景，若人们想象某处场景，风景园林的图画（picture）则再现彼处场景，反之，建成的景观亦作为该图画的再现对象。克劳斯（Rosalind Krauss）在她的论文《先锋的起源》（The Originality of the Avant-garde）解释了画家罗萨（Salvator Rosa）、洛兰（Claude Lorrain）和吉尔平（William Gilpin）如何将如画性图绘（Picturesque Drawing）设想成关于自然的图画式"摹本"，鉴于这些图绘颇为刻板，因此，它们就能被不断复制出来，实际上，这些图绘先于"原作"（指的是风景）的观察与理解过程而存在的。比如说，吉尔平广泛地著书立说，他关注如何观看景观，如何观察前景、距离、透视和"粗犷感"（roughness）的"效果"（effects）。关于这方面的论述，克劳斯写道："图画的先在性（priorness）与重复性（repetition）是如画美学的独特之处（singularity）"，"只有通过先在的例子才可能"获得某处景观的理解和意义，而这个先在的例子就是图画（picture）。[31] 尽管克劳斯描述了图画如何影响景观的接受（reception）和理解（这亦是如画的基础），但是，图画也能左右景观的创造和管理。例如怀斯（Andrew Wyeth）的绘画能够帮助在宾夕法尼亚州的切斯特郡（Chester）和德拉瓦郡（Delaware）的权贵阶层中形成一种区域性景观美学，权贵们借此（间接地）控制其地产的设计与管理。[32] 再者，图画也可以被用来在物理层面上改变景观。例如雷普敦（Humphry Repton）的《红皮书》（The Red Books）通过有关特定场景在"改造之前的"绘画和"改造之后"的绘画进行比照，以此展现出一系列对于乡村景观的美化状态。在图画平面上的结构逻辑决定了景观的构成，即在"有缺陷的"（inferior）现存景致中减少或增添土壤、水体和植被。既存之景和改造之景同时被比较或相互叠加，这使得人们能够理解这种转变的真实本质（图9、图10）。当然，很多18世纪的景观被视为场景的安排和布置。观者可以漫步（stroll）某处景观中，不时地欣赏景色，体会精心布置的美景，它们能唤起同时代绘画中描绘的景致。游客不断移动的身体通常是整个场景的必要性补充，整个场景此刻变成了事件发生的背景舞台（backdrop）。[33] 然而，以布景式途径（scenographic approaches）介入

图8　Dedham Vale，145cm×122cm，康斯特布尔（John Constable），1828年

康斯特布尔可以敏锐观察到"自然的明暗块面"（chiaroscuro），并且运用颜料将那些块面描绘出来，通过
这种方式，康斯特布尔深入探索某处场景的"真实性"（truth），即一种视网膜意义上的自然复制，在此，
康斯特布尔令自然之景与绘画和帆布变得相差无异

图片版权：National Galleries of Scotland，Edinburgh

风景园林设计的问题在于，主体的首要关注模式（mode of attention）需要兼具视觉性和参与性。当然，视觉只是景观体验的一部分；很少有人能把全部的注意力放在视觉审美上。在更完整的层面上，景观的感知（perception）是一种偶然（incident）、印象和迂回（detour）的积累，它更像是一系列蔓延的、不可预测的事件（events），而非人为的图景展示。图画式景观（pictorial landscape）被还原成一处景致（scene），艺术家构思图画式景观的方式，既不按照自身的构成法则（比如说，时间性效应和能量的生态性流动），也不是依赖于能够进行体验的主体[比如说，分神（distraction）、触觉性（tactile）]。设计师创造的场景和视觉构成并非源于丰富的空间性、时间性和材料性的景观形式中所蕴含的感官性布置（sensual arrangement），而是建立在图画平面的虚假逻辑上，因此，图画性再现的危险之处在于：设计师创造的是"图画"，而非"景观"。[34]

然而，其他类型的再现形式依然存在，它们相较于透视图的单一性而言似乎更能阐释更为丰富的感官体验。这些再现形式采用了图形指示物（graphic signs）和符号，与严格意义上的指示性（denotative）符号系统不同的是，前者具有更为丰富的含蓄之意（connotative value）。在语义层面上，丰富的符号（记号、姿态、形状和颜色）与隐喻性标签和图形（figures）有关，这些标签和图形开启了由相互关联的意义所构建的无限延展的网络，这种再现形式源于古德曼所谓的"语义密度"（semantic density）。[35]艺术中的经验推断和联想被称之为"通感"（synesthesia），这意味着我们可以从一种感觉模式跳转到另一种感觉模式。例如，康定斯基（Kandinsky）展示了在纯粹视觉现象意义上，形状和颜色如何通过相互并置的方式表达"悲泣"（to weep），"呐喊"（to shout）或者"彼此吞噬"（kill each other）。然而我们会言及的是"喧闹的色彩"、"明亮的声音"或者"阴郁的光线"。[36]语义性丰富的再现具有一种能指功能（signifying capacity），恰是这种功能才可能促进我们与康定斯基作品之间实现对话。正如杜尚（Marcel Duchamp）富有感染力的作品 *Genre Allegory*（1943年），在这幅艺术作品中，碘酒浸润过的绷带被军队的五角星订在画布上，这个场景讽刺性地让人联想到被人踩踏的美国国旗，同时，它还勾勒出华盛顿独特的面部轮廓（图11）。虽然这些极富暗示性的作品显然是视觉范畴的，但它们却并非图像（images）。易言之，它们不是事物的光学图像，即**影像**（imago），抑或是视网膜中的幻影，而是直指藏于事物背后的**理念**（idea）。换句话说，某种特定效应的起因（cause）被揭示出来了。我们可以称之为物的原型本质（archetypal essence of things）：这种本质在任何的形式与表象中皆可获得维系，同时，这种本质永远向新的阐释敞开。因此，此种类型的图绘是再现性的；也就是说，它并非只是再现已经存在且众所周知的世界，而是以一种之前不可预见的方式来再现世界，凭借这

图 9 温特沃斯（Wentworth）的水体，约克郡（Yorkshire）
引自：Humphry Repton, Observations on the Theory and Practice of Landscape Gardening，1805

图 10 温特沃斯（Wentworth）的水体，约克郡（Yorkshire）
引自：Humphry Repton, Observations on the Theory and Practice of Landscape Gardening，1805

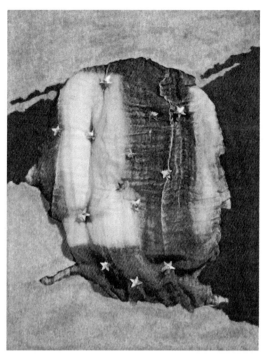

图 11　寓言题材（乔治．华盛顿），硬纸板、碘酒、纱布、钉子和镀金的金属星，
53.2cm×40.5cm，杜尚（arcel Duchamp），1943 年

图片版权：Musée National d'Art Moderne，Paris © Succession，Marcel Duchamp / ADAGP，
Paris / Artists Rights Society（ARS），New York 2013

种方式，此类图绘能够转旧成新，化平庸为新奇。风景园林设计的图绘总是先于景观的实际建造，这意味着图绘可能有机会第一时间转变社会对于景观的理解，或许我们不应该把过多的精力放在图像层面，而应当更加关注景观内在的现象学谜题（phenomenological enigmas）。如果欲要将再现理解成符号（迹象或者预兆）的话，那么，我们必须学会忘记图像之繁花似锦的表象，思考图像背后的逻辑，探索深藏于图像深处的知识，拓展与图像有关的事物。[37]

图绘的误用（Misuse）

虽然投射、标注和再现是不同的图绘方式，但是它们与景观媒介之间具有一种间接的、抽象的、非一致的关系，而且需要注意的是，前者总是先于后者完成。在当今的设计界，这些特征导致图绘的价值和功能出现了两个主要的错误观念。[38] 第一个误用是过分地强调图绘本身，仿佛图绘才是那个珍贵的艺术性创作。在此情况下，其光彩诱人的特性助长了一种分离的、隶属于个人的图绘观念（personal preoccupation），随后，图绘承担的功能便让位于自身的艺术形式。如今，自主性的、自我指涉的图绘（autonomous self-referential drawings）举目皆是，这类图绘是效应的载体和注意力的焦点。此等工作具有绝佳的可消费性，它们能够为意气相投的人提供一份视觉的饕餮盛宴，但这对于景观的实际建造和体验来说却几乎没有任何的作用。对唾手可得且传播泛滥的图像而言，建筑师惠特曼（John Whiteman）写道：

> 首先，在批判性杂志中，建筑变为一个自产自销的市场，它能够生产和消费自身的图像。其次，围绕着建筑图绘的意识形态和刺激因素不再以建筑体验的塑造为目标，而是将其目标投向了图像，传播和流通乃是其中隐藏的动机，从而导致图绘只能是如画式的。[39]

第二种图绘的误用乃是针对第一种误用所做出的回应。除了簇拥纯粹的工具性以外，这一派的支持者对于其他的图绘意义皆保持怀疑的态度。结果，一种简化的（reductive）、过度技术性的实践立场压制了图绘的潜在丰富性。此处的重点落在了客观的、指示性的系统之上（比如说，平面、断面和轴测图），而这些系统又是一种沉默的语言。纵观 18 世纪，人们皆以科学之态审视图绘，现如今，此等认知大行其道，其主要归因于设计专业和建筑业特别强调理性之方法论。[40] 现代批评（criticism）与图绘颇为相似，两者皆先于建造（construction）而发挥自身的效应，因此，现代批评的判断依据是图绘而非建造（这些判断不仅来自专业同行，而且也来自客户和其他利益团体，后者亦能切实地影响建造活动），恰如惠特曼所言，由于现代批评的影响，图绘的工具性功能变得越来越受欢迎。惠特曼直指症结之所在：现代批评寻求客观性，它对另类的象征性阐释系统持有一定的怀疑态度。[41] 于是，接踵而至的便是：

> 建筑的艺术性力量让我们感到恐惧，同时，我们也不相信自身具有表达（notate）和再现艺术意图（intentions）的能力。人们认为笃定和信奉象征性形式之可能性是颇为幼稚的，这种看法让我们倍感紧张。因此，我们抛弃了那种建筑类型，即它们能重塑事物，以直接的方式赋予事物的意义，而且它们还能把意义呈现给我们。取而代之的是，我们选择了那些似乎名正言顺的（automatic justification）理念和概念。[42]

神秘的"艺术家"和务实的"技术人员"直接斩断了图绘与建造经验、物质世界之间的原真性对话，与此同时，还严重误解了风景园林生产过程中的图绘功能。再现之物与建成之物之间时常发生各种偏差，这意味着图绘和营建之间经常发生错位，或者说，两者之间不能实现转译。实际上，图绘"污染了"（contaminated）景观媒介；换言之，景观的本质内涵是丰富多彩的，它被另一种媒介（也就是图绘）所抑制或者禁锢，这种媒介要么过于受到重视，要么被严重低估。

上述的二元分裂基于此类事实之上：无论图绘的滥用，还是其抑制性运用，两者皆与图绘和风景园林之间显而易见的不一致或间接性有关。当一方痴迷于图绘的抽象性（abstraction）之时，另一方则以同等程度抵制这种抽象性。[43] 前者坚信一种不可还原的表达性（expressiveness），后者坚守一种客观的"真实性"（realism）。正如埃文斯所言：

> 一类图绘强调事物的物理性（corporeal properties），另一类图绘聚焦于非实体性（disembodied qualities），两者恰好截然相反：前者涉及参与、实质性（substantiality）、可触及（tangibility）、存在感、即时性（immediacy）和直接行动；后者则关乎抽离（disengagement）、倾斜（obliqueness）、抽象、调解（mediation）和间接行动。[44]

上述两派均未认识到的是，一方面，风景园林图绘的内在力量（potency）恰来自景观之直接性介入（directness of application to landscape）；另一方面，那些内在力量还源于其抽离的、抽象的特征。有些人认为，设计师的自由想象力是创造性形式（inventive form）的源泉，另一些人认为，图绘是才是形式创造（formal creation）的唯一源泉，然而，他们两者皆误入歧途。实际上，这两种见解此消彼长，其类似于一种互通的、探索性的交流。那么，在生成形式的层面上，理念与理念的形体化（embodiment）之间存在的跳跃（leaps）和节略（abridgements）应当如何消弭呢？

图绘是一种生动的媒介（an eidetic medium），但是，如果我们将图绘当成一种实现目的的手段，或者以"艺术表达"之名将图绘视为一种自我骄纵的工具，那么，这些看法对于风景园林的创作来说都是不负责任的。这意味着纯粹作为构成（composition）和交流工具的图绘，与充当创造性媒介（vehicles of creativity）的图绘之间存在着差异。[45] 我们应当把重点从作为图像（image）的图绘转变为作为**操作**（work）或过程（process）的图绘，这强调了图绘是一种创造性活动，它或多或少与建成景观的真实性阐释和建构相类似。[46]

图绘的隐喻性（Metaphoricity）

本文开篇将图绘视为一种可译的媒介，这种媒介能够使某个想象性理念（imaginary idea）转变成视觉的、空间的物质形式（visual/spatial corporeality），且将该理念具体纳入建成的景观构造中。行文至此，尽管本文可能已经强调了图绘和建成空间之区别，着重论述了图绘在再现景观体验层面上的限制（因此，图绘在塑造景观体验上也是如此），但是，在与景观生产的关系层面上，图绘的其他性质仍然能够使之成为一种强有力的媒介。如今，无论是优雅超凡的图绘，抑或者工具性的图绘，二者所普遍面临的困境可通过如下方式克服：图绘既是阐释（construal）和建造的协调者，也是象征性和工具性再现的调和者。[47]例如，维特鲁威最初的"理念"便体现在图绘中，这意味着图绘同时兼有投射、标注和再现的潜力。这些图绘既不是图像（images），也不是图画（pictures），而是关于阐释和建造的类比性说明（analogical demonstrations）。这些图绘就是建筑本身，它们既表达了建筑物的象征性意图，又表明了建筑物的建造活动。

在风景园林设计领域中，还存在一种更加重要的图绘类型，它可能源于图形媒介（graphic medium）的双重运用：一种是思辨性（speculative）功能，另外一种是说明性（demonstrative）功能。前者，图绘被当成创造性的载体；后者，图绘则被视为一种（从概念到营造的）实现工具。这两种图绘总是凭借类比（analogy）的方式发挥作用，而且，它们时常同时发生。

作为创造性的载体，图绘是一种极具想象力和思辨性的活动，且具有自发性和反思性。这种图绘首先涉及了符号创作（the making of marks）和"观看"（seeing）潜在可能性的功能。这项工作兼具想象性和理论性，它通过联结（association）的过程创造图像，记录空间上、触觉上的景观性质，这类似于前面所谈的康定斯基和通感的效力。例如，在中国和日本的绘画中，起源于14～15世纪的"泼墨"（flung ink）技法，墨汁以一种有力而随机的方式泼在宣纸之上，以此形成一种视觉场域。画家随即根据画纸上所形成的画面作出直接的回应，也就是即兴创作（improvise），然后，画家开始运笔构思一处风景（图12）。18世纪的英国画家科仁斯（Alexander Cozens）也发明了一种与此类似的响应式绘画（responsive drawing）。在这种即兴创作的、响应迅速的绘画中，艺术家的本能和创造能力深刻地影响着画面的形式，在此过程中，艺术家竭尽全力地去领会（to see）、绘制和创作（to bring into being）。

泼墨法（它可以应用于所有的图像媒介，比如说，更为丰富的蛋彩画或油画）的创作过程开启于其自身敞向一处综合性"场域"（field）之时，该场域是一块充满隐喻的、暗示性的领域（suggestive realm），同时，这块领域还能催生一种充满想象性的观看方式。达芬奇曾经说过，当一个人能够把注意力投入到干燥唾液的纹理，或者一面脏污的墙体，直到这个人的想象力可以区分出另一番天地，此时，他（她）才真正懂得了如何观看。[48] 一些带有纹理的大理石和玛瑙亦具有暗示性场域，17 世纪的艺术家柯尼格（Johann König）和卡拉奇（Antonio Carracci）则以它们为基础创作出极具想象力的风景画和其他再现形式。画家们从石头和矿物的表面上提取、扭变（metamorphosed）出特定的图形（figures）和画面（images）。[49] 与此类似，创作有关图形的、拼贴的场域"刺激"了观者的心智（mental faculties），使之达到这样一种程度：各种潜在性涌现于感知者（percipient）面前；使其置身于丰富的图像当中，新的世界得以展露，如梦似幻。如同施维斯特（Kurt Schwitters）和恩斯特（Max Ernst）那带有明快色调的拼贴画，这些阐释性场域对于接受性（receptive）思维产生了影响，反之亦然，想象力也将自身融入场域之中。当某人"看到"新的联结（new associations），新的图像就可能被唤起。正如超现实主义所展示的那样，一个心理学意义上的通感域（synesthetic realm）既能使万物众生实现返魅（reenchant），也能让日常的生活世界再次变得奇幻。[50]

为了提升自由的联结（free association），挪用（appropriation）、拼贴、抽象和想象性投射皆可提供一种具备灵活机制的解释。但是，这项工作首先需要创作者能在理论和批判的层面上激发图绘的潜能。例如，拼贴并非一种随意的、盲目的创作形式，而是一种需要受过严格训练且具有深度反思能力的思维。拼贴绝不是一种简单的"怎么都可以"的事物。特别是相对某种特定的原理和目的而言，任何源于人类思维的创造性转变总会包含着特定的词汇、进程和表现模式。整个游戏是复杂的、难以捉摸的、无章可循的，而且，该游戏一直处于修改的状态中。非常重要的一点是，谨记那些类型的图绘只是一些策略；它们的主要目标是为了批判性地回应某事。图绘既不是自动预测的屏显（其能够产生出自己的想法），也不是获取自身合法性的基础（其仅凭自身构想的魔力便可将项目合法化）。图绘的抽象性功能只是为了发现新的未知（new ground），探寻充满智慧的观点，而不是为了让某个作品看起来更加扑朔迷离，也不是为了给某个作品以某种判断或证明。

此类图绘中的难点在于，我们需要在文化和建筑层面的相关物与受限的个人幻想之间做出区分，或者说，我们需要在它们与受到限制的短暂价值（transient value）之间做出区分。受众必须能够区分以下两种事物：一种是站不住脚的、异想天开的想法，一种是与风景园林体验密切相关的、有力的图像（potent images）和象征性结构。由原型（archetype）、深层结构、首要的（或典型的）人类状况之永恒性（constancy）组成的理念集合（ideas）遮蔽了如下事实，

图 12　风景（Landscape），水墨画，147.9cm×32.7cm，雪舟（Sesshu），1495 年
过程性、功（work）、绵延、事件、流动性：尽管风景是与绘画有关的主题，但画家在挥笔
泼墨时的瞬间性（spontaneity）和介入性（d involvement）亦是绘画的要义

图片版权：Tokyo National Museum, TNM Image Archives

即人类的状况实际上皆具自身的独特境遇（situations）。[51] 就本质而言，有效的"观看"既是一种认知行为，又是一种生产性的、有意义的诗意活动。如果以下两个原则能够实现相互的支撑，那么，图绘将发挥其最大的功能：首先，图绘是一种生动的（eidetic）现象，它的实现不是通过再现的相似性（likeness），而是凭借符号和模拟（analogs）。建筑师弗拉斯卡里（Marco Frascari）对此做出过阐述，他把图形的、建构的角度等同于"角度"（angles）。弗拉斯卡里曾经这样描述早期地中海水手们的航行：

> 在水手们头脑想象中的方位角（the imagining of angles）起到导航的作用，其是一种获取正确导航方向的方式，是安全抵达陆地之必备技能。在建筑领域中，维特鲁威以一种晦涩的方式记录了传统中相互交叉的角。在城市方位角的阐释或规划中，维特鲁威引用了希腊城邦中的风之塔（Tower of Winds）作为例子。这种希腊风格的构筑物既包括了风作为图形天使（figures of angels）的再现，也包含了其作为方位角（angles of direction）的再现。[52]

随后，他总结道：

> 建筑的目标不应该以一种刻板的、完成的状态，或者说，不应以一种赤裸的"正是如此"的方式传递到公共的知识领域中。相反，它们应该通过如下方式展现出来：每个角度皆能与其他角度互通。[53]

对于弗拉斯卡里来说，通过类比的方式，工具性和象征性（或者说，可见的和不可见的）实现了所指（signifier）与能指（signified）之间的融合。因此，所指和能指之间相互促进的关系便构成了图绘的第二个原则。（再现中的）符号和（具体景观形式中的）概念之间具有一致性（correspondence），怀特曼（Whiteman）将之称为一种"性质上的精确性"（qualitative precision）。他写道：

> "对于性质上的精确性这个术语的理解"意味着，我们需要承认形式操作的逻辑不能实现纯粹意义上的自主性，建筑设计的判断不是单独由形式的自主理性（autonomous reason）所引导的，物质的、象征性的（可见和不可见的）综合感受才是建筑设计判断的关键。[54]

借助时间与经验之力，个人可以实现一种更加简洁、精准的图绘形式，好比说，如果某人想要准确理解象征性和物质性世界的相互关系，那么，他（她）可能更加依赖于第一层级的感觉观察（sensible observation），而非第二层级的建构（比如说概念、分析性矩阵）。然而，此角至彼角（angles and angels）在性质上的精确性不仅是观察意义上的清晰性（其总是容易受到科学惯例和复制的影响），而且，它更是源于想象性建构。根植于"性质上的精确性"这个术语的悖论在于，观察的准确性并非来自科学的确定性，而是发轫于神秘和诗意的领域，在此中，事物只需是合理且真实的，而不必是精确无误的，或是可被解释的（accountable）。恰以此方式为基础，象征符号才能保持着自身的开放性，也能获得更为丰富的关联性。

然而，在风景园林生产的层面上，通过图绘进行的思索（speculation）只是图绘功能的一个部分。图绘还蕴藏着另外一种展现意图和建构的必要性补充——图绘被视为一种实现的工具（a vehicle of realization）。这种类型的图绘不再是思索的范畴（和想法的涌现），取而代之的是，图绘开始在实践范畴中阐释特定的项目。弗拉斯卡里在描述两位同时代建筑师斯卡帕（Carlo Scarpa）和里多尔菲（Mario Ridolfi）的图绘之时写道：

> 斯卡帕通过把布里斯托纸（Bristol board）与轻薄的描图纸（tracing paper）相互重叠的方式构思建筑，斯卡帕会使用草图铅笔、彩铅和稀释的颜料，而且，他还运用了初稿（pentimenti）的绘画技巧。里多尔菲则采用厚的描图纸来表达类比性思考（analogical thinking），他擅长用钢笔绘制，然后熟练地运用剪刀和透明胶带来编辑终稿。斯卡帕和里多尔菲的图绘……是一种视觉可见的过程性描绘，这个创作过程一般是不可见的。一方面，这些图绘的目的不是便于大众的解读，而是为了展示一种意图（intent）；另一方面，传统图绘是一种科学工具，其功能是在连续且统一的秩序中呈现未来的现实；它们显示的是结果，而非意图（they show a result，not the intent）。[55]

斯卡帕和里多尔菲的动态图绘是"一种生动的、生产性的再现过程，"一种以类比的方式同时操作建筑媒介和图绘媒介而得到的结果。[56] 例如，斯卡帕在图纸上绘制出某个特定场地的规划草图和物质环境。然后，他以正交的方式添加和删除各类图层，犹如选择性地建造或者局部地拆除地基一样（图13）。斯卡帕会不断修改和改变尺度，以求局部和细节能与整体的表达相辅相成。这些图绘既不是为了建造，也不是为了呈现，它们仅仅是建筑师的职业工作。这些概念性图绘可以同时含纳象征性和工具性再现，亦能将概念转译成建造的形式。空间的再现（representation of space）不再与再现的空间（space of representation）

相互分离，换言之，再现的功能不再与功能的再现相互分离。

思辨性图绘和说明性图绘的共同之处在于，它们皆是创造性的载体，而且还充当**生成**（generate）风景园林项目的催化剂。一方面，该两种图绘不仅不是描述性的；另一方面，它们也不是装饰性的或恋物的（fetishistic）。相反，它们具备了指示性（deixis）。对于指示性的描述，艺术史学家布列逊（Norman Bryson）解释了这个术语如何源于 deikononei，其意思是"展示"和彰显，同时，语言学中的指示语（dcictic）主要应用于补充信息的言辞表达（utterance）。指示性时态通常是现在时（present），例如，此处和此刻，它与过去不定时（aoristic tenses）总是相对而言的，过去不定时表达了过去时（past）和未完成状态（imperfect），指示性时态正好属于布列逊所说的"客观叙述过去的事件，且并不涉及他（她）自身的立场"。[57] 布列逊进一步阐释指示性功能的时候写道：

> 因此，更广泛的指示性还包括了言语中的助词和各种言说方式，在此，言语的表达整合了关于自身空间位置的信息（这里、那里、近处和远处），也涉及与自身相关的时间（昨天、今天、明天、不久、稍后、很久之前）。指示性在实体的形式中（in carnal form）呈现为一种表达，其直接回应了说话者的意图。[58]

布列逊通过讨论中国和日本泼墨画创作的方式，详细地阐释了绘画中的指示性。尽管跃然于宣纸上的风景显然是画面的关注点，与之相称的是，笔触的自发性游走亦处于"真实"（real）的时间之中（或者说，处于过程性的时间中）。布列逊写道：

> 伴随着笔触的痕迹，作品被不断地展现出来；在东方的绘画传统中，与西方之判断标准如出一辙，运动中的身体也在不断地被展现出来，这种情况只适用于表演（performing）艺术。[59]

在创作的过程中，画家会以一种充满时间性的、动态的序列来谋布和建构绘画的想象性维度。观看（seeing）和标记（marking）没有试图掩盖"自身的演化"、"失误性尝试"和其他种种的情况。相反，这些绘画以指示性的方式表达自身的内涵，正如一场表演一样，它只是表现自身的身体移动。指示性图像恰与"抑制类的指示性图像"（the image that suppresses deixis）截然相反，后者"对于自身的起源或过去毫不关心，除非以下这种情况例外：抑制类的指示性图像将自身写入重写本之中（palimpsest），因为，抑制类的指示性图像只有在重写本中，且经过无数次的修改，其最终版本才能得到彰显……[此处]，

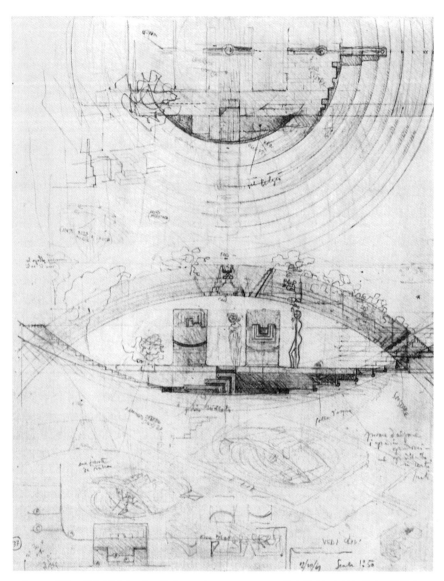

图 13 拱的平面和断面图，布里翁（Brion），50cm×40cm，棕色绘图纸上的铅笔稿和蜡笔稿，
斯卡帕（Carlo Scarpa），1969 年

图片版权：Carlo Scarpa Archive，MAXXI Museum collection，the Italian State Museum of Architecture

指示性图像恰在时间流中获得自身的存在，它既是绵延的（duration），也是实践的，还是身体性的，然而，抑制类的指示性图像并不具备上述的属性，因为图像中的当地性特质（local aspiration）的序列感已经消失殆尽，画布上的符号与其描绘的场所之间已无任何的指涉关系"。[60] 与此同时，指示性图绘能够记录和描绘自身的演变，而且还能重新介入一整套有关先前的思想、概念和关联的语料库。指示性表明（且认识到）这样一种时刻的到来：图绘的内涵从解释性（construal）转变到建构性（construction）之上。

本文的研究对象是投射、标注和再现等图绘类型，主要通过有效且巧妙的阐释活动、建造行为和建成景观的形式塑造这三个面向进行讨论，然而，有关图绘的讨论不得不以一种充满活力的、想象性的方式进行。[61] 如果我们能够加深对于类比和隐喻机制的理解，那么，或许，本项研究在思辨性图绘和说明性图绘上皆可获得相应的进展。在概念和意义的象征性领域，与投射和形体化（embodiment）的结构性领域中，类比性图绘试图寻求它们两者之间的相互作用和对话。通过上述之径，图绘最终变成了景观"计划"中不可获取的组成部分，而且，它在自身的指示性痕迹中同时具备了象征性和工具性意图。或许，此类图绘不仅告诉我们事物可能是什么，还包括事物看起来像什么，而且，它亦以一种自由开放的方式暗示着特定的环境（settings）和拓扑关系（topologies）。平面、剖面、记谱、尺度转换、光线和纹理研究会以思辨性的方式拼贴到一张图面上，而且这些图绘类型还能主动描绘出景观概念和建造之间的关系。

虽然关注的焦点从知觉的规范性模式（normative modes of perception）转变到事物之间的互文性（intertextuality），而且这种互文性具有一种更加灵活且自由的属性，但是，此处仍然需要一种精确的含义和表达。类比性思维（analogical thinking）既是直觉的（intuitive），也是理性的，它必须发挥出主观意义上的感觉能力（subjective sensibilities）以抵抗秩序和测量的体系。[62]

因此，隐喻性 / 类比性图绘与分析性图绘截然不同，后者更偏向于工具性和计算性，而前者则属于诗意和想象性。隐喻性和指示性图绘在与标注和投射等图绘类型进行对话的过程中扮演了创造性的自由角色，前者乃是一种批判性和思辨性的实践类型，这表明景观在阐释和建造之间存在着交叉点。风景园林图绘作为一种通感的、互换性的（commutative）媒介，其充斥着各种意义和阐释的模糊性，或许，恰是这种属性让图绘能够更好地实现概念的落地。这种图绘既不算是一种完成的"艺术品"，甚至也不能当成交流想法的工具手段，它实则是建造诗意景观的创造性策略的催化剂（catalytic locale）。就本质而言，图绘就是一种谋绘（a plot），它与地图类似，其必然是战略性的，并且具有行动价值。

注释

1 参见：Donald Meinig, ed., *The Interpretation of Ordinary Landscapes*（Oxford：Oxford University Press, 1979）. 特别是 Meinig 的文章，"The Beholding Eye", 33-48；"Reading the Landscape：An appreciation of W. G. Hoskins and J.B. Jackson," 195-244；and Pierce Lewis, "Axioms for Reading the Landscape," 11-32.

2 Meinig, "The Beholding Eye" and Meinig, "Reading the Landscape," *The Interpretation of Ordinary Landscapes*, 195-244. 参见：Denis Cosgrove and Stephen Daniels, eds., *The Iconography of Landscape*（Cambridge：Cambridge University Press, 1988）, 1-10；Denis Cosgrove, *Social Formation and the Symbolic Landscape*（Madison：University of Wisconsin Press, 1984）, 13-38；and Max Oelschlaeger, *The Idea of Wilderness：from prehistory to the age of ecology*（New Haven, CT：Yale University Press, 1991）.

3 关于"异常清晰的"（eidetic）这个术语，我指的是那些属于理念的视觉信息，或者属于图像与理念的互惠关系。图绘的立身之本就在创造图像，这说明图绘实际上并非仅仅再现理念，而是为体验者提供理念的创造和嬗变。

4 参见：Robin Evans, "Translations from Drawing to Building," *AA Files* 12（London：Architectural Association, 1986）, 3-18.

5 参见：Maurice Merleau-Ponty, The Primacy of Perception（Evanston, IL：Northwestern University Press, 1964）, especially chapters 2 and 5.

6 参见：Martin Heidegger, "The Origin of the Work of Art," *Poetry*, *Language*, *Thought*, 翻译：Albert Hofstadter（New York：Harper and Row, 1975）, 17-87.

7 Evans, "Translations from Drawing to Building," 3-18.

8 巴什拉摘录波德莱尔（Baudelaire）和迪奥勒（Philippe Diolé）著作中的观点来进一步解释"亲密性沉浸"（intimate immensity）的理念。巴什拉征引迪奥勒之语："在深水中，充满魔幻的操作能够让潜水者解除日常时空之牢，从而让生活变成一首模糊的、精神性的诗歌……唯有在沙漠和海底，一个人的精神封印才能被打开，才能变得活跃有生机"。想象性延展和周遭之无限性乃是景观的诗意特征，这些属性能够让人在梦中遨游。在一望无际的沙漠中，我们的精神可能触及无边界性和无限性。参见：Gaston Bachelard, *The Poetics of Space*（Boston：Beacon Press, 1974）, pp. 183-210.

9 Martin Heidegger, "Building, Dwelling, Thinking," 154.

10 参见：Maurice Merleau-Ponty, *Phenomenology of Perception*, 翻译：Colin Smith（London：Routledge and Kegan Paul, 1986）, 243.

11 景观空间的概念与地点的层级地图（a layered map）密切相关，或者说，它通过"空间的间隔化"（spacing）的方式感知特定境遇的场所，关于空间概念的这种理解乃是源于林奇（Kevin Lynch）的著作《城市的意向》（*The Image of the City*）。林奇的著作主要让我们知晓，都市的建成环境是一处可识别的、有关地点的复杂结构，人们将这些地点命名为场所现象（loci of phenomena）。普通市民在脑海中将生活的环境叠加成一幅认知地图，他（她）们在集体意识的层面上能够理解林奇之于都市的层级划分（道路、节点、地标、区域和边界），即"某物在彼处，它与此处的事物具有密切的关联"。林奇认为都市环境是一处密集的、分层级的景观肌理，其中蕴含着巨量的感知复杂性，而这种景观肌理既能被居住者理解，亦能被他们转译成一张言说的、书写的、绘制的"地图"，林奇之举恰与海德格尔之于空间的论述不谋而合：空间是一处境遇之地（situated），它们相互连接，且被间隔化，被命名，更重要的是，人们通过空间而"进行思考"。Kevin Lynch, *The Image of the City*（Cambridge, MA: MIT Press, 1964）。关于空间间隔化的论述，可参见，Jacques Derrida, "Point de Folie Maintenant l'Architecture," in *AA Files* 12（London: Architectural Association, 1986）。

12 Heidegger, "Building, Dwelling, Thinking," 156.

13 Merleau-Ponty, *Phenomenology of Perception*, 412.

14 参见：J. J. Gibson, *The Ecological Approach to Visual Perception*（Boston: Houghton-Mifflin, 1979）。

15 Walter Benjamin, *Illuminations*, ed. Hannah Arendt（New York: Schocken Books, 1969）, 239.

16 参见：John Whiteman, "Criticism, Representation and Experience in Contemporary Architecture," *Harvard Architecture Review* 4（New York: Rizzoli, 1985）, 137-47.

17 Robert Rosenblum, "The Origin of Painting," *Art Bulletin*（Dec. 1957）, 279-290.

18 Evans, "Translations from Drawing to Building," 6-7.

19 Vitruvius Pollio, *On Architecture*, 摘自：Harleian manuscript 2767, 翻译：Frank Granger, 2 vols.（Cambridge, MA: Harvard University Press, 1983）, Vol. I, Bk. I, Ch. II, pp. 24-25. 另参考：Claudio Sgarbi, "Speculation on design and Finito," *VIA 9: Representation*（New York: Rizzoli for the University of Pennsylvania Press, 1988）, 155-165.

20 参见：Kenneth Frampton, "The Anthropology of Construction," *Casabella* 251/2（1986 年 1 月）, 26-30. 另参见：Marco Frascari, "A New Angel/Angle in Architectural Research: The Idea of Demonstration," *Journal of Architectural Education* 44/1（1990 年 11 月）, 11-19.

21 Daniele Barbaro, *La Pratica della Prospettiva*（Sala Bolognese, 1980）, 129-130. 由 Alberto Péréz-Gomez 参考, "Architecture as Drawing," *Journal of Architectural Education* 36/2（1982）, 2-7.

22 Alberto Péréz-Gomez, "Architecture as Drawing," 3. 另参见：Alberto Péréz-Gomez, *Architecture and the Crisis of Modern Science*（Cambridge, MA: MIT Press, 1988）, esp. Ch. IV.

23 参见：Péréz-Gomez and Frascari, "The Ideas of Demonstration," 12.

24 Nelson Goodman, *Languages of Art*（Cambridge: Hackett Publishing, 1964）, 127-176.

25 Edward R. Tufte, *Envisioning Information*（Cheshire, CT: Graphics Press, 1990）, 114.

26 参见：Ann Hutchinson Guest, *Dance Notation*（London: Dance Books, 1984）。另参见：Albrecht Knust, *Dictionary of Kinetography Laban*（Labanotation）（Estover, Plymouth, England: Macdonald and Evans, 1979）。

27 参见：Lawrence Halprin, *RSVP Cycles*（New York: George Braziller, 1969）。

28　参见：Sergei Eisenstein, *Film Sense*, ed. Jay Leyda（New York：Harcourt, Brace, Jovanovich, 1975）, pp. 176-177.

29　参见：Arthur Danto, *The Transfiguration of the Commonplace*（Cambridge, MA：Harvard University Press, 1981）, Ch. 6. 另参见：Nelson Goodman, *Language of Art*.

30　Norman Bryson 对此进行了讨论（New Haven, CT：Yale University Press, 1988）, 43-44. 另参见：E. H. Gombrich, *Art and Illusion：A Study in the Psychology of Pictorial Representation*（Oxford：Phaidon, 1977）, 29-34, 320-330.

31　Rosalind Krauss, The Originality of the Avant-Garde and Other Modernist Myths（Cambridge, MA：MIT Press, 1985）, 166.

32　参见：Dan Rose, "The Brandywine: A Case Study of an Ecological Strategy," *Landscape Journal* 7/2（1988 年秋）, 128-133.

33　作为场景的景观能够被游客的游园活动所"补充完整"，肯特的风景园在这方面表现得颇为突出，其中尤以罗夏姆园（Rousham）最为给力。参见：John Dixon Hunt, *William Kent, Landscape Garden Designer*（London：A. Zwemmer, 1987）, 29-40, 60-69.

34　当我们建造景观的时候，图画式（pictorial）再现会出现两个问题。其一，占据主导地位的图画平面图仍然与景观体验相去甚远，其相对于其他认知模式而言更加强调视觉性；其二，绘制的图画开始获得一种特定的价值，其不可避免地趋向于美学客体的状态；随后，这种图画便会在现代批评的圈子中变得游刃有余，而且，还会在光新亮丽的杂志和画廊中备受资本消费的青睐。参见：Whiteman, "Criticism, Representation and Experience," 137-147.

35　Nelson Goodman, *Languages of Art*, iii.

36　参见：Wassily Kandinsky, *The Spirit of Art*（New York：Dover, 1977）. 另参见：E. H. Gombrich, *Art and Illusion*, ch. XI. 贡布里奇同样在色彩和形式之外亦论述了，图形（figures）如何能够被相互叠加到一起创造出某种新的信息。眼角的水滴是一种"表意符号"（ideogram），它可能象征着"哭泣"，一张嘴和一只狗可能象征着"狂吠"，这类的例子数不胜数。物质与概念之间的互通关系能够为生成意义建立基础。

37　参见：Robin Evans, "In Front of Lines That Leave Nothing Behind," *AA Files* 6（London：Architectural Association, 1983）, 96-98.

38　这种区分的详细解释可见于：Robin Evans, "Translations from Drawing to Building," 3-18.

39　Whiteman, "Criticism, Representation and Experience," 145.

40　参见：Alberto Pérez-Gomez, "Drawing and Architecture," 2-7.

41　自启蒙运动之后，批评已经逐渐成为艺术品创作中的一种主要推动力。批评的目标是揭露某些作品的基础性假设和设想（premises）。如果某物具有其内在本质，那么，这个事物必须受到质询，在现代社会中，我们都会持有这样一种深深的怀疑态度。虽然这是一种怀疑的立场，但是在当今时代，此种立场必须推而广之。

42　Whiteman, "Criticism, Representation and Experience," 143.

43　Robin Evans, "Translation from Drawing to Building," 5.

44 同上。

45 Dalibor Vesely, "Drawing as a Vehicle of Creativity," *Scroope* 2（Cambridge University School of Architecture, 1990）, 13-17.

46 参见：Frascari, "The Ideas of Demonstration"。人们需要在物（things）和图（plans）两个层面上都建构出理论纲要。解释（Construal）是一种理论行为，然而建造是一种工具性行为。因此，"没有解释，便无建造；同理，若无建造，便没有解释……关于宇宙秩序的解释是在文艺复兴的别墅中获得建构而成的"，第 18 页。弗拉斯卡里（Frascari）运用词语交叉（chiasm）表达"现象学意义上的身体与客观意义上的身体之间的交换，感知（perceiving）与被感知（perceived）之间的交流"，可参见：Merleau-Ponty, *The Visible and the Invisible* [Evanston, IL：Northwestern University Press, 1968, 第 245 页。弗拉斯卡里关于"天使 / 角度"的比喻用来阐释上述两者之间的结合。因此，图绘是解释和建造的结合体之场（locus）。

47 Frascari, "The Ideas of Demonstration," 11-19. 另参见：Dalibor Vesely, "Architecture and the Conflict of Representation," *AA Files* 8（London：Architectural Association, 1984）, 21-38.

48 参见：A. Chastel, *Leonardo da Vinci par lui-meme*（Paris：Nagel, 1952）.

49 参见：Jurgis Baitrusaitis, *Aberrations*：*An Essay in the Legend of Forms*，翻译：Richard Miller（Cambridge, MA：MIT Press, 1989）, 60-105.

50 关于用超现实的视角解释返魅（reenchantment）世界的文献，可见：André Breton, "Artistic Genesis and the Perspective of Surrealism," *Painting and Surrealism*（New York：Harper and Row, 1972）, 350-362.

51 参见：Vesely, "Drawing as Vehicle of Creativity," 13-17.

52 参见：Frascari, "The Ideas of Demonstration," 11.

53 同上, 17.

54 Whiteman, "Criticism, Representation and Experience," 147.

55 Marco Frascari, *Monsters of Architecture*（Lanham, MD：Rowman and Littlefield, 1991）, 102.

56 同上, 104.

57 Bryson, Vision and Painting, 88.

58 同上。

59 同上, 92。

60 同上, 92。

61 虽然前述的摄影照片勾勒了图绘与建筑的关系，但是在少许的修改下，图绘与景观设计的差异仍旧存在。景观是一种与建筑不同的现象。两者的体验方式不同，建造流程亦迥异。与此同时，景观是一种有生命力的、持续生长的、不断变化的、最终会消亡的现象。可以肯定的一点是，任何的景观项目都需要管理计划和议程，这说明景观之时间性和空间意图同等重要，也表明管理（stewardship）的实践技艺是很重要的。

62 想要了解更多的类比绘画，参见：Dalibor Vesely, "Drawing as a Vehicle of Creativity," 13-17.

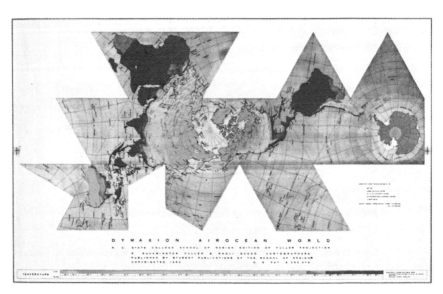

图 1　最优的世界地图（Dymaxion Airocean World Map），富勒（R. Buckminster Fuller）
和章子三岛（Shoji Sadao），1954 年

图片版权：The Estate of R. Buckminster Fuller

地图术的能动性：思辨、批判与创造

地图术是一项神奇的文化大计（cultural project），它不仅创造和建造了我们生活的世界，而且还测度（measuring）和描述了世界。地图术与城市规划设计、景观和建筑有着密切的联系，在诠释和建构生活空间的层面上，地图术具有特定的工具性特征。在这个积极的意义上，相较于映射真实性（reality）而言，地图术的功能更偏重于重塑我们的生活世界。尽管地图术中具有不胜枚举的专制的（authoritarian）、简化的、错误的（erroneous）和强制性的（coercive）属性，而且地图术对个体和环境都产生了还原性效应（reductive effect），但本文旨在探索地图术实践中更加正面的修正部分（revisions）。[1] 这些修正部分将地图术视为一种相互协作性的促进事业、一项能够揭示和实现隐藏潜能的计划。因此，在描述地图术的"能动性"（agency）之时，我无意讨论其帝国主义式的技术统治和控制属性（imperialist technocracy and control），而是旨在提出一些方法，在此之中，地图术可能释放自身的潜力，丰富其经验，且让我们生活的世界变得多样化。地图术是一种映射知识 - 权利（power-knowledge）的方式，即便我们对此已经足够地警惕，然而，特别是在设计和规划的艺术层面上，地图术是否能够成为一种创造性的（productive）、解放性的（liberating）工具，以及能否作为使世界变得丰富的能动力（agent）呢？

作为一项创造性的实践类型，地图术通过发现（finding）的方式发挥其最佳效应，而这种发现又是一种创建行为（founding）；地图术的塑造力既不在于复制性，也不在于强制性（imposition），而在于揭示之前不可见或者不可想象的现实，地图术的这种功能甚至对于似乎是枯竭的领域来说（cxhausted grounds）也能发挥作用。故而，地图术能够揭示潜能；它不断地重新划定领域（territory），并且，每次皆能产生新的、多样的结果。然而，并非所有的

本文曾收录于：Denis Cosgrove, ed. Mappings（London: Reaktion Books, 1999）: 188-225. 本次再版已获出版许可。

地图都具有这种能力，其中一些地图只能简单地复现已知的事物。相较于具有塑造力的地图而言，那些复制事物的地图更像是一种"描摹"（tracings），尽管它们描绘了某些既定的样式，但是却了无新意。德勒兹（Gilles Deleuze）和伽塔里（Felix Guattari）在描述和倡导更为开放的创造形式（open-ended form of creativity）的时候说道："去创造一幅地图，而不要描摹！"他们继续言道：

> 描摹与地图截然不同，因为描摹完全是一种与真实性（real）如影相伴的活动。地图并非重现其内在的无意识；相反，地图建构这种无意识（unconscious）。地图能够促进场域间（fields）的相互联系，消除无器官身体间（bodies without organs）的障碍，且在最大程度上将无器官的身体置于连续性的平面之上……地图不得不与性能（performance）有关，而描摹总是无法跳脱"所谓的技能"（alleged competence）。[2]

描摹与地图术的区别在于：描摹等同于绘制那些已经存在的事物；地图术则将已经存在和尚未存在的事物一视同仁。换句话说，当地图术的描述属性（description）能为创造一种新的显性的、物质性的世界提供各种条件之时，其揭示性力量才能变得更加显著。描摹表达的是冗余的信息，地图术与之完全不同，它以往日历史和当今世界为基础进而探索新的世界；除此之外，在生活环境（living context）的隐藏痕迹中，地图术常常创建新的契机（grounds）。再塑业已存在之事的能力是颇为关键的一步。已经存在的事物不仅包括地域的物理属性（地形、河流、公路和建筑物），还涉及各种根植于既定场所中发生作用的隐秘力量。这些力量主要包括风和阳光等自然过程；历史事件和地方轶闻；经济和立法机构；甚至还包括政治利益、管理机制和组织结构等。通过把多样的、互不相干的场域条件变得可见，地图术能把某块地域转化成表面上的形式表达（surface expression），然而，其内容则是社会和自然过程中的复杂且动态的纠葛状态（complex and dynamic imbroglio）。在将那些相互关联且互动的关系变得可视化的时候，地图术自身亦参与到未来演变的各个阶段（future unfolding）。当今的景观和都市主义日渐复杂，且充满各种争议，因此，内含于地图术中的创造力能够为设计师和规划师们提供一种更加有效的方式，让他（她）们积极地介入空间和社会的发展进程之中。城市总体规划常常运用普遍性（universalist）方法，且采取强制性（imposition）方案（这些方案是主要由政府调控而产生），然而为了避免该规划途径所导致的失败后果，地图术的揭示性能动力（unfolding agency）不仅可能让规划设计师从复杂矛盾的现状中窥见某些特定的可能性，而且还可能**实现**（actualize）那些潜在性。我们逐渐失去**想象**（imagine）世界的能力，与此同时，在规范与标准之外，我们越来越难以真正**创造出**（create）其他新鲜事物，在这种情况下，地图术的工具性功能就显得特别重要。

地图术的能动性

地图术的能动性得益于地图具有的双重特征。首先，地图的表面与真实的地表状况具有**相似性**（analogous）；地图是一种关乎水平的二维表面，它记录了地球表面的直观印象。如同投下的阴影一样，人们使用直尺和画笔绘制由点和线组成的几何网格，并且将纵横土地的路线和景观原封不动地**投射**（projected）到图纸之上。反之，人们亦可在地图上指指点点以探寻某个特定的路线或行程，同时，地图还能将精神性的意向投射到空间的想象之中。正是凭借这种直接性（directness），地图能够以"真实的"、"客观的"方式测量整个世界，而且，地图被赋予一种和善的中立性。相比之下，地图的另一重特征（其与相似性是一种对立的关系）是一种不可避免的"**抽象性**"（abstractness），该抽象性是地图绘制者选择、忽略、分离（isolation）、疏远（distance）和编码（codification）土地信息的结果。"地图"包括各种缝合的手法，例如框选（frame）、比例、方位、投射、索引（indexing）和命名，这些手法揭示人眼不可见的人造地理特征。地图只能呈现一种面貌的地表：制图者从实际的观察中建构出这种地表面貌，并让它处于显性的虚拟状态。尔后，兼具相似性和抽象性的地图表面好似一张手术台、一方表演场所，或是，一处可供表演的剧场，恰是在此类地图表面上，制作者们收集、整合、连接、标示、掩藏（masks）、关联和广泛探索各种潜在的可能性。此时，地图变成一处批量收集、分类和中转的媒介，而且，在这些广泛的场域上（great fields），绘制者在混合复杂的关系结构中分离、索引和布置各种真实的物质环境。

地图之相似性 - 抽象性意味着，地图是一种双重的投射形式：一方面，地图从地面上提取各种要素投射到图纸上；另一方面，在地图的实际运用中，其又将各种效应（effects）投射回大地。当然，地图之双重功能的战略性运用与地图术的发展史密切相关，它不仅体现在军事领域的**侦察活动**中（reconnaissances militaires），还体现在意识形态的层面上。[3] 令人吃惊的是，即便从 15 世纪开始，制图学（cartography）和规划便发生了相互的影响，但在城市规划和设计领域，地图术的策略性、构建性和创造性功能并未得到广泛的认可。[4] 纵观 20 世纪，规划设计领域中的地图术只是描绘场地现状的一种定量的、分析的调研工具，而且地图的运用一般位于项目的前期。这些调查性地图既是空间性的，又是统计性的（statistical），它们记录了一系列社会的、经济的、生态的和美学的信息。地图是经由专业绘制和测量而创造的再现形式（representations），它们总是约定俗成地被视为一种稳定的、精确的且不由辩驳的关于现实的镜像，地图既能为未来的决策提供逻辑基础，亦能作为将后续设计方案投射到大地之上的方法。通常，我们认为调查过程既是定量的、客观且理性的，又是真实且中立的，因此，调查能够有助于未来规划的确立和实施。[5] 故而，地图术总是先于规划之前制定出来，此论断建立在这样的假设之上：如果地图术能够客观地分辨和呈现某些规划条件，那么，该项目便能以合理的方式被实施、评估和建造。[6]

然而，在整个规划流程中，仍然有一个事实没有引起人们的注意：地图既是一种人工绘制的、不可靠的建构，又是一种虚拟的抽象物，能够左右人们的想法和行动。造成上述忽视的原因之一在于，相较于其功效（what they do）而言，人们更加重视地图的再现内容。正如关于图绘和绘画的艺术史分析，地图亦被当成一系列连续的范式类型（paradigmatic types）和再现形式，这种观点忽视了地图术的持续性经验（durational experiences）和相应的效应。各种内在的工具、符号（codes）、技术和惯例（conventions）组成了地图术，而且，我们的生活世界也是依赖于地图术的描述和投射功能完成的，然而，有关世界的内容又不得不受到地图术的技术制约，因此，在当今，仅有少数的规划师能够认识到地图术的本质。与之相反，大多数的设计师和规划师皆把地图术当成一种非想象性的、分析性的实践，至少，在与设计活动所假定的"创造性"（inventiveness）相比之时，地图术确实只关注客观的记录和分析（而且，地图的内容经常被忽视或遗忘）。该态度导致了一种不幸的后果，即，地图术的各种制作技术和程序从未接受过质询、研究和批判。相反，地图术被符号化和归化（naturalized），而且被理所当然地视为一种规范性程式。因此，就算全新的、另外的地图术形式没有受到严重抑制的话，那么，关于地图术的批判性实验仍然没有得到长足的发展。[7] 在很大程度上，描摹活动"所宣称的能力"（alleged competence）支配了地图术实践中蕴藏的创造力。

地图术的绘制过程决定着景观项目的想象和建造，然而当人们意识到地图术的这种功能时却仍然对之相当漠视，这种矛盾的状况实在令人费解。一个项目的进展由以下条件决定：哪些因素会在地图中被选取和优先考虑；舍弃或忽视哪些因素；选择的要素如何被图式化（schematized）；如何完成索引和框定（framed）；综合性图示场域（graphic field）如何激发语义的、象征的和工具性的内容。因此，制图过程中的选取、系统化和综合性使得地图已经（already）

成为项目建造的一个组成部分。[8] 这正是为何地图从来都不是中立的、消极的或者不具有任何效力的原因，与之相反的是，地图术或许能够成为设计过程中最具创造力和塑造力（formative）的活动，地图术先是揭示新的现实条件，而后再逐步铺陈（staging）这些条件。

在接下来的内容中，我将讨论地图术作为一种文化干预（cultural intervention）的主动性力量。因为我的兴趣在于地图术的各种过程和效应，与其说我关注地图术意味着（means）什么，不如说我更在乎地图术究竟能够做什么？因此，相较于把地术图看成完成品而言，我更感兴趣的是将地图术看作创造性活动（activity）。正是在此参与性的（participatory）意义上，我坚信，全新的、思辨性的（speculative）地图制作技术能够孕育出具有创造力的新实践类型，这种实践并非是一些新颖的形式，而是创造性地重塑既定的现状。通过新的方式呈现这个世界，那么，意想不到的解决之道和效果便可能悄然而至。对于创造性过程而言，再现技术显得如此之重要，然而令人感到诧异的是，即便在规划设计领域中我们从来不乏新的概念和理论，但是，专业人员在运用那些特定的工具和技术上却鲜有创新性，而那些再现技术和工具（当然也包括地图术）对于新世界的有效阐释和建造又是如此之关键。[9]

技术的功效（Efficacy）

制图学家墨卡托（Gerardus Mercator）绘制了地球表面的投射图，建筑师富勒（Buckminster Fuller）也创造了一幅地图的最优性投射图（Dymaxion projection）①，不过，两者在空间和社会政治结构上存在着显著的差异（图 1）。同一个地球，同一个世界，然而却被呈现出截然不同的关系，或者更准确地说，这种截然不同的关系是被建构而成的。墨卡托的地图没有将地球表面切分成一个平面，而是将其拉伸，而且，墨卡托还将"上方"（upward）定义为正北向。所有的罗盘指向被设定成平行的关系，这导致大陆的面积和形状发生了变形，尤其是，越是靠近两极的区域，变形就越严重。北半球在地图中占据主导地位，这使得格陵兰岛的面积比澳大利亚的面积大两倍还多，而实际的情况是，后者要比前者大三倍以上。毋庸讳言，这种地图正好符合西方政治霸权时代欧洲人和北美人的自我形象。与之不同的是，富勒在 1943 年制作的最优性投射图则将地球切成三角面，然后铺设成一个平面多边形（图 2）。南北极皆以一种正向且均等的方式展现出来，尽管有的观察者在初看之下可能被那些不同寻常的、多个方向分布的代表国家的图形搞得晕头转向，不过，富勒的地图几乎没有发生任何的变形。唯有包含经纬线的图形网格，才能让观者把握每一个地点的相对方位。[10]

一块大陆：
海洋相对于陆地而言位于地图的底部

沿着溪流向东部出发，经过苏伊士运河到达东方

一片海洋：
由马汉（Admiral Mahan）命名，英国人首先发现并使用这种地图

向东方航行，通过美好的愿望到达东方：
从西班牙的海域经过印度水域。从澳大利亚到纽约，是由12000英里的大环线构成

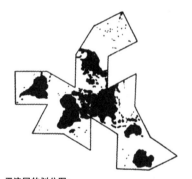

平流层的划分图：
欧洲大陆的三角形态控制着旋转木马式地图的顶垂线

北向朝东和北向朝欧洲：
新旧世界分处地图的两边，俄罗斯在地图的顶部，且被划分成三个部分

图2　其他几种世界地图的剖析图，富勒（R. Buckminster Fuller），1943 年

图片版权：The Estate of R. Buckminster Fuller

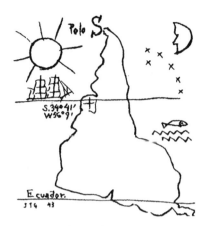

图 3　倒转的南美洲地图，加西亚（Joaquín Torres–García），1943 年

图片版权：Museo Torres garcía, Montevideo, Uruguay

　　有趣的是，鉴于个人观看视角的迥异，观者能以不同的方式展开和重新定位这幅最优性的投射图。多面的几何形式提供了一个相当灵活、适应性强的系统，在此，不同的地点和区域可以放置于完全不同的网络关系中。地图在哪里被切割，在哪里被折叠，这些处理方式直接决定着各个部分的相互关系，而且，该方式还决定着各个部分的形状（尽管地图的形状每次都会彻底改变，但每次变形却具有同等的真实性）。至少从潜力的角度而言，每种地图的组合方式（arrangement）在特定社会政治、策略和充满想象力之可能性的层面上都具有巨大的功效。大多数的现代制图学家以科学的客观主义为准绳，与之不同的是，艺术家更能察觉到地图的虚构本质（fictional status），而且，艺术家更能理解地图之阐释和建构世界的强大力量。[11] 乌拉圭艺术家加西亚（Joaquín Torres-García）绘制了一张"倒置的南美洲地图"（Inverted Map of South America），这幅地图与富勒的地图诞生于同一年，代表着南方的字母"S"以非比寻常的方式放在了整幅地图的顶部（图 3）。这张惹人注目的图像时刻提醒着我们，习以为常的程式（在这个案例中，一般会毫不怀疑地认为地图的顶部是北向）便以这种方式左右着空间等级（spatial hierarchies）和权利关系（power relationships）。将地图的上方定为北向的惯例起源于北欧时期进行的全球性扩张和经济发展，同时也源于作为航海事业的回应。但是，在不同时期、不同的社会中，许多类型的地图是以其他方向作为基本方位，或者说，是一种根本不分上下的环形地图（或许，最优性投射图即是在地图上方位不固定的一个现代案例）。尽管以描述空间关系的功能而言，此类地图仍具可读性（legible），也是"正确的"（correct），但是，读者首先要了解相关的地图编码和规则。

还有一个兼具批判性和创新性的现代地图就是巴西艺术家卡达斯（Waltercio Caldas）在 1972 年创作的 Japao。[12] 在这幅作品中，这位艺术家绘制了一处对于许多西方人而言是异域的（或者说"不可想象的"）领地。卡达斯没有通过调查和调研（inventory）的方式（特别是西方典型的权力 - 知识的技术）把这片领地实现殖民化，而是采用了一些极小的标刻和数字，以重新画出另外的空的地图表面（empty map surface）。这些地图标刻和数字被划定在一个非常醒目且经典的图框之内。作品中没有其他的轮廓线、形状或者形式，只是一些小的样式（small type）和潦草的涂涂画画（scribbles）。同样，画面中没有比例，没有可识别的标记（marks），也没有定位线或者方位，仅有一个墨黑的方框。在这个纯粹的、极简的制图场域中，卡达斯呈现出一种晦涩的地理概念，一种开放性的、不确定的图形场域（field of figures），他将未知领域（terra incognita）归还给过分地图化地球以外的部分。这幅图画亦可作为牢笼般权力的帝制化框架（cage-like power of the imperializing frame）的注脚：尽管图形方框包围、束缚和掌控着它的猎物（猎物指的是地图框架内的图画内容），但同时，其中的内容仍然是外来的、逃避的、自治的。那片没有图像的、留白的空间既引起了焦虑，又诱发了特定的承诺，而承诺恰由于其潜在功效在于自身内容的解放之中。这种自治且抽象的结构暗示着：如何将神秘（mystery）和欲望（desire）再次带回充满场所感和物性的世界当中，如若不然，这个世界将被各种过度分类化和结构化的方式所填满。在卡达斯的图画中，场所获得了解放和自由，其凭借的途径恰是最初束缚它们的方式。

尽管一些艺术家已经致力于创造性地参与制图技术的领域中，但是这并没有激起规划设计师的普遍热忱。[13] 在 16 世纪的早期，高空倾斜的(aerial-oblique)、顶角的（zenithal）视点技术，比如平面几何（planimetry）、平面图法（ichnography）和三角测量（triangulation）皆得到了极大的发展，这些测量和制图技术最终变成了分析、规划和建设城市与景观的主要工具。定量的、主题性的（thematic）地图技术源于启蒙时期备受推崇的理性进步和社会改革，随后在 19 世纪晚期和 20 世纪早期，各种统计学、比较学和"分区规划"（zoning）技术又进一步完善了制图技术。[14] 在过去的 30 多年里，伴随着卫星、遥感技术、新计算机技术（以地理信息系统 GIS 为例）的兴起，制图技术亦发生了新的技术进步，但就其本质而言，地图术没有获得任何的改变。在很大程度上，那些调研、定量分析以及保证未来规划合法的各种技术仍然没有引起任何的质疑，同时，这些技术依旧作为传统工具而存在。选择、策略和整合的地图制作方式与百年前运用的惯用程序并无二致。令人感到吃惊的是，除了某些特例外，地图与建构世界之间的关系鲜有人问津。这种局限性让人深感遗憾，正如地理学家哈利（J. B.

Harley）所言：

> 与表现在数字制图和地理信息系统中的情况类似，不断加速的技术革新所产生的效应是它不断强化自身的实证主义假设（positivist assumptions），并且，它在地理学领域中滋生了一种新的傲慢情绪，这使得技术革新认为自身可以被视为一种通向现实的模式。新型虚构（fictions）的现实再现（factual representation）成为强加于我们的日常，如果这个事情属实，那么，将社会维度（social dimension）引入现代制图学（cartography）就变得尤其重要。地图是如此的重要，以至于我们不应将其仅局限于制图学家的工作范畴内。[15]

在接下来的文章中，我将建议如何在现代制图学中（尤其是在城市和景观规划设计的地图术领域中）重建一种社会性的、富于想象性的、批判性的地图术。在开始论述之前，我首先阐明三个点：地图与现实（reality）的关系；时空关系的持续变化性的本质；强调地图术活动（技术）、地图术的效应（影响）和地图自身三个方面具有同等的重要性。随后，我将会概括一些另外的地图术类型，它们在塑造文化、空间和场所等方面具有积极的建构作用，而以上三点正是构成地图术实践的基础。

地图与现实

阿根廷作家博尔赫斯（Jorge Luis Borges）在自己的小说中描绘了一幅细节详尽、与原物大小相同（life-sized）的地图，然而这幅地图最终被撕毁了，而且，撕破的纸碎撒在该地图所描绘的实际领地之上，博尔赫斯的这个小说情节总是被引用于各种关于地图的论文中。[16] 这个故事不仅精妙地捕获到制图学的想象力，还直抵现实与再现之间、领地与地图之间存在的张力的核心地带。英国作家卡罗尔（Lewis Carroll）的小说《西维尔与布鲁诺》（*Sylvie and Bruno*）也常被学者引用，在这部小说中，也有一幅与实物大小相符的地图，只是该地图被折叠起来以防有人为了实际用途而将其展开。这幅地图真是毫无用处，借用拉罗尔笔下的人物"我的先生"（Mein Herr）之口总结道，"因此，我们直接接触国家自身（country），整个国家与自身的地图无异，我向你保证，地图上的信息与真实的国家相差无几"。在这两则寓言中，地图不仅是一个低级的(inferior)、次要的关于领地的再现方式，而且，地图越是详尽逼真，它自身就会变得越发冗余或无用。与绘画或摄影不同，后者能与描述的事物存在直接的相似性，而如果地图想要维持其意义和效用的话，那么，它就必须是一种抽象的形式。因此，对于没有任何读图经验的观者而言，那些抽象性非但不是地图的缺陷，反而成为其优势。

鲍德里亚（Jean Baudrillard）与博尔赫斯的故事中的观点截然不同：

> 仿真（simulation）的对象不再是某块领地，某个指涉的存在或本质。仿真是通过没有起源或现实（reality）的真实模型（models of real）创造出来的：即一种超现实（a hyper-real）。领地不再先于地图而存在，也不必依赖于它。从今往后，地图的重要性是先于领地存在的。[17]

诚然，地图**总是**（always）先于领地的观点有待商榷，但是，唯有通过界定边界（bounding）和将之可视化（making visible）的途径，空间才能转化成地图上的领地，这恰是地图术的首要功能。不过，波德里亚的解释更为深入，他宣称，20世纪后期的传播和信息技术已经导致"什么是真实"和"什么是再现"之间产生了模糊，而且两者变得不再泾渭分明。鲍德里亚颠覆了博尔赫斯的寓言故事，并指出"这是真实的，而非那些残留无处不在的地图（it is the real and not the map those vestiges subsist here and there）"。[18] 此处，鲍德里亚很谨慎地解释道，这种颠覆性的阐释并非意味着世界只是一个巨大的拟像（simulacrum），而是试图说明，区分现实和再现的行为已经不再具有任何的意义。

关于空间感知（perception）和认知（cognition）的研究也可以消解现实与再现之间的藩篱，特别是皮亚杰（Jean Piaget）、库博（Edith Cobb）、维尼科特（Donald Winnicott）等儿童心理学家所做的研究尤具代表性。比如说，维尼科特讨论游戏（play）之于成熟的心理人格的必要性，他还描述道，在极端变动不安的环境中，儿童是如何与外部世界的事物和空间建立起关系的。维尼科特讨论游戏在参与性（engagement）和探索精神方面的重要性，他将"过渡性客体"（transitional objects）看成某些具备想象力的事物，而那些想象之物既非完整意义上的自我（self），亦非明确地外在于自我。在重申游戏的创造力之时，维尼科特论述道，游戏空间一定要超越经验主义者的设问（empiricist question），即"你是（在这个世界之中）发现了它，还是臆造它（make it up）？"[19] 倘若我们将外部的、先验的、"真实的世界"彻底与建构的（constructed）、可参与的（participatory）世界进行截然的分开，那么，这种撕裂不仅否认想象力的存在，而且还与人类能够架构起与周围环境互惠关系的本能相互矛盾。

对博尔赫斯和卡罗尔而言，领域（territory）自身比地图（map）更重要，然而相较于鲍德里亚来说，地图不仅比领域更重要，而且还建构了领域。但是维尼科特则指出，任何试图区分地图和领域的尝试都是徒劳的，或者说，任何试图做出孰轻孰重的努力亦将无功而返。尽管鲍德里亚对于两者的区分基于当代世界的文化潮流以及各种文化的生产体系，维尼科特则更关注与现象世界密切相关的心理发展，但是，这两位学者皆认识到，文化创新与现存自然（found nature）之间存在着相互融合的状态。

　　而后，就理解力（apprehension）而言，我们与现实的关系已经变得犹如"景观"或者"空间"的概念一样不再是外部性的，我们也不会把现实视为某种"被给定的事物"（given）；与之相反，我们在与各种事物相互交织的时候（这些事物包括物质客体、图像、价值、文化编码、场所、认知图式、事件和地图），现实便得以被建构（constituted）或者"被塑造"（formed）。正如科学哲学家布伦诺斯基（Jacob Bronowski）敏锐地指出，"倘若没有人类的参与，关于世界表象的摄影便不会出现，同理，各类生活经验亦不能被复制。与艺术相似，科学的目的并非复制自然，而是再造自然"。[20] 哲学家卡西尔（Ernst Cassirer）更详细地论述了有关存在的调解性模式（mediated mode of being）：

> 实际上……我们称之为感知的世界（the world of perception）从一开始便不是简单的构成之物，它既非给定的，也不是自明的（self-evident），我们只有通过特定的基本理论活动（theoretical acts）才能理解且锚定这个世界。或许，唯有在感知世界的直觉形式中，以及在自身的空间形式中，这种普遍性关系才能获得最为明显的呈现。人类"简单的"感觉（sensations）不能保证"给予"各种涉及"共同"（together）、"分离"和"并列"（side-by-side）的关系类型，感觉之物（sensuous matter）在空间中存在着自身的秩序；感觉之物异常复杂，它们完全是经验思想（empirical thought）的调解性产物。当我们在空间中赋予感觉之物一种特定的尺度、位置和距离之时，我们并非要表达有关感觉的简单数据（datum），而是试将感觉数据放置于关系和体系中，且这些关系和体系最终被证明是一种关于纯粹判断（pure judgment）的关系。[21]

　　纯粹判断是主观建构而成，该事实正好表明地图是一种计划（project），而非"仅仅"是经验性描述（empirical description）。很多人认为地图应当是默不作声的，地图不过是一种次要的有关文脉（melieu）再现的实用工具，除了简单且客观的描述能力外，地图缺乏内在的权力、能动力或效应，这些观点仍然占据着主流话语，但在很大程度上，这种假设误解了地图具有塑造现实的能力。地图与领地皆是"全然的调解性产物"（mediated products），它们之间信息交换的本质远非是中立的，或者说，颇为复杂。

我勾勒地图和现实之间的关系是因为其揭示出，在当今文化事业中，我所思考的议题仍然尚未获得充分的考量（或者更准确地说，未被充分实践）。在制图学的实践领域中，世界的意义多源自文化创造，而非来自于那个已经处于完备状态的"自然"（a performed "nature"），况且世界的意义尚未获得深入的探索，更不必说让世人接受它们。尽管当代学者已经开始阐述，关于现实的最客观的描述是如何在文化意义上"被情境化的"（situated），关于现实的"本质"或许是所有事物中最具情境化却总是处于不断转变的建构之物，但是，只有很少数人勇于创新和实践各种技术以实现其潜能，而这些潜能是被一种解放的（甚至是戏谑的、混杂的）建构性世界（an emancipated world of constructions）所赋予的。

建筑和规划艺术理应引领上述的探索，然而，在很大程度上，它们的操作方式仍然局限于启蒙和现代主义范式沿袭下来的思考工具：正投影法（orthography）、轴测投影法（axonometry）、透视、（作为定量调查和列表的）地图、（完美的理性且自洽的）平面图。虽然这些惯常的工具与转译和建造过程紧密相关，但它们还是一种能帮助广阔的城市肌理实现乌托邦革新的特定技术手段。我们要么把场地当成**空白的区域**（tabulae rasae），要么将其当成简单的几何形式，无论采取哪种方式，整个场地的规划设计只能是自上而下的。虽然地图术（mapping）与其内在潜力能够促进和发展当地的复杂性，但是，提纲挈领的"总体规划"已经退减为一些琐碎的步骤和内容，比如说标注地点、场地调研和验证未来的政策导向。

然而，在近些年，景观和建筑艺术已经开始重视场地和文脉的独特性（specificity）。而且，建筑与景观领域还产生同样的兴趣，即，通过开发更加细微精深的、更符合地域性的干预模式，以区别于之前的普适性（universal）规划。因此，新一代的年轻风景园林师、建筑师和城市规划师再次对地图术产生了兴趣。对他（她）们而言，地图术绝非仅仅意味着调研和几何测量，而且，任何的预设在其建构的特点中都不是天真、中立或迟钝的（inertia）。与之相反，地图首先是一种"发现"的**途径**（means），而后，地图可以帮助"建立"（founding）新的计划，进而有效地重塑现状。故而，伴随着其不断变化的信息和语义范畴（semantic scope），地图的制造过程具有揭示性和创造性潜能。由此，起初的"场地"概念发生了变化：由通过简单的几何方式划分而成的地块（parcel of land）转变成一种更加宽泛和主动的文脉（milieu）。

文脉（milieu）是一个蕴含"周围事物"（surrounding）的法语术语，且是一种"媒介"和"中间之物"（middle）：文脉既非起点，亦非终点，而是被其他的中间之物所围绕，文脉处于一个相互连接、互相联系、彼此延展和充满潜能的场域中。在此意义上，一块根植于此时此地的场地激发了一系列"他者的"（other）场所，整个过程涉及各种地图、图绘、理念、参考（references）、其他世界和场所，而这些内容得以在项目的实施过程中被唤起。当今的"场地"是多样的（multiplicitous）且复杂的事物，其构成潜在的包罗万千的现象领域，有些现象是显性的，有些则是假象的。若欲显现那些隐秘且不可获取的事物，地图能辨析和重组多价的（polyvalent）场地条件，并为之提供了一个有效的操作平台；这些相似的、抽象的表面能够带来各个层面（various strata）的积累、组织和重构，从而构成了一个不断涌现（ever-emerging）的文脉。

这些概念让我们回到了本文的初衷：地图在景观和建筑想象力的层面上所承担的职能。对于风景园林师和城市规划者来说，此处的地图想象和投射了彼处的场地。因此，地图介于虚拟和真实之间。在此，维尼科特的追问"你是在世界中探寻它呢？还是臆造它呢？"指向一种无关紧要的区分。更重要的事情是地图如何实现（纵向上的）挖掘能力（excavation）和（横向上的）拓展能力（extension），同时，地图能够在更加广阔的文脉中彰显、揭示和建构那些隐秘的可能性。地图"聚集"和"展示"当前（以及长期处于）不可见的事物，一方面，这些事物可能显得风马牛不相及或不合时宜，但另一方面，它们在拓延另类事件（alternative events）上可能蕴含着巨大的潜能。在此情况下，地图很少涉及描述性再现。说到底，地图看起来与它描绘的主题没有任何的相似性，这不仅因为地图总是处于居高临下的视角（vantage），而且还因为地图能够同时呈现全部的地形元素，而那些在地图上表达的信息是人们无法通过个人视角直接捕获到的。更重要的是，地图的功能不是描述，而是随着时间去产生和促成一系列效应。因此，地图术不是**去再现某些地理特征**或特定的理念；而是**决定着**（effect）物质性地理和精神性理念的实现（actualization）。

地图术既非辅助性的，也不是再现性的，而是兼具以下的双重操作性：地图术的功能一方面是探寻、发现和揭示；另一方面还能进行关联、连接和建构。通过视觉呈现的方式，地图术建立一系列复杂的关系（这些关系有待于进一步的深化和实现），使它们发生相关的效应。故而，地图术不是景观和城市构成（urban formation）的后续工作，而是先于它们的构成而存在。在此意义上，地图术回到其原初的涵义，即一种探索、发现和实现（enablement）的过程。地图术具有权威性（authority）、稳定性和控制性，它更注重搜集、揭示和激发新的潜能。如同游牧的食草动物一般，具有探索精神的地图绘制者迂回于（detour）某些显而易见之处，以便能够介入到秘而不宣的事物之中。

当今的时间和空间

当今世界的时空结构（spatial and temporal structures）的本质涵义正在不断改变，因此，在建筑、景观和城市营造的语境中，风景园林师当以创造性的视角看待地图术。事物发生的速度如此之快，其意蕴已变得异常复杂，这导致一切固定的东西都烟消云散了。大部分人生活在一个这样的世界中：地域性经济和文化与全球化的过程紧密相连，以至于微小的效应亦能引起巨大的加速度（velocity）和结果。整个世界被媒体图像和过量信息所塞满，遥远的地方变得看似近在咫尺，令人震惊的事件变得稀松平常，地域性文化已经完全成为全球网络的组成部分。飞机旅行和其他快速的交通方式变得如此的便捷，使得此地与相隔万里的彼处的相互联系比该地的周边环境还要紧密。如今，社会生活的整体结构从空间的稳定性转变成不断变化的、临时性的协同状态（coordination）。虽然公共生活的布置和统筹不再以场所（place）为核心，且以时间性为基准点，但是，资本流通需要更大流动性和迁移性的劳动力。短短数月，东南亚就能建造出一个长达 10 英里的线型城市，这种建设周期似乎既非出于民主模式，亦非集权模式，它仅是一项权宜之策（expedient）。最终，近年来关于基因组（Genome）和宇宙的系列成果似乎也在表明，限制（limits）和连贯性（coherence）已经穷途末路。各种绚丽的活动在世界的舞台上竞相上演，其特点不仅在于丰富的异质性（heterogeneity），还兼具脱胎于传统根基的概念性元素。实际上，不同的基础性现实（foundational realities）之间的边界已经变得非常模糊，以至于我们在一个虚拟的世界中根本无法区分信息（information）与具体（concrete）、事实与虚拟、空间与时间之间的差别。

当今的时空结构是动态且混乱的，地图术与空间设计的技术尚未找到行之有效的法门，进而以创造性的姿态参与其中。都市化和信息传播的发展恰如快速的新陈代谢过程，与此种情形相比，当前大多数的规划设计显得既有些过时，又有些不知所措，而且还自相矛盾。例如，在赞许洛杉矶的都市自由和欢愉之时，城市主义者班纳姆（Reyner Banham）深入诠释了各种引导城市发展的复杂力量，但是规划者和设计师只是扮演了次要的角色。[22] 班纳姆质疑到，若是规划师强势介入，那么，洛杉矶是否还能发展成富庶的现代化都市，班纳姆的论断经常用来指称伦敦与巴黎之间的对比。即便不是每个人都能接受班纳姆之于当代大都市的热忱，然而他的论点还是指出了，通过社会化（socialization）和空间布置而生成的具有创造性的新形式，并非必须依靠规划设计师的协助、指导或参与也可获得自身的持续发展。除此之外，班纳姆还宣称，如果有人认为上述之论是错误且不负责任的话，那么，他（她）们便采取了一种天真的、片面的、甚至是精英主义的姿态。库哈斯在《广谱城市》（the generic city）中也讨论了此点，或者说，那些几乎没有地域特质的地区亦能佐证之，因为在这些横贯着不断蔓延的城市肌理的地区中，广大居民则恰恰生活于其间。有些建筑师和规划师一直钟情于传统城市中的"陈旧且古老的特质"（old identities）（例如，巴黎或柏林），库哈斯对此持批判态度；当前具有一些颇为紧急、迫切且常被大家忽视的都市问题。库哈斯认为，广谱性区域可能具有某些特定的优势，比如说，这些地区完全缺失记忆或传统，该优势能让城市规划者从一系列程式化的职责、模式和假设中解放出来。"特质越强，其禁锢力越强，越是能抑制扩延（expansion）、阐释（interpretation）、更新和矛盾"（contradiction），他继续写道，"广谱城市说明规划活动的最终灭亡。为什么呢？并非由于城市是无规划的……（而是由于）规划不再创造任何差异性（difference）"。[23]

都市主义者班纳姆、索贾（Edward Soja）、哈维、库哈斯和屈米，以及人类学家欧杰（Marc Augé）或哲学家列斐伏尔（Henri Lefebvre）、德勒兹（Deleuze）等人做出了重大贡献，在建筑师和规划师的眼中，"空间"相较于之前的形式模式而言已经开始变得更加复杂且动态，这使得当下的空间概念超越了此前所能允许的模式，而且，这种转变在行业中正变得愈来愈清晰。关于空间性的概念正在偏离物质的客体性和形式性，从而趋向于空间中包含的各种领域的（territorial）、政治的和心理的社会性过程。在都市景观的实践中，相较于有关客体和表面的单一构成性排列（compositional arrangement）而言，空间中的事物之间的**相互关系**（interrelationship）以及通过这种动态互动所产生的**效应**（effect）正变得愈发重要。

空间的体验与其间的事件是密不可分的；空间是境遇化的、随机应变（contingent）且各不相同的。就空间而言，每时每刻都有不同的人隐没其间，新的媒介每时每刻都呈现着空间，它的周边环境每时每刻亦在改变，新的联结（affiliations）随时可能出现，因此，空间处于不断被重塑的过程中。故而，正如哈维所论，规划师和建筑师相信新的空间结构能够独立地创造出全新的社会模式，则是一种思维的迷失状态。哈维坚信，规划设计师的着力点不应仅限于空间形式和美学外观（即把城市当作一个物体），而应在时间过程中（即城市化）促进各种解放性（liberating）过程和互动。处于时间中的各种城市化进程恰能创造"一种独特的混合体，它具备一种空间的永久性，而该永恒性是依靠相互之间的连接关系建立起来的"，[24] 因此，城市项目应该少谈空间决定论，需多关注城市化进程，而"对于构建包含它们在内的各种事物来说，这种过程性至关重要"。[25]

因此，哈维批判现代主义的乌托邦和多愁善感且具有社群主义（communitarian）的"新都市主义"所具备的形式主义，他认为城市进程的动态多样性（multiplicity）不可能被置于单一的、固定的空间框架内，尤其是，这个框架不是来自于（也不能够重新引导）自身穿流其间的过程性。他写道：

> 以上的问题不在于，我们凝视着某个水晶球，或是强行运用乌托邦计划中的经典形式，或者说，机械且僵化的空间在这些形式的运动中被用来规控历史和进程。问题的关键在于：如何努力促进生成社会中更加正义和解放性的时空生产过程的混合体，而非遵从那些由金融资本、世界银行（World Bank）和不平等的阶级固化（这些都是没有任何控制的资本积累的产物）所赋予的强制性。[26]

哈维的论点是，若想设计未来的新都市和新区域，规划师应该尽量少借助形式的乌托邦，多依靠**过程性的乌托邦**（a utopia of process）——事物如何在时间和空间中发生效应，如何相互作用，如何相互关联。故而，我们的关注点从静态的客体空间（static object-space）转变到处于关联系统的时空体（space-time of relational systems）。而且，正是在此复杂易变的环境中，**地图**（maps）（而非**平面图**）能够实现一种新的工具性意义。

地图术

"规划一座城市既要思考现实的复杂性，还要让这种思考方式变得有效"，赛尔托（Michel de Certeau）写道："同时，还需要知道如何解释和表达这座城市，如何进行实际的操作"。[27] 地图术的重要性在于它包括各种操作的过程：收集、运作（working）、再加工（reworking）、组合、连接、揭示、筛选和推测。反之，这些操作过程能够捕获海量的信息，当设计师清晰表达这些信息后，它们的潜在性就可能变成现实。地图术包括多种时空描述的模式，它能沉淀出让人耳目一新的洞见，且可以使得某些卓有成效的行动变成现实。因此，地图术与"规划"的不同之处在于，前者既没有采取一种自上而下的方法策略，也没有强加一个或多或少有些理想化的方案，而是在现存的环境中探寻、发现和提炼各种复杂的潜在力量。除此之外，"规划"具有一种概要式的强制性（synoptic imposition），这意味着"规划"消耗（或耗尽）了文脉的潜在价值，在此，项目的建造只包含所有的可取之物。与规划的属性完全相反，地图术具有揭示和激发潜能的功能，甚至还能增加后续活动和事件发生的潜能，从而让更多活动和事件获得相应的铺陈（unfold）。故而，规划最终导向的是终点（an end），而地图则提供一种生产性（generative）方法，暗示性（suggestive）媒介地图具有"指向性"（points），而非过分的决定性（overly determine）。

就此而论，地图术中特别重要的方面在于认可制图者全程亲自参与制图的过程。在研究儿童的空间知觉的发展过程中，皮亚杰写道：

> 几何性直觉的本质特征是身体力行的（active）。几何性直觉主要包含虚拟行动、删繁至简（abridgment），或者，关于过去的认知图式（schemata），抑或，与未来行动的预期性图式有关，然而，如果行动自身是不充分的，那么，几何性直觉就会被打断。[28]

在描述与精神成像（mental imaging）有关的各种关系性过程（relational process）之时，比如剪裁（cutting）、折叠（folding）、旋转和扩大（enlarging），皮亚杰写道：

> 空间概念不能仅靠唤起脑海中关于它们的记忆，才能有效预测各种空间的结果，那些空间概念只能通过使自身付诸行动（active），或者通过操作物质性客体的方式，方能实现空间概念的预期。在脑海中安置物体不只是想象一系列井然有序的事物，甚至也不是去设想安置这些事物的行动。正如行动本身就属于物质性层面（physical），在脑海中安置物体意味着它亦当是主动（positively）且付诸行动（actively）。[29]

行动先于概念；秩序乃行动之果。因此，地图术亦先于地图，在一定程度上，地图术不能预见自身的最终形式。制图学家罗宾森（Arthur Robinson）和佩特钦尼克（Barbara Bartz Petchenik）声称："地图术的目标之一就是（通过领会的方式）从环境中探寻有意义的物质的、智识性的（intellectual）形态结构，发现那些直到它们被制作成地图之前尚处于隐秘状态的结构……谋绘或绘制地图皆是寻找有意义的设计方法"。[30] 换言之，有的现象**只能**通过再现的方式（而不能通过直接的体验）实现其可视化。进一步说，地术图在各个离散的组成部分之间形成了全新的、有意义的联系。这种合成的关系结构不是已经"存在于那里"的事物，它们是一些建构之物，且唯有通过地图术的行动过程才能体现那些隐秘的关系结构。正如哲学家布兰夏德（Brand Blanshard）所观察的那样："空间只是一种系统化的外在关系，其自身既无法感知，亦不可想象"，空间恰是在地图术的创作过程中**被创造出来的**。[31]

地图术的操作（Mapping Operations）

地图术的操作可以概括为三个主要步骤：场域（fields）、提取物（extracts）和谋绘（plotting）。场域是指一块连续的表面、一处平坦的基地、一张白纸，或者是一张绘图桌本身，虽然场域是扁平的（flat）且被赋予一定的比例尺度，但从认知图解的（schematically）层面而言，场域与真实的大地表面相差无几。同时，场域还是图形**系统**（graphic system），然后，风景园林师恰在这个图形系统中探寻与设计有关的提取物（extracts）。图形系统包括边框、方位（orientation）、坐标、尺度、测量单元和图形投射（比如倾斜投影、天顶投影、轴测图、变形投影图、折叠投影等）。在地图术操作中，或许，场域的设计和创立是一项最具创造性的活动，因为场域是一种属于前期的组织系统，它将不可避免地制约着设计师如何观察和呈现信息。扩大边框（frame），缩小尺度，改变投射方式（projection），或者，把不同的系统结合到一起，这些步骤显著地影响了我们所观察的信息，也影响了我们如何组织观察到的信息。首先，显然场域具有多重的框架和切入路径，其很可能比某种单一的、封闭的系统更具包容性；其次，一个打破常规的场域也很可能比墨守成规的场域更能诱发新的发现；最后，与视野受到局限的场域相比，尽可能包含非等级化和包容性（inclusive）的场域——这种场域更偏向"中立（neutral）"——可能会为整个操作过程注入更为宽泛且多样的信息。

制图者在既定的环境中仔细观察且凝练出提取物，然后将它们绘制到图形领域中。鉴于制图者总是在最初的完型状态中（seamlessness）筛选、分离和抽离各种提取物和其他事物，因此提取物便得名于此；而且，提取物被有效地"去领域化了"（deterritorialized）。提取物既包括各种客体元素，还涉及其他信息数据：数量、速度、力量和轨迹（trajectories）。一旦人们分离出这些提取物，就可能在场域中研究和操作它们，它们也会与其他图形建立起相应的关系。如上所述，不同的场域系统会导致提取物的布置完全不同，这些复杂的提取物揭示了其他模式（patterns）和可能性。

场域中存在着各种提取物，它们之间具有全新的和潜在的关系，而谋绘（plotting）便是将这些关系"绘制出来"的手段。当然，若以个人标准或议程（agenda）而论，我们可以绘制出无数种隐藏的关系。比如说艺术家理查德·朗（Richard Long）发起了一种行走（walking）的艺术活动，他会在地图上按照序列的方式绘制某条连接最高峰和最低谷的直线，这条直线恰好能在既定的地形中揭示出一条潜在的结构性的线。然而，朗又在同一张地图上绘制了一条线，其能够按照从大到小的顺序将所有向南的面全部连接起来，或者，绘制一份水文特征索引图来建立彼此的关系，然后以此为基础，在图中找出一系列潮湿的环境。除了几何的、空间的谋绘外，分类学（taxonomic）和系谱学（genealogical）也包括连接（relating）、索引（indexing）和问名（naming）等步骤，它们在揭示场地的潜在结构上同样非常有效。此类技术可能会产生出既有实效又具隐喻性的洞见。在每一个案例中，谋绘便是一种关于地图的主动性、创造性的阐释，该手段能够揭示、建构和生成各种潜在的可能性。谋绘并非简单任意地罗列和盘点现状（如在描摹、表格或图表中），而是描绘了一种策略性的、想象性的关系结构。谋绘意味着去追踪、探寻（trace）、重置关联、发现和创建。在此意义上，谋绘创造了一处"再领域化"的场地。

因此，主要包括三种地图术操作模式：首先，制图者需要创造出特定的场域，设定规则，且建立系统；其次，对于各个部分和数据的提取、分离或者"去领域化"；最后，谋绘、图绘和各种关系的建立，或者将各个部分"再领域化"。制图者在各个阶段中皆必须诠释和建构地图，并且在积聚、分解和重构的过程中不断地变迁，然后制图者实现最终的选择和判断。鉴于制图者能够意识到地图构建中与生俱来的修辞性本质（rhetorical nature）、个人的创作者身份（authorship）和意图，因此，地图术的操作不同于制图者所时常假设的那种缄默的、实证性的大地记录（documentation of terrain）。

至此，我们可以将当代设计和规划领域中涌现的地图术实践归为四个主题，而且每一地图术皆能影响特定的空间感知和实践。我将四种方式分别命名为："漂移"（drift）、"层叠法"（layering）、"游戏板"（gameboard）和"块茎"（rhizome）。

漂移（Drift）

情境主义者（Situationists）是一批活跃于 20 世纪 50 年代和 60 年代的欧洲艺术家和激进分子。这批人的目标在于以某种方式摧毁一切他们默认的统治制度或资本权力。情境主义受各种达达主义实践的影响，同时又影响了后世其他概念艺术运动，例如激浪派（Fluxus）和行为艺术（Performance Art），情境主义者倡导一系列的行动，比如在日常生活中增强民众意识，促进直接的、系统的公众参与。他们几乎对艺术品和风格保持着置若罔闻的态度，并且更加关注生活情境和社会构建（social formation）。[32]

作为重要的情境主义理论家的德波（Guy Debord）创作了一系列关于巴黎的地图，或者说"心理地理导览图"（psychogeographic guides）。德波漫无目的

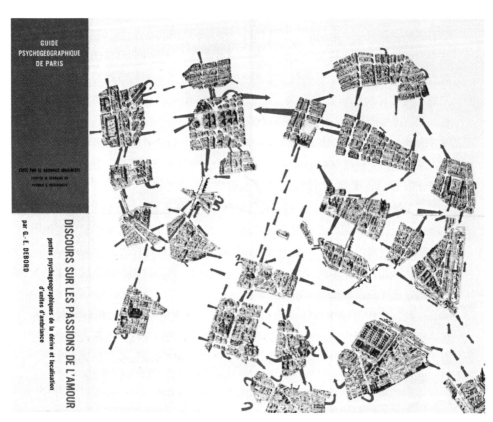

图 4　Discours sur les Passions de L'amour，德波（Guy Debord），1957 年

图片版权：RKD（Rijksbureau voor Kunsthistorische Documentatie / Netherlands Institute for Art History），The Hague

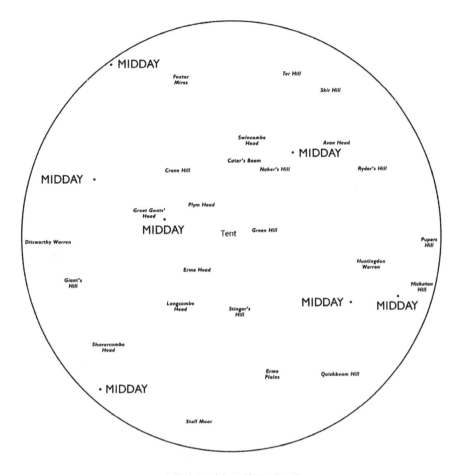

大地上历时七天的环形运动

在一个直径5.5英里的圆环中，花费七天时间围绕着这个想象出来的环形进行徒步，

达特穆尔（Dartmoor），英格兰，1984年

图5　在大地上历时七天的环形运动，朗（RichardLong），1984年
图片版权：2013 Richard Long. All Rights Reserved，DACS, London / ARS, Ny

地游荡于城市的街头巷尾，然后创造出那些地图。他记录了自己的游荡路经，并且剪切和重组了有关巴黎地图的标准路径，最终创造出一系列的转弯和迂回（detours）。组合而成的地图最终反映了主观的、街道层级上的欲望和感知，而非指向一种关于城市肌理的概要式整体（synoptic totality）（图4）。相较于城市景观的模拟式描述，德波的地图更像一种认知方式，它将自身的活动和再现置于日常生活中的隐秘处和间隙中。此活动渐以**漂移**（dérive）而闻名，或者说，如梦似幻般地游走于都市，绘制出另外的路线（itinerary），并且颠覆主流的解读方式和权威性的制度（authoritarian regimes）。

有关漂移的有趣之处在于其存在方式：偶然的（contingent）、瞬时的（ephemeral）、模糊的、变化无常的（fugitive）事件性（eventfulness）空间体验变成占据主导性的视觉焦点（ocular gaze）。正如赛尔托所写的：

> 普罗大众生活在都市的"底层"，他们的生活是不可见的。他们行走着——一种城市体验的基本形式：他们是行走者（walkers）。只要**漫游者**（Wandersmanner）的身体游走于厚薄相兼的都市"文本"（text）中，那么，游荡者不需要具备阅读都市肌理的能力便可书写（write）这座城市的"文本"。[33]

上述之论的政治和道德基础在于，个人在国家或官僚权力的压制机制中应当保持连续稳定的参与度。在论述此类认知性（cognitive）地图与城市空间关系的重要性之时，文学批评家詹明信（Fredric Jameson）说道：

> 在传统的城市中，去异化（disalienation）……既指切实地再次占据的场所感（sense of place），也指建造或重建某个清晰的整体系统（ensemble），场所感和整体系统既能够保留在记忆中，单个主体还能沿着动态且交替的轨迹绘制（和再绘制）相应的地图。[34]

在传统的认知中，如果说地图术是一种开辟殖民化的调查工具和控制方式，那么情境主义者则试图把地图重新拉回到日常生活的场景中，并且将地图绘制成未经开发的、压抑的都市地貌（topographies）。在此语境中，激浪派的发起者马修纳斯（George Maciunas）于1976年在曼哈顿组织了一系列"自由／流动性游览"（Free / Flux Tours），该活动主要包括"偶然性游览"（Aleatoric Tour）、"地下游览"（Subterranean Tour）、"猎奇场所"（Exotic Sites）的旅程和"永不停歇且周而复始"（All the Way Around and Back Again）的旅程。在此，艺术的"对象"（object）即城市本身，地图的功能便是在都市环境中创造另一番干预的印象。虽然布伦（Daniel Buren）在曼哈顿的七场芭蕾舞剧（Seven Ballets）和小野洋子（Yoko Ono）的城市"谱记"（scores）皆与马修纳斯的实验相似，但这些艺术活动的本质属性却显示出特定的雄心壮志：即通过将游牧的（nomadic）、过渡的（transitive）、不断变化的（shifting）城市体验注入空间再现中，以期挑战和消解一切固定的、统治性的城市意向。[35]

情境主义者关注的是政治的、策略性的议程，尽管艺术家朗与之殊途，但朗对地图和景观的系统性操作亦显露出漂移（dérive）的模式。在规划以及随后记录的路径中，朗广泛地使用了地图（图 5）。[36] 有时候，朗简单绘制一条直线以示其想要横穿的地带，然后他沿着这条直线行走以实现自己的计划。这条直线或许具有特定的度量单位（1 英里，60 分钟，或者 7 天），朗则会坚持依照选定的度量单位完成行走的目标，或者，这条线仅仅假定了某个几何图形（比如圆形、方形，或者螺旋形），他会把这个几何图形叠加到某块富于变化的领域上。在其他情况下，这条线还可能顺着特定的地形状况进行布置，比如说，沿着最高点延伸到最低点，或者遵循湖畔的轮廓线排列，再者，将人类聚居点的外边界进行横切。他将河床、山顶、风向、左向转弯、尽头路或其他任何数量的地形路线连接起来，使自身能以一种"不同寻常的"行走或游历方式体验大地，并且能以其他策略追踪大地（即便这种方式可能略显轻描淡写，甚至说，该方式仅存在于记忆之中）。

需要重视的是，朗和情境主义者操作地图的首要方式都属于**性能**（performative）范畴，即地图术能够引导和促进一系列特定事件的发生；而这些事件又源自某处给定的环境。诚然，各种记录晚于行为活动，但记录的效应既不消极，亦非中立。比如，朗在 1984 年进行的一项活动是**"在大地上历时七天的环形运动——在一个直径 5.5 英里的圆环中，花费七天时间围绕着这个想象出来的环形进行徒步"**（A Seven Day Circle of Ground-Seven Days Walking Within an Imaginary Circle 5.5 Miles Wide，1984），该艺术试验通过直接简明的行动记录，凭借词汇"帐篷"（tent）和七个位于环形边界内的"正午"（midday）标记点的记录方式，使其在经过精心挑选的地名之间（在空间上间隔来开）产生了一种独特的联结关系。地面上的圆环与其作品中的直线和图形一样皆不可见；这个圆环通过自身在地图上（任意）绘制而发挥效应。这个圆环犹如一个边框或格网，一个具有想象性的图形（imaginary figure），它可以在关系的场域中（in the field of relationship）保留了其他早期的事物。反之，这个圆环指向了各种其他的阅读和行动，而且在未来的时间中，这些阅读和行动可能还会影响其他的特定景观。

这些各不相同的"漂移"实践以地图为工具，从而得以确立和调整一些分离的、被压抑的或不可用的地形；这些漂移"建立"了一系列阐释性（interpretative）和参与性（participatory）的活动，漂移与这些活动保持双重的关系，一方面前者源于后者，另一方面前者又包含于后者之中。漂移实践中的地图具有高度个人化的建构性力量，使之与传统的地图绘制者所运用的相互分离的工作模式截然不同。"漂移"实践是开放性认知和心理地图，它能够产生新的空间意向和关系。而且，漂移能对时代的症候提出批评，这不是源于外部的、自上而下（作为一种总体规划）的途径，而是基于政治和体制的现实性（institutional reality）的多样轮廓和肌理。因此，场域、提取物和谋绘不仅在地图的图面上发挥作用，它们亦作用于物质性地貌，且具有一种完整的干预和潜在效应。因此，在支配性和主导性结构之下，漂移揭示了各种隐藏的地貌信息，且试图将被压抑或毫无潜力的土地实现再领域化（reterritorialize）。[37]

层叠（Layering）

"层叠法"是一种比较新的地图术实践，它主要聚焦于大尺度的都市和景观设计。层叠法把各种各样且相互独立的图层逐个叠加到一起（superimposition），从而形成一个异质性的（heterogeneous）、"增厚的"（thickened）表面。在 1983 年巴黎的拉维莱特公园竞赛中，屈米和库哈斯根据自身的提案率先使用了该方法。[38] 整体来说，这些方案将公园的程序性（programmatic）和组织性方面的内容分解到不同的图层上，从而让每个图层皆独立于其他的图层（图 6）。每个图层根据各自的功能或目的均具各自的内在逻辑、内容和组织系统。这些图层并不在于描述场地现状或内容，而在于场地上预期计划的复杂性。这些地图（围绕着这个新公园的各种计划）分析和整合了大量复杂的数据和技术性需求，且部署出一种具有效用的几何形式（an enabling geometry）。当这些图形被叠加在一起，各个部分之间的图层便出现了相互混合的关系。所形成的图层结构是一个去中心的、去等级的且无单一组织原则的复杂肌理。取而代之的是，这些图层变成了一个由多个部分和元素组成的复杂场域，而且每个单独的图层保持着连贯性，但每个图层又与其他图层保持着差异性。单一的总体规划或分区规划总是具有局限性，它们不可能拥有这般的丰富性和复杂性，因为两者所具有的限制性总以孤立的方式规划各个部分，并且总体规划还试图强调某个部分的优先性。与构成性规划（compositional plan）的清晰秩序不同，层叠法所具有的独立结构导向了一种类似于马赛克且具备多重秩序的场域，正如，建筑师在体育馆地板上为不同项目所绘出的各种颜色的图案是多样的组合一般。只有遵循和符合特定的游戏或使用规则，某个

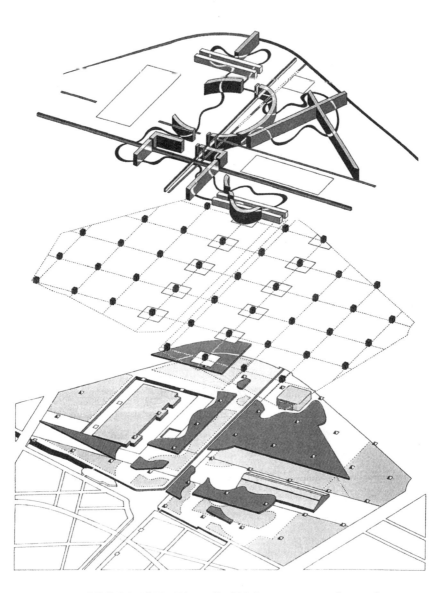

图 6　拉维莱特公园的图层图解，巴黎，屈米（Bernard Tschumi），1982 年

图片版权：Bernard Tschumi

图层才能变得具有可读性（legible）。当然，"混合性的"（hybrid）游戏在此也可能被实现，这不仅由于各种事物可以同时发生，而且还在于它们可能会结合并产生一种新的事件结构（在许多儿童游戏中，投掷、击打、传递和跑位共同组成了某种新的游戏系统）。

在当代摇滚乐中运用的层叠技术也具有多重性（multiplicity）、蒙太奇和混合性等效应。表演者可能同时演奏若干种自主性配乐（autonomous mixes），从而创造出一种多节奏的、跨文化的情境。这样的音乐摆脱了单一的表现形式，成为一系列文化和乐种之间相互结合而生成的完全不同的混合音乐。加勒比地区的旋律与西部乡村和高技舞蹈音乐（techno-dance）一同演奏，经常发出一种狂躁刺耳的杂音，同时也创造了新的可能性。值得注意的是，这种效应不是再现性的，而是性能的（performative）；摇滚乐挣脱传统音乐的束缚转而创造出新的潜力，而不是简单地将各种音乐组合一种沉默无力的陈旧之物。

层叠法具有多重功能，另一种定义层叠法的途径是围绕不确定性（indeterminacy）展开的。与传统规划不同，相互叠加的场域能够及时对所有的阐释、使用和转变保持开放性（open）。比如，几乎任何活动都可以发生在体育馆的地板上；与之相似，那些相互叠加的结构几乎没有束缚性或者强制性。与传统规划截然相反的是，地图恰恰具有此种开放性。地图并非约定俗成的，而是具有无限的程序性潜力。因此，地图术策略犹如一种能提供某种组织性场域系统的建构活动，该系统既能随势（in time）激发一系列的活动和阐释，同时还可以维系它们。

另一位运用图层（strata）进行项目设计的建筑师是艾森曼（Peter Eisenman）。在长滩的加利福尼亚州立大学艺术博物馆（Art Museum at the California State University）的竞赛中，艾森曼与风景园林师欧林（Laurie Olin）共同绘制出一整套关于现场信息的地图，他们将这些地图转换成一种全新的混合性集合（composite assembly）（图7）。[39] 在最终的设计成果中，景观与建筑被整合到一个巨大且分裂的地平面上，一方面，这个方案可以催生某种类似于典型的考古挖掘（excavations）的氛围；另一方面还能展示出历史性的、投射性的（projective）时间痕迹，虽然人们在场地上看不到这些时间痕迹，但是却可以通过地图感知到它们。

这两位设计师在调查场地的过程中探寻到一系列重要的历史时刻：1849年加利福尼亚州淘金热（Gold Rush）的聚居点，1949年校园兴建，以及在2049年关于博物馆的"再发现"（rediscovery），这份未来的期许距离这块场地的初始动工已经200年了。该场地调查包括了下列七个关键"图形"（figure）："农场"、"校园"、"断层线"（fault lines）、"土地划分的网格"、"河流"、"沟渠"以及"海

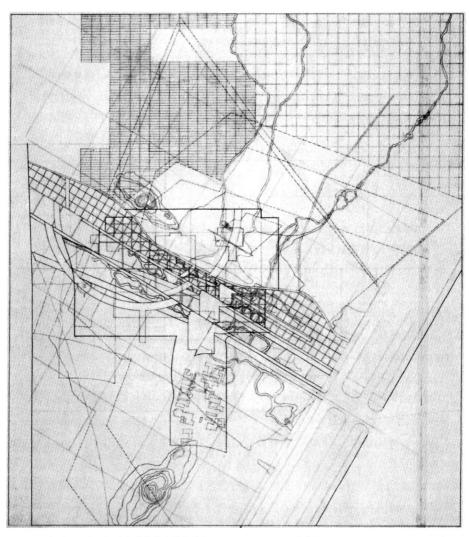

图 7 长滩：场地规划（大学的艺术博物馆），105cm×101cm，艾森曼（Peter Eisenman），1986 年
图片版权：Peter Eisenman fonds，Collection Centre Canadien d'Architecture/ Canadian Centre for Architecture，
Montréal [DR1987:0859:302]

岸线"。透过富含历史信息的地图调研能够分辨出那些主要图形，并且将它们绘制成各种不同的形状（shapes）。

每个单独的形状都可被看作不同的图层，设计师通过句法编码（Syntactical code）收缩、扩大或旋转的方式处理这些图层。比如说，"比例转换"（scaling）在艾森曼的设计中是非常关键的步骤。[40] 在整个步骤中，风景园林师置换、缩小 / 放大、成倍地复制那些主要的文本图形（textual figures）（其形式来自地形图），致使消除一切僵化的或稳定的场地阅读。例如，描摹断层线的目的不是再现或激发某种地质条件，而是通过提取和缩放从而创造一种全新的、去领域化的图形。一系列地图术的操作将景观变得生疏化（defamiliarizing）和系统化，在此过程中，艾森曼消除了形式与意图之间约定俗成的因果关系，同时又避免了景观之纯粹自主的、自我指涉过程（self-referential procedures）的局限性。艾森曼宣称，在场地和更广大的环境（milieu）中操作地图术，该设计能从特定的、独特的地域历史中"演变出"未来的形式。

艾森曼重复绘制经过了比例转换的叠层图（scaled overlays）以寻求新的类比关系（analogic relationships），正如他在"农场"、"校园"和"断层线"之间所做的尝试。艾森曼最终选择了一种他认为最切题的结合和关联组构（composition）。恰如他所言，"没有任何一种标记（notations）比其他标记更重要，然后，以此方式将各个图层叠加起来，从而通过主观阐释（subjective interpretation）将具有偶然性的叠加层实现文本化（textualize）"。[41] 场地中隐藏着一些此前不曾显现的特定关系，而这种组构形式恰好能揭示这些关系，尽管大地处于无限的阐释中，但是其自身好像变成了一个建构性的地图或文本。零散破碎的信息得以被建构起来，它们变成了"智识标记（marks of intelligence）和显性的文化结构"，艾森曼继续写道："在这个项目中我们认识到建筑即叙事，其如同碑文（stone text）被不断地重新书写，新增的虚构故事（fiction）与之前长滩上所存留的记录不同，前者可能会讲述一个迥异的故事"。[42] 易言之，叙事（narrative）就是通过集合（assembled）的方式（比如说，将一个事物与另一个事物进行相互的关联）从陈年旧物中建构一种全新的、激进的虚构物。

库哈斯和屈米所采取的策略性图层源自预测性的未来程序，而艾森曼的图层则源于场地和文本的原初信息。他们都不太重视适应各种不断变化的活动，而是更加在乎创造新的空间结构。然而在这两个案例中，叠加那些相互独立的信息图层的目标是建构具有异质性和多重性效应的环境。换言之，特定的传统观念（中心化、界定、赋予意义、终结或完成状态）不复存在了，这种情况将有利于产生更为多元、即时且开放的"性能"（performances）程序。在此语境下，地图术不再受限于原始场地的调查或数据收集，而是应更广泛地拓展到设计自

I 地名学:
布加勒斯特的多种族社会的
文化规划（清真寺），具有
象征性的身份生产。

II 盆地（都市残骸）:
沿岸盆地的可持续环境的再
生，以连接片状分布的、历
史的场地（都市残骸）。

III 流动（市场）:
不断加强都市的动态主义，
引入新的资金、人口的流动，
以及引进管理机制

IV 合作（阈值性肌体）:
为（非本地居民的）利益冲
突和协商设计相应的机制已
管控不断出现的状况

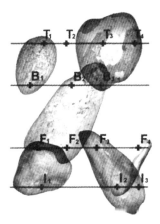

图 8　罗马尼亚布加勒斯特市的四块规划区域，白瑞华（Raoul Bunschoten / CHORA），1996 年

身的构成（formation），并以分析性的方式将原初的指涉物转译成新的图形和参照系。

游戏板（Gameboard）

在当今的设计实践中，第三种地图术的探索与上文提及的性能概念有关，即以"游戏板"的方式投射地图的结构。游戏板被预想成共享的工作平台，在其上，各个竞争的部分被用来鼓励解决彼此间的分歧。地图作为相互竞争领域的再现形式，为相互对立的事物提供了一种彼此启发或促进的关系，当各式各样的预想（scenarios）得以"发挥效应"之时，地图能够帮助它们探寻到彼此的共同点。漂移的概念允许将个人参与纳入制图者和各种构成要素之间，而层叠的概念则容许以分析性分离（analytical separation）的方式处理各种复杂议题和议程，在此，两者的概念皆得以重获自身的发展。

白瑞华（Raoul Bunschoten）是一位在伦敦执业的建筑师，他之前在欧洲主持了一系列复杂且富有争议的区域规划，而且，他在处理这些场地的时候发明了很多创新性的地图技术。[43] 对他而言，城市是动态的、复杂的，由大量的"参与者（player）"和"代理人（agent）"构成，他们产生的种种"效应"存在于城市的系统当中——在任何给定的地区，这些力量持续地重塑着城市空间的多样性。首先，白瑞华分辨出各种力量的瞬时性剧本（temporal play），然后重新组织和指导这些剧本的演绎方式。其结果是，城市设计很少涉及空间构成，而是更倾向于编排诸多的境况（orchestrating the conditions），在此，城市的种种过程性可能被引入各种关系中，"并且发挥着各种作用"。白瑞华将其称之为"搅动"（stirring）。

在白瑞华的实践中，一个主要原则是"各种原型城市的境况"（proto-urban conditions）的理念。在特定的文脉中，这些境况就是一系列具有潜在创造性的境遇（situations）。但是，鉴于传统规划者提议的各种方案更多是以管理性权威（governing authority）为导向，然而与之不同的是，原型城市境况是从现存结构和潜在要素中"获取"，因此，原型的城市境况本身就被注入了充满地方性的情感力量。白瑞华写道："原型城市的境况与人类的情感颇有相似之处，下意识的（subliminal）境况在很大程度上影响着空间的物理状态（physical states）和人类行为。这些境况在城市中形成了一种隐喻性（metaphoric）空间，同时这种空间需要合适的表现形式"。[44] 为了能够运用和操作各种各样的境况，首先应让原型城市的景观变得可见。为此，白瑞华设立了一系列地图框（frames），在这些图框之中，设计师能通过图像的方式分辨某些特定的过程或境况。他慎重地将每一组中包涵的各种文化愿景与某个物理空间或地域相联系，并对三种不同的类别加以区分："当地的掌权者"（他们将不同境况结合到特定的机构或场所）、"行动者"（actor）（他们带着特定的愿景参入进来）和"代理人"（agents）（他们具备实现事情的权力和能力）。虽然每一个图框只能包含某种特定的主题境况（保护、生态、经济发展，或文化记忆），但是将所有图框相互叠加之后，便能更准确地传达都市舞台中多元且相互影响的本质特点。

在罗马尼亚首都布加勒斯特（Ducharcst）的方案中，白瑞华将整座城市清晰地放置于黑海盆地的广阔区域中进行绘制，其上包含各种影响布加勒斯特发展的社会、政治和物质空间的变迁（图 8）。白瑞华写道："从这一角度来看，黑海变成了一个大尺度的区域，涉及其中的文化认同（identification），但更重要的是，黑海实际上是一片'死海'（dead sea），是国际关注的焦点，黑海的这种属性既能够产生一种操作意义上的权力（operational power），还能在文化和生态规划中实现连接全球经济和都市规划议题的可能性"。[45] 换言之，白瑞华是在更大的地理、政治-经济区域中定位城市——他将布加勒斯特与俄罗斯、中亚、西欧和东欧建立联系——并且创造了一种制图学的"舞台"（stage），各种利益团体和代理人聚集在这个舞台上，尔后，他们被整合到一起以实现收益双赢。

为了进一步阐明这个过程，白瑞华从个四个方面加以详述：第一个是"地名"（toponymy），它代表了布加勒斯特的各种特点，比如说城市的色彩、文化和种族多样性；第二个是"盆地"，它是指渴望重新激发河流盆地的生态系统和历史性场地；第三个是"流动"（flow），这既涉及城市商业和经济流通的调节机制，又关乎物理意义的发生场所；第四个是"合并"（incorporation），其指的是专门设计一些能够允许公众协商（negotiation）的新机构和小规模的自组织形式。白瑞华将这些图层叠加到一起以建构出一套地图术，它们能揭示一系列垂直方向上的联系（vertical correspondence）或者说"跳板"（stepping stones），该地图术能把决策和行动同时放置于一个平面上以期影响其他事物。白瑞华写道：

> 这个方案的总体目标是提供一个文化规划的概念，它能为布加勒斯特市的各方利益团体提供一个模式。该规划方案以规则为基础（a ruled-based plan）推进城市化过程中各种可能的愿景，它同时还是一种游戏结构（game structure）。这种游戏提出了一种基于瞬时性结构（temporary structures）的规划模式，尽管这种结构能够独立地完成演变，但是它可能产生富有成效的关联性效应。不论在城市中或者与都市保持有一定距离的区域中，若要达到此等效

应便需要参与者的积极介入，而且，这种模式和游戏均基于我们需要尽可能多地理解原型城市境况的条件。[46]

白瑞华的图解地图为城市未来演绎出的各种事件提供一种游戏板。在一个开放的创造性结构中，各居其位（identified）的参与者和行动者尝试共同解决复杂的城市议题。每位参与者的生存策略促进了多种的协商类型，在不断交换的利益和境遇中得以逐步展开彼此交融。因此，地图自身是一种不断演变的结构，规划师们需要反复调整和修改地图，以维系整个游戏系统的运转，与此同时，也为一种具有开拓精神的都市类型创造了必要的条件。

这种策略性的地图术不应与单一的现状资源调查和经验表达（empirical presentation）相混淆。首先，地图的数据并非不加选择地取自实际统计和可量化的资源，也并非再现于描摹的形式中；相反，地图数据是根据当地的知识和直接与场地接触而有意图地进行选择和排列。这些地图信息充斥着高度个人化的、与特定场所和个人有关的深入街道层次的民族志属性（street-level ethnography）。通过这种方式，场域工作者／制图者捕捉到有关地方性的动态和需求的感知，这种感知细腻且颇具社会性色彩。[47]而且，若将游戏板的地图制作者与 GIS 工程师相互比较的话，那么，前者更注重有目的的主动性（purposefully active）和修辞性（rhetorical），后者更倾向于被动和中立性（neutrality）。在设计图纸结构以及整合各个相关团体的想象力方面，游戏板的绘制者具备敏锐的判断力。在构思地图（建构场域图框、命名、索引、图解式的图像等）的过程中，设计师以特定的方式"创建"游戏板，其目的不是提前决定或预设某种结果，而是激发、支撑和促成一种互动、关联（affiliation）和协商的社会形式。在此语境下，白瑞华复兴城市领域的途径与情境主义者的策略有一些相似性。二者都不相信单一的权威（或单一的指令）能够真正创造出丰富的都市主义的形式。取而代之的认识是，城市化的多重**过程性**必须被精心编排（虽然是不确定的），从而使之关联于不断演变的、开放的空间建构之中。

根茎（Rhizome）

开放性和不确定性与根茎的过程形式（process-form）有关。"根茎与树木（或树根）不同"，德勒兹与瓜塔里（Félix Guattari）写道，"根茎把其他所有的点都联系起来……根茎既不是开始，亦非结束，而是一种中间态（也就是一种**文脉**，即 milieu），在此，根茎不断地生长和溢出，从而 [构建出] 线性的多样性"。[48]与中心化的或类似于树形的等级化系统不同，根茎是去中心化的

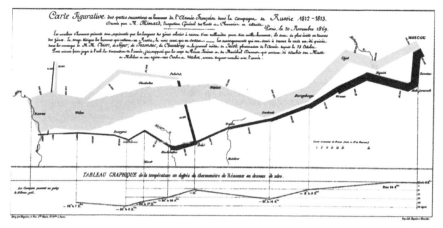

图9 *Carte figurative des pertes successives en hommes de l'armée Francaise dans la campagne de Russie 1812-1813.*

随着拿破仑的军队不断纵深到俄国境内，其军队的数量逐渐减少，图中的条带的宽度也随之变小。
下面的黑线代表着，当拿破仑的军队在寒冬撤退到波兰境内的过程中，军队的数量仍在持续减少，
引自：E. J. Marey，La Méthode graphique，by Charles Joseph Minard，1885

（acentric）、非等级化的（nonhierarchical），并且通过持续地穿越各种不同的领地进一步扩展自身的结构。"鼠类便是根茎，地洞（Burrows）也是根茎，其功能就是庇护、供给、运动、规避（evasion）和突围（breakout）"。[49]

正如本文开篇提及的，德勒兹与瓜塔里指出了"地图"与"描摹"的重要区别，前者是开放的、相互连接的、"在真实中实验（experimentations with the real）"；后者则是重复性的冗余，"总会回到同一'原点'（the same）"。因此，描摹属于等级化的秩序系统，它最终限制任何创新的希望——"所有的树状逻辑都是描摹且重复的"。[50]与之形成对比的是，地图术的无限开放的、根茎般的本质特点提供了许多不同的入口通道、出口和"航线"（line of flight），其中的每一类型都允许多元的解读、使用和功效。

对于地图术而言，其根茎的意义凝练在德勒兹与瓜塔里的信念中："书籍（我们或许可以将书籍替换成地图、城市或者景观）不存在客体性（object）。作为一个集合（assemblage）的书籍在与其他集合相连，并且与其他没有组织的团体发生关联的时候，书籍只包含自身"。因此，他们总结道：

> 我们永远不会质询一本书的所指（signified）和能指（signifier）到底是什么；
> 我们也不会为了理解这个问题而上下求索。我们只会问一本书籍的功能是什么，在与
> 其他事物相联系的时候，这本书籍是否能够传递强度（intensities），它在何种多

重语境中能将自身重置到这种关联中，并且还可实现质的转变（metamorphosed），这本书籍与什么样的身体（bodies）接触才能使它聚集成一个整体。[51]

这种观点使得行动和效应比再现和意义更重要；关注点变成了事物如何运作，事物能够做些什么。而且，这个观点对任何新的联结（affiliate）关系和互连关系都具有明显的兴趣。当下强调对于阐释实践的探究，这使得此前的文化产物（例如地图和景观）转向为更加多元和互联的可能性，这种"转变过程"（becoming）是通过地图术的各种各样的行动和关联得以实现的。

作为一种根茎的（地洞的、延展的）地图术，其重要的原则即德勒兹与瓜塔里所指的"连续性平面"（plane of consistency）。对创作者而言，虽然这种观点假设了丰富且复杂的与意义有关的排列组合，但我在此将连续性平面概括成一种表面（surface），它不仅具有包容性（即便某些事物可能不适合或不"属于"任何给定的策略，比如说某些随意的"碎片"），而且还将一系列新的开放性关系**结构化了**。显然，如果这个表面既有包容性，又具结构性，那么相关的再现技术和模式也必须既多样又灵活。不同的图解和标记系统（notational systems）不得不同时开始发挥作用，这使得某处文脉所包涵的多样的、甚至"不可地图化"（unmappable）的内容才能被揭示出来。所有的一切都必须呈现在同一平面之上，即一个包罗万象的、不存在任何差别的表面（很多建筑师喜欢说：如果不能整体地观察，不能将其理解为视觉综合物，那么便不能正确地提出某个命题）。具有收集和排列属性（array）的系统不是封闭的；这些系统必然要保持开放，需要激发无限的可能性和洞察力。根茎式地图并非限制了真实性，它恰恰开启了通向新的、其他可能的真实性。这一过程好像在解剖台上处理各种随意发现的东西，该工作模式就是一种拼贴（collage），其中会伴随着各种探索、揭示和愉悦的体验。然而地图术与拼贴存在着差异性，前者将其自身的材料**系统化**为更具分析性和解码性的图式（denotative schemas），而后者大多（通过暗示的途径）以含蓄的方式发挥着作用。当地图术变得更具包容性（inclusive）和暗示性（suggestive）时，它便较少凭借拼贴的方式（比如说处理碎片）发挥作用，此时更倾向于一种具有系统性的蒙太奇形式，将各种不同的、独立的图层合并成一个综合的复合体。

有一个案例颇能体现多样的、包容的、复杂信息的综合形式，它是法国工程师米纳德（Charles Joseph Minard）制作的一张叙事性地图，图中的内容涉及 1812～1813 年冬季拿破仑大军在俄罗斯的命运（图9）。[52] 加粗的黑色折线代表 1812 年 6 月拿破仑军队的数量（422000 人），这条折线从波兰和俄国的边界算起，然后从左边开始依次向右推进。随着伤亡人数的增加，军队数量便逐渐减少，那条线的宽度也就相应地变窄。当军队在 9 月到达莫斯科的时候（地图的右边，也是方位上的东边）仅剩了 100000 人，然而这些人又必须在当年的冬天向西撤离莫斯科。撤退路线是以实色显示，可以与行军位置的天气情况结合起来一同阅读。当军队撤回到波兰时不过 10000 人幸存了下来。米纳德的地图以一种启发性的、令人信服的方式讲述了一个复杂的、悲情的人类史实。不过，这幅地图远不止讲述了一个故事，它还通过矢量事件的方式（the vector of an event）为大地上的各个场所如何存在于新的关系中提供了条件。

米纳德的地图将一系列事实和相互关系（军队的规模、战斗的地点和时间、移动的矢量（vector）、地形、地名、天气与温度，以及时间的推移）非常优雅地整合到一个复杂的混合体中。那些事件被适时地绘制成特定的几何形状、矢量、密度和效应模式（pattern of effect）。虽然将与地理环境密切相关的、如此复杂且多变的事件表现出来是件相当不简单的事情，但是让人更为印象深刻的是，地图术如何在各种变量中将关系网络进行可视化的分层（layers）和嵌入（embeds）。假如运用计算机程序呈现这个图表的话，则其形状将会随着任一个变量的改变而发生显著的变化。因此，这幅地图描绘了一个相互关联的**系统性场域**；它动态地展示了各个互动的部分，并使用同等于花费在空间地形上的（spatial terrain）笔墨来绘出"塑造力"（shaping force）。[53] 这与荷兰都市主义者马斯（Winy Maas）宣称的"数字景观"（datascape）颇有几分相似之处，而数字景观就是使不可见的流动能量与力量（这些能量在大地上具有巨大的效应）变成一种有关空间的可视化状态（spatial visualization）。[54]

然而，米纳德的数字景观远远算不上前文提及的连续性的根茎平面，因为前者依旧是一个封闭的系统。这幅地图只描绘了与其叙事主题相关的事实，因此，我们不得不以一种线性的方式阅读它。在此，地图中存在着一个涉及主题性传播（thematic communication）的清晰意图，与此同时，该地图还存在一种充满次序的、叙事性的解读，而这些特点在航海图中极为常见。由于米纳德的地图叠加和并置了不同时空系统的分析内容，因此具备了根茎式地图术的某些特点，但又不是完全意义上的根茎系统，因为其关注点终究没有挣脱与内容（content）和单一线性有关的解读方式。更高程度的根茎式地图应该具备更加多元且开放的特点。实际上，这幅地图可能根本没有"再现"任何信息；它可能只是排列了不同信息之间的复杂综合状态，这个综合状态为不同的使用、解读、投射和效应提供了一个框架，而且，此种框架类似于一本不提供开端、结尾、界限或某个单一意义的辞典。

当然，就上述意义而言，英国标准测量局（Ordnance Survey）和美国地

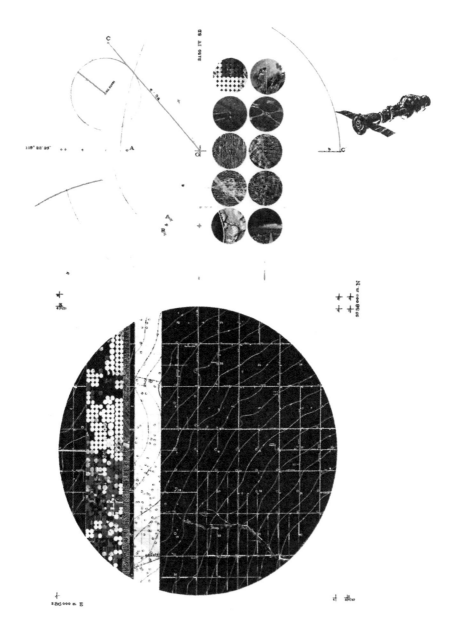

图 10　枢纽浇灌（Pivot Irrigators），科纳绘制，1996 年

质测量局（United States Geological Survey）的地图也是"开放的"。这些地图包含不同层面的信息，并且具备多种进入通道（entryways）、多样的运用和应用模式、无限的路径和网络、无数潜在的介入表面（surfaces of engagement）。艺术家朗的漂移试验或许可以被视为一种"中立性"的根茎式探索。然而，朗的地图没有显示时间结构——一方面涉及当地的故事、历史、事件、各种议题；另一方面涉及地域性过程，比如资本流动或季节性水文格局。我自己也绘制了一些较大尺度的美国景观地图，在这些地图中我有意颠覆了美国地质测量局所运用的绘图惯例，并引入了其他标识系统，其目的是创造特定的"开放"场域，从而进一步将之进行相应的"拓展"。[55] 例如"枢纽浇灌 1 号"（Pivot Irrigators I），这幅地图原先是按照美国地质测量局的画图标准制成的，然而我将它剪裁成圆形，让这幅地图不带任何的比例、地名或可见的地理坐标；通过剪切和重构（reframing）的制图方式，便可有效地将地图及其指涉的信息实现"去领域化"（图 10）。枢纽浇灌 1 号还包括了一些其他类型的图像片段，例如地下蓄水层的地图（它们与美国西部的灌溉景观有关）和红外卫星摄影图，这些摄影能将不同场域的圆形图绘制成温度描摹点（近来，我们知道灌溉的场域是一些温度较低的地方，因此其颜色是最亮的）。卫星亦使用温度来"定位"自身的空间位置，还能调用行星几何学（planetary geometry）的方位校正和工程几何学的枢纽灌溉系统，最终绘制出另一方面圆形的结构图。"风车地形学"（Windmill Topography）是一个与枢纽浇灌 1 号类似的地图，这个去领域化的地图（deterritorialized map）被框选成一个鸡蛋形状的椭圆（包括涡轮机齿和风幕的形状，wind shadow），且与描绘山脊、空气温度、气压和风速表的地形剖面相结合。一方面，这张合成的地图建构出一种关于洛杉矶东部巨大的发电风车场域的表意性（ideographic）综合图像；另一方面，也编排了各种影响景观演化的塑造力量和条件。在整个项目中还有其他类似的地图术：多方位的、带有日历的霍皮人（Hopi）的地图；名为"超大型阵列"（Very Large Array）的多种尺度的地图，它位于新墨西哥州，由无线电望远镜装置组成；各种各样的"田间小垄"（field plots），它们由中西部的等高耕作法（contour farming）或南部平原的旱地耕作法（dry strip farming）共同构成。在每张地图中，我都试图有选择地吸收、强化或颠覆美国地质测量局的地图编码和程式（边框、尺度、定位、颜色区分、数字坐标、网格测量和索引）。尽管绘制这些地图的主要目标之一是再现和描绘某处地理信息和景观的塑造过程，但同时，这些地图更意味着未来（景观）的新基础。在此意义上，这些地图皆建构出一种"连续性平面"，它们一方面呈现了分析性信息；另一方面为启发性的阅读和预测提供了可能性。这些地图术从普通地图和景观中"提取出"某些隐喻性的、过程性的关系，新的景观类型恰恰可能在此关系中被创造出来。诚然，这些地图出于主题性关注（thematic focus）的目的，因此它们可能不是那么具有开放性，也并非根茎式的，但是，在容纳和整合（综合）多样的信息和潜能，以及利用和颠覆主要传统惯例的层面上，这些事实已经表明地图术可能朝着更具多形态性（polymorphous）和创造性的方向继续发展。这些地图术还表明了，瞬时的、系统的、具有性能的网络系统是如何区别于传统制图学中关于静态空间的考量。

　　具有性能的网络是一种相互联系的多重系统，它既能解放各种景观元素，又能于各个离散的部分中创造出某种无等级的交流与联系。"建立网络"意味着将自身纳入各种机会之中，一方面，它可以绘制出不同的参与者和场地；另一方面又让参与者保持积极主动的态度。城市和景观正在变得越来越依赖于网络化的空间和过程性，正如城市学家维利里奥（Paul Virilio）所言的那样：

> 迁移（transfer）、转变（transit）和传输系统（transmission systems）构成或解构了一些事物，这些事物恰是我们坚称的都市主义的本质，这些运输（transport）和传输网络的非物质性形态反复强化了有关土地清册的组织（cadastral organization）和纪念性建筑。[56]

　　换言之，当今空间生活的经验与其物质性（physical）一样皆变得非物质了（immaterial），而且与传统意义上的围合和"场所"概念亦类似的是，空间生活的经验与时间性和关系性密切相关。推而广之，根茎式连续性表面的原则——连同上文提及的并与此相关的漂流（drift）、漂移（dérive）、层叠、尺度转换（scaling）、文脉和游戏板结构的种种概念——为地图术提供了一种有效的模式，而且，该模式能在城市规划和城市设计中充当一种创造性的时空实践类型。通过这种方式，我们舍弃了自上而下的总体规划（这种规划只关注形式构成和静态部分的秩序），从而趋向于一种自我反思式组织结构（self-reflective organization）的实践。作为一种延展性和根茎式的场域操作形式，地图术能够生成、揭示和支撑那些隐藏于文脉中的条件、欲望和潜力。此处，整个的关注点不再是空间和形式**本身**（per se）的设计，而是更加关乎各种力量之间的相互作用，而这些力量恰好渗透在参与性的、促进性的、网络关系式的实践过程中。与相对封闭的秩序系统完全不同，根茎式地图术为激活事件和信息提供一系列无限的连接、转换（switches）、中转（relays）和环路（circuits）。因此，地图术作为揭示性和可实施性的开放性和包容性过程，其最终会代替规划（planning）中的简化操作。

阿恩海姆（Rudolf Arnheim）写道："凡是构思（conceiving）亦是思考，凡是推理（reasoning）亦是直觉（intuition），凡是观察皆是创造"。[57] 而且这些活动并非没有任何的效应；它们实则蕴含着塑造世界的巨大力量。恰是在此种主体间性（intersubjective）和主动的意义上，地图术不是一种透明的、中立的或消极的空间测量和描述工具。与之相反，地图术是一种极其不透明的、具有想象力的、可操作的工具。虽然地图术通过度量观察世界的方式绘制出来的，但它们既不是描述的，也不是再现性的，而是一种精神建构（mental constructs），是一种可促使和影响发生改变的**理念**（ideas）。在描述和呈现那些隐藏事实的时候，地图术已为未来的工作搭建了舞台。地图术在其自身创造的过程中已经内化成项目的组成部分。

既然地图在本质上是有关事实（facts）的一种主观的、阐释的、虚构的建构，而且，这种建构能够广泛影响决策、行动和文化价值，那么，我们为何不在探索和重塑新现实的过程中就运用如此高效的地图术呢？为什么我们不愿承认这样一个事实：在发现和重建各种新的场地条件的层面上，地图术具有无限的潜力，其能够在更广阔的**文脉**中促进社会性参与的交流模式。有一种观念认为地图术应限于实证的（emp irical）数据分类和排列，该观念削弱了制图学所具备的深刻社会性和导向性影响。当然，在促进达成共识以及代表集体责任的方面上，具有特定功用的"客观分析"（objective analysis）是不能以某种自由"主体性"（free-form subjectivity）为借口而将之彻底抛弃的；这种做法显然是天真且无效的。地图的力量在于其真实性（facticity）。有关事实客观性的分析性度量（以及事实的客观性分析能为集体话语提供特定的公信力）是地图术的一大特征，它应该作为实现某些批判性项目（critical projects）的方法而被接受、借鉴和运用（used）。[58] 毕竟，客观分析和逻辑论证具有显著的精确性（rigor），此特性在一个多元的民主社会中能够发挥最大的功效。地图术的分析性研究使设计师得以**建构**某个论点，进而能在理性文化占主导的实践领域中践行这个论点，最终，再把这些实践转变成一些更具生产性和集体性的成果。在此意义上，地图术不是不加选择的、盲目的和无尽的数据阵列，而是采取极为机敏的、富有策略意义的操作程序，地图术亦是关联式推理（relational reasoning）的实践类型，其以智慧的方式于现存的局限、数量、事实和条件之外揭示新的现实。[59] 地图术的艺术性来自三点：其一，有关技术的运用；其二，事物如何被框定；其三，事物以什么样的方式被设立。通过不同的整合事物的方式，那些新颖的、具有创造力的可能性便可浮现出来。因此，地图术具有创新性；这种创新性并非源于逻辑的可能（预测），亦非来自于必要性（功用），而是出自于逻辑的内在力量。地图术的能动性（agency）就在于其精妙地揭示和促进一系列新的可能性。[60]

本文的讨论还意味着，地图术与当前城市设计和城市规划之间具有相互并行的关系。城市和景观规划的官僚政治体制（bureaucratic regime）向来关注的是客体与功能，这种规划无法广泛容纳都市主义和文化的复杂性和流动性。以官僚政治体制为导向的规划方法以失败而告终，这种失败导致的技术和工具的匮乏使之无力以想象力的方式同时容纳各种相互影响的（塑造世界的）过程。在权威和封闭的层面上，当前的技术亦不能容纳城市中必然存在的偶然性（contingency）、即兴状态（improvisation）、错误（error）和不确定性。晚期资本主义文化的本质会表现得异常复杂和多变，而且各种相互竞争的利益团体和各方力量层出不穷，倘若想要在城市和区域发展中超越布景式（scenographic）或修修补补的环境改造，对于设计师和规划师来说，上述境遇正变得更加步履维艰。当今时代存在一种惰性（inertia）和平衡（leveling）：在大众民主的政治气候中，任何的特立独行几乎毫无可能。尽管我们从来不缺更具批判性的理论和概念以突出和强调上述的状况，但却极度缺乏新的操作技术（operational techniques）实现那些设想。易言之，如今的困境与其说是"**做什么**"，还不如说"**怎么做**"。地图术恰是在策略性的、修辞性的层面上进行操作且获得自身的巨大价值。

如果地图术要在规划设计和更广泛的文化意义上扮演更具创造性的角色，那么，漂移、层叠、游戏板和根茎只是代表了一部分地图术实践的操作技术。一旦框选、比例、定位、投射、索引和编码变得更具灵活性和开放性，尤其是，在强大的新数字媒体和动画媒体技术的支持下，制作地图的技术便可提前展望相应的各种变化和发展。当我们逐渐从旧的框架和边界体系的限制中获得解放之后（这些限制是对荒野的测量和"殖民化"的先决条件），地图术的作用将不再是描摹和再描绘已知的世界，而是从旧世界中创造新的世界。我们也许不再把地图看成是一种占有的方式（appropriation），而是将其视为一种解放（emancipation）和实施（enablement）的途径，以之释放在惯例和习俗中已经固化的现象和潜能。在那片看似已经枯竭的大地上，在制图过程中隐藏着具有创造性的解放力，这些力量能让不可见的、未实现的事物重新焕发生机。故而，地图术可能仍然保持自身原初的开拓性（entrepreneurial）和探索性，在其（构建的）虚拟空间中开辟出新的领域，并赋予尚处于休眠状态的条件（conditions）以无限的前景。

注释

1 关于地图术的强制性内容（coercive aspects），参见：Denis Wood, *The Power of Maps*（New york：guilford Press，1992）；Mark Monmonier, *How to Lie with Maps*（Chicago：University of Chicago Press，1991）；以及 John Pickles，"Texts, Hermeneutics and Propaganda Maps," in *Writing Worlds*, eds. Trevor J. Barnes and James S. Duncan（London：Taylor & Francis，1992），193 230. 关于地图术之技术层面的、还原性的属性，参见：James C. Scott, *Seeing Like a State：Why Certain Schemes to Improve the Human Condition Have Failed*（New Haven，CT：Yale University Press，1998），1-83. 关于地图术的揭示性功能，参见：Stephen Hall, *Mapping the Next Millennium*（New york：Random House，1992）；以及 *Cartes et figures de La terre*（Paris：Centre Georges Pompidou，1980），cat. no. 206.

2 Gilles Deleuze and Felix guattari, *A Thousand Plateaus：Capitalism and Schizophrenia*，翻译及前言：Brian Massumi（Minneapolis：University of Minnesota Press，1987），12.

3 参见：J.B. Harley, "Maps, Knowledge, and Power," in *The Iconography of Landscape*, eds. Denis Cosgrove and Stephen Daniels（Cambridge：Cambridge University Press，1988），277-312；J.B. Harley, "Deconstructing the Map," in *Writing Worlds*, 231-247；and Scott, *Seeing Like a State*, 38-76.

4 参见：David Buisseret, *Envisioning the City：Six Studies in Urban Cartography*（Chicago：University of Chicago Press，1998）；and Ola Soderstrom, "Paper Cities：Visual Thinking in Urban Planning," *Ecumene* III/3（1996），249-281.

5 参见：Anthony Giddens, "Living in a Post-Traditional Society," in *Reflexive Modernization：Politics，Tradition and Aesthetics in the Modern Social Order*, eds. Ulrich Beck, Anthony giddens and Scott Lasch（Stanford，CA：Stanford University Press，1994）。吉登斯（Giddens）将"专家系统"（expert systems）比作"抽象系统"（abstract systems）。在这种情况下，可靠性和"真理"完全依赖于特定的抽象再现系统，因为该系统是由专家们完成的。与之类似，许多地图术和规划图具有不被质疑的权威性也是由于它们各自的抽象系统之显著复杂性（sophistication）决定的，地图术的这种复杂性能够确保其正确性和正当性。参见：Theodore M. Poner, *Trust in Numbers：The Pursuit of Objectivityin Science and Public Life*（Princeton，NJ：Princeton University Press，1995）。波特解释说，各种抽象形式的再现系统具有"呆板的客观性"（mechanical objectivity），其相较于专家"判断"或专家"意见"而言能够在民主政府体系中表现得更加有效，因为专家们的意见总是难免有中饱私囊的嫌疑。

6 参见：Scott, *Seeing Like a State*, 44-63；Peter Hall, *Cities of Tomorrow：An Intellectual History of Urban Planning and Design in the Twentieth Century*（Oxford：Blackwell Publishing，1988）；Soderstrom, "Paper Cities."

7 参见：Soderstrom, "Paper Cities," 272-275. 索德斯多姆（Soderstrom）主张从有组织的、科学的规划方法入手，该方法已经滥觞于 20 世纪，其客观的、经验的程序在国家机构和政策制定的过程中变得如此之流行，以至于其他解决都市议题的新方法都多多少少地受到了排挤。

8　参见：Rudolph Arnheim, *Visual Thinking*（Berkeley：University of California Press, 1970）, 278. 参见：Arthur H. Robinson and Barbara Bartz Petchenik, The Nature of Maps（Chicago：University of Chicago Press, 1976）, 1-22.

9　参见：James Corner, "Eidetic Operations and New Landscapes," in *Recovering Landscape：Essays in Contemporary Landscape Architecture*（New york：Princeton Architectural Press, 1999）and "Representation and Landscape," *Word & Image* 8/3（1992）, 243-275.

10　参见：Roben Marks and R. Buckminster Fuller, *The Dymaxion World of Buckminster Fuller*（New york：Doubleday Anchor Books, 1973）, 50-55, 148-163.

11　参见：Robert Storr, ed., *Mapping*（New york：Museum of Modern Art, 1994）.

12　同上, 26.

13　尽管存在着一些例外，但是它们在设计上都没有产生特别巨大的影响力。一些有趣的探索可见：Jane Harrison and David Turnbull, eds., *Games of Architecture：Architectural Design Profile* 66（London：Academy Editions, 1996）.

14　参见：Hall, *Cities of Tomorrow*；Soderstrom, "Paper Cities."

15　Harley, "Deconstructing the Map," 231.

16　Jorge Luis Borges, "Of Exactitude in Science"（1933）, 再版于：*A Universal History of Infamy*（London：E. P. Dutton, 1975）.

17　Jean Baudrillard, *Simulations*（New York：Semiotext（e）, 1983）, 2.

18　同上。

19　D. W. Winnicott, *Playing and Reality*（London：Routledge, 1971）.

20　Jacob Bronowski, *Science and Human Values*（New York：Julian Messner, Inc, 1965）.

21　Ernst Cassirer, *The Philosophy of Symbolic Forms*, vol. 2（New Haven, CT：Yale University Press, 1955）, 30；引用于：Robinson and Petchenik, *The Nature of Maps*, 7.

22　参见：Reyner Banham, *Los Angeles：The Architecture of Four Ecologies*（London：Penguin Books, 1973）.

23　Rem Koolhaas and Bruce Mau, *S, M, L, XL*（New york：Monacelli Press, 1995）, 1248.

24　David Harvey, *Justice, Nature, and the Geography of Di erence*（Cambridge：Wiley-Blackwell, 1996）, 419.

25　同上。

26　同上, 420.

27　Michel de Certeau, *The Practice of Everyday Life*（Berkeley：University of California Press, 1984）, p. 94.

28　Jean Piaget and Bärbel Inhelder, *The Child's Conception of Space*（New york：Routledge, 1967）, 452；引用于：Robinson and Petchenik, *The Nature of Maps*, 101.

29 Piaget and Inhelder, 454.

30 Robinson and Petchenik, *The Nature of Maps*, 74.

31 Brand Blanshard, *The Nature of Thought*（London：g. Allen & Unwin, 1948），525；引用于：Robinson and Petchcnik, *The Nature of Maps*, 103.

32 参见：Ken Knabb, ed., *Situationist International Anthology*（Berkeley, CA：Bureau of Public Secrets, 1981）；Cristel Hollevoet, Karen Jones and Tim Nye, eds., *The Power of the City；The City of Power*（New york：Whitney Museum of American Art, 1992）.

33 De Certeau, *The Practice of Everyday Life*, p. 95；另参见：Cristel Hollevoet, "Wandering in the City," in Hollevoet et al, eds., *The Power of the City*, 25-55.

34 Fredric Jameson, *Postmodernism, or the Cultural Logic of Late Capitalism*（Durham, NC：Verso, 1991），51.

35 参见：Hollevoet et al, eds., *The Power of the City*.

36 参见：Richard Long, *Richard Long*（Dusseldorf：Kunstsammlung Nordrhein-Westfalen, 1994）；R. H. Fuchs, *Richard Long*（London：Thames & Hudson, 1986）.

37 参见：de Certeau, *The Practice of Everyday Life*. 这本书主要关注日常的"居民"（users）如何"生活"（operates）的，其主张各种情境式的（situated）、战略性的（tactical）行动模式。作者将"权且之宜"（making do）、"都市漫步"、"飘窃性阅读"（reading as poaching）、"探索实践"、"游荡"（détournement）当成一些能够抵抗主流话语的技术形式。

38 参见：Bernard Tschumi, *Cinegramme folie：Le Parc de La Villette*（Princeton, NJ：Princeton University Press, 1987）；Bernard Tschumi, *Architecture and Disjunction*（Cambridge, MA：MIT Press, 1994），171-259；Koolhaas, *S, M, L, XL*, 894-935.

39 参见：Jean-Francois Bedard, ed., *Cities of Artificial Excavation：The Work of Peter Eisenman, 1978-1988*（Montreal：Canadian Centre for Architecture, 1994），130-185；Peter Eisenman, *Eisenman-amnesie：Architecture and Urbanism*（Tokyo：Architecture & Urbanism, 1988），96-111.

40 参见：Jonathan Jova Marvel, ed., *Investigations in Architecture：Eisenman Studios at the GSD, 1983-1985*（Cambridge, MA：Harvard University graduate School of Design, 1986）.

41 Bedard, *Cities of Artificial Excavation*, 132.

42 同上。

43 参见：Raoul Bunschoten, *Urban Flotsam*（Rotterdam：CHORA Publishers, 1998）；Raoul Bunschoten, "Proto-Urban Conditions and Urban Change," in Maggie Toy, ed., *Beyond the Revolution：The Architecture of Eastern Europe：Architectural Design Profile* 119（London：Academy Editions, 1996），17-21；Raoul Bunschoten, "Black Sea：Bucharest Stepping Stones," in Peter Davidson and Donald Bares, eds., *Architecture After Geometry：Architectural Design Profile*127（London：Academy Editions, 1997），82-91.

44 Bunschoten, "Proto-Urban Conditions," 17.

45 Bunschoten, "Black Sea," 82.

46　同上，83.

47　参见：de Certeau，"Walking in the City"和"Spatial Stories" in *The Practice of Everyday Life*，91-
　　130；Scott，"Thin Simplifications and Practical Knowledge：Metis，"in *Seeing Like a State*，309-341.

48　Deleuze，*A Thousand Plateaus*，6.

49　同上。

50　同上，12.

51　同上，4.

52　参见：Charles Joseph Minard，*Tableaux graphiques et cartes figuratives de M. Minard*，
　　1845-1869，Portfolio（Paris，1869）；E. J. Marey，*La methode graphique*（Paris：g. Masson，
　　1885）；Arthur H. Robinson，"The Thematic Maps of Charles Joseph Minard，"*Imago Mundi*，
　　21（1967），95-108；Tufte，*The Visual Display of Quantitative Information*（Cheshire，CT：
　　graphics Press，1992），40-41，176-77.

53　参见：Greg Lynn，ed.，*Folding in Architecture：Architectural Design Profile 102*（London：
　　Academy Editions，1983）；Sanford Kwinter，"The Reinvention of geometry，"Assemblage 18
　　（1993），83-85；Davidson and Bates，*Architecture After Geometry*.

54　参见：Winy Maas and Jacob van Rijs，*FARMAX：Excursions on Density*（Rotterdam：010 Pub-
　　lishers，1998）；"Maas，van Rijs，de Vries，1991-1997，"*El Croquis* 86（1998）.

55　参见：James Corner and Alex MacLean，*Taking Measures Across the American Landscape*（New
　　Haven，CT：yale University Press，1996）.

56　Paul Virilio，*The Art of the Motor*，翻译：Julie Rose（Minneapolis：University of Minnesota，
　　1995），139.

57　Rudolf Arnheim，*Art and Visual Perception*（Berkeley：University of California Press，1964），viii.

58　我在之前的著作中广泛地拓展关于此种全新的、充满批判力目标的各种条件，它在一定
　　程度上支持了上述之论，可见：Corner and MacLean，*Taking Measures*。在这部著作中，
　　我们尝试将塑造美国景观中最具技术性和功利性的方式视为某种潜在的积极力量。在其
　　数值（numerical）和工具性的层面上，很少有其他概念能够批判或代替测量活动，一般情
　　况下，测量只会被改进，或者变得更加完善。从规划设计的角度而言，我们主张不必将物
　　流上的、技术上的、经济的和环境上的限制看成消极因素，而应该将其视为创造力和效
　　率的条件。另参见：Stan Allen，"Artificial Ecologies，"*El Croquis*，86（1998），26-33 and
　　note 5.

59　当今大多数的建筑和规划专业越来越关注复杂的管理和组织问题，尤其是信息。本文中提
　　及的创造力形式主张，从传统上强调的空间形式设计转变到注重实践的创造性形式上。当
　　下的困境不在于形式创新和设计天赋，而更在于操作层面的创新：现如今的规划设计项目
　　一直处于某种给定的惰性语境（inertia）中，那么如何从这种环境中创造出新的、令人兴奋
　　的事物？参见：Beck，*Reflexive Modernization*；Allen，"Artificial Ecologies"；and Koolhaas，
　　"Whatever Happened to Urbanism?" in *S*，*M*，*L*，*XL*，961-71，and Corner "Eidetic Operations

and New Landscapes."

60 参见：Jeffrey Kipnis, "Towards a New Architecture," in *Folding in Architecture*, 46-54；另参见：James Corner, "Landscape and Ecology as Agents of Creativity" in *Ecological Design and Planning*, eds. George F. Thompson and Frederick R. Steiner（New York：John Wiley, 1997）, 80-108.

译注

① Dymaxion 是富勒创造的术语，用来表达以最小投入获得最大效果的概念。

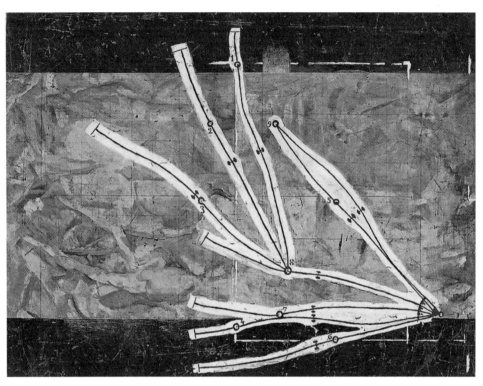

图 1　阻塞的网络（*Network of Stoppages*），148.9cm×197.7 cm，杜尚（Marcel Duchamp），1914 年

图片版权：Succession Marcel Duchamp / ADAgP，Paris / Artists Rights Society（ARS），New York 2013

生动的操作和新景观

景观与图像（image）之间具有密不可分的关系。若无图像，景观便无从谈起，有的仅是未被人工干预的**环境**（environment）。[1] 上述之别可追溯于古英语词汇**景观**（landskip），起初，这个术语表示的并非是土地，而是关于土地的图画（picture），随后，在 17 世纪荷兰的**风景**（landschap）画中，景观被有选择地作为构成绘画表现的内容。此类风景画出现不久，美景的概念（scenic concept）便被运用到土地的塑造上，其形式几乎等同于乡村美景、经由设计的庄园和观赏性的园林艺术。实际上，风景园林学之所以能发展为一种现代的专业门类，主要依靠了一种重塑土地的驱动力，在整个过程中，风景园林师凭借的手段恰是**先验的**（prior）成像技术（imaging）。人们将先验图像展现出来，从而将作为景观的大地视为一种集体性认知（collective recognition）（这种现象在奇观和旅游景观中颇为常见），而且，人们还凭借各种成像的形式和活动掌握了主动解释和建造景观的能力。

尽管成像对于塑造景观至关重要，但当前的风景园林师群体却倾向认为，成像仅仅强调景观的视觉性和形式特点，故而，这种观点严重限制了在全然生动的范畴中（eidetic scope）所存在的景观创造力。我使用术语**生动的**（eidetic）（其意味着"精神图像的"）是指一种精神概念（mental concept），它可能是图画上的（picturable），但在同等程度上，同时亦可能是听觉的、触觉的、认知的或者直觉的。因此，与图画（picture）所具有的纯粹的视网膜印象不同，生动的图像包含了各种能够激发人类创造力的理念。结果，一个人如何"用图像再现"世界，恰恰决定了现实（reality）如何被概念化和塑造（图 1）。在设计活动中，将图像视为一种沉默的或是中立性的现状描述并非明智之举，而与其所表达的对象相比，将图像看得无关紧要亦不可取，这是因为图像这种再现类型

本文曾收录于：James Corner, ed. Recovering Landscape：Essay in Contemporary Landscape（New York：Princeton Architectural Press, 1999）：153-169. 本次再版已获出版许可。

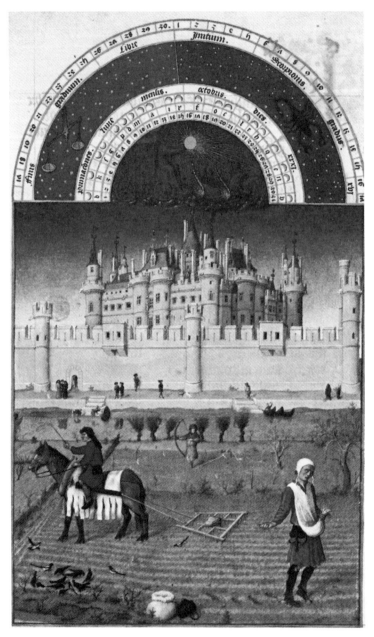

图2 十月（October），林堡兄弟（The Limbourg Brothers）

引自：*Les Très Riches Heures du Duc de Berry*，1413–1416

图片版权：Musée Condé，Chantilly，France

具有自身的能动性（agency）和效应（effect）；反之，生动的图像更具主动性，它能促进（或参与到）塑造新现实的活动中。我们通常认为消极的、客观的再现形式具有某种惰性（inertia），然而，在图纸表面和计算机屏幕上经过设计的构成性成像并非如此，它们反而是一些极为高效的可供操作的场域（operational fields），在其中，风景园林师能够创造各种景观理论和实践类型。[2] 在当今文化中，任何的景观复兴最终都要依赖于新图像和技术的概念化（conceptualization）的进步和发展。

然而，景观的另一内涵与图画几乎无关，甚至与任何明显的**先验**成像也没关系。杰克逊（J. B. Jackson）和斯蒂尔格（John Stilgoe）解释了景观这个术语的复杂性，并区分了艺术历史的、再现层面上的景观界定与乡土的、地理学层面上的景观定义的不同。[3] 他们皆认为古德语的**风景**（landschaft）比景观（landskip）更加重要，德语中的风景并非指向了景色，而是一种处于劳作的（working）社区环境，即包括了聚居点、牧场、草地和田地，并且被各种未经开发的森林和草甸围绕的场景。而且，正如斯蒂尔格所言，"与盎格鲁·撒克逊（Anglo-Saxon）的什一税（tithing）和古法语**村邑**（vill）一样，'风景'这个词绝非只代表一种空间组织，它也与当地的居民、邻里的关系以及对于土地的义务有关"。[4]

换句话说，景观（landschaft）的涵义构成了一种深奥且密切的关系模式，这种关系不仅包括建筑与旷野，而且还容纳了与历法紧密相关的土地占有（occupation）、活动和空间所共同组成的格局（图 2）。在此意义之上，风景与德语**礼俗社会**（gemeinschaft）直接相关，礼俗社会指的是在总体上构成社会的各种形式和理念。虽然风景所包含的景色部分或许能够通过图画进行表达（也就是说，在被驯化的景观中，景色是一种有效的、可知的概念），但是，在其更深层的有关存在的层面上，风景更加侧重于社会认知的、生动的过程。纵然其空间的、物质的、环境的（ambient）特征不会受到忽视，然而风景的本质并不必是笛卡儿意义上的客体（objecthood），它时而以一种模糊且多样的方式呈现出来，风景尽管可以被构建出来，但又不能立刻获得显现，实际上，风景很少通过任何预设的认知图式（schematization）实现，而是更加依赖于在时间中所形成的使用和习性（use and habit in time）。[5]

在文化地理学范畴中，学者们进一步解释景观营建（designed landscape）与演变特征更加明显的劳作风景（working landschaft）之间的区别。正如威廉斯（Raymond Williams）所言，"一个处在劳作中的乡村，几乎不能成为一处景观"。[6] 此处，威廉斯之论阐释了景观构成（formation）必然内含于疏离感（detachment）、人工性创造和关注力之中。同样，科斯格罗夫（Denis Cosgrove）在如何区分"外部者"和"内部者"的时候写道：

大地的可见形式及其与视觉之间的和谐整体性，确实可能是人类日常生活中自身与环境关系的一个组成部分，但是，这部分内容屈从于各种家庭和社会事务。景观的构成与日常的生活事件（生老病死、悲欢离合）以更具整合和包容的方式紧密地结合到一起，生活诸事将人类的时间和场所紧密关联起来。对于生活于其间的个体而言，自我（self）与场景（scene）、主体与客体之间不再具有清晰的划分。[7]

在此语境下，日常的居民对于景观的体验时常处于一种分神（distraction）的状态，而且，相较于依赖视觉而言，人们更加倾向于通过习性和使用的方式来体验景观。任何场所的生动性图像都与一系列显著的意义紧密相关，这是视觉或者沉思（contemplation）所无法企及的。与之形成对比的是，福科（Michel Foucault）和其他学者已奔走呼号近四分之一个世纪，他们认为视觉体系（visual regime）（比如透视和高空视角）是一种极为有效的权力工具，这些工具能够实现监视、预测和伪装（camouflage）民众的目标。全景式的（synoptic）、放射式的视觉性延伸成一种凝视（gaze），该凝视可让观者变成所见之景的操控者，同时，该视觉性还能延伸成一种关于控制、权威、距离感和冷酷的工具性视界体系。[8] 那些所谓的后现代批判皆在揭示概要式客观化（synoptic objectification）的权威性和异化性，当然，其批判点亦包括总体规划 [高空的体制（aerial regimes）] 和透视画法（scenography）（倾斜的、透视的体系）。以上述批判的逻辑再探景观领域便意味着，我们把景观视为客体（object）的做法是短视之见（无论在形式构成的层面上，还是可量化资源的层面上），因为一旦将主体从参与世界的复杂现实中剥离出去，便会导致我们忽视一种有关意识形态的、疏离的（estranging）和审美的效应。此处，我意欲呼应的是海德格尔所言的"亲近感的消逝"（loss of nearness），以及尼采和马克思的预见：现代文化退居到了一种特定的私密性（privacy）。对于多数人而言，或许，上述的言论让人难以信服，以至于人们很难完全理解其中的深意。比如说，俯视某处风景优美的景色显然能提供一股令人愉悦的体验，同时，亦将人带回到集体性记忆中的良好情境（benign situation）。这个良辰美景将观者置换出（displace）景观之外，让观者与之始终保持一种安全的、未曾涉足的距离，因此，该场景只不过将景观呈现为一个吸引注意力的审美客体，从而消解了处于凝视状态的主体注意力，比如当人欣赏美景的时候，他（她）恰恰能够及时将自身（即观者的主体性）抽离出眼前之景，从而以有效的方式将自身从当前真实的弊病中实现去语境化（decontextualizing them from the very real ills of the present）。

进一步讲，风景优美的景观具有两种倾向：其一，它在时间和空间中试图置换正在观看的主体；其二，它试图置换景观中所包含的事物。正如地理学家史密斯（Jonathan Smith）之论，景观的"耐久性"（durability）和自主性（autonomy）导致了自身的物质形态与其创造能动性愈来愈渐行渐远，取而代之的是，"景观失去自身的意图性（intention），而且它假定了自然的纯粹性"。[9]换言之，由于时间流逝所带来的作用力，景观逐渐褪去了人工痕迹，从而更加趋向于一种纯粹的自然之态。虽然这种持久的天真性可能预示着巨大的解放潜力（正如景观自身能逃离其创造者的权威和控制），但与此同时，具备权力的社会人员可能公然利用这种纯真状态中暗藏的欺骗性。

虽然之前的论述言简意赅，但是，我的意图不是为了进一步批判与舞台布景有关的景观（scenography）。我更感兴趣的地方在于 landskip 与 landschaft 的区别，前者认为景观是人工创造出来的空间（contrivance），它主要是视觉性的，有时也是象征性或有意义的；后者认为景观是一种被占有的文脉（occupied milieu），其效应和意义通过处于时间中的触感、使用和参与等途径便可逐渐积累起来。这两个术语皆共同指向了图像，但是，后者具有更加全面和综合的属性，且不属于显而易见的范畴。除此之外，劳作景观的塑造并不关注艺术性或者形式品质，它是集体性的，且更加倚重实用性需求。在风景园林师的群体中，大家仍然没有形成一种特定的关于劳作景观的思辨性共识，但在历史学家和地理学家的眼中，劳作景观一直都存在于传统的描述性分析的（descriptive analysis）领域中。[10]

在劳作景观中，性能（performance）和事件（event）比表象（appearance）和符号（sign）更为重要。此处，强调的重点从客体表象转变到构成的过程性、居住的动态性（dynamics of occupancy）以及正在发生的诗意（popetics of becoming）。虽然这些过程性可能被图像化，但是，它们并非一定会受到图画化的影响。正如阅读书籍或者聆听音乐，图像塑造属于精神活动。因此，如果风景园林师承担的角色是较少地描画或再现（与成像相关）的活动，而是试图在时间过程中促进、激发和丰富它们的各种效应，那么，将成像发展成一种更具性能的形式实则构成了上述活动的基本所在（参照："地图术的能动性：思辨、批判与创造"一文中的图9）。从改善性的、舞台布景式的设计转到更加综合性的、实验性的设计（这种设计类型来源于过程性和使用的重视）需要与以下的转变相随左右：从表象和意义转变到更加平实无华的事物上，比如说，事物是如何运作的，事物能够做什么，它们如何相互作用，以及事物随着时间的推移可能具备哪些能动性和效应。复归到一种综合的、工具性的景观议题意味着：我们需要更加关注组织性的、战略性的技能，而较少关注景观自身的形式构成，同时还须更倾向于程序性的（programmatic）、有关度量的（metrical）实践，而非把精力都放在单纯的再现上。[11] 在操作的层面上，诸如计划程序、事件性空间、效用、经济、物流（logistics）、生产、限制和欲望皆应成为景观中颇为紧要的议题，通过设计的途径，每个议题最终能够趋向一种生产性的、有意义的全新归宿。正如在**修辞转变**（rhetorical turn）中，或者在更具干预性的**异轨**（détournement）中，景观自身的转变与法语术语**统筹**（dispositif）紧密相连。这种转变表明风景园林师须以一种战略性的但却是精妙的、温和的方式统筹景观的各个组成部分，这种情形也体现在布置（arrangement）、基本状况、管理和排列等过程中。设计师需要在建立一个安排得当的场域中统筹各种条件，这是激发场地最大潜力的内在要求，而且，设计师还需将消极因素和限制转变成积极因素和潜能。[12]

或许我过快地论述了这个复杂且重要的议题，但我仍然想要回到关于图像的讨论上来，尤其是有关成像的功效，或者说，成像在转变、形成和诱发潜力层面上所蕴含的能动性。理论家和历史学家关注的是对象（object）或观念，然而设计师则注重实际上的创造性行为，后者特别重视"有所为"（doing），且注重那些往往令人困惑的、无法预计或业已决定的事物。而后，问题的关键不在于风景园林师如何利用图像，而在于风景园林师应该发展和创造什么类型的成像活动。此处，我指的是一种源自地图术、图绘、建造模型和建造活动的真实的持久经验，在创造性思维中，这些经验被视为一种具有创造性的力量（参照"景观媒介中的图绘和建造"一文中的图12）。恰在此语境中，区分图画化（picturing）与成像（imaging）之间的清晰差异便显得十分必要。

米歇尔（W. J.T. Mitchell）将图画与图像之间的区别概括为：

> 一个被构建的具体客体（框架、支撑、材料、颜料和断裂，fracture）与一种虚拟的、现象的表象（这种表象的受众是大多数观者）之间的区别；一种深思熟虑的再现行为（"去**用图画绘出**或者描绘"）与一种非自主的，或者甚至是被动的、无意识的行为（automatic act）（"去**构想**，或者想象"）之间的区别；一种特定的视觉再现（"图画式"的图像，"pictorial" image）和一种整体式图像（iconicity）（词语的、听觉的、精神的意象）之间的区别。[13]

米歇尔把后者归结为生动的图像，或者是：

> （根据亚里士多德的观点），**可感知的形式**（sensible forms）……是从客体中衍生出来的，它们犹如一枚印章戒指（signet ring）一样将自身烙印在类似于蜡块容器的人类感官之上；在客体缺席之时（客体恰是产生可感知形式的源泉），

人类的想象力能够激唤出各种感官的印象，而**幻觉**（fantasmata）正是这些印象的再生之物……一般而言，这些"表象"正好介入我们自身与现实之间。[14]

因此，米歇尔区分了五种类型的图像：图形的（graphic，似在图画中的）、视觉的（optical，似在镜子中的）、知觉的（perceptual，似在认知感觉中的）、精神的（mental，似在梦境、记忆和概念中的），以及词语的（verbal，似在描述和隐喻中的）。当然，每种图像绝非与其他类型保持独立的关系，通感（synesthetic senses）和印象（impressions）之间的叠合是不可避免的。因此，并非所有的图像都通过图画获得表达，以精神的理念为例，倘若一个人"看见"某物，这并不能说明这个人领会了这个事物的本质。或许，有人会在此谈及一种不可见的审美，或一种知觉性的本质。演讲、口头表述、姿态（gestures）和其他修辞性图形能让人联想到其他不可见的图像，从而使之得以领会（see）某个特定的理念。古希腊人已经意识到理念中所具有的图像内涵，正如术语 eidos 所表达的内容，eidos 能将"理念"与"可见之物"联系起来。在此，成像被理解为一种理念形式，这便是为何成像是景观的概念和实践活动中不可或缺的一部分。在 landskip 中，图画的创作内化且决定了将要被呈现和绘制的内容，而在 landschaft 中，联觉的（synesthetic）、认知的构成形成了一种通过劳作而建立起来的有关场所和关系的集体意识。

后一种现象更似一幅精神性地图，或图解（diagram），或一种空间组织的图像，这种图像不必是图画性的，但至少是简明且可传播的。即便这种图像看起来很真实，并且最终变成了被世人广泛接受的惯例，然而与其他地图一样，此类图像可以创造出一种不可见的表象。空间自身既不可被感知，亦不可被想象，空间只有在成像活动中才能被创造出来。这种生动的创造能有效地把个人与集体结合到一起，并且能将他们置于更加广阔的环境中。因此，生动的地图术是一种高度情境化的、主观性构建的认知图式，是塑造一种不可见的景观的核心要素。此地图相较于外观上的表象而言，更加倾向于一种逐步展开的空间性，而且，相较于直接描绘某处不动产（real estate）而言，其更倾向于诗意的属性（图 3、图 4）。

对风景园林实践而言，这些（关于图画和图像的）理论意味着什么呢？首先，上述内容既指出了与设计有关的潜力，同时也指出了再现性技术自身的困境，尤其考虑到，传统图绘（比如平面图、透视图和渲染图）已经成为约定俗成的内容，因此，我们在塑造事物之时不能意识到图绘所蕴藏的内在力量和效力。其次，上述内容还指出了一种限制，即在创造图像的过程中，设计师的精力过多地倾注于图画性之上，而对其他方面的认识（knowing）和归属关系

图3　mappemonde rudimentum nivitiorum，1473，
引自：*L'Atlas du Vicomte de Santarem*
图片版权：Bibliothèque Nationale, Paris

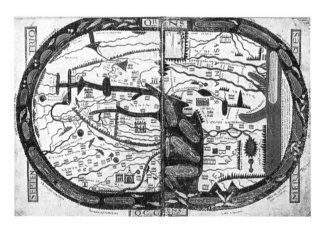

图4　列巴纳的比阿特斯的世界地图（Beatus of Liebana），圣塞弗（Saint-Sever），17 世纪，
这幅卵状的世界地图显示了古典世界的三大洲（非洲、亚洲和欧洲），它把神秘的澳大利亚描绘
成一块被大海隔离的新月状物（crescent）。这张地图的标题是：在世界三大洲之旁尚存第四大洲，
南向，位于海洋之外，由于阳光太过刺眼，故使我们对这块大洲所知甚少。在这块大洲上生活
着新西兰人和澳大利亚人（antipods）。
引自：*Le commentaire sur l'Apocalypse*，1823
图片版权：Bibliothèque Nationale, Paris

（belonging）比较漠然，这说明我们在再现有关存在（being）的其他维度上存在着困难之处。再次，上述之论暗示了风景园林学需要修正、强化和颠覆一些既定的再现技术的类型，它们可能创造出更加迷人的景观，而且还可以帮助当代景观的营造跳出静物装饰画般的藩篱。就此而言，行之有效的潜在之径便是**生动的操作**：运用特定的观念性技术以解释（即想象）和建造（即投射）新的景观。弗拉索里（Marco Frascari）将三个基本的综合性图像命名为"技术图谱"（technographies），生动性操作虽与之不尽相同，但它们却在一定程度上存在相似之处：

1）介于真实的建筑物和与之相关的具有反思性的或者投射性的图像之间；
2）介于真实的人造物与工具性图像之间，后者存在于特定人群的思维中，这些人来自与建造相关的建筑领域，他们凭借着其建造者的身份与建造的贸易活动发生着密切联系；3）介于由建筑师所创造的工具性图像与依存于某种文化的集体性记忆的象征性图像之间。[15]

因此，弗拉索里解释说："技术图谱乃难解之谜（enigmas），唯有在建造活动中，谜团才能得以解开……图像在建造领域中发挥着自身的作用，但它们却不一定必须被解释"。[16]

无论从技术图谱的想象层面上，还是其效用层面上而言，设计师皆需通过生动的操作来扩充自身的专业技能。在阅读有关图像建构的分析性文章之时，比如说，这些作者包括贡布里希（E. H. Gombrich）、古德曼（Nelson Goodman）、阿恩海姆（Rudolf Arnheim）、皮亚杰（Jean Piaget）、卡西尔（Ernst Cassirer）、布列逊（Norman Bryson）和米歇尔（Mitchell），或者说，我们只是简单浏览一下那些世纪性的伟大艺术品（无论是地图、绘画、拼贴、表演艺术，还是摄像和数字媒介），它们的再现类型和形式比景观、建筑和规划艺术中的再现技术要丰富得多，两厢比较之后的差距让我备受震惊。成像具有一种隐喻的能动性，它（大多以任意的方式）将两个或多个元素结合在一起，进而创造各种关联的可能性。当毕加索将一个自行车把手与一个向下的座椅组装在一起的时候，这个新的组合形式不仅暗示着一头公牛的头部，还暗示着人身牛头怪物（minotaur）（一部分是动物，另一部分是机器），即这一图像是通过组装真实的自行车得以创造出来。与之类似，此等关联性的延伸亦可通过表意符号（ideogram）或配对两种不同元素的方式创造出一种全新的图像，而且这种图像是一种无法用图画化进行表达的概念。例如，杜尚的作品"类型寓言（乔治·华盛顿）"（Genre Allegory, George Washington, 1943）集中体现了上述图像的性质，这个作品的构成是由碘着色的纱布绷带上点缀着数颗军星，它们既构成了华盛顿将军的侧影，又唤起关于美国国旗残破之感的联想（当然，这里有个前提是：该作品不会指向一种有关美国国家意识的分崩离析之感）（见《图绘与建造》中的图11）。对于创造力和想象力而言，这种生动的图像具有重要的激发作用；它们并非再现某个理念的真实性，而是诱发这个理念的各种可能性。与之截然相反的是，传统设计实践中的图像更倾向于如下几个特点：技术层面上的、严格意义上指示的（denotative）、明确的、显而易见且易懂的（intelligible）。在学术圈和杂志领域中，晦涩难懂的、封闭的抽象形式逐渐占据优势地位，我对此深有体会；然而，如果景观和都市主义想要再次扮演重要的实践角色，那么，相较于传统实践的图像类型而言，我们必须大力创造和利用想象性的、展示性的（demonstrative）、生动的图像。如果风景园林师构想出某些理念，那么，在理念的形成和投射的层面上便需要我们进一步强化成像的作用，而不是简单地将"艺术性的"表现图与"技术性的"施工图进行对立。换言之，在设计领域中，或许，理解生动的图像的关键就在于这样一种思维方式：生动性图像既不是工具性的，亦非再现性的，而是两者兼而有之。

需要强调的一点是，上述的创新性不必全然是激进的和全新的；它们可能源于一种有关法则（codes）和惯例（convention）的精细化重组。在一篇论述建筑图绘的论文中，莱瑟巴罗（David Leatherbarrow）谈到，建造中的生动图像的首要模式皆属于平面和剖面的正交视角（orthographic views）："平面视图呈现出一种朴实的观看方式所无法企及的同时性（simultaneity）；剖面则提供了一种具有显著窥探性的渗透力。平面视图和剖面图皆通过聚焦于终极形态的瞬时性（temporality of its eventual unfolding）以表达相应的深度"。[17] 正交制图能以一种基础性的、源源不断的方式提升建筑的洞察力和构思能力，或许，正交图是空间设计中最有力的有关生动成像的工具。近些年来，多种平面和剖面的图层（有时候，这些图层彼此矛盾）之间的相互叠加已经促发了新的可能性。比如说，在传统的大尺度规划和图解（diagramming）中，库哈斯（Rem Koolhaas）做出了有效的改变，他以简单的方式构造了形式，并且组织了程序，从而在根本上将形式和程序**重塑**于全新的混合条件中。平面图中那些分解的、独立的图层和元素不仅提示了一种创造性的工作方法（类似于拼贴），而且还特别强调景观的**营造**（making）逻辑，不过，这些平面图对景观自身的表象则一笔带过。屈米（Bernard Tschumi）作品的标记（notation）和组合性索引（combinatory indexes）为进一步重组和再造某些正交的、舞曲编排的（choreographic）制图传统提供了例证。

与此一脉相承的是，当代城市设计师（例如，库哈斯、MVRDV 和 a-topos）

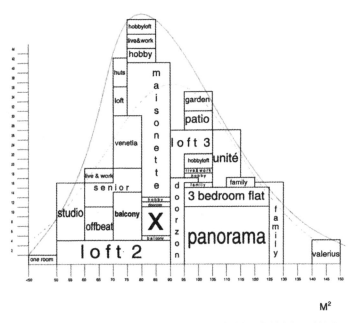

图 5 　房屋的筒仓（HousingSilo），这幅图显示聚居点的数量与被占有土地的关系，
MVRDV，阿姆斯特丹，1996 年

已经发展出一系列他们称之为"数字景观"的技术。新的数字景观修正了传统意义上分析性和定量性的地图和图表，这揭示和建构了直接作用于既定场地上且与各种塑形有关的力量和过程（shape-form of forces and processes）（图 5）。[18]数字景观是新型的空间构成，它不仅是建构性的、指示性的成像，还是一种"客观的"建构类型（它们是从数字、数量、事实和纯粹数据中获取而来的），这使得数字景观能在（处于高度官僚化背景之下的）当今城市设计的建造和管理上具备强大的说服力。数字景观与传统规划中的定量地图之不同之处在于：它们以一种修辞式的（具有目的性）、工具式的（具有创造性）方式将数据实现图像化。数字景观不仅揭示种种塑造力（比如监管的、区划的、法律的、经济的、物流的条规和状况）所具有的空间效应，而且还在时空维度中建构出一种生动的理念。艺术性恰恰在于之于技术的**运用**（use），即事物是如何被选取和设定的。在此处，数字景观没有假设真理性或实证主义的方法论；取而代之的是，其规划者通过不同的方式处理各种问题，从而揭示隐藏在既定场地之下的新可能性。与传统地图之假定的、消极的中立姿态完全不同，数字景观通过创造新颖的、有创意的解决之道以重塑给定的各种状况。

关于基础的成像技术（比如地图术、平面图、图解和剖面图）的改进能够

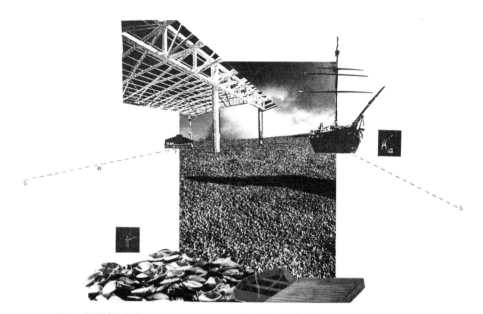

图 6　格林波特港（Greenport Harborfront），这是一种表意符号（Ideogram）的图像，
科纳绘制，纽约 1996 年

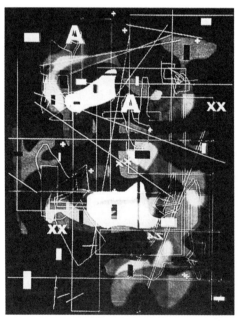

图 7　阿索维基游戏板（Älsvjö Gameboard），科纳绘制，1999 年

让设计师／规划师从再现系统中解放出来。我们的关注点不应聚焦于布景般的景观构建，而是应当通过优先操练栖居环境中的各种条件，从而把精力放在事物如何运作，事物如何联结到一起，以及如何让项目变得更为合理等议题上。[19]我在此处强调的这些图绘不是为了展现某个项目最终的完工面貌，或者说，也不是为了显示不同的部分如何被组织到一起，与之相反，我试图通过程序以提议一种思考模式（该思考不是描述性的），它可以概述一个项目进程中的各种性能的维度（performative dimensions）（图 6、图 7）。

由于综合的、复合的图解技术具有兼容并包的、工具性的功能，因此，图解技术能够进一步促进景观构成（formation）的发展。例如，层叠（layering）和分离（separation）可以把多重议题纳入项目的发展之中。复合性拼贴在本质上是一种联结性的、创造性的技术，其目标不在于限制和控制各个部分，而是在各个组分之间保持一种解放自由的、异质的、开放的关系。在此，分析性的、系统性的操作尤其可以促进一种内含揭示性的丰富效应。比如说，在建筑师斯卡帕（Carlo Scarpa）的技术性图绘中，那些密密麻麻的草图和标注亦具上述特点，各种视角和尺度被视为一种思辨性的（speculative）和系统性的呈现，而且，在库哈斯、屈米和艾森曼的更具战略性的分层图解中，我们也能观察到与之类似的图绘类型。虽然这些建筑师的成像类型在形式和功能方面千差万别，但它们都包含着不同层次上的信息，同时还避免了被一眼望穿和简化的存在状态。此外，在生产的层面上，复合性技术注重图绘的工具性功能，即相较于再现性而言，复合性技术更强调功效。换句话说，通过利用不同分析性的、类比性的成像技术，各种不相干的部分能够被整合成某种具有创造力的关系，这种关系并非强调视觉构成，而是特别注重其**方法**（means）或能动力。

其他类型的复合图像包括表意图（ideograms）、图像文本（imagetexts）、记谱（scorings）、象形图（pictographs）、索引（indexes）、样本（samples）、游戏板（gameboards）、认知性描摹和比例。尤其是图像文本，这种合成图像在设计艺术中并没有得到显著的关注和发展。图像文本是文字和图画之间综合性的、辩证性的合成，它能够包含且创造出一系列突出的、另外的、不可用图画表示的图像。[20]正如文化评论家泰勒（Mark Taylor）所言，"文字的声音／视觉的痕迹（audio-visual trace）关涉了一种不可避免的物质性，只有当其是有形的（figured）时候，文字方可被感知"。[21]尽管大多数的建筑和规划图像同时将文字与图绘并置在一起（例如标题、图例和命名等），但这种并置所具有的绝对内在潜力很少能超越其自身的描述性功能。然而，艺术家布莱克（William Blake）、朗（Richard Long）、克鲁格（Barbara Kruger），建筑师李博斯金（Daniel Libeskind）、白瑞华、荒川修作（Arakawa）和琴斯（Madeline Gins）等人创造的图像文本，却以一种极具暗示性的方式推进了这种综合性成像的修辞性和嬗变性力量（transfigurative force）。

景观的想象性是一种有关意识的力量，其完全超越了视觉的范畴。倘若我们持续地将景观理解成有关形式的、图画的客体，那么，便会在很大程度上贬损景观理念的广谱内涵。如果景观的理念等同于投射于政治和文化想象中的图像，而且，它们的使命是引领社会发展和变革，则一方面，这些图像（即理念）的缺席将会导致社会退化到记忆中（怀旧，nostalgia）；另一方面，则让整个社会完全屈服于技术（理性的权宜之策，rational expediency）。如何创造和实现各种理念取决于如何巧妙地创造成像。同样的，景观作为一种重要的文化实践乃是未来之趋，这取决于：景观的创造者需要以全新的方式将我们的世界实现图像化，并且以丰富卓越的有效途径将其付之于现实。

注释

1　在某种程度上，环境（environment）这个术语假设了许多意义和价值（这在门类繁多的环境哲学中得以体现），因此我们可以宣称，在其自身的各种媒介形式中（mediated forms），（与景观的内涵相似的）环境也逐渐变成了一种主观建构的、可感知的理念。当然，任何的景观构造中都具有意识形态的痕迹，可见于：Augustin Berque, "Beyond the Modern Landscape," *A.A. Files*25（Summer 1993），33-37. 另参见：Alain Roger, *Court traité du Paysage*（Paris：Gallimard, 1997）.

2　我是站在古希腊词汇 theoria 的立场上使用理论（theories）这个术语的，它表示"去领会"（to see）。

3　John Brinckerho Jackson, *Discovering the Vernacular Landscape*（New Haven, CT：Yale University Press, 1984），1-8；John R. Stilgoe, *Common Landscape of America*, *1580 to 1845*（New Haven, CT：Yale University Press, 1982），12-29.

4　Stilgoe, *Common Landscape of America*, 12.

5　一个重要的参考文献来自：Maurice Merleau-Ponty, *Phenomenology of Perception*，翻译：Colin Smith（London：Routledge and Kegan Paul, 1962），特别是 3-63 以及 207-98. 另参见：Michel de Certeau, *The Practice of Everyday Life*，翻译：Steven Rendell（Berkeley：University of California Press, 1988）.

6　Raymond Williams, *The City and the Country*（New York：Oxford University Press, 1973），36.

7　Denis Cosgrove, *Social Formation and the Symbolic Landscape*（1984；reprint, Madison：University of Wisconsin Press, 1998），19.

8　参见：Michel Foucault, *Discipline and Punish*，翻译：Alan Sheridan（New York：Vintage Books,

1979); and Martin Jay, "Scopic Regimes of Modernity," in *Vision and Visuality*, ed. Hal Foster（Seattle: Bay Press, 1988), 3-23.

9　Jonathan Smith, "The Lie That Blinds: Destabilizing the Text of Landscape," in *Place/ Culture/ Representation*（London: Routledge, 1993), 78-92.

10　参见: John Stilgoe, J.B. Jackson, "A Literary Appreciation," in *Land Forum* 1（Summer/ Fall, 1997), 8-10.

11　The term metrical is used here all its senses: numerical, spacing, instrumental, and poetic. 参见: James Corner and Alex S. MacLean, *Taking Measures Across the American Landscape*（New Haven, CT: Yale University Press, 1996).

12　参见: Francois Jullien, *The Propensity of Things: Toward a History of E icacy in China*, 翻译: Janet Lloyd（New York: Zone Books, 1995).

13　W. J. T. Mitchell, *Picture Theory*（Chicago: University of Chicago Press, 1994), 4（n. 5).

14　W. J. T. Mitchell, *Iconology: Image, Text, Ideology*（Chicago: University of Chicago Press, 1986), 10.

15　Marco Frascari, "A New Angel/Angle in Architectural Research: The Ideas of Demonstration," in *Journal of Architectural Education* 44/1（1990), 11-18; quote on 15.

16　Frascari, "A New Angel/Angle," 16-17.

17　David Leatherbarrow, "Showing What Otherwise Hides Itself," *Harvard Design Magazine*（1998 年秋), 50-55. 另参见: James Corner, "Representation and Landscape," *Word & Image* 8/3（1992 年 7 ~ 9 月), 243-275.

18　参见: 采访 Winy Maas 以及 Stan Allen 和 Bart Lootsma 发表于 *EI Croquis 86: MVRDV*（1997 ）的文章。另见: "Datascapes," in Winy Maas, Jacob Van Rijs, and Richard Koek, *FARMAX: Excursions on Density*（Rotterdam: 010 Publishers, 1998). 还有: James Corner, "The Agency of Mapping," in *Mappings*, ed. Denis Cosgrove（London: Reaktion, 1999), 212-258.

19　参见: Stan Allen, "Diagrams Matter," in *ANY23: Diagram Work*（1998 年秋), 16-19; Julia Czerniak, "Challenging the Pictorial: Recent Landscape Practice," in *Assemblage* 34（1998), 110-120; and *Architectural Design Profiles 121: Games of Architecture*（May-June 1996).

20　此处是一个稍微狭隘的定义。在米歇尔的论述中，图像理论（Picture Theory）实际上延伸到了电影、广告、卡通漫画和戏剧中 [比如说，阿尔托（Artaud）强调哑剧，布莱希特运用的文本投射不仅是 "美学上的" 创新，其在符号政治（semio-politics）领域中更是一种主动性的干预方式]。参见: Roland Barthes, *The Responsibility of Forms: Music, Art and Representation*（New york: Farrar, Straus and giroux, 1985).

21　Mark C. Taylor and Esa Saarinen, *lmagologies: Media Philosophy*（London: Routledge, 1994).

图 1　让人迷惑的星球（The Bewildered Planet），119cm×140cm，恩斯特（Max Ernst），1942 年

图片版权：Collection of the Tel Aviv Museum © 2013 Artists Rights Society（ARS），New york / ADAGP，Paris

作为创造能动性的生态学和景观

不变以静观其变，

何以对苍茫。

——柯勒律治（Samuel Taylor Coleridge），《柯勒律治的作品集：散文与诗歌》（*The Works of Samuel Taylor Coleridge，Prose and Verse*），1845 年

    我们最能深信无疑的世间之事，一定源于人类的自身（our own），因为世间万物皆持特定的观念，这些观念很可能来自外部的、表面的，然而人类自身的感知（perception）却是内部的、深刻的。遂后，我们想要寻求的到底是何物？

——伯格森（Henri Bergson），《创造进化论》（Creative Evolution），1944 年

    与生态学和创造力有关的过程性（process）乃是风景园林领域的基础性议题。无论是生物学意义上的，还是想象层面上的，无论是进化的，或是隐喻的，这些过程皆是主动的、动态的和复杂的，而且，在一个多样互动的整体中，每种过程都会不断强化自身的差异性、自由度和丰富性。对于促进改变的各种力量而言，过程性既没有终结点，也没有任何的宏伟计划，它们仅仅指向了一种积累的指向性（cumulative directionality），在此，过程性总是趋向于进一步的生成状态（future becoming）。恰恰在此种生产性（productive）和主动性的层面上，生态学和创造力并非指向某种固定的、僵化的现实，而是关乎于运动、流通（passage）、发生（genesis）和自主性（autonomy），**一种在时间中不断延展的生命形式**（propulsive life unfolding in time）。

    然而，令人感到奇怪的是，虽然近年来生态学和创造力已经获得了持续性

本文曾收录于：George F. Thompson and Frederick R. Steiner, eds. Ecological Design and Planning（New York：John Wiley & Sons, 1997）：80-108. 本次再版已获出版许可。

的关注，但是，它们的内容及两者之间的关系仍然含糊不清，尤其是，在不断进化的生命和意识中，生态学和创造力所蕴含的能动性（agency）一直处于旁落的状态。比如说，生态学、创造力和景观设计之间具有一种生机勃勃的互惠关系，然而，令人震惊的是，我们很少能够挣脱机械的、指定的方法来认识它们之间的潜在关系。而且，在风景园林领域中，关于生态学和创造力的运用和理解颇为有限，该现状导致无论在效应（effect）层面，还是在强度（magnitude）的层面，学界和行业几乎不能发展出与生态学和创造力主题有关的革新作品。即使当代的风景园林学更多发轫于客观主义和作为工具模型的生态学（尽管环境主义者常以之作为表达情感的措辞），然而，设计的创造力经常被简化成有关环境议题的解决之策（专业技能，know-how）和审美表象（优美风景，scenery）。对于风景园林师来说，创造性的缺乏让人既惊又惑，尤其对于这批专业人士而言：他们从一开始就相信生态和艺术创造之间的相互结合可能有助于发展出全新的、另类的景观形式。这种专业上的失败表明生态学、创造力和景观之间保持一种不协调的关系，而且这种关系是无法协调的，或者说，在更大可能性上，它们之间尚未发展出潜在的关系。这种潜在关系可能形成更为有意义且有想象力的景观实践，而非仅仅是改善的（ameliorative），审美的或者商业导向的。

在这篇论文中，我的目标是勾勒出上述潜力的基础框架。我认为对于生态学、创造力和风景园林学的思考必须超越视觉表象、资源价值、生境结构或者工具性。取而代之的是，我们应该给予这些略带局限性的传统观点补充以新的理解：即生态学、创造力和风景园林学如何才能成为隐喻性的、思想性的再现类型；它们是文化意象，或者说，是各种各样的理念（ideas）。然而，这些理念绝非毫无积极作用，它们在世界中具有深刻的能动性，并以各种物质的、思想的和实验性的方式促进事物发生改变。这些文化理念和实践是以如下的方式与非人类世界（nonhuman world）发生互动的：它们衍生于非人类世界，同时又构成了自然、人类聚居以及它们之间种种的关系模式。此处的关键点在于，生态学与风景园林设计如何能够在人、场所和宇宙之间创造出新的另类形式。因此，风景园林学不应仅仅着眼于修复性的修补措施，而应该更加着力于创造新的形式和程序（programs）。

在进化性干预（evolutionary intervention）的层面上，倘若有人将风景园林视为一种主动性媒介，那么，风景园林师应当如何在设计实践中领会和转译生态学与创造力呢？他（她）们应该以何种方式才能让生态学和创造力介入到风景园林学，以发挥其重要的进化性媒介作用：我们能否在文化的世界和纯粹的自然之间延伸出更大程度上的多样性和互惠性？而且，到底是什么构成了这种具有创造性的生态学呢?

生态的理念

过去的几十年里，生态学在社会和智识（intellectual）领域中已经获得越来越多的关注。在很大程度上，人类逐步意识到本土和全球环境正在遭受破坏，这使得大家普遍关注生态学，而且，图文并茂的媒体报道和组织健全的生态行动主义又持续地塑造和灌注生态学的价值。[1] 已有的生态经验表明，地球上所有的生命皆处于一种动态的、复杂的和不确定的紧密网络关系中，这说明任何关于自然是一种线性机制（linear mechanism）的言论是有误且不足的，而且，后者的观点会把自然视为可控的（或可修复的）巨型机器，该说法亦站不住脚。生态学强调时间性和互动性过程，而新的科学发现（非线性、复杂性和混沌动力学）进一步强化了这种观点。

尽管生态学代表一种"自然之和谐"，但是生态学家伯特金（Daniel Botkin）写道，这种和谐同时也是"不和谐的（discordant），它产生于不同音调间同步的震动，是一系列同时横跨多个音域的过程结合体，生态学的和谐之音并非导向一种简单的旋律，而更像是一首时而铿锵、时而恬静的交响乐"。[2] 虽然生态的诸多理念仍需进一步探索，然而现有的理论状况已经表明，我们不能再以一种了无歧义的明确性（unambiguous clarity）来运用和表达生态理念。如今，人们或许认识到企业和媒体使用"生态学"的频率与环境主义者、大地艺术家或政客不相上下。在通常的意义上，尽管生态学能为自然过程和它们之间的相互关系提供科学解释，不过，生态具有描述和建构各种有关自然的能力还能发挥出更大的价值。虽然生态学总以客观性示人，然而它在思想性（或者想象性）的层面上从来都不是中立的。生态学并非不具有价值、意象和效应。与之相反，生态学恰是一种社会性建构（social construction），它能激发和充实特定的理论思潮和分析视角（比如说"绿色政治"、民族主义和女权主义），并赋予这些视角以相应的合理性（legitimacy）。生态学在其倡导者的想象中构建出特定的"理念"（ideas）；生态学能创造出特定的方式以想象和理解自然，这些关于生态的理念既包括极端的理性，也涉及最原始的神秘性和宗教性。

因此，区分两种"自然"就显得颇为必要。第一种"自然"（nature）指的是自然的**概念**，其本质是一种文化建构，它可以帮助人们言说和理解自然世界，且与生态语汇密切相关；第二种"自然"（Nature）是指无形的（amorphous）、无介质的流变（unmediated flux），即一种几乎脱离或者超越人类认知的"真实的"宇宙。

在文化想象的层面上，关于自然的生态观之发展（人们如何构想自然，如何与自然发生关联，如何介入自然）与当前风景园林和规划设计中的生态观念（主要以工具理性为主要途径，或者，以解决问题为主）相比具有完全不同的内涵，在后者的语境中，"生态"、"自然"、"景观"和"环境"已经形成一种先入为主的观念，使得它们逐步脱离了文化的范畴。这里谈及的"文化"指的不是人类行为的、统计学意义的内容（比如说，人类生态学所表述的各种数据），而是为了唤起一种延展的（unfolding）、多样的人造意象，一种动态的实体，这个实体则由某个特定社会中的各种语汇、态度、风俗、信仰、社会形式和材料属性构成。文化是一种具有厚度的（thick）、主动性的考古学，文化能从深层次促进道德的、智识和社会性的培育。因此，人们只能熟悉他们自身生产出来的文化表现形式（比如说，每一地区的人都拥有自身的语言，再现媒介和手工艺品）。"因为几千年来，人们皆以道德、审美和宗教之名审视人类世界"，尼采（Nietzsche）写道，"而且人们常常带着盲目的倾向、情感或恐惧，总是让自身沉溺于一种非逻辑的（illogical）思维之中，这个世界**已经变得**奇异多彩，惊奇可畏，意义深邃，且饱含情感；世界已然繁纷绚丽，而我们是投身其中的作画人：人类的智识既能让表象显现出来，同时也可将表象的误导性概念投射到具体的事物上"。[3] 对于尼采而言，文化世界（与自然一样）是一种关于"错误和幻想"的累积，即一种"珍贵宝藏（因为人性的**价值**恰依赖于此）"的自然增长。[4] 即使生态学本身也是文化语境中的构成部分（因此，生态也是虚构的），但是，描述性的、工具理性的生态学却不能认识到这类动态的、再现的、"存在错误的"（erring）文化特点。易言之，许多以生态学立身的风景园林师和规划师，常常未能认识到生态的隐喻性如何建构和促进了特定的现实。而且，不同的社会群体通过各种方式呈现和言说各自的经验，且与自然建立各种关系，这些方式当然能够实现某种丰富性，然而讽刺的是，严格意义上的科学性的生态学不能接纳（甚至都不愿承认）蕴含于自身的丰富性意象（image within that richness）。

风景园林领域中生态学的暧昧和歧义（Ambiguities）

生态学已经在风景园林和规划领域中产生了极为重要的影响，尤其在利奥波德（Aldo Leopold）的《沙乡年鉴》（1949年）、卡尔森（Rachel Carson）的《寂静的春天》（1962年）以及麦克哈格的《设计结合自然》（1969年）等著作出版之后，这种现象表现得更加突出。早期的美国自然主义者，例如，马什（George Perkins Marsh）、梭罗（Henry David Thoreau）、爱默生（Ralph Waldo Emerson）、缪尔（John Muir）以及随后的亨德森（Lawrence Henderson）等，他们无疑在一定程度上影响了 19 世纪晚期和 20 世纪早期的风景园林师，那些受到影响的风景园林师包括奥姆斯特德（Frederick Law Olmsted）、艾略特（Charles Eliot）、詹森（Jens Jensen）和曼宁（Warren Manning）。经过一个多世纪的发展（特别是从地球日的创建开始），生态学最终成为风景园林教育和实践的核心部分。

就本质而言，虽然生态学确实改变且丰富了风景园林领域，然而，生态学已经取代风景园林学中某些更为传统的内容，这种学科内容的改变随后引发了一种模糊不清的、令人感到疏离的学科定位（老生常谈的问题是：风景园林到底是艺术，还是科学？）。比如说，很多风景园林院校几乎不重视视觉艺术、设计理论或者历史方面的教学，取而代之的教学科目主要侧重于自然科学、环境管理和生态修复技术。尽管关于生态方面的景观研究极为重要，但是很多专业人士禁不住为传统的缺失而感到忧心忡忡，尤其是风景园林学作为一种再现的创造性艺术，一项关乎**文化的**事业。之后，艺术与科学、规划与设计、理论与实践之间的密切关系皆变得渐行渐远（polarization），而且规划设计师在"生态设计"的分支领域中又缺乏批判性反馈，这些状况又造成上述后果的后遗症。当下的风景园林师若是重设计和形式而轻生态理念，那么，这种逆反行业大势的想法会被认为是开倒车，而且这种想法所创造的环境远非那种具有重要意义的居所（dwelling），其更像是娱乐性景观（entertainment landscapes），然而，风景园林领域中的生态学之挪用（appropriation of ecology）还未真正获得具有创造性的、灵动的形式（animistic forms）。放眼当今的建成作品，无论它们是否以"生态"标榜自身，但是，我们在那些索然无味的、无关紧要的自然景象（nature）中根本找不到有关生态的创造力。

而且颇具讽刺意味的是，通过进化创造（evolutionary creation）得来的形态（morphogenesis）具有生动的、自发的特点（即生态学所宣称的主动性生命过程），不过，在现代风景园林师能力有限的情况下，他（她）们无法将那些特点实现脱胎换骨的转化。[5] 毫无批判的、简化的、有时甚至是排外的"自然观"进一步削减想象力的深度和实际的能动性。比如说，生态设计能够重建"本地的"（native）环境是一种主流的概念，这不仅建立在虚幻且矛盾的理念上（该理念认为存在着非文化的"自然状态"），而且还对另类观点和嬗变过程（processes of transmutation）显露出非常不生态的狭隘观念，比如说，**国外的**（foreign）和**异域的**（exotic）这两个术语本身就与**本地的**排他性（exclusivity）和优先性（privileging）背道而驰。

鉴于当前风景园林的职业地位渐趋边缘，故而，对于风景园林师而言，相较于以描述性和指示性的技术看待生态学而言（不能总是浅尝辄止地停留在具有普适合法性的"自然"意象的层面上），我们更需要在文化过程和进化转变的维度上关注生态学所具有的思想性、再现性和材料性的（material）的内涵。毕竟，正如社会生态学家克拉克（John Clark）所言，"人类精神的富足和个性的健全乃是自然进化的延续。将人类的想象力从机械化和商品化的消极效应中解放出来，则是当前一项最重要的生态议题"。[6]令人感到讽刺的是，当代的风景园林师（特别是那些以生态之名摇旗呐喊的人）仍然在很大程度上忽视通过想象的方式挪用生态思想和隐喻来解放人类的创造力，甚至也忽视了风景园林学的立基之本即在于此。比如说，园林恰在人类与自然世界之间逐步发展成一种既相互联系又彼此区别的场所。在此，通过培育和教化（cultivation）而发生的各种交换活动（包括食物、身体、精神、物理和心理关系之层面）切实地既区分又连接了人类生活与自然之间的世界。作为一种持久性原型（archetype）的园林预示一种兼具功能性和象征性的生态意识，该意识不仅根植于外部的自然世界，还拥有一种与自然有关的特殊文化模式。同样的力量（power）还存在于各种关系中，它们既蕴藏于物理场所的建造活动，又包涵在地图、图像和其他关于场所营建（place-forming）的文本中。

象征性再现（symbolic representation）亦具有上述力量，它能在人与人、人与自然之间塑造出新的文化关系，然而如今，风景园林师所面临的困境便是遗忘了这种力量（或许，人们还怀疑象征的再现力量）。科学性强调高度理性化的描述性的、指示性的方法；相较于生态"危机"下庞大的技术经济指标而言，现象形式（phenomenological forms）的生态意识常被生态学家错误地视为一种带有某些天真且微不足道的属性，但在一定程度上，强调科学性而忽视现象形式的生态意识让传统关注点的缺失变得愈发严重。人们普遍认为，只有在私人画廊或图书馆中，主体性、诗意和艺术才能受到人们的欢迎，但在运用"理性的"工具性效用"解决"真正的世界性问题之时，诗意和艺术便会变得束手无策，然而，这种主流的偏见必须需要意识到，该问题并非属于象征性交流和文化价值的范畴。[7]在风景园林的规划设计中，把生态当成一种理性工具不仅将"上述问题"具体化，而且进一步强化人类之于非人世界的控制，而这样的非人世界要么被认为是微不足道的，要么便具备了绝对的崇高性（它完全能够控制文化世界）。对于理性力量的持续性关注——这些力量常常排斥现象学意义上的惊奇、疑虑和谦卑——也没能让专业人士认识到，在甚小的程度上，世界范围内的景观建造已经开始影响全球的环境，特别在工业化、森林破坏和土地污染等问题上表现得尤为明显。与之形成反差的是，园林、公园和公共空间（也包括地图、图像和文字）对文化和存在的价值观的形成（formation of cultural and existential value）产生了诸多影响，然而，我们无法在历史中实现这些文化价值的定量化。风景园林的关注点不能仅仅聚焦于外部的环境，还须广泛且深刻地涉及文化旨趣和理念。

显而易见，尽管生态学已经滥俗于现代风景园林学的话语体系（如同一般性的公共生活），但是，与纯粹意义上的"科学性"生态学具有明显区别的生态学（该种生态学应当具有文化的活力）还未出现。或许，如此这般的迫切诉求能够比理性工具主义催生出更具泛灵的（animistic）创造性形式，促进科学世界和艺术世界之间的对话。生态学需要接纳和促进诗意的活动，这些活动可以在人、场所和大地之间创造出各种意义丰富的关系。具备生态想象力的风景园林学能够揭示、解放和丰富生物学意义和文化意义上的生命力，在此便能具备创造性。下一个问题是，我们如何通过创造性探索让生态思想激发某种具有想象力的、"充盈世界的"（world-enlarging）形式呢？反过来说，风景园林的创造力（凭借其自身的再现性传统）如何能够在人类想象力和物质实践的双重层面上同时丰富和促进生态思想的发展？

现代性和环境

在深入讨论上述议题之前，或许，首先概括一下现代性的核心特点将会大有裨益（西方的文化范式起源于 16 世纪晚期）。若是脱离此语境，便意味着生态学和创造力的讨论将忽视更大范围内的文化关联。特别重要的一点在于，我们已经认识到，一种普世的人类"进步"的信仰为当今的危机埋下伏笔。人们笃定技术力量能在未来建造一个更加完美的世界，这个深入人心的信念最早起源于 16 世纪和 17 世纪，彼时的启蒙知识分子（从哥白尼、伽俐略和笛卡儿，到牛顿和培根）由于科学进步和资本市场的兴起，让他们坚信人类能够主宰自然。一种激进的乐观主义情绪弥漫于那个年代，人们相信可以消除所有的疾病和贫穷，同时还能相应地提升生活的物质标准。过去 300 余年，现代科学取得的巨大成功（特别是医学和信息领域）不断助长一种期望，即，技术进步将会继续解决人类面临的所有问题。但科学同样导致了"更为阴暗的"技术发展，比如核武器和有毒废物，这种情况已经预示着不断加深的危机。与此类似，在亚利桑那州进行的生物圈 2 号实验（Biosphere 2）为人类提供了一处完全自我控制的生态环境，在此，除非（当然也是不可避免的）遇到了某些意外状况，否则，生物圈 2 号实验将不会有任何的自然灾害（和奇迹）。

客观的说，技术和生产力的提高显然没有提升与之相匹配的道德或生态意识。[8] 神圣性和精神性的堕落加重了社会伦理的沦陷，尤其在创建有关技术创新的极限（limits）的层面上，这种堕落状态表现得特别突出。自主的、不受控制的技术发展与文化价值发生了分离，全球化市场经济又进一步加强了这种分离状态，由于市场经济只考虑最大化的资本效益，全球化市场经济常常以其他国家、公民或生存状态作为代价。再者，等级化的官僚社会（一些具有统治力的群体限制着其他人的自由）导致了各种激进的不平等、文化的疏离（cultural estrangements）以及大范围的自然破坏和文化衰退。他异性（alterity）和差异性（difference）的相继丧失意味着一个不断变得同质且贫乏的世界之兴起，或许，我们可以感受到一种表面上看起来非常繁荣的多元主义，但是，那是媒体形象所造成的幻象，而几乎无法做到与"其他"现实（"other" realities）相互共存。总之，人类进步和人定胜天的信念拥有美好的愿景和成功的经验，但同时也造就了一种机械的、物质化的、客观的世界，在技术的层面上，自然与文化的潜在创造力都被简化成一些了无生气的等价物，即效用（utility）、生产、商品和消费。

在很大程度上，另一种主要的现代范式进一步强化了进步主义（progressivist）和客观主义（objectivist）的荒谬性：即一种试图建构二元对立的趋势，该趋势也表现在人类社会与自然世界之间的对立。[9] 这种二元论与主客体之间的二元划分保持如影随形的关系，在此，人们总是将"环境"视为人类以外的概念。启蒙思想（尤其是笛卡儿式的思维）把现实看成相互对立的事物，在启蒙思想中，主观世界和客观世界处于绝对有所区别和分离的状态，艺术家的"感性"和科学家的"理性"之间没有任何的交集。在风景园林领域中，理性的、分析性的、客观的"规划者"（他们重视数据信息、逻辑决定论和大规模的工程技术的线性过程）和情感的、直觉的、神秘的"艺术家"（他们重视主体性、情感体验和美学表象）之间的矛盾，恰是二元范式（dualistic paradigm）所造成的一种荒谬结果。[10]

尽管风景园林专业可能具有某种"温和的"（gentle）的特征，但这个领域仍然渗透着各种有关现代性的特点，比如技术经济的、进步主义的和二元论的属性。在资源管理、风景保护、动物学研究和商业主题公园的设计、塑造企业形象等方面，现代风景园林学确实做出了诸多贡献，而且这些贡献也减弱了环境的破坏，但在文化意义的层面上，将景观视为一种客体的观点（无论是美学的、生态的，还是工具性的）同时也削弱了环境在文化方面的价值（此处，人们将景观视为一种资源、商品、补偿或系统）。倘若风景园林专业确实将"生态危机"和人类聚居的困境视为己任的话，那么，行业人士必须清楚地认识到，环境破坏和精神衰退的根本原因究竟是如何被掩埋于现代文化的复杂基础中的，特别是那些关于政治经济的实践、社会机制、公民的心理状态和自身的狭隘性。

保护主义者、资源主义者（Resourcist）和修复性生态学

以现代文化的范式量之，生态实践在风景园林领域中具有两种主流趋势：其一，保护主义者/资源主义者，他（她）们支持全面的生态信息和知识能够促进生态系统的管控；其二，生态修复者，他（她）们认为生态知识能够被用来"治愈"和重建"生态系统"。

在保护主义者/资源主义者的生态观点中，景观是由对人类具有特殊价值的各种资源构成的，比如，林业生产、采矿、农业、建设开发、休闲和旅游。优美的风景也被视为一种资源，正如"遗产地区"和"荒野"（wilderness）地带，它们被看成"未来世代人类"的共同资源。通过将经济、生态和社会的价值进行量化，景观保护的策略是人类需求和自然生活之间的"平衡"结果。生态概念能够在评估土地使用预案和环境系统之间寻求"适宜性"，从而为土地管理者和规划者提供理性的（显然，也是价值中立的）标准。对于土地的评估，最流行的技术是由 20 世纪 60 年代宾夕法尼亚大学的麦克哈格所发明的适应性分析（suitability analysis）。这种生态方法能够量化某个特定生态系统的各种组成部分（或者说，至少是那些易于被量化或图绘出来的部分）；那些生态方法能够评估不同情形下的开发影响；提议最为适用的、干扰最小的土地开发。[11]其结果就是为开发的规划和管理（"增长"）提供了一个系统的、理性的核算框架（一个资源价值的模型）。

环境主义者沃斯特（Donald Worster）在 1979 年出版的《自然的经济学》（*Nature's Economy*）指出，保护主义者/规划师通过科学的生态学"能够更谨慎地实施资源管理，而且在保护生物资本的同时实现最大的效益"。[12]环境主义者埃文登（Neil Evernden）针对沃斯特的观点展开了批判，他认为在资源主义者的规划图景中，生态学的运用只是一种达成某种目标的方法，即"保护某个物种的目标"以实现"大地作为资源的最大效用……（即使）环境主义者已经明确反对这一目标的合理性假设"。[13]虽然资源主义者的本意是善良的，但是，此类项目的后果是不可避免地将自然界其他生命形式和自然的创造过程简化成有关效用的客观要素，这种去价值化（devaluation）来自人类与大地之间的情感疏离（emotionaldetachment），或者说，来源于两者之间的情感距离。"我们可以将生命世界简化成各种可被轻易量化和绘制的组成部分"，沃斯特说道，"生态学者同样也处于移除所有剩余的情感障碍物的危险之中，即一种不受限制的发展状态"。[14]埃文登则写道："把树木形容成一种氧气生成的装置，或者，将沼泽比喻成过滤物，这些做法皆是一种减损自身存在的暴力行为"。[15]沃斯特和埃文登都认为，实际上，资源主义者持有的生态观念很大程度上削减了生命的

各种奇迹和创造；以客观主义和工具性操纵世界的方式最终将会驯化那些天然野性的、自我进化的、自由的事物。埃文登补充道，"在与掠夺式开发的博弈中，环境主义者仅以谨慎开发为说辞"。[16] 通过这些实践，生态学只不过催生了一种分析性的、分离的工具性，人类运用这种看似"无害的"方式控制着客观的、缺乏生命力的自然"保护区"。换言之，进步主义生态学（progressivist ecology）只不过为下列观点提供了条件，即，在主体与客体之间保持彻底的分离状态。正是在文化观念上与景观所建立的此种永恒关系（景观正在持续的客观化）阻碍了人与世界之间产生一种更加共情的（empathetic）互惠关系。尽管埃文登的评论可能会让那些常以客观的、改善性的、"理性的"方式进行专业实践的土地规划者们感到不悦，但是，埃文登直接指出了持续性环境破坏的根本原因：**人们总是持有一种管理和控制"本不在那里的"（out there）事物的意愿。**

在风景园林领域，生态学的第二种方法是修复（the retroactive）。这里强调的是，风景园林师需要在景观的物理性重建的层面上，或者说，在更大尺度的区域性系统的景观建设中获得且熟练掌握相关的技术知识和技巧。人们相信，在土地开发过程中改善生态敏感技术（sensitive techniques）能够将当地和区域栖息地的破坏程度降到最低。生态学提供了一套关于自然循环和能量流动的科学阐释，修复主义者利用这种理论解释某个生态系统所相互依存的网络体系。而且，生态学还为修复主义者提供了一块由本土性演替的植物材料和种植格局所构成的调色板，这种生态学途径再造了一种具有前文化的（precultural）、"自然的"景观美学特征。在修复项目中，风景园林师几乎不考虑文化的、社会的、程序的创新性，其关注的核心是自然世界和再造自然世界的技术（尽管这对于当地遗产的作用来说只是雕虫小技）。当然，从本质上来说，修复是一项有关意识形态的工程（an ideological project），鉴于它源于一种关于"自然"的特定文化概念，因此，修复永远不可能脱离其内在的文化身份。不幸的是，修复主义者不能意识到浪漫的、理想的"本土性"（nativeness）可以退化成一种排他的、"纯粹"自然主义的态度（在20世纪三四十年代的法西斯德国正是极端的例证），因而，人们面对这种不可避免的文化隐喻性时总表现得毫无批判性。[17]

因此，一些修复主义者非常蔑视现代的文化生活，这导致激进的生态中心论成为环境主义者群体中的一个极端派别。在风景园林领域中，尽管生态中心论没有像其在环境领域中表现得那样来势汹汹，但从总体的角度考虑，相较于没有被干预的自然而言，城市性、艺术和文化生活总是显得更为次要，自然能够在演变历史和荒野地区寻觅到其最好且最具创造性的表达（即便这些环境主义者群体经常忽视了如下事实："未被干预的自然"自身也是文化意象）。在生态中心论模型中，现代二元论和等级化（这次则是自然战胜了文化）非但没有被克服，反而变得愈加根深蒂固。恰恰在关于神秘的、非理性的、浪漫的自然观点之中，自然战胜文化的"伦理"模型显得漏洞百出，一方面，这些观点强调和谐、相关性、相互支撑和稳定性；另一方面，它们又忽视竞争、排斥、掠夺、疾病和物种灭绝等自然现象。

在保护主义者／资源主义者和修复主义者／生态中心论的实践中，生态学总是植根于同一种现代范式中，而这样的现代范式恰是环境破坏和社会衰退的结构性原因。尽管有人进一步利用生态学控制人类环境，但是，另一些人则运用生态学为自然优先和人类中心主义谬误的情感宣泄提供某种修辞力量。在这两种策略中，我们只是缓解了某些生态学意义上的病征，然而，我们没有改善（且忽略了）社会结构意义上的因果文化基础（causal cultural foundation），而这种社会结构总是由二元主义、异化、统治和疏离所构成的。生态资源主义者和修复主义者以二元论为基础把世界客观化，从最好的结果来看，他（她）们的行为是改善性的，从最坏的结果看，他们的行为则是掠夺式的和排他主义的。正如具备多重涵义的环境运动一样，风景园林学潜移默化地复制且保留了现代性的缺陷。无论环境问题的关注点是自然还是文化，然而问题的关键皆在于我们的基本意识，一方面，我们笃信具有统治性的工具主义；另一方面，又不能认识到生物生态的建构其实是一种文化的"谬误和妄想"，而真正弥足珍贵的虚构性（fictions）在展现生命世界的过程中则具有深远的能动性（agency）。

激进（Radical）生态学

传统意义的生态学和环境主义的框架皆具明显之弊，作为回应，近年来，一些更加激进的生态立场业已崭露头角。[18] 之所以言之激进，乃是由于其关注点不仅聚焦于自然（Nature），而且还涉及文化范畴。激进生态学对进步主义的（progressivist）生态学颇有微词，对采取技术官僚式"策略"以解决环境"问题"亦持批判态度，他（她）们认为那些方式只是处理生态危机的雕虫小技，不能触及根基性的社会因素。针对人类中心主义（anthropocentrism）、生物中心主义、理性主义、客观主义、父权主义（patriarchism）、二元论、等级性、道德权力和伦理的哲学批判构成了上述论战的基础，论战的主要群体包括"深邃生态主义者"（deep ecologists）、"生态女权主义者"（ecofeminists）和"社会生态学家"，参与论战的人员还包括持有其他根本立场和原则的群体。然而，这些论战很少渗透到风景园林领域的话语之中，这是一件相当悲哀的事情，因为我们唯有以一种更加深刻的途径理解生态学的时候，即我们不能仅将生态学视为一种描述性的、分析性的自然科学，还须把生态学作为一种具有隐喻性（metaphoricity）的文化建构——生态学之于风景园林学更具创造性的、富含意义的价值才可能获得实现。

在诸多的激进生态学中，社会生态学对风景园林学似乎具有特殊的吸引力。[19]社会生态学以现代文化范式中的技术经济（techno-economic）作为主要关注对象，尤其是，社会生态学重点批判了有关控制性支配、商品化和工具性的社会实践。在一项名为"新自由计划"的发展蓝图中，尽管社会生态学者既支持创造另类的社会结构（政治的、体制的、意识形态的、伦理的和习俗的），同时又要维系现代范式的社会结构形式，然而他们都坚信文化革新的最大潜力在于人类的想象力和创造力。[20]

虽然社会生态学寻求一种"互补性伦理"（ethics of complementarity）（一种自由的、共生主义的、自主的、非等级化的政治所构建的伦理），但其倡导者亦认识到，倘若不是诉求于二元论或者强制性措施的话，那些促进改变文化生活的探索将会变得异常艰辛。但是许多社会生态学家仍然相信，相较于工具性而言，卷土重来的文化想象力或许更能影响政治的、经济的和制度的改变。社会生态学呼吁一种新型的社会"观念"（vision），"新的万物有灵论"（new animism），在此，人类社会便可运用好奇、尊重和崇敬的全新目光审视整个世界。在社会生态学中，生态理念超越了自身在严格意义上的科学属性，进而纳入了社会的、心理的、诗意的和想象的维度。然而，在摆脱狭隘的或者神秘的主体性（subjectivity）之后，社会生态学试图在理性思维、自发性想象和精神塑造之间寻求一种辩证的综合性（dialectical synthesis），而且，社会生态学家还特别重视演变规律和道德律令。他们相信，人性已经发展到与自然进化同等的状态，易言之，人性能够"察觉自身的意识状态"。因此，以人类创造力而言，恰如诗人柯勒律治（Samuel Taylor Coleridge）所言，生态和道德的责任感意味着"身体力行以践行未知的事物形式"；促进演化路径的多样性；培育特定的美学鉴赏力和责任感以丰盈自然和文化演变。[21] 在这里，"演变"（Evolution）指的是一种颇具推动力的丰饶性（propulsive fecundity），其本身是一种生命形式，亦体现一种"实现其潜能"的自发性、契机、自明性（self-determination）和方向性（directionality）。[22] 对于社会生态学家而言，人们必须充当"道德代理人"的角色，需要以创造性的方式介入演变过程中，而且能够丰富各种多样性、自由性和自反性（self-reflexivity）。[23]

这种道德律令的反讽性在于其萦绕心头的合理性，正如哲学家考哈可（Erazim Kohak）所言："如果上帝不存在，那么，世间之事皆非创造之物，因此，造物主便不会带着特定的目的和价值创造世间万物。万物只是一场宇宙间的意外（cosmic accident），一种被盲目的力量和因果关系所驱使着的毫无生气的物质。在此等语境下，道德主体以价值和目的的名义行迹于世则确实变成了某种反常的现象"。[24] 考哈可论述了文明是如何来源于自然的同时而又迥异于自然。在这种异常的辩证空间中，如果想要进一步讨论具有能动性的生态学和创造性，那么，我们必须将其放在演变的过程中，而且唯有在此过程中，更具批判性和主动性的风景园林实践才有可能出现。

辩证的生态学和景观

人类通过口头语言和视觉语言建构某种现实性，该能力得以让人类完全区别于自然界的野生状态和无差别的流动，同时，不同时段的迥异文化则以截然不同的方式建构着自身独特的"现实性"。文化"世界"由语言和图像结构组成；在文化世界中，虚幻与真实并举，象征与功用（useful）并存，不偏不倚。正如尼采所言："对于不在人类观念中的世界而言，数理之规则（以及概念）完全失效了，那些规则和概念只有在人类世界中才具有合理性"。[25] 对我们来说，唯一真实的自然是通过语言建立起来的。若没有语言，便没有场所，只剩下原始的栖息地；同理，没有语言，便没有栖居（dwelling），只剩下生存之处（subsistence）。而且，语言不仅塑造和引导了文化，它也能促进人类存在和其他事物存在的道德反思。

对于亚里士多德来说，理解和思辨宇宙的复杂性是人类思维中"最为重要的"一种能力，而且这种思维能力与宇宙思考之间的相关性构成了希腊词语**逻格斯**（logos）的基础，**逻格斯**表示思想与自然之间存在一种"本质性的"对照关系，同时，它也意味着两者之间的关系是通过语言建立起来的。[26] 当然，生态这个术语则是将 logos 和希腊词根 oikos 结合到一起，oikos 大致可被翻译成"领地之关系"（relations of home）。在追溯生态的词源学的过程中，作者哈里森（Robert Pogue Harrison）写道："生态这个词远比研究科学范畴的生态系统要广得多；它指的是世间存在的普遍方式……**我们并不栖居于自然中，而是生活在与自然产生关系的世界中。我们并不生活在地球上，而是生活在地球之外的世界中**"。[27] 这种关系（或者说关系网）正是人类创造出来的产物，而且这种关系亦是一种外部世界（excess）（风景园林也是其中的产物），即风景园林存在于文化的世界中。因此，人类的聚居地总是一种带有疏离性的建造物，它既是毁灭性的、寄生性的，同时也是互惠的、象征性的。摄影师伯格曼（Charles Bergman）也附和了上述的观点："灭绝……或许总是伴随着人类的发展，但处于濒临灭绝的物种却是一种现代产物，这是现代科学和文化所做的一项独特贡献。这是我们认知动物方式中并不愉快的结果之一，它直接展示了人类与自然关系中较为黑暗的一面"。[28] 结果，埃文登写道："即使地球上的森林消失引起了人类的警惕，但我们必须牢记的是，在文化世界里栖居的人类并不会长期生活在真实的森林中，他们反而居住于文字的丛林中。破坏地球森林的罪魁祸首必须从人类的文字森林中探寻，也就是说，在人们通常所言的世界中，我们可以确认的事情便是，人类自身即是地球之不幸的病因"。[29]

一旦认识到自然和文化皆是建构之物，且意识到它们被编织到一张由各种关系组成的网络之中，便会让很多人相信这样的事实：任何社会行为的发展皆隶属于一种关于意义操控（powers of signification）的关键性再生，即一种充满诗意的世界塑造和嬗变。例如，克拉克写道，我们需要"进一步探究身体与思想之间密不可分的维度，二元论已经严重损害了二者的紧密关系。当我们一边探索思想、观念、意向、符号、象征、所指和语言的时候，一边还会涌现出感受、情绪、性情（disposition）、直觉、激情和欲望，它们之间的相互联系将会变得越来越明显"。[30] 显然，上述提议恰好落在所指和能指、思想与物质、智识和身体的区间内。尔后，人类便会陷入两种认知的纠缠之中：一方是人类将自身视为自然的组成部分，另一方是人类想要从自然中摆脱出来。这种双重感受（人类既生存于自然中，又要摆脱自然之域）可以来源于关于"他者性"（otherness）的认知，或者来源于"什么不是文化"和"什么会超出文化"这两种定义的共存。这便是荒野状态，它是一种最为自主且未被干预的形式。正如彻底的"他者"（other）一样，荒野状态是非再现的、难以形容的；尽管荒野状态永远也不能被视为一种全然的在场（presence），但它同时又并非空无一物。或许，诗人史蒂文斯（Wallace Stevens）在《雪人》（The Snow Man）的最后几行诗句中捕捉到了这种感觉：

> 驻雪倾聆，荅焉无我。
> 天地如故，万物皆忘。[31]

（前文所讨论的）那个不被注意到的"他者"是在场的，尽管它能够挣脱视觉或言语的束缚，然而这个他者仍然是所有格言（all saying）的初始源泉，也是启发那些格言的最初灵感。所有人皆可能拥有过数次这样的忘我经历，特别是年轻人开始迷恋和憧憬周遭的世界，或者对世界产生幻觉之时，抑或是他们邂逅宗教和神性光辉的时候。[32] 反过来，这些"相逢"（happenings）可以激发好奇心和反思，强化语言和理念，能够（部分地）"显现"现实，亦可在社会成员之间促进其传播。随着时间的推移，在词语（words）和概念的协助下，（一部分）生活世界的现实性能够赋予事物以一种日常的身份，即一种亲密的熟悉感。

当一种习以为常的、毫无意义的语言过度使用后，便会导致原始状态的奇妙性消失了，同时还会引发各种困境，比如说，在这种泛滥的语言中，能指（signifier）最终演变成一具"硬壳"（crust），从而使其不能全然表达（作为他者的）事物所指的内容。有关文化意义的习俗（habits）和惯例变得如此乏味、僵硬和无所不包（这种状态与绝对存在如出一辙），人们就无法轻易理解一种自我包涵的神秘性，也不能认识到生命和事物自身所存蕴含的潜力，此时，便会出现一种麻木的状态。同时被驱逐的品质还包括非人的他者（nonhuman other）所具有的自由和野性，实际上，自由和野性恰是生命进化和人类创造力的来源。人们只须考虑如何绘制、克隆和控制基因工程（这是非人的、不确定和原始自由的最终堡垒）。人们通过图表、地图、摄影、绘画和管理的方式将荒野"划拨成"一种文化资源，"荒野区域"变得不再是无人涉足之地。所有生物的野性变得越来越弱，它们的驯化性、占有性、惰性和枯竭性则变得更加明显，这种改变泯灭了生物自身的惊奇性和自反性（reflection）。一旦传统的认知和言说模式变得越来越僵化和狭隘，便会排斥那些内在于事物本身的他者性，否定生成和变化的可能性，进一步扼杀发展和实现潜能的可能性。对于他者的拒绝既是生物进化的后果，也是人类意识和道德反思的结果。[33]

在进化的层面上，当形态演变减缓或中止的时候，或者，当生命结束之时，生命的钙化（calcification of life）便会出现。在语言和文化的层面上，这种萎缩症表现为不断减弱的诗意性隐喻，或者说人们不能认识到如下事实：隐喻和图像不是一种有关更深层次的、外部性的真理的次级再现（secondary representations），而是文化现实层面上的基本构成，图像和隐喻甚至具备了创造真理的能力。在很大程度上，想象力的枯竭愈演愈烈的原因在于经验主义和客观逻辑占据着主导地位，这些思潮皆从推崇理性的启蒙时代继承而来。此处，我们看不到任何超过"X 等于所是之物"（X is equal to what is）的设定。然而，在自然进化和人类想象中，创造性发展包括了潜能的实现（也就是说，创造性发展引发和揭露潜在的、之前未知的事件和意义）；在创造性过程中，"X 等于所是之物"变成了"X 等于所是之物，以及那个（尚未）变成的事物 [what is not（yet）]"。因此，在人类与自然的关系中，重新创造惊奇和诗意的价值取决于其打破阻碍生成新想法和新关系的习俗和惯例的能力。人们须要识破语言的掩饰性（veneer）以便在熟悉的事物中探索各种未知性。此类嬗变首先是一种发现的过程，尔后才是建立另类世界的过程。对于风景园林来说，我想不出任何较之更重要的存在。

在描述人类思维能力的时候，斯坦纳（George Steiner）写道："我们的思维既是一种能力，又是一种必要之物，它能否定这个世界，或'收回'（unsay）

这个世界，或者说，我们的思维能以另外的方式想象和言说这个世界"。[34] 随着独特的、分离的事物逐渐消失，一种全新的体验和认知形式出现了。首先，人们必须抛弃语言只能描述外部现实的传统观点，其次还要认识到，所指和能指在相互的建构过程中是紧密结合在一起的。自然作为一种自主的、自由的、不可还原的、具有灵性的"他者"须与人类保持密切的关系，唯此，才能持续挑战着人类认知的概念和方式。正如梅洛-庞蒂（Maurice Merleau-Ponty）概括的那样：."对于事物和世界来说，把自身呈现为一种'开放'的状态，且在超出先前预设的表现形式的基础上投射人类自身，同时，让我们持续看到不同的内容，这些都是至关重要的"。[35] 或许，梅洛-庞蒂这种有关和谐与亲密的言论带有同样的恐惧与敬畏（当然，这种矛盾的结合便是 18 世纪景观和艺术领域中所说的崇高理念，Sublime，同时也是 20 世纪神学家奥托所言的神圣性，Holy）。在当代，控制自然、放任自然或把自然与文化相互混合到一起皆是不可取的做法，因为此三种途径都没认识到一个基本事实：人类的存在不可避免地内含于一种异常的辩证法（anomalous dialectic）。

因此，自然和人类想象力的解放取决于两个方面：首先，是对于"收回"世界的能力；其次，是以不同方式想象世界的能力，这样才能产生惊奇的效果。这种意义的转变和改进既是诗意的，又具备了高瞻远瞩的潜力，而这种能力能改变语汇（change vocabularies）且打破传统，于是，隐藏的潜能便可实现。正如学者科沃尔（Joel Kovel）所言的："除了一厢情愿的虚妄之外，我们不能将人类和自然世界分解成一种他者的关系。在如何以象征的途径表现自然的层面上，我们只有一种选择，正如一个惰性的他者（an inert other），或者如诗人布莱克（William Blake）所充分表达的那样：实体（an entity）在转变过程中必然浸润着精神"。[36] 文化的发展可以依赖于两种力量：其一，隐喻性；其二，事物之间某种更具启发性关系的释放力。诗意的转变能把之前不可预见的事物呈现出来，并且提升人们对于美妙和无限性的感知。文化发展的目标就是要创造一种持续增强且具有整体性的、丰富的、完满的差异性和主观性。

在想象和现实两个层面上，关于影像（likenesses）和图像所具备的诗意语言皆能持续地拓展世界的内在结构，这种观点是巴什拉（Gaston Bachelard）著书立言的基础。巴什拉相信诗性意象（poetic image）可以成为"一种关于人类存在的综合性力量"。[37] 有的研究将物质看成是某种客体（比如科学试验），巴什拉驳斥该立论的根基，他坚持发展一种关于世界的深层感觉认知，这种认知来源于人类如何去生活或经历。巴什拉亦倡导一种"回响"（reverberancy），伴随着这种回响，诗性意象能够与人类情感和想象交映相辉，并且在建立事物之间全新关系的层面上展现出自身的建构力。通过描绘"诗意遐想"的方式，巴什拉的研究表明，实物与形容词之间的结合（joining of substances and adjective）是如何能够从物质中衍生出某种精神的（这种精神也可以是一种真理）。因此，人们可以这样表述："潮湿的火"、"浑浊的水"或"属于夜的晚上"。

困惑（Bewilderment）、惊奇和不确定性

想象性的重塑可以凭借全新的、共鸣的联想途径完成，这种观念得以在超现实主义的思潮下落地生根。比如说，布列松（Henri Cartier-Bresson）、米罗（Joan Miró）、马格利特（René Magritte）、唐吉（Yves Tanguy）和恩斯特（Max Ernst）等艺术家就是通过发掘灵魂精神（psyche）和想象性，以寻求自然生命与人类生活之间的相互回应。[38] 在恩斯特的作品中，太阳、天空、宇宙、大地、植物、动物、巨蛇、矿物和人类以一种既熟悉又陌生的方式交织在一起（图1、图2）。这些作品展现出一种不可思议的奇特性（oddness）以及陌生又困惑的特征，同时能够加强惊奇感和想象性，易言之，这些作品可以激发**各种关系**（relationships）。笛卡儿二元世界中的人类与自然、物质与精神、主体与客体、男性与女性被整合到了充满相关性、矛盾性和差异性的奇妙世界中。在描述"复绘"（overpainting）、"拓绘"（frottage）和" 罗普罗普（Loplop）（恩斯特创作的鸟兽）"的诗意过程之时，恩斯特坚持把理性、品味和客观性有关的事物"施以魔法"（bewitching）。实际上，超现实主义者的创作核心之一便是，"艺术家将两种毫不相干的现实偶然并置在一个不适当的平面上……或者以更简短的话概之，超现实主义就是试图**创造一种系统性困惑**（systematic bewildering）"。[39]

困惑是另外一种观看形式的先决条件；困惑是一种不稳定的显现，它允许人类与他者的双重存在。诗人或者艺术家既是观察者又是创造者，他们的作品通过传统的**模仿**（mimesis）和**创造**（poesis）将潜能变现，进而创造出之前未知的事物，甚至之前不存在的事物。拼贴和蒙太奇等技术的发展代表了人类创造新的潜在观念的强烈愿望，即事物之间的新关系和可能性。[40] 同时，令人震惊的是，生态与拼贴之间共享了很多相似的语汇，比如说**不确定性**、**包容性**（inclusivity）、叠加、断裂、同时性、**随机事件**（stochastic event）、不稳定性、连接性和**共谋性**（collusion），而且，其他的形态学过程还强调一种不断更新的"通过维护多样性而获得的整体性"。生态学和创造性转变之间的相似性表明一种新的风景园林学途径，在新的专业领域中，人们不断挑战着僵化的传统（关于人类如何与大地、自然和场所发生关联），多姿多彩的生机万物将通过创新的途径而重获新生。

生态学的创造力似乎呼应了哲学家柏格森（Henri Bergson）在《创造进化论》

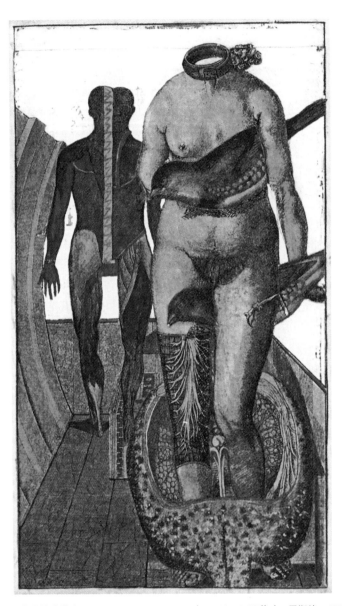

图 2　鸟人的演讲（Speech of the Bird Woman），71¼ × 41¼ 英寸，恩斯特，1920 年

图片版权：E.W. Cornfeld Collection，Bern © 2013 Artists Rights Society（ARS），New York / ADAGP，Paris （*creative evolution*）中论及的观点："生命的角色即在于将**不确定性**注入事物之中"。[41] 柏格森认为生物学意义上的想象性**生命**具有无限的创造力。他拒绝将自然简化成物理性的、"可知的"（knowable）客体，柏格森进而提倡一种自由解放的生命形态，尔后方可实现自身的最大潜能。柏格森宣扬一种不确定的创造性进化，在这个过程中，"事物是生命的累积，是过去抉择和行为的静态沉淀。留存的记忆是过去关于现实和改变的种种感受"。[42] 这种相互联系的观点指向了一种趋向于"异托邦的"（heterotopic）活动和空间，而非趋近于单一的"乌托邦"。异托邦具有特殊的容纳性和开放性，虽然这预示着一种令人不安的、困惑的未来，但异托邦依然全面否定单一性、总体性、确定性和等级化。作为一种"结构性的异质体"，这个复杂的场域不是混沌的或者有序的，而是自由且有机的。因此，真正生态的风景园林学可能较少关注某种处于终态的建造活动，而是更加强调"过程"、"策略"、"能动性"和"支架"（scaffoldings），或许，这种具有催化作用的框架能够实现各种关系之间的丰富性和多样性，进而创造、涌现、实现网络化、相互连接以及寻求差异性。[43]

依策略性为导向的设计目标不以再现的方式强化差异性和多元性，而是在生命的自由性（不可预测性、偶然性和改变）和形式的连续性与结构/物质的精确性（structural/material precision）之间建构一种相互能动的关系。这种双重目标部分地构成了库哈斯的实践基础，这可以从拉维莱特公园未建成的竞赛方案中得到有效的展现。在这个方案中，库哈斯运用"社会工具"的手段描画和"装备""这块具有策略性的场地"，从而最大程度上优化其物理的、空间的和物质的特性，同时，还容纳近乎包括无限范畴的各种程序性事件（programmatic events）、组合、即兴发生（improvisations）、差异性和邻接关系（图3、图4）。[44] 正如建筑理论家科维特（Sanford Kwinter）所描述的："库哈斯近期的实践都是在超现代的事件中得以**演变出来的**（evolved），这些项目不是被设计出来的，而是一系列由复杂的、敏感的、动态的不确定性和不断的改变所构成的空间……（其设计原则显示出）非常明显的导向，即进化的、基于时间过程的、动态的几何结构，然而，这些结构并非是结构本身，而是一种能够唤起不可预测的事件的具体形式……这是因为库哈斯没有设计某种人造环境的意图，而是把相互关联的元素叠加到一起，从而形成一种充分混合的系统，该系统是动态的、而非人工生态学，它反而具备一种真正的自我组织的生命体"。[45] 此类设计的最终"形象"（image）可能与当前的生态表象没有太多的相似之处（正如前文所述，将生态的形象与那些原始的、本土的"自然"观念结合起来的做法是荒谬的），但是，其具有战略性的有机主义（organicism）（作为一种主动的能动性，一种新陈代谢的都市主义）旨在同时为社会和自然世界注入不确定性、多样性和自

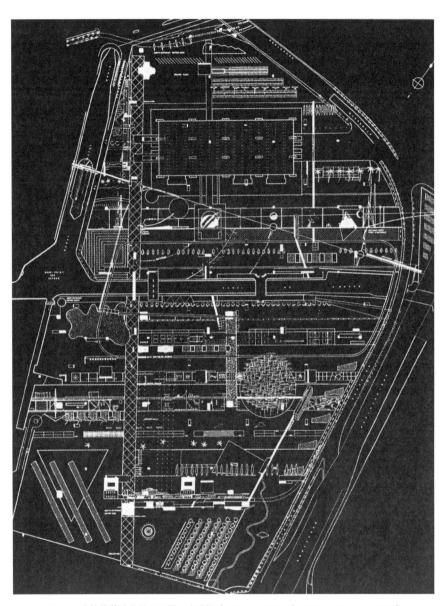

图 3　巴黎拉维莱特公园平面图，库哈斯（Rem Koolhaas）/OMA，1982 ~ 1983 年

　作为创造能动性的生态学和景观

图 4　巴黎拉维莱特公园示意图，沃尔（Alex Wall）绘制（未建方案），库哈斯 /OMA 设计，
1982 ～ 1983 年

由。在进化的、创造性的生命的维度上，战略性有机主义的价值体系符合一切有关生态的、道德的和诗意的观念。在库哈斯的其他项目中，比如说横滨港的竞赛进一步展现了程序性策略的梦幻抒情（oneiric lyricism），该方案依然保持着开放性，催生新的生命形式，并且促进着一系列的事件。

尾声

本文旨在呈现一些理论性基础，以期它们能够在风景园林实践中提升生态学的灵活运用。这些理论基础没有将自然（"环境"）或者文化（"艺术"）视为客观的存在，与之相反，本文提及一种高度互动的过程和关系，这种过程和关系就是生命本身，即一种既特殊又自主的系统（其包含着网络、力量、组合、展开、事件和转变）。这一视角的重点在于，生态学和风景园林的创造性实践如何能够建构（更准确地说，enable）出另类的形式，在这种形式中，人类、场所、物质和大地之间具有千丝万缕的关系和杂交性（hybridization）。那些使动性策略（enabling strategy）与演变性原则相一致，它们很少涉及工具性和改善性，而是更加关注能动性、过程性、主动的纠葛状态（active imbroglios）、不断涌现的潜在性网络。很明显，我在此处谈及的风景园林尚未完全出现在行业中，这样的风景园林很少关乎改善性的、风格的或者形象上的考量，而是更主动地涉及想象性的、使动性的、多样性的实践，易言之，这种风景园林实践还未全面展开。[46]

如何通过创造性媒介的生态学和景观来引导、解放和表达那种原始生命的流变，以及其作为"他者"的自主性、自反性和道德感？我坚信答案就在于景观进化之时自然和文化所扮演的代理角色中，在此过程里，最终发展出了景观的不确定和多样性；答案亦在于景观能够去促使，使多样化，施展谋略，解放和巧妙规避，简而言之，景观是行为的主体（actants），亦是主动地抵制封闭（closure）和再现（representation）的持续性转变和邂逅。[47]

注释

1 Alex Wilson, *The Culture of Nature* (Cambridge, MA: Blackwell, 1992).

2 Daniel Botkin, *Discordant Harmonies: A New Ecology for the Twenty-First Century* (Oxford: Oxford University Press, 1990), 25.

3 Friedrich Nietzsche, *Human*, *All Too Human*, 翻译：Marion Faber（Lincoln：University of Nebraska Press, 1984）, 23-24.

4 同上, 24.

5 有关生物学过程和演化过程的关系, 以及人类的想象力在这本著作中做了精彩的讨论。Edith Cobb, *The Ecology of Imagination in Childhood*（New York：Columbia University Press, 1977）。创造力和演化也可以见于：Henri Bergson, *Creative Evolution*, 翻译：Arthur Mitchell（New York：Modern Library, 1944）.

6 John Clark, "Social Ecology：Introduction," in *Environmental Philosophy*, eds. Michael Zimmerman et al（Englewood Cli s, NJ：Prentice Hall, 1993）, 351.

7 James Corner, "A Discourse on Theory II：Three Tyrannies of Contemporary Theory and the Alternative of Hermeneutics," *Landscape Journal* 10/2（1991）, 125-131.

8 Jurgen Habermas, "Modernity：An Incomplete Project," in *The Anti-Aesthetic*, ed. Hal Foster（Port Townsend, WA：Bay Press, 1983）, 13-15；Peter Goin, *Humanature*（Austin：University of Texas Press, 1996）.

9 纵然在整个现代性的论述中自然与文化的二元性显得颇为老生常谈, 但是这种立场已经受到法国哲学家拉图尔（Bruno Latour）的质疑, *We Have Never Been Modern*（Cambridge, MA：Harvard University Press, 1993）, 在本书中, 拉图尔主张社会和自然世界是紧密交织在一起的。另外可见：Elizabeth K. Meyer, "The Expanded Field of Landscape Architecture," in *Ecological Design and Planning*, eds. George Thompson and Frederick Steiner（New York：Wiley, 1997）, 45-79.

10 James Corner, "A Discourse on Theory I：Sounding the Depths—Origins, Theory, and Representation." *Landscape Journal* 9/2（1990）, 60-78.

11 Ian McHarg, *Design with Nature*（garden City, Ny：Doubleday/Natural History Press, 1969）.

12 Donald Worster, *Nature's Economy：The Roots of Ecology*（New york：Anchor Press, 1979）, 315.

13 Neil Evernden, *The Social Creation of Nature*（Baltimore：Johns Hopkins University Press, 1993）, 22.

14 Worster, *Nature's Economy*, 304.

15 Evernden, *The Social Creation of Nature*, 23.

16 同上。

17 Gert Groenig and Joachim Wolschke Buhlman, "Some Notes on the Mania for Native Plants in Germany," *Landscape Journal* 11/2（1992）, 116-126；and "Response：If the Shoe Fits, Wear It!" *Landscape Journal* 13/1（1994）, 62-63；Kim Sorvig, "Natives and Nazis：An Imaginary Conspiracy in Ecological Design," *Landscape Journal* 13/1（1994）, 58-61；and J. MacKenzie, *The Empire of Nature*（Manchester：Manchester University Press, 1987）.

18 Zimmerman et al, *Environmental Philosophy*；Carolyn Merchant, *Radical Ecology*（New

York: Routledge, Chapman & Hall, 1992); Max Oelschlaeger, *The Idea of Wilderness: From Prehistory to the Age of Ecology* (New Haven, CT: Yale University Press, 1991), 281-319.

19 Zimmerman et al, *Environmental Philosophy*, 345-437.

20 Murray Bookchin, "What Is Social Ecology?" in *Environmental Philosophy and The Ecology of Freedom* (Montreal: Black Rose Books, 1991).

21 Samuel Taylor Coleridge, *The Works of Samuel Taylor Coleridge*, *Prose and Verse* (Philadelphia: Thomas Cowperthwait, 1845). 引用于: Cobb, The Ecology of Imagination, 15.

22 Bookchin, *The Philosophy of Social Ecology* (Montreal: Black Rose Books, 1990), 12-48.

23 关于代理人的概念可见: Donna Haraway, *Simians, Cyborgs, and Women: The Reinvention of Nature* (New York: Routledge, 1991); Latour, *We Have Never Been Modern*; *and Dan Rose, ActiveIngredients* (Unpublished manuscript, University of Pennsylvania, 1994).

24 Erazim Kohak, *The Embers and the Stars* (Chicago: University of Chicago Press, 1984).

25 Nietzsche, *Human*, 27.

26 Janet Biehl, "Dialectics in the Ethics of Social Ecology," in *Environmental Philosophy*, 375.

27 Robert Pogue Harrison, *Forests: The Shadow of Civilization* (Chicago: University of Chicago Press, 1992), 201. 增加强调。

28 Charles Bergman, *Wild Echoes* (New york: Mcgraw-Hill, 1990), 1-2.

29 Evernden, *The Social Creation of Nature*, 145-146.

30 Clark, "Social Ecology," 352.

31 Wallace Stevens, *Collected Poems* (New york: Knopf, 1981), 10.

32 Evernden, *The Social Creation of Nature*, 107-124; Cobb, *The Ecology of Imagination*, 30; Mark Taylor, *Tears* (Albany: State University of New york Press, 1990); and Paul Vanderbilt, *Between the Landscape and Its Other* (Baltimore: Johns Hopkins University Press, 1993).

33 Evernden, *The Social Creation of Nature*, 116-124; Oelschlaeger, *The Idea of Wilderness*, 320-353; and Bergman, *Wild Echoes*.

34 George Steiner, *George Steiner: A Reader* (Oxford: Oxford University Press, 1984), 398.

35 Maurice Merleau-Ponty, *The Phenomenology of Perception*, 翻译: Colin Smith (Su olk, UK: Routledge and Kegan Paul, 1962), 384.

36 Joel Kovel, "The Marriage of Radical Ecologies," in *Environmental Philosophy*, 413-414.

37 Gaston Bachelard, *On Poetic Imagination and Reverie*, rev. ed. 翻译: Colette gaudin (Dallas: Spring Publications, 1987), 107.

38 心智 (psyche) 之于人类与自然关系的重要性的讨论可见: C.G. Jung, *Synchronicity: An Acausal Connecting Principle*, 翻译: by R. Hull (Princeton, NJ: Princeton University Press, 1973). 与这部分论述有密切关系的是荣格 (Jung) 讨论 "同步性" (synchronicity) 的概念, 正如巴什拉的 "回响" (reverberation), 荣格的术语描绘了自然生活和人类生命之间的联系, 尤其体现在无意识的想象力层面上。

39　Werner Spies, *Max Ernst: Collages*, 翻译: John William Gabriel (New york: Harry N. Abrams, 1991), 43.

40　James Corner, "Representation and Landscape: Drawing and Making in the Landscape Medium," *Word and Image*8/3 (1992), 265-275.

41　Bergson, *Creative Evolution*, 139.

42　同上, xiv.

43　Haraway, *Simians, Cyborgs, and Women*; Latour, *We Have Never Been Modern*; *Rose, Active Ingredients*.

44　Rem Koolhaas and Bruce Mau, *S, M, L, XL* (New york: Monacelli Press, 1995), 894-939; Jacques Lacan and Rem Koolhaas, *OMA* (Princeton, NJ: Princeton University Press, 1991), 86-95.

45　Sanford Kwinter, "OMA: The Reinvention of geometry," *Assemblage* 18 (1993), 84-85. 参见: Koolhaas and Mau, *S, M, L, XL*.

46　Gary Snyder, *The Practice of the Wild* (Berkeley, CA: North Point Press, 1990).

47　James Corner, "Aqueous Agents: The (Re) Presentation of Water in the Work of George Hargreaves," *Process Architecture*128 (1996), 46-61.

第三部分

———

景观都市主义

栖息地规划

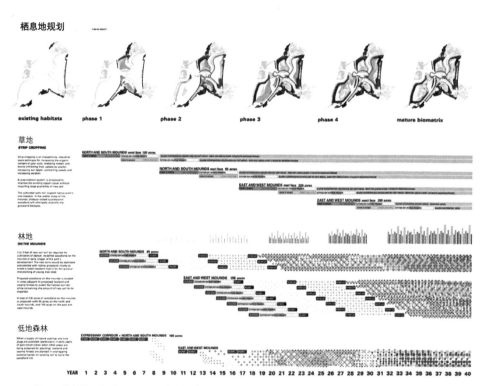

图 1　垃圾填埋场（Fresh Kills）的生命景观系统以分阶段（phasing）为策略的栖息地规划图，
　　　 科纳场域操作事务所（James Corner Field Operations），纽约，2004 年

无异于生命本身：当下的景观策略

　　建筑理论家斯皮克（Michael. Speaks）把"设计智慧"（design intelligence）定义为一种"能够在更大程度上实现创新性的实践类型，这是因为相较于强调解决具体问题而言，设计智慧更加鼓励机会主义和风险尝试"。以风景园林、建筑和城市设计的进步以及更强大的文化效力而言，我认为，斯皮克提倡的设计智慧概念既是根本性的，又恰好契合于当下的时局。[1]通常而言，策略性理念更多的是参与性艺术（特别表现于战役中），但其也存在于如下的活动里：即需要缜密的策划（positioning），以及充满智慧的、全面的、有序的行动，从而确保它们能够获得成功。然而仅仅是考虑结果还远远不够，因为优秀的策略需要保持动态性和开放性才能确保其自身的韧性（图1）。清泉填埋场（Fresh Kills）的案例表明，相较于对抗性和独断性而言，策略更加注重交流性和参与性。高度组织化的计划（空间的、程式化的，或者统筹的）是良好策略的基础条件，这些计划必须同时满足灵活性和结构上的适应性（adaptation），唯此方能回应不断改变的具体环境和条件。过于僵化的策略相较于自身的合理性而言，更容易受到某种意外（a surprise）或某种逻辑的外部干扰，而过于松散的策略将会在任何比它更加复杂、组织程度更高或者更加有序的事物面前失效。

　　生命科学家告诉我们，一个韧性的（resilient）系统必须既强韧（robust）又开放（open）。要想卓有成效地发挥系统的适应能力，就要从根本上依赖于其可塑性，反之，在一个不断演化的开放系统中，卓越的适应能力又是维护整个系统运转的必要基础。为了生长和繁衍，生命体既要维持自身的状态，还要不断地改变自身，生命体的组织结构一方面需要足够的强健以抵御各种挑战；另一方面，则要十分灵活才能带来自身的形变（morph）和重组。上述的原则在今天的商业和管理领域中大行其道，当然，在生物学、生态学、都市主义和

本文曾收录于：Harvard Design Magazine 21（Fall 2004 / Winter 2005）: 32-34. 本次再版已获出版许可。

公共空间设计中，它们也屡见不鲜。同样重要的是，这些原则不仅描绘了途径（pathways）和过程（processes），而且还勾勒了组织的特定形式、特定排布（arrangements）、配置（configurations）和相关联的结构，这些内容之于建构韧性和适应性而言都具有决定意义。在这一点上，"适宜景观（fitness landscape）"特指那些既获得了最佳的资源配置，又最能适应于某种特定条件的景观类型。它既是健康的（或者说，物质层面上是契合的），在整体上又是共生的（或者说是"适宜的"），这皆缘于景观自身的特殊组织结构和物质形式。如今，由于建筑、景观以及城市设计项目均是形式化的（兼具几何性和材料性）、持续性的（受制于时间和过程）、复杂的（受制于多种力量及关系），因此这些相应的策略构成了当代设计实践的基本要义。

进而，在公共生活中，设计的角色变得越来越边缘了——建筑和景观不再充当一种面向更大的城市议题和社会／公共进步的实践模式，它们反而被更多地被看作是带有符号化的、美学的、象征的价值——这使得盘点专业领域之事变得颇为必要，也令面临未来重新定位专业实践变得势在必行。在一个愈加自由的、分散的、全球化和多元化的世界，项目设计势必会变得更加复杂，更加难以实现，且关于项目质量的把控也将变得愈发困难。在没有国王、专断的总统、单一化的企业领导者，或者是独断心态的"顾客即为上帝"等前提条件下，几乎不可能出现创新性的宏大工程，尤其是对于更加宏大的城市尺度而言。在今天，特定的、包容主义下的民粹主义（populism）常常强调参与性的公共进程，这通常只会创造出沉闷的项目、温和的政治和习以为常的文化惰性（cultural inertia）。而今，要想摆脱回到等级化社会，转而以更加全面的、高效的、创新的方式介入城市公共生活中，以期实现各种复杂的项目，那么，我们应当在专业上付诸何种行动呢？

景观，生态学和增殖（propagation）

景观和生态学作为有用武之地的策略模型的原因有三：1）某块既定场地的环境常常是混乱和复杂的，且充满种种限制、潜力和现实因素。景观和生态学则全然接纳了这样的条件，且发展出了一整套技术（如地图术、图解、规划、成像、排布等等），它们既能表达（也能协作于）场地上那些看似无法管理的（或者还不成熟的）种种复杂性；2）二者均强调大尺度的空间组织以及各部分之间的关联结构同时保持开放性和动态性，而非僵化的状态；3）二者都涉及开放性的时间（open-ended time），常常以培育、分阶段化（staging）以及设定某种特定条件的方式来审视项目，而非局限于固定性（fixity）、完成

图 2　适应性管理，当斯维尔公园，科纳场域操作事务所，多伦多，2001 年

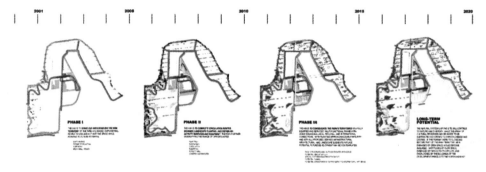

图 3　当斯维尔公园的分阶段规划，科纳场域操作事务所，多伦多，2001 年

度以及完整性（completeness）。风景园林师趋向于以一种策划（program）的方式审视给定场地的特殊性（其环境、文化、政治和经济），这种策划具有关切未来潜力的内在趋势和倾向。这正是为什么农业、林学、园艺学以及其他物质系统（material system）的适应性管理，对于都市主义来说是如此值得关注和切题。

　　继而，经过播种、构建，或者分阶段等步骤，生态演替开始呈现出场地的种种状态，这能够为下一步的发展提供各种条件，反之，那些条件既可以不断地重写场地的过去，还能促进未来的演变，然而其方式并不一定是可测的或指定的。在某种意义上，相较于静态和固定组织而言，景观项目更加关乎于"增殖性组织"，正如生物学家考夫曼（Stuart Kauffman）描述的那样，为了传播和繁殖更多样且复杂的生命世界，这种临时性结构能够进行自我建构。类似于单一的细胞或单元，小型的建筑街区所产生出来的副本（a second copy）实际上不仅增殖出一种物质性的组织结构，而且还繁衍出一种过程性的组织结构，这两种组织能够继续建构出一系列不断丰富的新形式。我们的地球遍布着增殖组织，而自我建构（self-constructing）的组织的增殖和发展正是生命及其延续之所在。

在设计的语汇中，景观和城市组织为生命的展开和进化建立了各种条件（图 2、图 3）。就其本质而言，任何的景观结构都具有未来发展的潜力。设计策略既能够理解这种潜力，而且，为实现最大化效益的目的，设计策略还可以塑造或部署（deploying）形式。增殖组织的概念完全致力于这样的使命，即随着时间的推移，这个概念有助于揭开真实事物的隐藏面纱。环境与结构的演变开启了新的可能性与潜在的效应，因此也强化了部署（disposition）的效力。

部署：物质性，形式和设计

下面我将论述第三个点：文脉上呼应的、瞬时的、开放的、适应的、灵活的、生态策略的设计实践，并不意味着其与形式上和物质上的精确性（material precision）无关。有些人提倡实践的策略模式要比形式上和物质上的实践更重要，甚至还有人认为客观的自然主义要比主观创造性更为关键，显然这类观点的支持者们均已偏离正途。首先，风景园林师、建筑师和城市设计师要赋予这个世界以物质形态，而几何形体和材质则是基础性的（图 4）。我们从具有策略性和组织性思维的战略与学科中汲取营养，其目的不在于纸上谈兵，而是为重塑我们的世界而寻求更大的效力和潜力。对于设计师而言，策略之术（研究、地图术、投射、去中心化、集束、互联、测试、塑形、探测）能够在扩展其工作的范畴和效力的层面上发挥巨大的价值。然而与此同时，形式、几何和材料都是实在的物质媒介，如果你愿意的话，任何策略都可以通过它来实现。换而言之，没有放之四海皆准的作战策略，有的仅仅是根据某处地形之具体等高线和当地条件而展开的特定战斗。

无独有偶，关于通道、廊道、斑块、场域、基质、网络、边界、表面、垫、膜、剖面和节点（每个都具有特定的尺寸、材质和组织）的设计，我们正在构建动态且不断扩张的场域，一个正在上演生活剧目的人工舞台，为的是增殖更多的生活形态，也为了促发新事物的涌现。换句话说，对于阶段发展之未知性、不确定性和开放性，以及无尽的情境游戏和数据景观而言（scenario gaming and datascaping）——事实上，其包括了与自由的灵活性和适应性的概念相关的任何事物——倘若没有特定的物质形式和精确的设计组织，以上的论述则均不成立。

生命的表现依赖于高度组织化的物质基质，凭借着其物质的多样性和生命

图 4　高线公园的植被层研究，科纳场域操作事务所与 Diller Scofidio + Renfro，纽约，2005 年

力，景观生态具有了韧性、适应性和策略性。流变且易塑的场域（无论是湿地、城市抑或是经济）皆能从周围环境中吸收、转化和交换信息。在处理运动、差异和交换的过程中，场域之稳定性和韧性源于它们的组织结构、定位、布置和关联结构：总而言之，一切源于与之相关的"设计智慧"。

注释

1　Michael Speaks，"理论很有趣……但是我们必须去实践（Theory was interesting...but now we have work）"*arq* 6/2，"perspective"（2002 年 6 月 26 日）.

清泉公园生命景观的分层

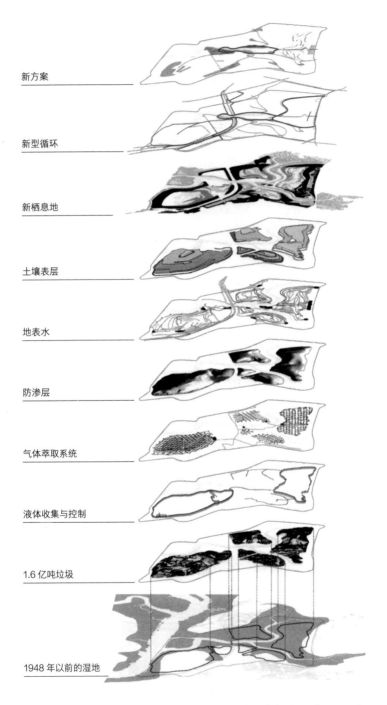

新方案

新型循环

新栖息地

土壤表层

地表水

防渗层

气体萃取系统

液体收集与控制

1.6 亿吨垃圾

1948 年以前的湿地

图 1 清泉公园生命景观的场地分层，科纳场域操作事务所，纽约，2004 年

景观都市主义

　　景观都市主义将两个专业术语合二为一，这意味着一个新的混合学科
（hybrid discipline）的诞生。将生物学和技术相互连接便创造出生物科技，将进
化（evolutionary）科学与商业管理相结合便催生了组织性动态（organizational
dynamics），景观与都市主义之间的联姻与上述两个例子相似，它意味着景观都
市主义是一个充满各种可能性且令人感到振奋的新领域。景观都市主义的潜力
既来自新型高科技的生态城市（即"绿色城市"，这种城市类型拥有绿意盎然
的屋顶花园，并以太阳能板、风力发电涡轮和雨洪湿地等手段维系着自身的运
转），又包括了高度后工业化的"元都市"（meta-urbanism）（该都市类型充斥
着密密麻麻的住宅、物流中心和停车设施，间或分布着层层叠叠的混凝土立交
桥，它们凭借程序、肌理和流线，且以扁平化积聚的方式共同塑造了一处"景
观"）。然而，其矛盾之处在于，或许，我们需要从以下的案例中探寻景观都市
主义的定义和踪迹：从斯图加特到洛杉矶，前者在区域的尺度上审慎地进行了
生态绿道的规划，后者的都市"蔓延"则是粗放的、未经规划的、市场主导的；
从巴塞罗那到东京，前者精心设计了其公共空间和街道，后者则拥有密密麻麻
且层层叠叠的地下空间；从凤凰城到拉斯韦加斯和柏林，前者具备完善的道路
和管线等设施网络和水文系统，后者则通过地域认同（local identity）的象征性
再现强化差异性；从费城到底特律，前者将大量后工业用地再利用并提供给新
的使用者，后者则实施了振兴人口流失地区的周密规划。以上的每个案例皆合
理有效，且无法替代彼此。整个都市处于矛盾和复杂的状态，然而景观都市主
义的意指便是：一个丰富的城市生态需要各种要素之间的相互糅融。

　　作为一个复杂的综合物（amalgam），景观都市主义并非仅仅倡导某种单一
的图像或者风格：它是一种特定的精神思潮（ethos）、一种态度、一种思考和行

本文曾收录于：Mohsen Mostafavi and Ciro Najle，eds. Landscape Urbanism：A Manual for the
Machinic Landscape（London：Architectural Association，2003）：58-63. 本次再版已获出版许可。

动的方式。传统的城市设计和规划没能有效地处理当代的都市议题，在诸多层面上，景观都市主义回应了传统规划方式的失效。以市场主导的地产业、社会的激进主义（activism）、环境的热点问题和短期的政治诉求共同决定了都市的复杂性，这种复杂状况让城市规划师陷入了困境，他／她们几乎不能提出比商业开发更好的方案。景观都市主义具备更加举重若轻的策略、更饱满的雄心壮志和更具开创性的专业技能，因此，景观都市主义能够提供另外一种都市的实践类型。景观都市主义消解了自然与文化之间长期存在的二元对立（dualities），同时还破除了等级化（hierarchy）、边界和中心性的传统概念。也许，最为重要的一点是，景观都市主义标志着一种不确定性（indeterminacy）、开放性（open-endedness）、混合性（intermixing）和跨学科的创造姿态。占主导地位的规划师过于简单地把都市看成一个稳定结构，然而，景观都市主义者采取了不同的规划理念，他们认为新型都市是一个斑块聚集且系统堆叠的、有厚度的、活生生的巨垫（a thick，living mat），当中不应存在任何单一的权威或管控。动态的、开放的城市基质（matrix）既无法永远被操控，也不会形成确切无疑的结果或效应。景观都市主义超越了设计本身，甚至超越了规划。我们再也无法全面地操控当代都市，这恰恰不是弱点，反而变成了某种优势。

　　景观都市主义将城市视为生机勃勃的生态圈，其所要做的事情既不是修补，亦非拯救城市。相反，景观都市主义者只是运用自身的力量介入动态变化的城市中，他／她们承担的角色是不断寻求差异性（difference）的参与者（player）和代理人（agents）。然而，倘若抛开机会主义（opportunism），且在超越跨学科的、不确定的专业倾向的基础上，作为一种实践的景观都市主义具有哪些主要特征呢？下文，将列举五个概括性主题。

水平性（Horizontality）

　　很多社会和文化学者在 20 世纪下半叶展开了讨论，他们认为社会结构已经从纵向结构（vertical）转变到水平结构（horizontal）。等级化、中心化和权威式的（authoritative）组织结构逐步过渡到多中心的（polycentric）、互联的（interconnected）、扩张的（expensive）结构，在这个转变过程中，主要的推动力是经济全球化、电视、通信、大规模迁移，以及不断增强的个体性自治。以洛杉矶为例，其都市的面貌让水平延伸的现象变得更加显著，而且，无限循环的移动性（movement）和流动（flow）进一步推动了都市的水平延伸。以景观都市主义者的立场而论，其关注点已经发生了实质性转变：从个体到群体，从物体（objects）到场域（fields），从单一性（singularities）到开放网络。

水平性为漫游（roaming）、连接、关联、装配（assembling）、运动等活动提供了绝佳机会，同时，水平性还促进了不同事物之间的相互混合和衍生。由于表层（surface）是一种组织基底（substrate），它能够汇集、分配和压缩各种作用其上的力量，因而，水平表层之建构乃是景观都市主义的核心要义。土地区划、分配、划分和表层之建构组成了第一步行动，即"网罗和汇编土地信息"（staking out ground）；第二步是在水平表层上建立服务和通道以支撑未来的计划；第三步要保证足够的渗透性以允许未来的排列组合、联结（affiliation）和适应性。这些关于表层的策略能够或多或少地帮助都市建立连贯的场域，这些场域还能提供多样灵活的组合，而且，这些组合方式可能存在无数种类型。正如那些广袤的结构性场域可以为未来发展提供各种新的条件，水平性基质亦可承担着基础设施的功能。

基础设施

景观都市主义通过布置基础设施为既定的场地注入新的可能性，在此，基础设施能够保持有效的运转，并且产生相应的效应。在传统的景观语汇中，基础设施一般包括竖向设计（earthwork grading）、排水、土壤培育、植物培养技术和土地管理等内容，它们为随后的场地功能提供预备基底。在传统的城市规划语汇中，基础设施可能包括道路、设施、桥梁、地铁和机场，这些隐性的基础设施能够支撑且激活后期的开发建设。正如，法规（code）、条例和政策可能构成了部分的基础设施环境，随着时间的推移，那些隐性的力量、导向和制度同样亦能影响其发展。动态结构和过程性可以诱发未来的发展，正是这一点才把景观都市主义与那些以客体为基准（object-based）的规划理念（比如说"都市风景"、"基础设施景观"和"绿色城市"）区别开来，也区别于任何源于形式表象之客体化观念（objectified notion of formal appearance）的混合性图像。

景观都市主义很少运用几何、材料和法规去控制空间的构成，或者以此设定社会性的策划，它们更倾向于释放未来的多种可能性。它们既涉及文化层面，也包括运筹层面（logistical）。这是一种分阶段化（staging）的艺术。因此，就考量空间形式和几何的层面而言，景观都市主义很少涉及风格或符号的表述模式，它更关注具形式与要素的潜在效应（图1）。

关于过程性的形式（Forms of process）

通过比较现代主义者的形式决定论（formal determinism）和近期兴起的"新

都市主义"，哈维（David Harvey）表示两者皆会走入死胡同，因为它们都假定了空间序列能够或多或少地控制历史和过程。[1]哈维提出，设计师和规划师没必要为寻找新的空间形式和美学表象而殚精竭虑，他们应该致力于探寻"时空维度下的社会公正的、政治解放的、生态合理的生产过程方面的进步"，应该挑战公认的"特权阶级以及政治和经济权力带来的严重不平等所支撑的失控的资本积累"。哈维认为城市化进程（资本积累、放松管制、全球化、环境保护、法规和条例、市场趋势）深刻地影响着城市的关系，而空间形式本身的作用则没有那么大。因此，哈维的论点是，探寻新的组织架构和城市不应该着眼于形式的乌托邦，而应该依赖于过程性的乌托邦。至此，哈维的关注点从事物的外在表象转向了其运作原理和效用。

这并非意味着形式和实体不重要；上述之言会错误地判断实体艺术的本质。之所以强调过程性，有一派观点认为，形式、空间和材料对整个世界具有深刻而广泛的影响（effects）。然而，另一派观点认为，珍视形式与材料制价值不仅需要考量其美学和品质特征，还要考虑其工具性的、创造性的效应。因此，尽管规划设计实践把时间和过程纳入考量范围，但究其本质而言，该路径仍是物质性实践（material practice），与之不同的是，景观都市主义则侧重于将物质实践放置于"行之有效（work）"的维度上。这表明即便景观都市主义基于明确的实用性驱动力，但是，其较少涉及一种普遍性的、权宜之计下的实用主义，景观都市主义特别关注战略性的、高瞻远瞩的实践形式，这使得其既勇于拓展创新，又具备创造力。对于物质媒介的关注要求将同样的精力倾注于技术之上。

位于伦敦斯特拉福德（Stratford）的奥林匹克公园是一个令人印象深刻的整合性规划项目，该案例也是佐证上述论点的极佳案例（图2）。该项目于2003年启动，彼时距离奥运会开幕还有将近10年的时间，此外，整个场地的转变和城市开发至少要持续到2020年。这个项目有很多有趣之处，它既包括过程性亦涉及实体设计。不过，这个公园的核心在于整个场地的处理方式：规划设计人员将公园纳入更大尺度的景观中进行思考，把它视为一种能把分散的部分整合起来的组织和联结性网络。廊道、斑块、镶嵌体（mosaic）、桥梁、道路、地形和基质共同创造出一种构造，倘若基于这套系统，城市便可衍生出新的根基。

技术

景观都市主义成功与否的关键在于其操作层面上的技术（techniques of operation）。鉴于当下充斥在大尺度项目的社会、经济和运筹方面的难题，实

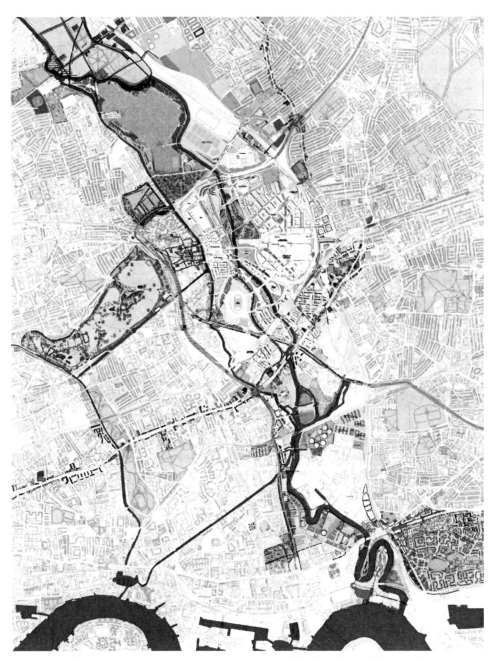

图 2　伦敦奥林匹克公园及周边地区的再生规划和发展，为伦敦与奥林匹克公园遗产公司设计，2011 年

践者必须有所突破。修辞和游说的技巧变得至关重要，正如与跨学科的团队成员和专家的共事能力，而四两拨千斤的分寸感也很重要。设计师不再像以前所扮演的英雄主义般的创作者（heroic author）或总体规划者；设计师必须做好投入到参与、讨论、分享、反馈和修正等系列活动中。愈发明显的是，当今的项目需要建筑师、风景园林师、交通工程师、生态学家、经济学家、艺术家和政治家共同协商解决。诚然，不可避免的专业的惯性思维（inertia）会钳制不同学科团队的相互合作，同时必须平衡各方的利益和底线，但是，大家还是有机会齐心合力达成某种新的共识。这种协商技巧与想象力和领导力有关，换言之，这种技巧是一种有关想象和预测（projection）的技能。此处需要再次强调实用主义的驱动力，因为最终的目标不是简单去"兜售"或者"把工作完成"即可，而是更加注重问询（query）、探索和重组复杂的观念，整合迥异的洞见。因此，整个景观项目就可能以一种真正创造性的、独特的方式推行下去，从而使得每个项目既把工作顺利地完成，又能达到全新的效应和结果。有一些技术手段源于景观自身，比如地图术（mapping）、分类（cataloging）、三角测量法、表层建模、移植、管理、培育、分期（phasing）和分层等，这些技术手段能够与城市设计师运用的技术相互结合（规划、图解、组织、装配、分配、分区和营销等），两者的结合比传统规划师拥有更丰富的武器库。罗森伯格（Robert Rauschenberg）的过程性"平板"（flatbed）、凯奇（John Cage）的"记谱"（scorings）、富勒（Buckminster fuller）的"投射"（projection）和赛尔托（Michel de Certeau）的"微技术"（microtechniques）可能仅仅是景观都市主义者建构的工具箱的初始组成部分。总体而言，这些技术乃是一种新的工具性艺术（art of instrumentality），在未来的世界发展中，都市人口继续呈现指数级别的增长，环境议题日益严峻，空间需求的复杂性陡增，而规划权威和整体控制大幅度削弱，或许，这些技术在面对这些复杂议题的时候能够发挥更大的作用。

景观都市主义在两个方面提供了最引人瞩目的未来发展方向：一方面在于深刻地理解我们纷繁复杂的都市议题；另一方面，寻求实现哈维提倡"一个更加公正、政治愈发民主、生态更为健康的时空性的生产过程"的社会图景。景观都市主义的上述功能来源于自身的五个优势：自身的尺度弹性和范畴；兼容并包的实用主义和创造性技术；优先强调基础设施和过程性；全面接纳不确定性和开放性；对于更加健全和异质化世界的愿景。当然，生态的柔性世界（the soft world of ecology）构成了上述论点之基础。

生态学

　　生态学的教益在于：生命系统是完全内嵌于动态的、相互联系的互依性过程中的。地球一隅的个体或生态系统发生了特定的效应性变化，那么，地球的其他部分也可能受到巨大的影响。而且，这些交互的复杂性摆脱了线性的、机械性的模式，也不再囿于各种预测模式中，因为相互联系的生态层次能够激发各种处于隐藏状态的连锁效应，而且随着时间的推移不断演变山新的形式。这种动态的、正在进行中的互依性和交互性恰是生态学的重点，这也导致了某个特定的空间形式仅仅是其变化过程中的暂时性形态。在这个意义上，城市和基础设施如同"生态学的"森林和河流。这可能是传统环境主义者难以认同的一个点，不过任何事物都与其他事物相联系是不可否认的事实，如果"环境"总是被理解成"外部的"，那么我们就无法意识到事物全部的互依性和互动性。因此，我们也许可以认为，生态学所描绘的并非是疏离的"自然"，而是勾勒了一个综合的"柔性系统"，即一块流动的、易塑的和适应性强的场域，而且这块场域既能够回应各种挑战，且处于不断地演变之中。一个柔性系统（不论是湿地、城市或者经济）都具有与周边环境吸收、转换和交流信息的能力。这个系统的稳定性和强健性来源于其动态性（dynamics），即它处理运动、差异和交换的能力。未来的城市和景观趋向于灵活的状态，而且还须迅速回应各种不断变化的需求，与此同时，还要能预测自身的种种效应和潜力，恰基于此，上述理念之于景观都市主义颇具吸引力。上述理念同时指出了一种修正的设计实践活动：为了创造出强有力的新混合物、新的连锁效应、新的跨学科联盟、新型的开放空间，我们就要积极主动地激发生态学（这种生态学既是生动的（eidetic），也同属于文化层面的，更是生物学意义上的）。

注释

1 David Harvey, *Spaces of Capital*: *Towards a Critical Geography*（London：Routledge，2001）.

图 1　废弃的空地停车场，布拉什公园的邻里社区（Brush Park Neighborhood），麦克林恩
（Alex S. MacLean），底特律，1989 年

图片版权：Alex S. MacLean / Landslides Aerial Photography

图 2　一座闲置的维多利亚风格的建筑，布拉什公园的邻里社区，麦克林恩，1989 年。
这座房屋的周围被停车场围绕着，如今，这些空置的停车场杂草丛生

图片版权：Alex S. MacLean / Landslides Aerial Photography

大地抹除

在定居（colonization）与建筑物的拆除、移除及抹除等专业问题上，人们常以传统建筑学的思维方式待之，而"逃离底特律"（Stalking Detroit）项目，特别是瓦尔德海姆（Charles Waldheim）和蒙妮（Marilí Santos-Munné）的"撤离底特律"（Decamping Detroit），则帮助人们颠覆了传统建筑学的思考模式。[1]该方案的重要性不仅在于指出了某些城市区域（如底特律）人口的大量流失，而且，还在于其指向了另一种与之对立的极端情况：城市范围的扩张带来不断增加的保护与维护空地与开放空间的需求（图1、图2）。如果说前者意味着从定居地迁出（decolonization），而后者则表示出反定居（anticolonization）的动态过程。由于低密度土地开发造成的肆无忌惮的蔓延状态，导致空间的开放性储备（open reserves）正在快速地消失，而以上的两种策略性操作对空间的开放储备至关重要。哪一种特征或计划（program）能被应用于这些地方？它们是否应该被赋予某种特性（identity）？应当部署何种机制以确保这种空间的完整性和使用期限？

基于存在于底特律的各种问题，瓦尔德海姆和蒙妮着眼于两个不同的参照。其一，正如城市管理者（ombudsman）所建设的那样，关闭和抹除城市的衰败区域，令其回归自然；其二，借以电影人安德烈·塔尔科夫斯基（Andrei Tarkovsky）在其作品《潜行者》中的概念，将这些衰败区域看作神秘的"领域（Zone）"。两种参考同时描绘了一种清晰的、失去功能的（decommissioned）土地类型，其本质是关于空（empty）的参照、再现或计划。但更重要的是，这同时暗示出空地不是某种遗弃和遗留的景观，空地乃是建设的基础：空地的发展以全然不确定的未来为导向，因此人们有意将空间建设成开放性场地，且通过分阶段的方式开发之。长久以来，建筑师主要关注形式的表达性和完成度，

本文曾收录于：Georgia Daskalakis, Charles Waldheim and Jason Young, eds. Stalking Detroit（Barcelona：ACTAR, 2001）：122-126. 本次再版已获出版许可。

然而事实上，瓦尔德海姆和蒙妮的方案根本不关心建筑的表面形式，而是更加注重创造和维护那些遗留下的空地的运筹（Logistics）。

建筑师需要在空地上预留出某块充满不确定性的地块，该观念指出了一系列关于开发真正的开放空间的重要议题。第一个被提起的议题是**管理**（management）。停止运营的且获得重新配置的资源是城市经济中必不可少的重要组成部分，正如"优秀的家政"一样。因此，人们必须设计出各种精确的组织措施，而且一以贯之。景观和城市的许多内容（尤其在开放空间中）看似十分简单，实际上，复杂的组织制度（regimes of organization）能够催生出大量的手段（instruments）和机制（mechanisms），它们恰恰巩固了都市、景观和开放空间的基本结构。"图解"（diagrams）或者概要框架可以帮助我们理解那些基础性制度，其描述了将要颁布的（也包括将要废除的）法规和机制的内在需求。正是如此，这些图解指向了一种运筹的（logistical）、性能的（performative）建筑实践，其有别于主要关注于客体／形式（object／form）的实践类型。这些管理机制涉及第二层议题：策略和权力。权力意味着在重组土地的时候总会出现赢家（通常是权力机构，如各州政府）和输家（通常是低收入群体）。但是，广袤土地获得了流转的契机，私产亦实现了**去地域化**（deterritorialization），它们共同暗示了一个事实：单一的权力或权威已经不复存在，个人选择和行动的大规模集合才是主流趋势。换言之，尽管仍然存在着一个中央代理机构来构想和引导空间的去地域化，但是通过综合处理等级、控制和权力等问题的途径，那么，随之而来的结果可能是开放且毫无管制的。去地域化的实质内容发生了如下转变：从现代主义者（Modernist）和新城市主义者（New Urbanist）凭借特定模式控制和操控城市（二者均相信，形式自身能补救城市的许多问题，即便这些问题不尽相同）变成一种更加开放且充满策略性的模式，而后者通过概略性手段（diagrammatic means）能让都市获得一种彻底的解放状态。因此，在土地上"铭刻"（scaping）意义和存在（presence）的形式组合不是我关心的内容，与之相反，我提出"抹除"（scraping）土地上留存的种种剩余物：符号的、政治的和物质的。被抹除的土地随即变成一块如白纸一般的空地，其上可容纳多种阐释和可能性。

瓦尔德海姆和蒙妮的工作成为大地抹除法（landscraping）的实际案例，不过，还有其他类型存世：举例说，库哈斯和大都会建筑事务所（Office of Metropolitan Architecture）在巴黎的竞赛中以自治的网格系统为基本框架，分阶段地抹除了巴黎拉德芳斯（La Défense）以及其区域内的层层附属物。"抹除的过程（the process of erasure）随着时间的流逝而逐渐消解，即整个过程乃是一个不可见的现实。我们可以从地图上逐步刮除整个区域的肌理，在 25 年的时间里，整

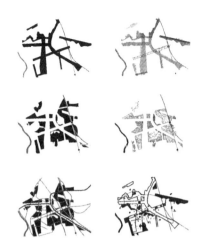

图 3　麦伦.塞纳特城镇规划，
法国，库哈斯 / OMA，1987 年

个地区都将变成可用的空间……我们在这片新土地上能做什么呢？"[2] 在新城塞纳特（Melun-Senart）的规划框架中，库哈斯采取了一种不同的方式，他和 OMA 提出建设五个"线性空地"，使该案例成为另一个有价值的比较："一个由条带系统和线性空地构成的系统以类似于汉字的庞大形象内嵌于场地之中。在保护这些条带以及维持其空旷的前提下，我们设想为塞纳特城提供尽可能多的能量"（图 3）。[3] 此处，我们展示了一个反例，一方面作为重要容器的空地被高度管制；另一方面，容器之间剩下的区域受到的管制程度最低，并且为未来发展提供了各种开放性。第三个项目是库哈斯规划的点城／南城（Point City / South City），这个方案预测性地重新分配了荷兰的聚居密度和分布，此举既可以提升城市的区域密度，又能够保护开放空间："我们有意地通过系统且谨慎地方式打造出一个西方都市，同时将荷兰剩余的国土作为留白（emptiness），这些留白犹如空空如也的蓄水池（a reservoir of void）"。[4] 高伊策（Adriaan Geuze）和西八（West 8）为兰斯台德（Randstad）和绿心（Green Hearth）提出了类似的策略以创造留白的情景："每一块空地的开发状态越是需要基于各种指导和限制（而非指定空地的尺度和大小），则越合理：这种处理方式剔除了特定的功能，限制建筑物高度、密度、噪音、生产，或容纳生态的肌理等"。[5] 当然还有一些其他关于抹除的例子，比如说：拉茨（Peter Latz）的"剩余"（residual）概念和"虚透"（blank）空间，史密斯（Tony Smith）的"不可识别的空间"，史密森（Robert Smithson）的"非场所"（non-site），或奥热（Marc Augé）的"非空间"（Non-space），我们有很好的理由相信，景观的实践正在创建传统城市和景观之外的全新路径。

　　这些抹除和去领域化的实践引入了空（voids）的概念。无论做过多少尝试，场地的停用和抹除仍然留有一丝的空缺（vacancy）。彻底地抹除某个场所是不现实的。正如前文所述，空的场所带给城市管理者多重运筹的、运营的问题，但同时给疏离的居民提供了大量未经官方许可的，甚至迄今不曾预见到的机会。然而值得注意的是，这些特质依赖于那些尚未被定义的关于空的场所的内涵。空地不能被指定为"自然保留地"、"演替生境"、"娱乐场地"或其他类似的指定场所。因为一旦为空的场所进行了命名，则会将其以特定的方式框定下来。而空地中隐藏的社会自由性恰恰既源于其辨识度的缺失和无差异化（indifference）。即便空的场所无处不在，并时刻发挥着功效，但是人们依然无法"看见"（see）它，而不可见的机制和调控性基础设施则维系着其自身的存在。

　　传统建筑的实践和假设皆有自身的方法和技术，而上述议题则对此进行了挑战。都市的"好"与"坏"在社会的约定俗成中皆有特定的判断标准，而上述议题不仅挑战着这些标准，还挑战了景观之于都市精神（morality）所扮演的角色。最终这些议题指出，城市是一个综合体、一个永远处于不断涌现状态的实体，"建筑"或"景观"不再能塑造城市的形态。一旦我们认识到当代都市主义具有一种动态的、不可控的、疯狂的效应，那么就需要开发新的干预技术，从而让我们能以更具创造力的姿态参与到这个充满生命力的都市之中。当"总体规划"转变到更具策略的（tactical）、即兴的（improvisational）、临时的（provisional）计划的时候，就标志着对于建筑师的态度的改变，建筑师从权威性角色转变成了参与协作者：建筑师变成了关于集合（sets）和舞台（stages）的社会管理者，他们让都市能以全新动态的方式运转。这些集合、舞台和基础设施的目标不再是提升或纠正城市（站在权力的角度），而是为了创立各种条件，使之激发且发挥当代都市主义的自由性。

　　与底特律清除计划中的管理、空缺和道德等内容相关的景观案例，我首先想到的是英国的康芒斯（English Commons）和印度的操练场（Indian Maidan）。我们无法轻易地定义和解释那些位于都市和城镇中心的空间，其特点是模糊、简单且空旷：它们只是在那里罢了。这些空白的、开放的场地没有过度的设计、构图和再现，然而它们却邀请所有的城市居民参与其中。随着时间的推移，人们根据需要而平整地形，塑造出空的场所以方便互动和交流。这些场所曾经是营地和游牧地，因此这些场所能够同时兼具个体自由和集体意识的双重经验。操练场和康芒斯既默默无闻又质朴，这些空间既属于任何人，又不被任何人占有。人们可以很轻易地进入场地中，它们具有开放性，不过又莫不明状，略感平庸且普通。恰是空白空间的这些特征（缺乏特性和辨识度）使得其可以随着时间发生各种适应性的调整和改变。正是这种普普通通的空间形式，让我们从传统建筑和景观的路径迈向未经设计的、未被建造的、开放性的场地。

本文绝非提议将空间搁置不顾，正如不成熟的或昙花一现的政治活动中所存在的一样。与之相反，操练场和康芒斯拥有强化自身存在的特殊结构形式：去域化的分割和留空、再域化的（reterritorialized）场域和框架，好比基础设施的点和控制作用力的线，当中有些特征是可见的，而大多数是不可见的，不可见的部分都隐藏在都市管理者所绘制的图解和监管组织（regulatory apparatus）中，当然，带有功能性（performative）社会模式和团体联盟最终以一种临时的却意义深远的方式占据着场所。此外，这些场地的存在依赖于其周边环境的密度、强度和发展。尽管随着城市化的典型进程的影响（包括建筑和规划），这些场地的周围环境可能继续演变和发展，然而这些去域化的空间却依赖于一种十分不同的框架机制。因此，在一定程度上，如果我们仍然可以谈论景观和建筑设计的话，我们不该关注设计构图和组合，而应当注重管理性的程序、计划和抹除策略。

注释

1　在逃离底特律的方案中，瓦尔德海姆和桑托斯提出关于土地闲置的四个阶段：（1）"分离（Dislocation），即"在项目的土地边界的"分区"上分离居民和服务；（2）"抹除"（Erasure），即通过清除场地的植被以及播种侵犯性强的植物种子的方式，加快都市的建筑构造的自然退化状态，从而造成一种历经风霜雨露之时间侵蚀；（3）"吸收"（Absorption）或"生态重组"，即通过将有选择的洪水泛滥（selective flooding）视为一种解决土地污染的长久之计；（4）"渗透"（Infiltration）或者关于这些分区再开发的思索（a speculation on the recolonization），即以开放性的方式回应景观中的个人需求和集体诉求为基础。参见：Waldheim and Santos-Munné, "Decamping Detroit," in GeorgiaDaskalakis, Charles Waldheim and Jason young, eds., *Stalking Detroit*（Barcelona：Actar, 2002）, 104-120.

2　参见：Rem Koolhaas and Bruce Mau, *S, M, L, XL*（New York：Monacelli Press）, 1090-1135.

3　同上，981.

4　同上，891.

5　参见：Adrian geuze, "Wildernis," in *De Alexanderpolder：New Urban Frontiers*, ed. Anne-Mie Devolder（Bussum, Netherlands：Thoth, 1993）, 96–105.

6　参见：Anuradha Mathur, "Neither Wilderness Nor Home：The Indian Maidan," in *Recovering Landscape：Essays in Contemporary Landscape Architecture*, ed. James Corner（New york：Princeton Architectural Press, 1999）, 204-219.

图 1　高线公园中硬质与软质表面相互融合的效果图，
科纳场域操作事务所与 Diller Scofidio + Renfro，纽约，2004 年

流动的土地

21世纪伊始，看似老生常谈的"景观"一词再次回到公众的视线（图1）。景观在更加宏大的文化想象中，再次得以崭露头角，主要归因于环境保护主义的兴起、全球生态意识的觉醒、旅游业的增长所带来的维持地区独特性的诉求，以及大规模城市扩张之于乡村的影响。然而，除此之外，尤其相较于当代建筑师和城市规划师而言，景观还能提供想象和隐喻的种种关联。诚然，建筑院校在近年不断地吸纳着景观专业。尽管在不久之前，建筑师还不能（或不愿意）绘制一棵树，而对于场地和景观的态度则更加置若罔闻。然而，当下众多的设计和规划学院不仅重视植被、土方和场地规划，而且还深入探讨了某些景观概念：比如说，景观是否具备整合场地、领域（territories）、生态系统、环境网络和基础设施的能力，是否拥有组织大规模城市场域的能力。具体而论主要包括组织主题（themes of organization）、动态交互（dynamic interaction）、生态系统和技术革新。这四种能力共同激发了一种更加宽松的、新兴的都市主义，其更接近于真实的城市复杂状态。故而，景观的新释带来了新的选择，它有别于僵化的中央集权式规划。

风景园林学的领头羊院校在传统上早已将景观理解成一种都市主义的模型，一方面欣然接纳大尺度的组织规划手法，另一方面兼顾设计、文化表达以及生态营造。近年来，一小部分风景园林师突破了专业局限，将专业实践延展到都市化的、策划的以及基础设施的复杂领域。在建筑、景观、城市设计、规划领域中，某些因素似乎正在发展成一种共通的实践类型，即所谓的景观都市主义（landscape urbanism）正如其命名方式所示，"景观"构成了其核心意义。那么，这种混合型实践的内核是什么呢？"景观"和"都市主义"这两个术语的内涵又发生了怎样的改变？

早在1997年，瓦尔德海姆组织了景观都市主义的研讨会和展览，预告了

本文曾收录于：*Charles Waldheim*, *ed.* The Landcape Urbanism Reader（New York：Princeton Architectural Press，2006）：54-80. 本次再版已获出版许可。

这个跨学科的共谋（disciplinary collusion），随后一系列出版物又进一步阐释了景观都市主义的内涵。[1] 尽管景观都市主义容纳了各种差异性（"景观"和"都市主义"本身是两个充满争议性的术语，各自承载着不同的意识形态的、策划纲领的以及文化的内容），但是，仍然存在着关乎学科间融合与统一的命题（图 2）。

由此可见，景观都市主义好像一个包括了各种智识性内容的宣言，它将"景观"和"都市主义"两个术语看作一个整体，一种现象，一类实践。然而这两个术语同时保持着自身的独立性，这证明了它们之间存在着根本的（或许是难以消除的）差异性。以前，我们总是把都市场地看成景观，或者试图在都市环境中安置景观，然而景观都市主义的重要意义在于它不同于此前的观念，是一种辩证性的综合体。自19世纪起，景观与城市的关系被设定成差异和对立，如今，我们仍然延续了此种传统方式来审视它们的关系。基于这种观点，城市被视为高密度建筑技术、交通基础设施和资本开发的化身，同时都市还产生了各种令人不快的后果（比如交通拥堵、污染、各式各样的社会压力）；与之形成强烈对比的是，景观依托于公园、绿色廊道、行道树、广场和花园，被人们普遍认为是能够提供缓解城市化副作用的良药和契机。奥姆斯特德设计的中央公园即为最佳典范。尽管纽约中央公园提升了周边区域的房地产开发，这使其更接近于一种景观都市主义的模式，但是中央公园的主要意图是在曼哈顿密不透风的城市网格中创造出一处缓解身心之地。此例中，景观驱动了城市塑造的进程。

简森（Jens Jensen）曾阐述了这一观点，"城市是为健康生活而建……并非为了利益或投机，未来的规划师应当将城市综合体中的绿色环境作为首要考量"。[2] 在此，"综合体"（complex）是我将反复强调的核心词。对于简森、奥姆斯特德而言，甚至包括了柯布西耶的伏瓦生规划（Plan Voisin），"绿色综合体"（green complex）源自于公园与绿色开放空间，与此同时，还会伴随着这样的信念：绿色综合体将会为城市带来文明、健康、社会公正和经济发展。

然而更重要的是，传统城市景观的空间类型不仅需要超越美学和再现性，更须强化自身的生态廊道功能：比如说波士顿贝克湾沼泽（Back Bay Fens），其水文和雨洪管理系统就隐藏于项链状结构之下，或者说延伸至斯图加特城市中的绿色廊道，它能够将山中空气引入城市且起着冷却剂和清洁剂的作用。这类景观犹如都市的基础设施，在城市人口的健康和幸福等方面必然承担着更加重要的作用。与此同时，这些案例赋予了景观都市主义中更为重要的潜力，即协调和转换尺度的能力（to shift scales），把城市置于其区域和生境的脉络中的能力，以及设计出动态的环境过程和城市形态之间的关系的能力。

当我们审视这些案例以期洞悉当前的状况之时，面临的挑战将是追求"自然"（Nature）的文化意向，而景观恰恰深层次地依附于此类文化意象之上。在

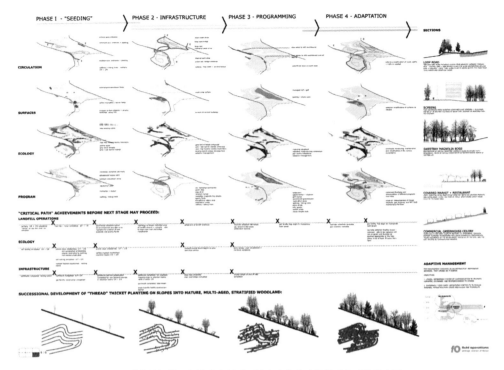

图 2　清泉垃圾填埋场的生命景观系统在实施分阶段策略之后的效应图，
科纳场域操作事务所，纽约，2004 年

前文所提的案例中，自然几乎被刻画成一种绵延起伏的田园牧歌图景，而且在通常意义上，自然是高尚的、仁爱（benevolent）且慰藉的（soothing）。在现代城市中，环境遭到破坏，社会本质受到腐蚀，面对此种境况，自然同时充当道德和实践层面上的解毒剂。此处的景观（landscape）乃是城市的"他者"（other），是从自然中萃取出来的事物，景观是外在于建筑、技术以及基础设施的，但又是城市中不可或缺的补足物。

自圣苏萨纳（Santa Susanta）山脉流至洛杉矶市区的洛杉矶河（Los Angeles River）是一个更为复杂且矛盾的案例。该地区的春季融雪和周边地表径流常年引发洪水灾害，因此，美国陆军工程团（US Corp of Engineers）建设了一条混凝土"河流"应对各种严峻的灾害问题。设计的河渠旨在优化泄洪的效率和速度。其拥护者理所当然地将"自然"视为洪水猛兽。但是，从另一个角度看，风景园林师、环境保护主义者和各类社团组织希望将河渠变成一条充满滨水生境和林地、鸟语花香和渔舟唱晚的绿色廊道。对于上述团体而言，工程师的控制欲已使"自然"毁容。至此，我相信这是一个有着良好初衷却未能找准方向的项目，而且，还加剧了人们思维中弥久的对立意识。

上述之对立意识最终演变成两个不同的路径。争论之处存在两个方面：其一，我们需要把景观引入城市；其二，城市的扩张需要融入周边的景观（而后者恰恰是田园牧歌式理想的源泉）。1955 年，城市规划师格鲁恩（Victor Gruen）创造了术语"都市风景"（cityscape），意在区别于"自然景观"（landscape）。格鲁恩认为都市风景是由建筑、铺地和基础设施构成的建成环境。这些内容可进一步分为"技术景观"（technoscapes）、"交通景观"（transportationscapes）、"郊区景观"（Suburbscape）和"城郊景观"（subcityscapes）。这些都市风景乃是一些都市外围的条带和碎片，被格鲁恩称之为"受大都市所累之体现"。另一方面，之于格鲁恩而言，"景观"意味着"自然占据主导地位的环境"。他曾经确实说过，景观的本质不是一处被开发的、荒野般的"自然的环境"，而是特指那些人类定居的环境。在其之上，人类以一种紧密而互惠的方式塑造了大地及其自然环境。以农耕和农村为例，格鲁恩试图激发一种因地制宜的和谐之境，使之完全浸润于绿意盎然的植被和湛蓝空旷的天空之中。对于格鲁恩而言，都市风景和自然景观曾泾渭分明，而今天的情况则使城市的围墙被打破了，都市以一种经济驱动的、"技术大爆炸"（blitzkrieg）的方式将自身纳入周边的景观中，并使之匀质化，即当下"景观"（scapes）的存在方式既彼此冲突，又难以界定。[3]

当某种事物压制了其他事物的时候（无论是景观渗透到城市，还是城市蔓延到其腹地，对于两者而言，总有一方在价值上更具竞争力），关于拉维莱特公园设计的争辩就会映入眼帘。起初，许多风景园林师认为拉维莱特只是充斥着各种建筑物或者"夸张的装饰物"（follies），而鲜有"景观元素"。近年来，风景园林师通过更为深入的观察重新审视了上述观点，认为仍在继续生长的景观已经胜过了建筑。对于简森、奥姆斯特德、柯布西耶、格鲁恩以及他们同时代的人而言，甚至对于今天驳斥洛杉矶河规划的各种团体来说，皆能与上述观点不谋而合。陈旧的观点认为"建筑物／城市"与"绿色景观"分属于相互分离的事物：在一定程度上，拉维莱特公园的构筑物并不被认为是景观的一部分，正如混凝土河道不会被理解成一种景观元素一样，即使河道的景观**功能**完全是水文学意义上的。

景观与都市主义分属特定的专业，或者说，它们分别隶属于特定的学科，对此，我们自然心知肚明。建筑师从事房屋建造，也适同工程师和规划师一起设计城市；风景园林师则通过土方工程、种植设计和开放空间设计以营造景观。拉维莱特公园引起了风景园林师的集体性愤慨，乃是由于建筑师操刀了整个设计。无独有偶，倘若风景园林师在建筑师的专属领域中赢得设计竞赛，那么，风景园林师也会被报以讥笑。因此，在物质的、技术的、想象的 / 道德的（moralistic）纬度上，景观与都市主义这两种媒介存在着巨大的差异，导致了两者出现对立的、范畴上的分歧，此外，高度专业化的领域细分以及各种错综复杂的竞争关系，也是区别景观与都市主义的内在动力。

举例来说，有人曾经认为建筑师和规划师将会主导景观之未来，或者，被压制的景观只适用于构筑或者强化城市的形态。在此，景观通常以绿意盎然的面目示人，它既是资产阶级审美的代言人，也是归化的面纱（naturalized veil）。越来越多的案例显示开发与工程公司操纵了整个世界的塑造，一切皆以节奏、效率和利润为标杆，而且这种趋势愈演愈烈，于是，所有的传统设计领域（不仅局限于景观）已经变成了某种边缘的、装饰性的工作，且被剥削了参与策划的（programmatic）、空间建构（spatial formation）的相关工作的权利。

当然，与之相反，许多生态意识强烈的风景园林师认为，城市在很大程度上忽视了自然的存在。虽然环境的修复和管理迫在眉睫，不过，把城市形态和过程排除于生态分析之外，亦是极不可取的。而且，所谓的"可持续方案"，不过是都市主义依赖于特定生物区域的新陈代谢机制，又以基于半乡村化的环境的场所形式示人，显然，它们既幼稚又适得其反。这些规划方案的鼓吹者，难道真会相信仅靠自然系统就能比现代技术工厂更为有效地处理棘手的垃圾和污染问题吗？难道他们真的相信人们接触到的所谓的"自然"之虚构图像（fictional image），就能使每个人都拥有一种与大地和他人更为友善的关系吗（好比说百万人口从城市迁徙到农村那般，在一定程度上，这个过程真能提升生物多样性、水和空气的质量吗）？

在 20 世纪初期，全世界只有 16 个百万级别人口的城市，到了 20 世纪末，就陡然飙升到 500 余个此等规模的城市，而且，有些城市的人口已经激增至千万，并且还处于持续增长之中。大都市洛杉矶现有将近 1300 万人口，预计在未来的 25 年将会翻番。快速的城市化导致大都市变得异常复杂，倘若继续把自然与文化、景观和城市处于相互对立的境地（不论持续保持着绝对的否定关系，还是继续伪装在一种善意的、互惠的关系中），那么，我们将会面临着一种学科危机：即在未来的城市塑造中，建筑学和规划专业将会无法做出，实际的或者有意义的贡献，从而导致一种满盘皆输的局面。

基于这样的前提，我们不难理解景观都市主义概念之提出，相较于之前那种严格的学科划分，实际上表明了一种更加充满希望的、更激进的、更具有创造力的实践类型。也许要想推动高度复杂的当代大都市的发展，我们需要整合不同学科之间的职业化的、制度化的差异，进而形成一种新的综合性专业，即一种具有批判性的洞察力和深刻的想象性的空间 / 物质实践，这种实践能够连通不同的尺度和范畴。

景观都市主义需要一种概述性大纲，因此，我将勾勒四个暂定的议题：随时间变化的过程性（processes over time）、表层的分阶段（staging of surfaces）、操作或工作方法（operational or working method），以及想象力（imaginary）。随着时间变化的过程性是本文将要第一个论述的议题。从本质上而言，城市化的进程（包括资本累积、放宽经济管制、全球化、环境保护等）不仅塑造了自身的空间形式，更重要的是，城市化进程还缔造了各种城市关系。现代主义者提出新的物质空间结构能够产生新的社会模式，此论已经日暮途穷，究其失败的原因就在于，现代主义者试图把动态、复杂的都市进程强行塞入一个固定且僵化的空间框架中，而这样的空间框架既不源自于都市进程，也无法被都市进程所引导。这里虽然强调了城市的过程性，但是并不意味着要拒绝空间形式，而是试图建构一种辨证的理解关系，即如何使空间形式与其流动、显现和维持着的过程性建立起有效的联系。

这意味着景观都市主义将注意力从空间品质（无论是形式的，或是自然美景的）转移到控制着城市形态的系统上（比如说城市的分布和密度）。场域图解或者地图能够描述上述的各种作用力，这进一步帮助我们理解城市的事件和过程性。举例而言，地理学家克里斯塔勒（Walter Christaller）的人口分布图解、城市规划师希伯赛默（Ludwig Hilberseimer）的区域聚居模式图解，均阐明了流动性（flow）与作用力。[4]

哈维通过比较现代主义者的形式决定论和近期兴起的新传统之"新都市主义"两种思潮，表示两者皆会走入死胡同，因为它们都假定了空间序列能够或多或少地控制历史和进程。哈维提出，设计师和规划师没必要为寻找新的空间的形式以及美学表象而殚精竭虑，他们应该致力于探寻"时空维度下的社会公正的、政治解放的、生态合理的生产过程方面的综合体"，且应该挑战那些受惠于特权阶级和政经权力带来的严重不平等的失控的资本积累"。[5]总而言之，哈维的论点是对于城市主义未来的可能性和预测应尽量摆脱形式的考量，而应该更多地依赖于都市过程性的理解，换言之，即事物如何在空间和时间中运作（work）。

倘若构思一个更加有机的、流动的都市主义，那么生态学自身成为绝佳的棱镜，透过生态学的内在机制，我们便可以分析和预测出一种另类的未来都市。生态学旨在演绎全部的地球生命体是如何深入地交织于动态的关系中。此外，生态系统内各元素间相互作用极为复杂，那些线性的、僵化的模型远远无法有效地描述生态结构中的作用力。或者说，生态学认为在更加广泛的领域中发挥作用的独立媒介（agents）能够产生增值（incremental）和累积（cumulative）效应，从而随着时间的推移，生态学能够持续地影响着环境的塑造。因此，生态学思想强调不同过程中的动态关系和媒介，它们将特定的形式解释成一种暂时性的物质状态。那些形式似乎没有明确的归宿，它们只是处于"演变成它物"的征途上。故而，在起初的时候，有人会把看似不连贯的、复杂的基本状况误解成随机的、混乱的状态，但事实上，那些状况乃是一种高度结构化的实体，构成了一系列特定的几何和空间秩序。依此逻辑而言，城市和基础设施犹如森林和河流一样皆具"生态的"属性。

自 1969 年麦克哈格出版《设计结合自然》以来，风景园林师为场地的规划与设计乐此不疲地开发了一系列生态技术。然而由于种种原因（其中一些在前文中提及过），生态学仅仅被应用于某种"环境"（environment）的语境中，即人们通常所理解的"自然"，而这种关于生态学的观念把城市排除在外。即使有些学者已经把都市纳入生态的平衡系统中，不过仅从自然系统的角度出发，即只关注于水文、气流、植被群落等内容。我们至今还不能洞悉文化的、社会的、政治的、经济的环境如何才能被嵌入"自然"世界，也没有搞清楚它们之于自然世界的对应物是什么。景观都市主义旨在发展一种处于不断演变的时间／空间生态学（space-time ecology），以此应对蕴含于都市的全部作用力（force）以及代理人（agents），而后将之建构成一种连续性的互动网络。康（Louis Kahn）在 1952 年绘制的费城机动车交通流线图解正是上述论点之绝佳注脚（图 3），关于这个项目，康写道：

> 高速路犹如河流。这些河流划定了服务区域。河流岸线上遍布港口。港湾犹如市政的停车楼；从港口分流出的支流系统服务于内部区域……从支流延伸出来的末端式码头；码头又作为建筑物的入口大堂。[6]

在随后的东商业街规划（Market Street East）中，康设置了一整套由"门户"、"高架桥"和"水库"构成的系统，其中的每一个构成要素都在探讨，如何在都市领域下探索有关图像学图形（Iconographic figures）的全新表达方式，这些要素犹如漆黑暗夜的启明灯一般，既可导航又可调整速度。

康的图解暗示了一种需求，即运用当代技术再现流动的（fluid）、过程主导的（process-driven）都市特征，在某个给定的都市区域中，那些作用其上的媒介、动因和力量均会纳入考量中（无论是以正向流动的方式，还是一种逆向重置的方式）。整个城市变成了一个充满活力的竞技场，随着时间的推移，这个竞技场可容纳各种过程性和交换机制，与此同时，它还可接纳新的力量和关系，从而为新的活动和模式做出相应的铺垫。固定的土地（terra firma）（稳固的、

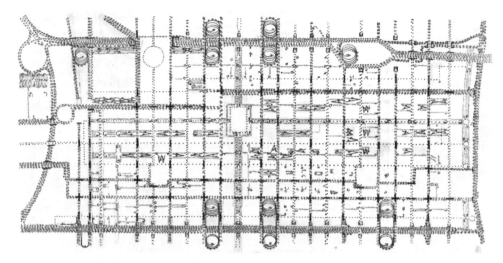

图3　交通规划研究，宾夕法尼亚州费城，提议的交通运动模式详图，路易斯·康，1952年，油墨、
石墨、剪贴纸，62.2cm×108.6cm

图片版权：The Museum of Modern Art, New York, NY, U.S.A. . The Louis I. Kahn Collection, The University of Pennsylvania and the Pennsylvania Historical and Museum Commission

不变的；牢固的、确定的）终将被不断转换的都市过程性所替代，**即流动的土地**（terra fluxus）。

第二个景观都市主义议题涉及三个方面：水平表层（horizontal surface）、地表（ground plane）、行动的"场域"（"field" of action）。人行道、大街和（都市表层的）整个基础设施系统纵贯于多个尺度上的城市空间，这些表层共同构成了都市场域。这表明了当下对于表层连续性的兴趣，比如说，屋顶与地表合为一体；在弥合建筑与景观之间差异的层面上，埃森曼和欧林（Laurie Olin）的合作项目说明了，表层连续性具有相当重大的价值。不过，我更愿意强调对于表面的第二种理解方式：作为城市基础设施的表层。为了凸显自身，建筑通常穷尽场地的潜力，然而与此不同的是，城市基础设施乃是通过播下希望之种的方式筹划场地的未来蓝图。以未来之需营建而成的表层，显然与仅仅强调表面建造形式的倾向大相径庭。城市基础设施更具战略性，其重视方法而非结果，强调的是性能和运作的逻辑（performative logic）而非设计上的形式构成。

举例而言，以历史的视角观之，网格（grid）已经成为一种卓有成效的场域操作方式，网格能够把框架延伸至广袤的地表之上，随着时间的演变，地表能够不断地改变，也会变得更加灵活：正如曼哈顿的房地产开发以及街道网络，或者如，美国中西部的土地测绘网格。这样的网格组织赋予表层以易读性（legibility）和秩序，同时允许表层的组成部分皆可保持自身的自治性和独立性，与此同时，还为未来的发展提供开放性（alternative permutations）的机会。

随着时间的推移，城市表层可以记录人口数量的变化、人口结构和利益团体的变化轨迹，同时还允许人们临时性地筹划场地的活动，从而期待发生各种丰富的、不断转变的程序性事件（Programmatic events）。通过复合性（compositionally）"设计"的方式不能产生动态的表层，深思熟虑的组织或基础设施（它们既是过程性和行动的发起者，也是其促进者）才能促进表层的生成。该策略方法在以前显得过于简单又陈旧，然而在如今，却能根据不断变化的季节、需求和渴望，赋予居民组织场地的能力。因此，这项工作的内在动力较少源于形式的考量，而更加来自于公众参与的过程性和未来功能的考虑。鉴于操作性表层（a working surface）总是处于时间过程中，因此，景观都市主义期盼变化和开放性，也希望提供一个可供协商的平台。

上述将引向景观都市主义的第三个议题，即操作方法。城市地理学横跨多个空间尺度，涉及不同族群和年龄的人群，那么，我们应该如何将之概念化呢？我们又如何与之协同运作？进一步说，倘若抛开再现的议题（特别是在复杂迫切的城市环境状况下），我们应该如何切实地操作景观都市主义，且使之发挥卓越的成效？我们并不缺乏批判性的乌托邦式的空想主义者，不过，只有极少数人能够将设想变成现实。一方面，设计师的最终热忱仍然放在建筑物之建造的真实性（constructed reality of building），然而在这个过程中，绝大多数的设计师只能在传统的专业限制中镣铐起舞，此种情况既可悲又讽刺。而另一方面，空想主义者似乎总想逃避现实而行动（尽管这很有启发性，也颇值玩味）：实际上，他们的乌托邦想象忽视了一种有效且可操作的策略（an effective operative strategy）。

就此而言，我相信景观都市主义彻底反思了传统概念上的、再现的、操作层面上的技术。跨越时空界限的大尺度转换具备了可能性；结合当地环境的详细记录，且通过概述性地图（synoptic maps）的方式推动项目进程；以电影和舞蹈技术作为比较的参照，探索景观空间之标记方式（spatial notation）；在引入计算机代数与数字领域工作的同时，继续运用颜料、黏土和墨水等传统媒介；把地产开发商和工程师与当代高度专业化的幻想家（imagineer）和诗人紧密联系起来：上述这些活动以及还未提及的部分，似乎已经构成了整合性城市规划的重要组成部分，但是处理和应对上述议题的技术方式仍旧极度匮乏，至少对我而言，这一领域恰恰值得我们投入极大的注意力和研究精力。

景观都市主义的第四个议题是想象力。倘若仅从每个议题的自身角度进行衡量和辨别的话，那么，上述议题则失去了其讨论的意义。受物质世界激发而来的集体想象（collective imagination）必须继续作为任何创造性努力的首要动因。就很多方面而言，20世纪规划专注于城市发展实践和资本累积的最优合理化，其最终的失败可被归结于整个规划范式在想象力方面的匮乏。一般来说，都市的公共空间绝非普遍意义上的"休闲"（recreation）之地，显然，我们需要超越将其看作象征的补救物或容器（token compensation or vessels）的认知。首先，公共空间是一种关于集体记忆和诉求的载体，其次，公共空间乃是地理和社会想象的场所，于其上，全新的关系和可能性就会被激发出来。物质性（materiality）、再现（representation）和想象力并非相互分离，通过场所营建而引发的政治变革（political change）既归因于再现的、象征的领域，也源于物质性活动。总而言之，景观都市主义说到底是一个充满想象力的计划，通过一种以思辨方式，不断地深度挖掘未来世界之潜力。

综上所述，我想重申景观和都市主义之间的矛盾性差异。这两个术语完全不会从属于任何的一方。我认为这种矛盾性不仅不可避免，甚至还很有必要继续保持。早期的城市设计和区域规划常以失败而告终，归根结底就在于它们过度地简化和缩略了丰富多彩的真实生活。一位优秀的风景园林师必须掌握一种把"触觉和诗意"与"图解和策略"相互联系起来的能力。换言之，凭借其纵贯多个尺度的能力，景观与都市主义之间的结合希望创造出一种关联的、系统的运作方法，可以横跨不同的尺度范围，将独立的部分重归于整体的关系之中，不过与此同时，景观与都市主义之间的分离关系也承认了两者在材料物质性上既存在着相似性，也存在着差异性，而这一切都来自于其所根植的更为宏大的基质（matrix）或场域。

注释

1　在1997年4月的芝加哥，格汉姆基金会（Graham Foundation）支持举办景观都市主义研讨会和展览。另外的例子，可见我的文章，收录于：*Stalking Detroit*, Georgia Daskalakis, Charles Waldheim and Jason Young, eds（Barcelona：Actar, 2001）; *Landscape Urbanism：A Manual for the Machinic Landscape*, Mohsen Mostafavi and Ciro Najle, eds.（London：Architectural Association, 2003）; 以及 David Grahame Shane, *Recombinant Urbanism*（London：John Wiley, 2005）。

2　Jens Jensen, *Siftings*（Baltimore：Johns Hopkins University Press, 1990）. On Jensen'swork and life，参见：Robert E. Grese，*Jens Jensen：Maker of Natural Parks and Gardens*（Baltimore：Johns Hopkins University Press，1992）.

3 Victor Gruen，*The Heart of Our Cities：The Urban Crisis，Diagnosis and Cure*（New York：Simon and Schuster，1964）. 参见：Gruen，*Centers for the Urban Environment：Survival of the Cities*（New York：Van Nostrand Reinhold，1973）.

4 参见：Walter Christaller' 的 *Central Place Theory*（Englewood Cliffs，NJ：Prentice-Hall，1965）；Ludwig Hilberseimer 的 *New Regional Pattern*（Chicago：P. Theobald，1949）.

5 David Harvey，*The Condition of Post-Modernity*（Cambridge，England：Blackwell，1990）.

6 Louis Kahn "Philadelphia City Planning：Traffic Studies，" Philadelphia，PA，1951–1953. 这些草图和工程的图纸都在路易斯·康的收藏处——宾夕法尼亚大学的建筑档案室。

第四部分

——

实践

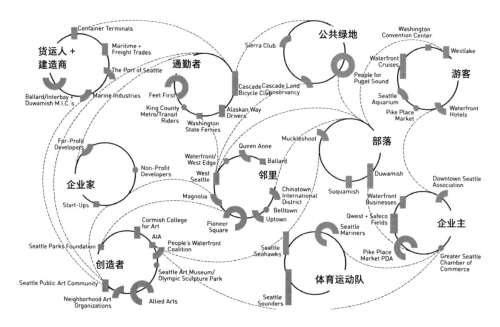

图1 在滨水空间进行投资的参与者和服务机构的图解，"西雅图代理人"（Seattle Agents），
科纳场域操作事务所，西雅图，2012 年

实践：操作与效应

为何实践如此复杂？

我的一些建筑领域以外的朋友和同仁相信建筑设计和景观设计是极具趣味的职业，其主要业务比较明晰，而且内容极为丰富多样。在很大程度上，他（她）们的想法是对的。或许，他们承认自己不具备设计和建造的技能，比如构思能力（ideation）、视觉传达（visualization）和建造技术，不过他们认为良好的设计教育能够直接培养上述专业能力。

在景观和建筑实践中会存在一些其他的、非显性的维度，但这些工作内容一方面足以让优秀的从业者投入其中；另一方面又使得设计本身变得更加复杂。基于项目的独特属性（场所、环境、程序、客户和预算等），以下的各种关系提出了种种难题和挑战：场地与程序（program）、形式与功能、表象（appearance）与性能（performance）、批判性（criticality）与预期（projection）、概念和执行（implementation）。"设计创新"提出了一个更深层的难题。在当下，每个人似乎都追求设计创新，但它究竟是什么呢？为什么人们苦苦追寻设计创新（然而矛盾的是，人们又常常深陷在这个追求的过程中）？我们一直无法充分理解和评估有关实践的各种现实问题：从（事无巨细的！）日常的组织问题（如管理预算、周期、团队合作、规范法令、客户需求、质量担保），到优秀设计概念所面临的创造性挑战，以及从概念到实施过程中的各种挑战（尽管这个过程或许需要不可避免地进行妥协）（图1）。

唯有当设计师能充满智识（intellectually）且兼具管理经验地（managerially）参与到真刀真枪的实践领域，他们才能真正理解实践的深度、困难和挑战。展望未来，我们需要更多地思考和关注以下三方面的内容。

本文曾收录于：Harvard Design Magazine 33（Fall/Winter 2010-2011）：100-102. 本次再版已获出版许可。

实验性与意图传达

设计中的实验性经常与先锋派思想（avant-garde）密切相关，而这种思想是抽象且脱离现实的。设计实验经常超越设计自身的范畴，试图将其他技术（比如文本分析、音乐谱曲或撰写算法脚本）借鉴到设计中。尽管我不会限制上述研究中的自由性（freedoms）和潜力，在很大程度上，我也大力支持这种开放性研究，但是我始终坚信，最富有成效的设计研究还是要依赖于设计自身。换言之，项目自身的复杂性应当成为实验和批判的主题。理论思考和批评也许可以促进想象力，但富有成效的设计思考必须着眼于特定的条件（specific conditions）。

这种实用主义的提法（pragmatic formulation）可以规避两种设计语境的典型性分离：其一，高雅的学术理论和先锋派运动；其二，更加乏善可陈的套路性商业实践。设计活动中的批判性实验（既受正在进行的工作项目的启发，同时也可以反哺项目）为项目／实践的工作模式之创新性提供了基础。风景园林师需要新的工作方式处理当下实践的种种问题（例如，环境可持续性、地域主义与全球化、跨学科、团队创造力）。真正的挑战在于，设计师需要在实践过程中不断地将实验性推陈出新，且能够对于当下做出响应。设计不再是形式的风格化（formal stylization）、图像化（iconicity）或表达性（expression），而是高度定制化的（customized）、无法复制的（irreproducible）**工作**（work），设计师应当以创造性的方式主动激发既定条件中的设计潜力，基于此，上述的设计产品才能被制造出来。

公众参与与易读性

景观与建筑是公共的艺术（legibility）形式。在很长一段时间内，建筑师和风景园林师需要耗费大量的精力以塑造、阐释、使用、消费和修改相关的项目。优秀的景观和建筑项目能够持续吸引公众，有时，这种吸引力可持续到方案提出之后的数个世纪。这导致当今的舆论认为，市民参与最终的设计决策应该成为所有公众项目中不可或缺的环节。尽管鉴于各种有利的包容性因素（inclusive reasons），比如建设政治选区（constituencies）和未来管理制度（stewards），民主性包容（democratic inclusiveness）将会受到普遍欢迎，但是，此等情形面临的一个挑战是：当代表不同意见的声音倾向于导致产生一致的、经过反复检验的、正确的设计方案（这些设计方案必然不会出错，当然也是乏味的），如何使设计变得易于理解（legible）、令人影响深刻且具有创新性。

要想在产生新颖设计的同时鼓励公众的积极参与，其困难是巨大的。虽

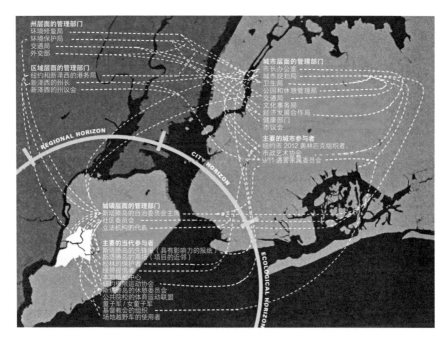

图2 清泉公园周围的诸多代理机构和利益相关团体的地图，纽约市史坦顿岛，
科纳场域操作事务所，2002 年

然沟通的艺术与合理的辩论至关重要，但是有些人在官僚之风（bureaucratic sphere）下对此感到胆寒，因为这种情况可能轻易导致场面的失控。在进行公共汇报前，哪些可以说，哪些不可以说，以及如何更细微地编排内容，公司通常都会对从事公共项目的设计师进行相关的培训。在某种程度上，这种培训是必要的，但是，这种关于参入方式的编排（scripting of engagement）将会扼杀真实的对话和交流。倘若设计师想要真实且有效地让公众参入能够激发想象力和创新的设计过程中，那么，他们的对话、社交和修辞技巧（rhetorical skills）需要更加练达老成（sophisticated）。

合作与学科性

当代实践的第三个挑战来自合作和跨学科的本质。当今世界需要团队之间的合作。有些人会认为某个行业能够解决全部的行业问题，由于各种项目十分复杂，因此，这种假设显得颇为天真。甚至在小型项目中，设计通常也是公司同事和客户反复沟通的结果（图 2）。尽管"明星建筑师"已经蔚然成风，但是我们不应该将之视为常态，任何一个明星建筑师都会告诉你（至少在晚餐的时候悄声言之）他们同样需要完全依赖于其团队，尤其是与客户进行交流的时候，依赖于团队的情况更为显著。明星建筑师更像是门脸（front-person）、品牌或代言人。大多数设计行业都承认合作与团队协作的重要性，但是，我仍然不解为何学术界还在力推某个明星建筑师的概念（在设计教学和学术研究领域皆是如此）。

大型项目需要更大的团队，这些团队应当包括不同的学科和专业人士。有时候，风景园林师能够意识到自己正扮演着如同管弦乐团指挥的角色，进而确保所有专家能够齐心合力完成综合性的任务。风景园林师不仅承担协调与管理的角色，而且还要参与设计，以保证核心概念、结构、材质和类型的整体性。有效的合作要求过人的聆听和修辞技巧，同时平衡多方利益（图 3）。如此这般，风景园林师与作为综合性媒介（synthetic medium）的景观便具有了创造新颖的"整合性环境"的绝佳机遇。这一环境并非空中楼阁式的对象，而是生命在其中孕育和生长的结构与基质。弗兰姆普敦（Kenneth Frampton）的观点如下：

> 我确信，从字面（literally）和隐喻这两个层面来看，景观本身兼具创造性与治疗性的手段（creative-cum-remedial modus）。长久以来，城市规划、城市设计以及建筑设计领域之间存在着意识形态裂痕（ideological division），依我之见，唯有通过建筑师和规划师在地形学/现象学层面上的自觉鼓励（self-conscious encouragement）方可克服此种裂痕。尽管这种途径有悖于传统上的预期，但在技术上是成熟的，在经济上也是现实的。[1]

如果学术界和行业希望对当下实践产生重大影响，那么其关注点则需落至在多模式的世界中有效地处理技术和操作层面上的问题，然后，在高度特定的境况中寻求新的效用（effects）。我们需要寻求新的方式来创造性地操作方案，采取新的方式运用材料与技术，有效地进行合作和沟通，运用新颖且共鸣的方式（in freshly resonant ways）处理和解决问题，在此过程中，我们或许能够更有效地制定出新的实践形式，更进一步而言，这正是塑造世界的新方式。

注释

1 Kenneth Frampton, "Stocktaking 2004: Questions about the Present and Future of Design," in *The New Architectural Pragmatism: A Harvard Design Magazine Reader* (Minneapolis: University of Minnesota Press, 2007), 110.

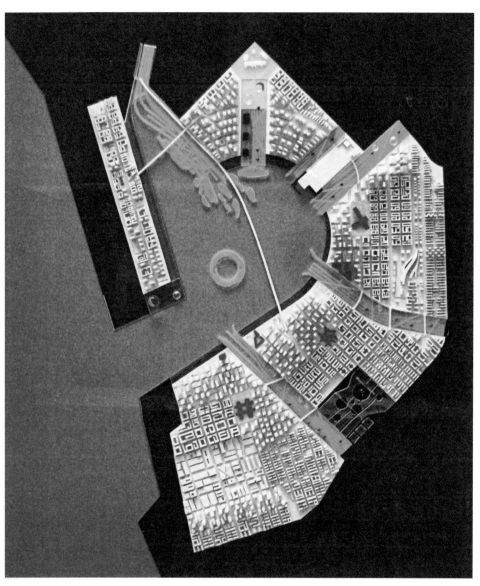

图3　前海平面图，中国深圳，为 200 万人口而设的新城区，这是将景观作为新的城市形式的主要塑造者，以及作为组织多重专业领域和利益相关者核心的范例，科纳场域操作事务所，2010 年

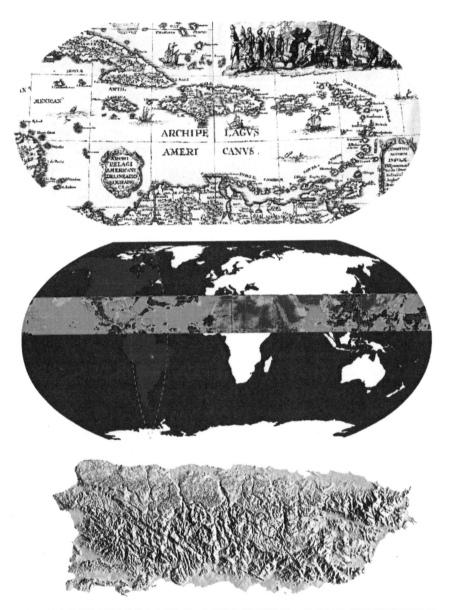

图 1　波多黎各的现状条件是由热带气候、加勒比海的区域位置、殖民历史和地理环境共同塑造而成的，当今该地区的种种特征既包括了当地的、根植于本土的因素，并且兼有全球的、混合的因素。

场域操作事务所，圣胡安，波多黎各，2004 年

植物都市主义

植物都市主义

在信息爆炸的 21 世纪，对于那些既不是植物学者，又非热衷于园艺学、绿植和花卉的人而言，乍看之下，植物园（botanical garden）似乎是一个颇显老旧的话题。通常来说，这个话题属于专业范畴，或许只有古怪的园林工作者（eccentric gardeners）和历史学家才会密切关注这个领域。尽管世界范围内的很多当代植物园正在努力通过保护、教育和科学研究的方式重新激发植物园的活力，然而，在大多数的案例中，参观植物园的人数和相关的收益仍在持续地下降。作为重要文化场所的植物园现已是明日黄花了吗？或者说，在现代科学、技术、传媒（media）和全球化的语境中，植物园已经止步不前了吗？抑或是，植物园的改造能否在一定程度上成为新近流行且更加贴近于 21 世纪想象力的文化类型（图 1）？

实际上，当下植物学的概念是与生态学和都市主义相互结合的产物，接下来，我将勾勒这个概念是如何变成新的规划设计趋势，当然，这一概念性框架并非囿于植物园，而是更为广泛地涉及风景园林和城市设计。与城市类似，植物园也是一个典型的混合形式（hybrid form），一种混合性（multiplicity）和多样性的集合。尽管植物园和城市均深植于地方性的特殊性当中，但是，两者在效应的层面上犹如自由蔓延的（或者伸展和渗透）根茎（rhizomatous），植物园的这个属性能够激唤外国的（foreign）、遥远的、异域的（exotic）、他者（other）的事物。

植物园的第二个特性是建构性（constructedness）。植物园并非全是自然的，而是一个多层级、有序且有组织的空间。该组织结构并非只是形式或几何图案，

本文曾收录于：Studies in the History of Gardens and Designed Landscapes 25/2（June 2005）：123-143. ©2005 Taylor & Francis, Ltd.（http://www.tandfonline.com）. 本次再版已获出版许可。

就本质而言，植物园脱胎于分级（classification）和分类学（taxonomy）的详尽策略。在植物园规划中，种类（categories）、树种和图表（table）支配着自然物质如何被区分、组织和编排，而且，整个规划不以自然为准绳，而是根据科学的植物命名法（momenclature）而定。通过自然的再造、重组和人工布置，最终才形成植物园的总体规划，每个植物园既是一个精心的组织结构，又各具独特的属性。每一个植物园皆可与植物世界产生特定的文化关联，即一种特定的意象理念（image ideas）。

植物园的建构属性在很多方面可以与都市的组织肌理建立起联系：举例来说，罗马人的果园网格系统（orchard grid）要早于方正的城市；经过丈量的小块土地（plots）和田埂早于大尺度的土地划分模式（patterns of land division）；巴洛克的轴线花园也要早于城市规划师奥斯曼（Georges-Eugène Haussmann）的杰作以及林荫大道（Boulevard）；甚至于，启蒙时代的植物学分类以树状的层级结构为标准，这几乎与理性结构为主导的城市规划理念同时出现。当今的都市已经逐渐显露出增长、互动（interaction）和多维时间（multiple temporalities）的时代特点，而近年新的生态发展（植物学组织不再依赖于个体和局部，其要么以群落和环境的关系为依据，要么以协作的生态系统为根据）特别适用于当今的都市。

当今的都市和生态学皆有其占据主导的、充满争议性的专业术语，而上述的论证显示出植物园的概念如何为现有术语提供新的思考和洞见。倘若把植物园之异域人造性（exotic artificiality）、生态学之维系生命之本（life-sustaining imperative），以及都市之规划性图景看成一种综合的、混合的模式，那么它们终将跨越自身的界限，从而变成新的组织模式。这种混合模式并非意味着单一地再现了自然与文化世界，更是指出了一种通过新颖且切中要害的方法建构自然和文化世界的途径。

根据上述介绍性的讨论，接下来，我将描述我的事务所承接的一个规划和设计项目，这个项目是波多黎各大学植物园规划，整个方案的研究从2002年持续到2005年。下面一段引言来自历史保护主义者马特洛（Frank Matero）的评论，这段话为这个植物园提供了绝佳的阐释：

> 鉴于近期植物科学取得的进步和公众休闲方式发生的改变，我们需要重新思考植物园作为卓有价值且有意义的文化景观的当代角色。与日俱增的休闲娱乐需求，以及新的科学研究方法共同引发了一些新问题，主要包括愈演愈烈的退化状态（deterioration）、连通性（accessibility）、阐释性以及科学研究的冗余（scientific redundancy）。这些表面问题的背后隐藏着更为本质的问题，即植物

园总是被联想成致力于标本收集和展示的科学机构。

19 世纪晚期，波多黎各大学植物园建设完成，它起初是一座主要关注于蔗糖和朗姆酒的试验研究站，如今的植物园妥协于不同用途和特性（identities）的混乱的杂糅，当然，也遭受着马特洛所述的一些问题的困扰，而特性缺失的问题尤其惹人注目，同时也与城市问题息息相关。

植物园位于圣胡安市（San Juan）毗邻城中心的位置。主要的都市交通道路（PR-I）把园区等分成两个大小相当的地块。北部的地块几乎为平地，占地141.1 英亩。该地块常年受到彼得拉河（Rio Piedras）洪涝的影响，如今变成了一块开发相对不足的区域。野蛮生长的草地、树林、苗圃以及荒废的朗姆酒研发大楼共同构成了北部地块的景观。南部地块占地 144.3 英亩，在这片区域上有明显隆起的丘陵，因此地形变化更加丰富。大学中央行政单位以及最初的植物园展示区共同构成了南部地块的景观。

更为重要的是，整个场地是城市绿色廊道的组成部分，如今，作为"生态廊道"的场地在法律上受到保护（图 2）。生态廊道的支持者宣称，这是一片广袤且连续的丘陵林地和汇水区，应该免于任何形式的开发与侵占。然而从另一方面来看，由于这片保护地缺乏规划或特性，使得身处都市里的人们难以了解其价值。因此，从整个城市的背景来看，植物园具有一定的潜力来呈现一种更大尺度下的生态廊道的示范模式。

不过，在实现那些潜在可能性之前，该植物园需要大规模的再设计以及大量的新建设。现有场地是无序的，而且多年来，场地上的建设增增减减，总是处于临时性的状态（ad hoc additions）。出入口和交通流线系统是相当混乱的，并且建筑无组织地散布于园区。植物园的展示区逐渐衰败，急需提供相应的修缮、增加导视系统和便利设施。场地的使用同样复杂混乱，同样的，整个场地现状是随着时间推移的临时性累积的结果（图 3）。

波多黎各大学重新考虑并制定植物园未来的总体发展规划主要由四方面因素决定：第一，近期完工的新型轻轨铁路连接了郊区与圣胡安市，其中设置于库佩（Cupey）的站点正好位于植物园北部的一个角落，这意味着大学具备能与这条生命线建立密切联系的重要契机，同时，大学还可以凭借着轻轨铁路提供的连通性获取随之而来的资本和收益。植物园随之有机会成为这条轻轨线上的新站点。第二，正因为新的交通线和站点的设置，大学正在计划新的开发投资，其主要包括一栋重要的生物科技的大楼，以及校园宿舍和配套的混合开发。波多黎各的总督近来一直宣传"知识经济"（knowledge economy）的概念，并且引以植物园项目及其周边的开发作为一种全新的"知识／休闲之间的纽带"。这里被设想成为一种新的科学研究设施，其功能与公众教育、休闲、娱乐、生态修复和都市娱乐相互结合起来，进而构成一个"植物城市"（botanical city）。第三，波多黎各的环境游说团体最近促成了一项法案的签署，即立法保护此前被称为"城市森林（Bosque Urbano）"的一片巨大的森林及其附属湿地。如今，这里则作为前文提到的"生态廊道"的一部分，而植物园的场地恰恰位于其中心位置。第四，由于彼得拉河流经植物园，故而出于防汛的考虑，美国工程团计划将彼得拉河流实现管渠化（channelize），但是大学希望阻止这个事情的发生，并且试图寻求替代方案。新上任的大学校长高瞻远瞩。此人颇具艺术与设计的眼光，能将学校的空间规划视为一个整体开发，再加之，那位年轻且富有干劲的总督一直希望能有一个雄心勃勃的新都市发展计划，二人一拍即合，这为重新设计植物园以及整合植物园与城市之间的种种联系提供了更大的契机。而且鉴于加勒比的热带地区、圣胡安的世界主义（cosmopolitanism）以及波多黎各大学的通识教育所具备的生态、旅游和文化的丰富性，大学的校长相信这里完全有机会打造成一个具有深远教育意义和享誉国际的世界级植物园。

基础调研

在最初思考植物园设计的时候，我们就向校长及其顾问团汇报了与植物园议题相关的历史研究。这个研究以 16 世纪的植物园为例，以点带面地说明了整个植物园历史沿革的基本情况，作为一个缩影，植物园反映了三个方面的内容：其一，具有冒险精神的航海事业；其二，新大陆的发现；其三，蓬勃发展的启蒙科学。通过收集（collecting）将全世界的珍奇品种纳入一方咫尺之内，且用以相关的科研和展览。环形花园呈闭合状，带有四个象限，每一个象限代表着一片大陆，整个花园就是神创地球的缩影，它标志着人类的理性光辉战胜了自然的变幻莫测。当然，此后的植物园更多以地形区位（topographical location）作为考虑因素进行总体布置，其不仅展示了独特的植物形态，而且还表达了整个环境状况（比如说，热带、苔原、温带森林、沙漠等），这种情况表明植物园已经初显出作为生态框架（ecological framework）的潜力。

全球性的剧场主题（theatre theme）不仅体现在植物园之中，而且盛行于各种杂志、书籍和戏剧之中，人们在这些出版物和剧本中以相互比较的方式谈论着各种植物类型（以及动物、鸟类、化石以及水晶），人们在这个过程中会激烈地辩争，到底哪个物种才真正具备了优势（superiority）、美感、性征（sexuality）或效用（utility）。而殖民效应在诸如波多黎各这样的地方特别能够产生共鸣。

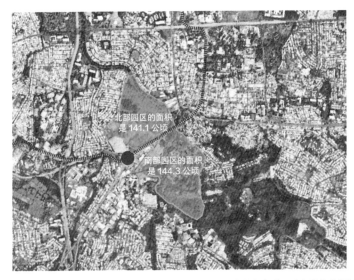

图2　现存植物园的场地规划，这张图描绘的是更大尺度下的生态廊道，波多黎各大学植物园，
场域操作事务所，2004 年

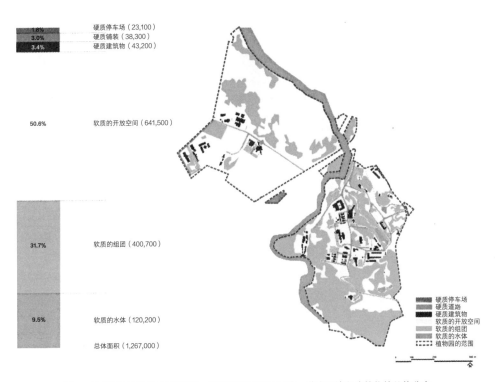

图3　植物园原有场地的规划图，这张图表明生态系统、道路系统和建筑物的总体分布，
波多黎各大学植物园，场域操作事务所，2004 年

脱胎于 16 和 17 世纪的科学发展,加上殖民扩张所推动的绘制地图、命名、分类以及驯化(tame)等专业活动,人们从世界各地网罗各种植物,进而根据分类学将之妥善归类,并按照类型和品种进行分组,最终仔细地编目和记录。当然,根据不同的分类原则,某种植物会隶属于不同的组合形式。比如说,在 2001 年的时候,荷兰事务所 MVRDV 运用字母表给植物进行收集和分组,进而提出关于布嘎公园(Buga Park)的构思方案,因此,这个方案既产生了一种非同寻常且新颖的植物组合,同时又戏谑地指出分类法所无法避免的虚构部分。

　　与分类学的组合方式大相径庭的是,近期的环境信息收集是根据群落和关联生境(associated habitats)的途径布置植物。此处并非强调园艺学分类,而是注重单体植物与其他物种的关系,以及与生态学系统的动态性有关。由于业界比较重视地域环境的重要性,故而,很多植物园皆摒弃了全球模式,转而采用本土品种和区域性生态交错带(ecotone)表现植物的地域性。与之相关的是,植物园开始更加重视保护和培育濒临灭绝或受到威胁的品种,使之既受到保护又可被用于科学研究。

　　植物园亦是绝佳的传播媒介,它既能创造新的杂交植物,还能栽培出足够的植物以满足销售和分配。耕种、播种、嫁接、移植、修剪以及其他园艺技术都有助于研发新的植物品种,而且可以带动相应的商业销售,其主要包括药理学(pharmacology)、食品生产、生态修复以及家庭园艺。在这些领域创立的初期,植物园便以研究和实验作为工作重心。各种研究项目(分类学、新品种和杂交培育、药用和药理学的应用、生态学和交互科学、食物和纤维生产)在很大程度上增加了植物的价值和潜力。长久以来,植物园与健康息息相关,起初主要是与医学有关的草药园,而在近期则主要是一些供人们逃离都市生活并与健身和冥想活动有关的游径和设施。

　　植物园内包含的植物(plant material)是一种能够激发游客审美体验的媒介,许多的植物园设计就试图实现这种美学体验的最大化。在某些时候,该需求或许能够使设计师以一种更加艺术和综合的方式处理植物,有时候是以新颖的排布,另外一些时候则是完全抽象的组合。在有些案例中,时常会出现一种介于艺术与科学之间的令人好奇的模糊性,其主要的原因是设计人员把新材料和技术完全融合在一起,这种方式既可创造新的生产模式,亦可创造新的接受模式(modes of reception)。举例来说,新兴的生物艺术(bioart)潮流就代表了一种新的人造自然,其既属于繁衍生命的综合形式,也属于动植物繁殖的形式,当然不可否认的是,生物艺术也引起了大量与伦理和文化有关的问题。显而易见的是,在启蒙科学的统摄下,再现性世界不复存在了,具有集合(collection)、符号和意义的世界也消失了，如今的社会已经变成了与产品、发明和虚拟现实有关的纯粹奇观（spectacle）。

除了上述简短的历史研究之外，我们团队还展示了其他植物园的案例分析：英国邱园（Kew）彰显了卓越的结构布局和深厚的传统底蕴；巴塞罗那显示了当代设计和环境的完美融合；新加坡和悉尼则代表了热带设计和商业上的成功；纽约对于教育和城市的关注；密苏里（Missouri）在社区的拓展职能的贡献；康沃尔（Cornwall）的伊甸园新型的生态介入。我们的研究全方位地突显了植物园的文化和程序性的（programmatic）各种可能性，因此，对于波多黎的项目设计团队而言，这个简短的研究颇具重要价值。植物园包括多种议程（agenda）和主题，囊括一个多样的植物、布景、布局、开放空间和设施的丰富环境，植物园还可以将这些内容结合起来使之共同服务于涵盖极广的诸多目标：使用性、公众性、功能性以及意义。倘若我们更加关注波多黎各的自身特性，或是给予加勒比地区植物园的所处环境以足够的重视，那么，该设计便能进一步加强植物园的丰富性。需要再次强调的一点是，我们试图在更为广泛的文化语境中探索植物园的未来。

在殖民的语境中，植物园可能暗含着一些关于种植园奴役的负面内涵：一方面涉及劳动力（labor）和殖民化，另一方面与欧洲文化和殖民统治有关。在某种意义上，加勒比地区的文化交织于两股力量之间：一种是完全根植于场所地域性的内在力量，另一种来自于外来移植的疏离感。但是，在后殖民的语境中，加勒比地区的植物园有潜力表达一种更独特且外向的特征，即经过彻底转型的植物园是一块不断进步的、不断变化的试验场。植物园总是处于两种张力之间：本土与外来、动态与稳定、根植的安定与流离的失所、地域性与全球化。

波多黎各大学植物园以坐拥超过 60 个国家的植物品种而引以为傲。许多非本土物种通过杂交或驯化改良，在本地原生物种面前不再显得十分突兀，而且很多外来物种经过培育成了本土物种。植物园的网络系统持续地交换着信息和物质，此过程正好与全球文化的网络形成一种同构。天平的一端是地域的、本土的、原生的、固定的传统特性，另一端是全球的、外来的、移植的和动态的属性，天平两端的相互融合能形成一个没有边界的整体，两者之间的相互转变最终可以创造新的混合形式。

三个激发点（provocations）

基于上述研究，加之关于波多黎各的气候和发展模式的方案汇报，帮助设计团队能够与校长和董事热烈地讨论植物园的未来发展。为了促成更具创造性的方案，并且为了获得根据特定原则和优先性制定出来的妥善决策，我们构思了三种相互独立且各有目的性激发点的未来图景。

植物学森林

植物学森林的关注重点从分类学和展示转变成生态系统，即植物被视为复杂的系统群落，以及具有生命力的相互联系的整体。这一转变的实现有赖于重视森林开发和研究，并非仅仅依靠建筑和活动性策划，同时应尽量减少场地中新的建造物和道路系统（图4）。

在圣胡安的整体基底上，植物学森林通过利用其核心角色，从而实现了更大范围的生态廊道。径流廊道、开放空间以及生态系统之间的连接性（linkage）和互联性（interconnectivity），共同帮助建立了健康且能够自我维持的生态系统，同时，这个生态系统还具有重大的教育和休闲娱乐价值。

植物学森林通过促进森林再生的方式强化与圣胡安之间的绿色轴线的联系。市民可通过植物园内的游径和展览馆进入森林和河流所构成的生态廊道中。同时，城市生态学以及城市林学相关的主题将得以凸显，反观田园牧歌式的前城镇情形将不再被提倡。举例来说，再造林（reforestation）恰能部署多种有关网格化的种植园、杂交品种、混合的植被年龄结构、分层（stratification）、选择性间苗以及适应性管理的当代造林实践（cilvicultural practices）。自然教育将会成为植物学森林的焦点，同时，城市森林（Bosque Urbano）和大学的资源也将推动自然教育的普及。

植物学公园

植物的美学属性和形式特点既充当空间塑造的集合性因素（group），又被视为事件与活动的环境，而植物学公园的关注点便是最大化地实现植物的这些特征。为了实现这种转变，需要扩大策略性展区（strategic display area），同时，重新布置建筑物在整个场地中的功能，即把用于研究的建筑集中在园区的北边，开放给公众的建筑则贯穿整个植物园（图5）。植物园公园是圣胡安公共绿色空间的重要组成部分，其充分利用了沿轻轨而设的通路。沿着 Parque Muñoz Rivera 和 Parque Muñoz marin 两处区域，该植物园在快速的都市化进程中成为一个重要的公共开放空间，为公共设施提供必要的空间，同时拓展了植物园的多种功能。

整个方案提倡大力开发植物园公园的南北地块，增加大尺度活动、展示、花园以及公众设施的空间。种植和展示的区域将相互结合，而并非单纯作为审美需求。空间、舞台、平台和不同的硬质地面为公共活动的策划（音乐会、

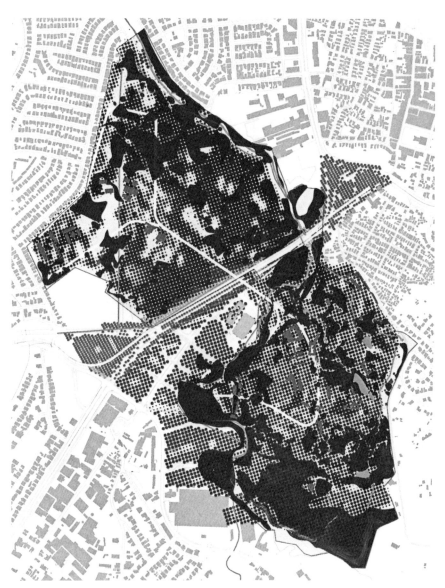

图 4 "植物学森林"是开发的第一个情形,其主题是突显修复、保护、自然教育以及生态学
场域操作事务所绘制,2004 年

图 5 "植物学公园"是开发的第二个情形,其主题是突显公共空间、休闲、自然教育以及生态学
场域操作事务所绘制,2004 年

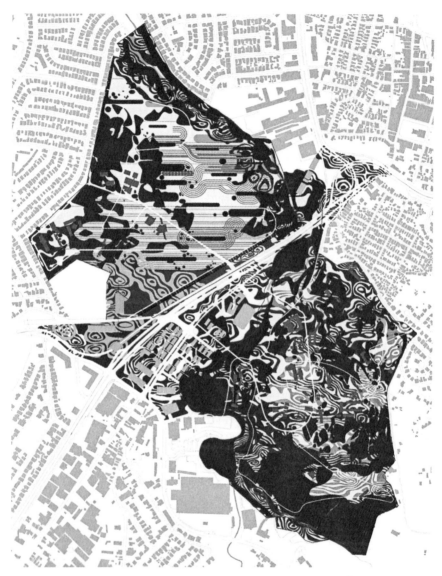

图 6 "植物学城市"是开发第三个情形，其主题是突显商业、研究、科学以及技术
场域操作事务所绘制，2004 年

展览、戏剧等）提供了外部环境，并使这些活动坐落于由热带绿植和花卉构成的郁郁葱葱的景观之中。

植物学城市

植物学城市侧重于植物的生产、研究以及功用，有助于形成一个更加紧凑的都市边缘。这三个侧重点通过以下方式得以实现：积极地将北部区域开发成园艺和苗圃的生产和研究，在园区中部开发混合功能的构筑物，以及实现机动车和步行动线贯穿全园的目标（图6）。植物学城市通过强调城市的发展、教育与研究，以及给予活跃的、生产性的景观以足够的重视，从而使自身成为圣胡安市新的活动网络的核心。植物园所在的区域连接了老城与快速扩张的郊区（同时向南部、东部以及西部扩张），同时，植物园战略性地坐落于三条城市主要交通干线的交汇口，这三条干线包括城市轻轨、PR-I以及Avenida Ponce León。本方案尽可能地提高河道的效率，提升库佩车站周边区域的城市密度，以及加强场地中研究性温室、苗圃地块和商业区域所形成的地块密度。沿着PR-I有一条公共的步行大道贯穿园区的北部，它把植物园的入口与便利设施、停车场、城市家具和花园联系了起来。

综合体（Synthesis）

上述三种意图具有明显且令人振奋的情景（scenarios），这有助于校长和董事会对此方案作出积极回应。每一种情景都激发了关于价值、优先级和诉求的辩论。每一种情景也不单提供审慎的思考（philosophical reflection），亦考量了各种实际问题，比如说入口位置、机动车动线、新建筑、投资、公共开放度、园区与城市的关系等。每个情景皆提出了一系列同等重要的特征和属性。通过编排和重组每种情景所包含的某些关键特征，我们最终创造出一个混合的嫁接（graft），即一种将三种情景有机结合的综合体（combinatory synthesis）。

为了整合场地中各个相互分离的区域，整个园区的形式和物质结构由三个组织系统支配。第一层结构是由高低不同的同心圈和波纹共同构成的如垫子般的草坪。高一些的草甸与低一些的草坪高低错落地交织在一起。更为密集的图案纹理表示了使用强度更高、关注度更大的场地区域，而松弛且粗略的部分则代表了场地中的被动空间（passive space）。同样的纹理也支配着卵石地和其他铺装的处理方式。第二层结构是循环的环线（circulation loops）。这些新的道路、路径和游径既能为场地中的活动空间提供可达性，还可以形成一个回路系统，使得来访者始终受到道路系统的指引，并且在结束参观的时候回到起始点。这些路径同时串联起休闲人群（散步者、跑步者、骑车者）与植物园展区的参观者以及其他类型的使用者，从而将整个项目中的实用性和观赏性有机地结合起来（图7）。第三层结构是覆盖于景观之上的森林，如同纱布一般的植物园包括各种不同的空间和层级，提供了各式各样的绿荫和空间体量。种植生长的时间因素已经纳入考量，即将幼小的树苗和较成熟的品种进行混种种植。大量的本土植被作为更大范围的生态廊道的补充物，而同时，异域的、不同寻常的品种则被集中栽植于一处特定的区域（或者说"云状斑块"）以供展示或用以与本土植物形成对比性参照。

三层结构同时作用于整个场地之上，而且为不同的项目开发提供了基质（matrix）。第一，新的公园以及条状带活动区域列于交通廊道上，而后连接到新扩张的商业苗圃和花卉场地中。这里的种植市场主要作为公共空间，包括集市、遮阳顶棚、导视系统、特殊的照明、野餐区以及配有城市服务设施的活动区。第二，为场地的防汛和雨洪管理重塑了河道。河道则为台地、新的河岸公园、休闲场所以及路径提供了空间。第三，新的游径、自然教育项目以及I40试验站修复并巩固了沿河扩张的森林。第四，最初的展示园得以翻新和升级。热带的、外来的收藏品种与本土的品种得以并置展示，现有和新修的花园交相辉映，并与新的游览路径和环线之间实现了相互的联通。将剧场、音乐会、教育以及聚会（例如婚礼和派对）空间整合到植物园中。研究区和实验区同样也被融合到植物园的展示区中以便使研究活动面向大众开放。第五，库佩车站附近区域的开发主要服务科学研究，包括新生物分子实验室、标本馆以及温室。针对住区和其他混合商业开发项目（包括重振周边邻里社区）而言，该方案试图把多样的城市社区整合到植物园之中。综上所述，整个场地计划为波多黎各提供了一种新的社交空间，即一个集自然、教育、娱乐和休闲于一体的大尺度开放空间，而这一切都发生于充满异国情调且不寻常的植物环境中。

波多黎各大学植物园的规划与设计工作还在进行中。在2005年，政府改变了政策，大学则改变了优先建设植物园的决定，整个植物园的项目因此出现了停滞。随着时间的推移，资金、领导模式和具体实施将会逐步得到落实，整个规划也可能随之改变和调整。尽管如此，整个项目曾经尝试阐述构想植物园新形式的雄心，即能够持续收集、研究和教育的植物园，但同时，在世界性城市（cosmopolitian city）的语境下，这个项目回应了阐释性（interpretative）和互动式（interactive）的经验，该植物园融合了以下各种对立的事物：科学与艺术、实用性与异国情调、商业与公共、本土与全球。重要的是，这个项目或许

图 7　花园表现图，波多黎各大学植物园，
场域操作事务所绘制，2004 年

提出了一种新的植物学、生态学与城市三者间的关系，这种关系能够产生一种混合模式，三者各自的领域之间不是对立的关系，而是寻求一种替代性的组织架构和策略，进而提出一种与我们时代相呼应的新式综合体。此外，同时作为空间和奇观（spectacle）的"新自然"被组织起来。换言之，植物园并非只是一种用于展陈功能的新组织构成，而更多地充当了一种全新建构而成的社交空间、一个异国情调的植物基质。在这样的环境中，随着时间的推移，都市主义的差异性和多样性就会逐渐得以彰显。

图 1　从尔特大街（Gansevoort）俯视高线公园（High Line），摄影者：多赫蒂（Barrett Doherty），
纽约，2010 年

亨特的萦思：高线公园设计中的历史、感知与批评

 所谓"亨特的萦思"，我指的是约翰·狄克逊·亨特（John Dixon Hunt）的文章以及过去数年中我与他的一些讨论，这些文章和讨论在我脑海中萦绕多年，一方面让我受益匪浅，可同时也让我惴惴不安。归根结底，优秀的批评（criticism）加上复杂的概念架构（conceptual framework）不可避免地给人造成一种挑战，即在思考的问题寻求到解答之前，人的判断力（sense of direction）会经常受到扰乱和影响。

 推此及彼，在亨特所青睐的"常顾之所"（physical haunts）中，人们同样能够感受到那些富有内涵且兼具挑战性的概念。常顾之所是指一些伟大的园林和场所，它们既是亨特的灵感来源，又是他研究对象的核心。这些地方包括斯陀园（Stowe）、斯托海德风景园（Stourhead）、波玛索（Bomarzo），以及威尼斯的若干忧郁又隐秘的园林，此外还包括一些能赋予亨特"极致"（greater perfection）感的场所。[1]如亨特的文章所述，这些地方"被永不磨灭且确凿的精神（spirits）所环绕，恰在此处，环境被塑造成景观"。[2]亨特论述的精神并非是指某种神秘的本源，而是指人的思维，即想象力，也指虚构叙事（fictions）和设计所赋予场所的长久存在的在场感（presence）。由于这种在场感所产生的效应耐人寻味又难以定义，因此无可避免地引人深思。

 优秀的园林深入人心是因为它们定会超越被思索（being thought）的状态。[①]这种萦思满溢（haunting excess）的现象同时体现在空间场所和概念的双重层面上。亨特在文章中就此主题展开的研究既充满启发，又有些让人难以捉摸。这种萦思满溢的现象也是泛艺术中的一个令人着迷且根本的话题。在本文中，我将列举三种亨特的萦思；我认为这些萦思与我的思考息息相关。以此为背影，我将以高线公园以及相关的照片为例，表明我在现实的实践中努力践行某些理念的积极尝试。

未经出版的讲座："John Dixon Hunt – A Symposium," October 31, 2009.

第一种是亨特对于场地的研究，即常顾之所（haunts）本身。亨特建立了一套几乎无可辩驳的观点，即风景园林领域中任何伟大项目的要义均无法脱离场地特性（specificity of sites）。沿着这一脉络，他详细阐述了一些关键概念，例如"场所精神"（genius of the place）、"场地解读与书写"（reading and writing of the site）、"作为环境（milieu）艺术的场所营建"（placemaking）、"场地调和"（mediation），并且定义了"三类自然"（three nature）。在三类自然的相互关系中，园林（第三自然）是在其更大的周边环境中使人聚焦的精华（focused concentration）。[3] 风景园林师通过细致解读特定场地的属性（包括场地的历史、各种再现形式、文脉以及潜力）谋划新的投射，从而在某种程度上实现了场地的强化和丰富。每一个场地都是当地作用力（forces）在时间过程下的积累，亨特就此表示，任何有意义的设计回应必须在某种程度上阐释、扩充和丰富其特定脉络下的场地潜力。与普适的和风格化的设计方法不同的是，亨特追求的是针对特定环境所具有创造性的原创见解（inventive originality）。

以高线公园为例，我们对基地的历史和都市文脉做了详细的解读（图1）。其中的两个解读尤为重要：一个是交通工程基础设施具有单一而自治的特点（其线性和重复性、与周边环境的格格不入，以及其钢材和混凝土的材质）；另一个是自发生长的植被所具有的令人惊讶且迷人的效果，一旦火车停运，这些植物群落便见缝插针地占据整片后工业遗址：这种植被与后工业遗址相互结合的景象充满着忧郁之美，艺术家斯德菲（Joel Sternfeld）的早期摄影捕捉到了这种美（图2~图4）。随后，当铁路结构面临拆除时，这些摄影作品为试图保护工业遗产的人提供了重要的帮助。

场地的更新设计，从其材料系统（包括线性的铺装、铁轨的重组、种植、照明、城市家具、围栏等）到动线的编排；蜿蜒小径的组织、眺望平台和观景点的选址，以及座椅与社交空间的协调，这些无不被悉心安排以求重现、强化、戏剧化（dramatize）以及集中表达关于场地的种种解读（图5）。

高线公园的设计是极为因地制宜的；在不丧失场地本源（origin）和在地性（locality）的情况下，这座公园是无法在其他地方被复制的。一部分原因在于它的独特历史；另一部分原因则归结于其所在场地的城市肌理和周边环境的特征。整个设计旨在整合那些被挖掘出的条件，进而将之戏剧化，从而揭示过去、现在和未来的文脉，同时为所有来此参观的人创造一个流连忘返之地。

接下来是"亨特萦思"的第二个主题，即对于感知（reception）的关注。在过去的数年间，亨特更为清晰地关注到参观者体会感知（receive）既定景观

图2 高线公园的历史景观，摄影者不详

图片版权：Friends of the High Line，http://www.
thehighline.org/galleries/images

图3 高线公园上自然生长的植被，摄影者不详

图片版权：Friends of the High Line，http://www.
thehighline.org/galleries/images

图4 六月的午后远眺，摄影者：斯坦菲德（Joel sternfeld），2000 年

图片版权：the artist and Luhring Augustine，New York

图 5　华盛顿草地（Washington Grasslands），高线公园，摄影者：班纳（Iwan Baan），2011 年

的方式的重要性：对于设计作品而言，游客究竟如何体验、理解、评价以及拓展多样的解读。亨特提到，"景观的存在来自感知主体（perceiving subject）和被感知对象（an object perceived）之间的创造性耦合"。[4]

作为一名风景园林师，很难相信一个设计项目能够决定某种特定的行为反应；优秀的设计师至多能够影响、引领或引导某些特定的回应，但绝无法过度规定或编排（script）游客的感知。亨特在其论述中注意到这种区别，举例而言，在奥登（W.H. Auden）之后，"一个诗人，尤其是已经逝去的诗人，是无法决定我们如何阅读以及理解其作品的，但是，尤其对于某个好作品而言，我们仍然不断以新的方式重新阅读之；因此，即使后世的读者再次阅读叶芝（W. B. Yeats）的原作之时，读者们大概也会赋予原作以新的意义与共鸣"。亨特继续类比道："当我们分析园林的实质的时候，若是园林既无指示性（denotative）基础（好比第一个例子中提及的文字），亦无概念或情绪的清晰表达，那么，在重新创造园林意义的层面上，这种情况会给观者留下大量的想象空间（scope），因为我们欣赏领会（seeing）这座园林的方式将不同于最初的预期和原本的计划。[5] 因此亨特提出一个观点：即使无法切实促进和支持各种开放式的且不确定的解读，但好的设计必须能够为多个层面上的感知和阐释留有足够的余地。正如他正确地指出：

　　　　存在一种可感的触觉之所（the palpable，haptic place），此处既有可嗅之味、可听之音，又有夺目之景；其次，我们亦能感知到这处场所是经由设计师建造而成（或者该场所本身具有独特性），更为丰富且饱满的既存体验可能导致了场所的创造性，如果场所中丰富的体验不是被设计师塑造而成，那么，至少应该来源于场所自身的完整性（completeness）或强度（intensity）。正如赛博空间（cyberspace），经过设计的景观起码具有虚构的叙事（fiction）或情节（contrivance）——然而自相矛盾的地方在于，尽管我们的想象力依赖于那些被虚构出来的事物，但是，该想象力又必须源于其自身真实的实质性（actual materiality）。[6]

从上述观点出发，亨特形成了 longue durée 的概念，即长时段（long duration）：历经时间而缓慢形成的自然积累的体验和意义。或许风景园林中最基础的、重要的，也是最难以理解的属性之一就是景观媒介的时间性。之于景观，或许不存在"一见钟情"的欣赏，亦无可能以充满意义和持久的方式快速消费景观。各种各样的景观绝无可能在某一时间点被恰如其分地捕捉到；这些景观永远处于演变（becoming）的过程中，仿佛是一个随着时间变迁而逐渐积累起来的采矿场（quarry）：景观汇集了经验、再现、运用（uses）、（老化）侵蚀的效应、管理的改变、培育与养护，以及其他层层叠叠的在场痕迹（traces of layered presence）。

在高线公园中，漫步（strolling）的经验被刻意放慢，从而有别于曼哈顿地区熙熙攘攘的都市环境(图 6)。蜿蜒的路径穿行在长势较高的多年生草本植物（tall perennial）与草本（grass planting）之间，创造出一种特定的经验，这种经验很难被摄影照片或视频恰如其分地记录到。正如很多其他园林一样，场所需要游客的亲身参与，唯有在游客的往复运动中，景致才得以在序列（unfolding）和并置（juxtaposition）中逐层展开。处于不断生长状态的植被每周呈现出不同的变化：不同植物的花期、颜色、肌理、品相和情绪也会不断变化；加上一天中时时变幻的光线，也包括不同的天气和季相更迭，以及伴随着周边城市环境营造出来的不同微气候。来访者始终能以新的微妙的方式体验高线公园。

重要的是，高线公园没有运用具有叙事意图的标记或符号，也无意尝试讲述某个故事或植入意义，反而是本设计的材质、细节和工艺性均可激发不同的联想和解读（图 7）。亨特已经在多篇文章中谈及设计的触发物（triggers）和提示物（prompts），并描述了一系列戏剧性的装置，如空间转换的起点（entry thresholds）和中间态（liminality）、连接内外空间的通道、戏剧性的画面和场景、置换与拼贴、刻印与标记（图 8 ~ 图 10）。[7]这些精心设计的触发物和提示物的效应（concentration of effect）凸显了一个地方的诱人与独特之处，其可将

图 6 切西草地（Chelsea Grasslands），高线公园，摄影者：沃什（Marie Warsh），2011 年

图 7 公园北部支路的保留区，高线公园，摄影者：
齐奥瓦尼（Peerapod Chiowanich），2011 年

图 11 平台（Diller-von Furstenberg Sundeck），高线
公园，摄影者：潘甘尼坂（Rik Panganiban），2011 年

图 8 尔特大街的台阶，高线公园，摄影者：
班纳（Iwan Baan），2011 年

图 9　第十大街的广场，高线公园，摄影者：班纳（Iwan Baan），2011 年

图 10　第二十六大街的取景器，高线公园，摄影者：班纳（Iwan Baan），2011 年

观者带入另一个世界。在高线公园中，参观者不仅是观察者，更是都市生活的表演者（performer）；高线的漫步道被当成抬升的 T 台、都市舞台和社会凝聚器（social condenser）（图 11 ）。

至此，我们涉及"亨特萦思"的第三个主题，即批判性（the critical）。亨特宣称"园林的理论化是凭借自身属性获得其合理性；更重要的是，园林理论能够增加领悟的喜悦"，此时，他的理论基础并非仅服务于被动的沉思（passive contemplation），而是希望在风景园林理念和实践的双重层面上积极地激发出新的发展。[8]亨特在历史方面的主张已经被广泛接受，但是他在其他方面的贡献依然不断地向我们所有人发问：这些内容包括概念、批判性话语（critical discourse）、饱含洞见的论点（informed arguments），以及最重要的，通过别出心裁且富有创造力的空间营造来丰盈场所的文化内涵（图 12 ）。

那些内容翔实的、萦绕于脑海且不断积聚的理念（ideas）指的就是亨特的萦思，当然那些非凡之所（remarkable places）也属于亨特的萦思。物质实体的场所与文化理念的结合意味着实践与理论的融合、设计与感知的统一、经验（experience）与智识（intellect）的联结，我们力求在设计中将这些方面都做到最好。或许，这种时而萦绕于我们想象中的经验就是艺术的最高召唤，而在园林的设计中，我们也许能够找寻到亨特所动情教导的"极致"（greater perfection）。

注释

1 参见：John Dixon Hunt, *Greater Perfections*：*The Practice of Garden Theory*（Philadelphia：University of Pennsylvania Press 2000 ）. The title comes from Francis Bacon's "Of gardens"（ 1625 ）："当文明渐入礼与雅之佳境，人类始筑恢弘于城市，随之营精巧于园圃：园林似曾为文明之极致。"

2 同上，223.

3 大多数的观点皆来自《极致》（*Greater Perfections* ）一书的《园林的概念和三种自然》（ "The Idea of a garden and the Three Natures" ），32-75。另参见：Hunt 的 "Introduction：Reading and Writing the Site", in John Dixon Hunt, *Gardens and the Picturesque*：*Studies in the History of Landscape Architecture*（ Cambridge，MA：MIT Press, 1992 ），3-16.

4 Hunt, *Greater Perfections*, 9.

5 John Dixon Hunt, *The Afterlife of Gardens*（ Philadelphia：University of Pennsylvania Press, 2004 ），12.

6 同上，37.

7 参见：Hunt 的 "Triggers and Prompts in Landscape Architecture Visitation," in *Afterlife*, 77-112.

8 同上，107.

图 12　高架桥上的林地，高线公园，摄影者：班纳（Iwan Baan），2011 年

译注

①这里提及的"被思索"（being thought）是指观者对于园林的感受和思考，科纳并非认为此等感受不重要，而是在于他认为除了关于园林的"被动感受"之外，那些园林之所以让人流连忘返，在于其自身隐藏着许多有待被建构的概念。这些概念既是科纳这本书的用力之处，又是亨特写作中的重点。在科纳的眼中，这些隐藏在园林中的概念是需要学者和设计师通过智识性的思考进行建构的，科纳将其视为"主动思索"，以区别于"被动思索"的状态。与此同时，这也回应了科纳在《一种作为批判性文化实践的景观复兴》中提及的景观中文化属性的主动性。

图 1 中国深圳前海水域设计模型，科纳场域操作事务所，2011 年

后记

文字景观：詹姆斯·科纳写作中的理论和实践

理查德·韦勒

从 20 世纪 80 年代中期开始，尽管麦克哈格呼吁全球生态系统管理职责（stewardship）的回音仍然响彻耳边，然而，有关风景园林学的话语发现自身正处于这样的忧虑中：波士顿花园（Boston garden）中网格布置的百吉饼（bagels）所存在的意义问题。有些人称之为艺术，有些人则将其痛斥为垃圾和废料。这两种观点均有失偏颇。专业判断的钟摆显然已经指向了另一端，换言之，从麦克哈格和生态学摆动到舒瓦茨（Martha Schwartz）以及其他寻求大胆且前卫性表达的艺术群体。问题的关键不在于风景园林的话语应该处于哪一极（poles），而两极之间的空隙状态（void）才是答案的关键所在。

在风景园林的专业人员中，有一些人要么对拯救地球保持严肃的态度，要么对创造艺术怀有谨慎之意，对于他（她）们来说需要超越专业视角才能试图填补上述的空隙。此时，这意味着他们需要广泛地阅读理论——比如利奥塔（Lyotard）、福柯（Foucault）、巴特（Barthes）、鲍德里亚（Baudrillard）、德勒兹（Deleuze）和伽塔利（Guattari）、詹明信（Jameson）、伊格尔顿（Eagleton）以及维利里奥（Virilio）。尽管这些智者聪明绝顶，但是他们的思想很难与风景园林学建立直接的关系。这也意味着我们必须理解，为何"大地艺术"（land art）能够在史密斯（Robert Smithson）存世的短暂时间内创造出那么多兼具深度和影响力的作品，为何这些风景主题的艺术品比风景园林学自身几十年的发展要深刻得多。另外，由于建筑文化的霸权和解构的轰动效应，一部分专业人员不得不追随艾森曼（Eisenman）、李伯斯金（Libeskind）、库哈斯、屈米等人的脚步，另一部分专业人员则大声疾呼且身体力行，但是矛盾再一次发生了：那些建筑概念和形式很难在风景园林专业中"落地生根"。由于不断蔓延的生态危机，风景园林师同样感到学习自然科学之必然性，洛夫洛克（Lovelock）、卡普拉（Capra）、贝里（Berry）、达金斯（Dawkins）、詹奇（Jantsch）、皮瑞哥金尼（Prigogine）、考夫曼（Kauffman）等思想家描述了一个自我组织的、不确定的新世界。然而这些努力似乎并不够，因为我们忽略了城市的议题，在都市化中占统治地位的文化景观（cultural landscape）逐渐临近终结的事实（fin de siecle）已经变得若隐若现，我们认识到阅读城市设计历史和理论之必要性。这意味着我们需要阅读芒福德、柯布西耶、雅各布斯、林奇、罗西（Rossi）、文丘里（Venturi）、罗（Rowe）和哈维（Harvey）等人的著作。我们夜以继日地探索着风景园林学的某个核心（a center），诺伯舒兹（Norberg-Schulz）的现象学、弗兰姆普敦的批判地域主义（critical regionalism），以及诸如科斯格夫斯（Cosgrove）、索贾（Soja）和哈维（Harvey）等新地理学，寄希望于这些洞见能为我们的专业和学科提供有效且重要的线索和征兆。最后，斯本（Anne Whiston Spirn）和欧林（Laurie Olin），尤其是亨特（John Dixon Hunt）指出，在过往的种种求索之路中，我们总是忽视风景园林学科自身的历史。

在浩瀚和令人眩晕的后现代思潮中，科纳的写作好似一根避雷针。就我个人的立场而言，科纳非但没有避开更广阔、更丰富、更具有批判性的文化环境（cultural milieu），相反，他恰是借助理论话语讨论风景园林的各种议题。科纳的著作引领着我们回到学科的本位，自此之后，他的著作持续性地为风景园林设定了各种坐标，努力让这个专业和学科变成一种当代的文化议题。

理论方面

科纳的智识性影响始于 20 世纪 90 年代初期发表于《景观杂志》（*Landscape Journal*）的两篇文章。"深度探底：起源、理论和再现"提出了一种简明有效的科学哲学的历史，并且提供了一种将风景园林的自身叙事纳入具体语境中的论述方式。[1]"三种霸权"罗列出风景园林学的当代哲学基础，并且借助于诠释学和文本解释的研究。这些论文涉猎广泛，内容相互勾连，科纳试图解答如何能将历史、艺术、设计、诗意与风景园林学建立相应的联系，如何能在 20 世纪末期提升风景园林学的自身品质。科纳明确且具体地解析了风景园林中某些最深刻的（以及很大程度上是压制的）艺术性和智识性抱负。

诠释学与科学对客体的态度不同，前者关注建构一种主体性的、境遇化的（situated）意义。[2] 基于量子和诗意的双重真实性（quantum and poetic view of reality），诠释学建立在一种真理主义（truism）之上，即主体（subject）体现在客体的形式中（formation of the object），而且知识永远只能是片段式的。科纳所推崇的诠释学开启了风景园林的文本性（text field），也就是说，文本能书写我们，我们亦能书写文本。在风景园林学领域，文本性曾经是一股相当激进的思潮，既坚持再现的自我意识，又相当的保守，因为科纳以后现代的诠释学立场对抗解构观念（deconstruction），更为重要的是，科纳还指出这个世界正在失去其自身的"神秘"和"迷韵"（enigma）。科纳宣称："将景观塑造成一种预测（divination）与复原（restoration）并存、天启（prophecy）与记忆相结合的诠释性场所，这能帮助处于不断流变的现代文化形成（且引导成）一种集体的文化意识"，[3]恰在此时，他早期著作中的哲学假设和预想的风景园林议题之重要性才变得逐渐清晰起来。科纳追问道，景观理论乃至景观实践（praxis）在虚空的世界中抵抗全球化浪潮，是否可以"重建一种有关存在的基础（existential ground），一种保持批判性连续的（critical continuity）、有关记忆和创造的、具有方位（orientation）和导向（direction）的地形学（topography）"？[4]

科纳发现，麦克哈格关于都市主义的诋毁之论根本站不住脚，而且麦克哈格的方法太过激进，以致科纳只能通过诗意的、艺术的实践途径才可以维持风景园林的宏大叙事（grand narrative），将现代性（modernity）与场所（place）融合为一体。到了 20 世纪 90 年代中期，倘若科纳没有全身心地介入全面的生态危机中，那么，他提倡的景观是一种有关存在定位的传统议题（the topos of existential orientation）就不能得到进一步的发展，故而，为了亲身"观看"（see）最直观的生态危机的景象，他便与麦克林恩（Alex MacLean）一起进行高空拍摄。在 1996 年《测量美国景观》一书中，科纳试图将工具理性的全景视角（synopic view）运用于大地景观的测量上。然而与麦克哈格用符号和标记所代表的向往之地的整体观念不同，科纳发现高空的风景影像在蔓延扩张中呈现出一种欺骗性的美丽，从高空获取的地面世界已经变得面目全非（denatured）。高空拍摄的裸露世界不能解释任何真实的社会政治和生态关系，因此，科纳的这些再现大地景观的图像弊端丛生。

作为上述问题的回应，科纳在高空影像和与之联系的零散数据中创造个人式的"地图"作品。在一篇相关的论文"地图术的创造力：思辨、批判和创新"中，科纳解释道：之前的风景园林法则总在数据和信息收集完成之后才涉及设计过程，而在当下，我们应该认识到收集、整合和处理数据的整个过程都能兼具有创造性，因此后者理应代替前者。[5]科纳写道，地图术不仅可以"像摹图（tracing）、表格和图绘一样制作出符合条件（condition）的任意列表和目录，而且还能绘制出与关系结构有关的战略性的、想象性的图像"，此时，科纳便正式与麦克哈格分道扬镳了，而且也确立了他在 2001 ~ 2012 年担任宾夕法尼亚大学系主任期间试图完成的目标。[6]

在地图术这篇文章发表的前两年，一篇名为"作为创造能动性的生态学和景观"的文章极具野心且涉猎广泛，科纳追问道："（通过景观之再现传统而获取的）风景园林学的创造力，如何能够在人们想象力和物质实践的双重层面中丰富和激发生态思想"？[7]追随着伯格森（Henri Bergson）的思想路径，科纳认识到生态学既是一种思维（mind），又是一种实物（matter）。通过将自然智识化（intellectualizing nature）和归化智识性（naturalizing intellect）的方式，科纳瓦解自然与文化的二元分裂，且进一步宣称人类的创造力和生态系统在不断增长的由"差异性（differentiation）、自由和丰富性（richness）所构成的相互联系的丰富整体"中具有相同的趋势。[8]相互对立的文化和自然实现了哲学上的糅合，在此基础上，科纳描绘了一个业已成形的崭新世界。长久以来，风景园林一直处于自然与文化相互对立的世界观之中，通过消解它们之间的矛盾关系和对立状态，科纳将风景园林领域引向了一种全新的、更具创造性的敏感状态（sensibility）。科纳之于生态的思考让人联想到正在涌现于科学隐喻的创造性潜力。在设计过程中，多样性、不确定性、自我组织和突发事件（emergence）能够促进"理念"（ideas）的迸发，科纳不仅从事相关的写作，而且还在宾夕法尼亚大学的设计课程中试验和检测这种理念。他论述道，"生态学与创造性变化之间存在的相似性提示了一种另类的风景园林学，在此种全新的专业中，人们的生存方式，以及人们与土地、自然和场所的关系中的教条化传统都会受到众多的挑战，而且，全新的创造还能再次释放生活中绚烂多姿的因素"。[9]在文章的结尾，科纳呼吁风景园林师与生态学结合以形成某种创造性关系，其目的是开拓出一种"潜力，该潜力相较于改善的（ameliorative）、补偿性（compensatory）、美学的或者商品主导的实践而言，可能会激发出更具意义的、想象力的文化实践"。[10]在科纳的学术大厦中，尽管密切结合在一起的生态学与创造力的影响显得姗姗来迟，但是就当下而言，其高深莫测的评论和拼贴图片（montage）已经开始不断地出现在世界各地的景观讲座大厅里。

起初，科纳对诠释学尽是溢美之词，大约 12 年后，他在《复兴景观》的论著中发表了"生动的操作和新景观"。在这篇论文中，科纳重点强调了景观的堕落倾向（prelapsarian inclination）以及失去效力的基础设施。他解释道，景观的核心应当从 landskip（一种被建构而成的场景）转到 landschaft（工作活动的场所）上，因为前者几乎不能从作者的（authorial）、再现的景观中找到一种具有社会解放（emancipating）的、能动的（enabling）品质。[11]科纳严厉谴责了当下主流的风景园林现状，批判其过于强调场所的"感伤性审美"（sentimental aestheticization），科纳转而倡导一种组织的、战略的（而不是沉迷于形式组合的）专业技术，即"工具性（instrumental）的景观议题"。[12]

但是在当代的风景园林领域，何为操作的（working）景观呢？这种景观或者其他风景园林设计如何能抵抗占据统治地位的意识形态和风景美学呢？为了试摆脱这种僵局，科纳开始亲力亲为，他转而关注"程式（program）、事件性

（event）空间、实用性（utility）、经济性和物流（logistics）"。与此同时，科纳与荷兰风景园林师的观点保持着一致性，他以非常积极的态度宣称，在某个项目设计的过程中那些景观概念完全能够被置于优先的地位，而且，它们凭借着设计过程还可以被转变成"最新创造性的重要目标"。[13] 那些创造性目标具体指的是什么，显然，科纳在这个问题上没有给出明确的答案，但是该论调却附和了库哈斯的言论，库哈斯坚称设计师应该把注意力放在筹划"状况"（conditions）之上，而且为了在最大程度上激发时间过程中的机遇（opportunities），建筑师必须依赖于状况的筹划"，除此之外，科纳还坚持认为景观应当从美学转到"触发策略"（engendering strategies）和"战略性工具"（strategic instrumentality）的层面上。[14] 因此，科纳之论关心的是景观过程中的催化剂（Catalysts）而非总平面；强调四维而非三维，重工具性而非艺术性。

尽管科纳的雄辩之文令其深陷一种潜在的两极分化中（即艺术性和工具性），不过，如果我们武断地将其理论探索归结在一中"非此即彼"（either/or）的关系中，那么确实会有失公允。以一种"事后诸葛亮的"方式观之，我们惊奇地发现科纳正在大阔步地迈向所有的专业边界。为了完成自己的专业理想，科纳使出浑身解数网罗任何可以导向完整且成熟的风景园林设计的哲学和方法论。科纳拒绝场景化的鉴赏（艺术性）或者粗暴谋求利益的主流方法（工具性），他心目中理想的风景园林师应该是这样的：他们既能干预事物的象征性秩序，又能在任何案例下真正地改变社会经济结构。对科纳来说，这种专业理想与规范性（prescriptive）、意识形态或者乌托邦无关，其恰是好的设计所应尽的本有之份。

为了实现上述目标，科纳总是以一种批判和创造的姿态关注再现（representation）。他说道："景观作为一项具有深刻意义的文化性实践，其依赖于这样的能力：其一，设计师能够掌握反映和想象（image）整个世界的新方法；其二，设计师要以一种现象的、有效的术语象征景观的意向（images）"。[15] 在寻找相关模型的过程中，科纳广泛且深入地阅读了库哈斯的文章，仔细研究了 OMA 参加 1982 年拉维莱特公园的竞赛图绘。OMA 为拉维莱特公园绘制的各种充满不确定性的卡通图改变了一切：它不仅终结了当时公园设计中占据主导性的虚假自然主义或者欧几里得式的竞赛模式，而且更为重要的是，OMA 的条带（striations）和点状矩阵（confetti）在普遍意义上构成了一种标杆式的新都市主义概念。库哈斯把这种新的城市状况称为"柱身（Scape）"。正如科纳之于生态学的思考一样，在库哈斯提出的新条件（condition）中，自然与文化不再是相互排斥和否定的关系，两者永远只能处于共存且不可还原的相互交织状态。

在此语境下，建筑、景观与基础设施之间的空间边界和专业边界都不再需要明显的区分。无论好坏臧否，"大地"的减法（subtraction）（在顷刻之间）便能把风景园林从田园牧歌的奴役中解放出来。同样的，过去的建筑在城市空间中总是施加霸权式控制，然而，如今的建筑通过其客体代理人（the agency of objects）的角色瓦解了其控制功能，最终使建筑与城市处于一种漂泊不定的关系。库哈斯雄辩道："建筑曾是一座不断受到潮汐冲刷的沙堡，当下的我们正在潮汐中游泳"。这里的潮汐指的是全球城市化海啸，伴随着狂风暴雨的来临，我们将会面临着一种深刻的生态危机。

1997 年，尽管瓦尔德海姆将景观与城市两个术语叠放到一起，而且没有采取任何的减法形式，但最终还是提出一种与科纳类似的语义学伎俩（semantic trick）。当"城市主义"这个词汇被添加到"景观"之后，一种新的学科联盟便成为关注焦点，在城市的设计过程中应该优先考虑景观。那种仓促之举已经是 15 年前的往事了，这个提议的萌发源于科纳在宾夕法尼亚大学教书时的构想，而彼时的瓦尔德海姆正在那里研习建筑。当下的关键问题并非是，景观都市主义能否被认定为一种拥有清晰定义并获得公认的思想流派，当下的关键变成了：景观都市主义通过把矛盾且关联的术语整合到一起，从而实现了一种煽动性的、刺激性的思想，而且这个思潮确实促进了风景园林领域的拓展和创新。

在历史的进程中，作为连续性和治愈性背景的自然与文化之间总是保持着抗衡的关系，通常，城市就是这种对立事物的产物，但是，景观与都市主义之间的合并（在理论上）结束了城市内在相互对峙的特点。景观都市主义暗含了新的城市概念：一方面，景观都市主义从时代的生态限制中（ecological limitation）获益，另一方面，景观都市主义不再关注形式构成而更加关注城市总体的新陈代谢过程。尽管景观都市主义带着些许的迷惑性，有时甚至执迷于使用某些自命不凡的语言，但是，这个流派显示了一种通过更加协作的方式来改造旧城市和设计新城市的努力，因此在新城市的空间和系统中，开放空间系统和建成环境被整合成一种整体结构，它能在更高的层次上为城市提供社会和生态之运作（performance）。假如上述解释仍然显得模糊不清，仅是因为我的解释正如景观都市主义者和其他专家学者预料的那样，城市不再简单地关注形态问题（morphological thing），城市已经从一台废弃的机器演变成一种精密复杂的生态体（sophisticated ecology）。

凭借富有雄辩性和煽动性的言论、创造性的设计教学以及初期实践所极具吸引力的宣传等方式，科纳逐渐成为景观都市主义的代言人。在 2006 年《景观都市主义读本》（*Landscape Urbanism Reader*）中收录的"流动的土地"（Terra Fluxus），科纳为景观都市主义的主要内涵建立了一套相对清晰的要义。首先，科纳认为景观都市主义看待过程（process）更甚于形式（form），这种洞见建基于乌托邦城市主义的失败以及大卫·哈维对新城市主义的批判，这使得我们认识到城市是动态性的社会 - 生态系统。科纳回应了德兰达（Manual De Landa）的观点，并且强调"任何特定的形式仅仅是一种自然的临时状态"。通过把城市解读成一种"时空生态学"，景观都市主义者们没有尝试寻求能够支配一切的、叠加到城市系统之上的理想形式，而是希望通过设计智慧（design intelligence）直接作用于城市系统本身。其次，科纳描述了景观的"阶段性表面"（staging surface），在此，科纳的意思是设计师处理场所的时候应该将其当成具有潜力的土地，而不是把场所看成不可改变的既定事实。在此情况下，设计已经有意地变成了一种开放性行为，而且拒绝封闭的状态，与此同时，设计还寻求精确的催化行动（precise catalytic moves），使之能够阐明社会、经济和生态增长中发生的各种状况。其三，纵观其写作历程，科纳反复强调设计工具和方法的重要性，该需求应与社会、经济、生态系统的当代理解保持同步，设计工具和方法能够全方位地介入复杂的城市系统中，并且以创造性的方式再塑和引领城市系统的发展。最后，通过将我们带到 20 世纪 90 年代早期的最初思辨的历程中，科纳坚持认为设计首先是（且最重要的是）一种"想象性议题，即一种关于世界可能性之思辨过程"（a speculative thickening of the world of possibilities）。事实确实如此。

以上基本概括了科纳的"文本景观"（wordscape），这些文字好像是一张历经 15 年且被高强度修改和涂抹的羊皮纸（palimpsest）。但是，科纳关于风景园林是一项工具性的、生态性的艺术观点并非是不朽的或是革命性的。当风景园林学进入 21 世纪之后，科纳抵达自身专业境遇的方式恰好帮助我们区分且理清了专业中关于智识性和创造性制图学（intellectual and creative cartography）的相关内容。

实践方面

因此，当文字试图变成具体事物之时到底会发生了什么？

直到 1999 年当斯维尔公园（Downsview Park）竞赛时，科纳才获得了偶然的机会与艾伦（Stan Allen）合作，加上同年编辑出版的《复兴景观》（Recovering Landscape）问世以后，科纳尚显稚嫩的实践公司 Field Operations 才首次博得众人的眼球。忽然之间，科纳摇身一变跻身于库哈斯和屈米等建筑大师之列，与此同时，科纳还积极批判沃克事务所（Peter Walker and Partners），而在当时，沃克的公司是形式主义景观的代言人。进一步讲，当斯维尔公园的标书没有要求仅仅建造一个优美的公园，标书希望能够在后拉维莱特时代的文化和自然语境中追求新的哲学丰碑（philosophical landmark）。参赛者被要求处理"自然与人文……作为动态的现象，以及两者之间持续的转变和相互作用，自然与人文不需要被描述为一种平衡的状态"。

既有的事实已经证明回到优美的自然状态不可能了，所有的方案都指向了一种特定的基本法则，即如何从多伦多郊区的一块废弃军事地中（艰涩地）重构一种基础性的社会生态。一方面，从技术角度而言，那些设计方案偏向于农业性的，其形式也比较简洁，但是另一方面，这些方案的设计描述却表现得异常复杂。那些解释性文本好像直接从科纳"作为创造能动性的生态学和景观"的论文中引述出来的一样，非常集中地描绘了多样性、折叠（Unfolding）、偶然性、适应、突变（Mutation）、自我组织、网络性以及流动性（Flows）。

为了赢得竞赛，库哈斯和马鲁（Bruce Mau）采取了最低干预程度的设计策略，运用波尔卡点（polka dots）和一千条小径（pathways）把整个设计提升到新的层面上。为了满足竞赛标书的指导精神，屈米的方案把数字性（the digital）和植物性（vegetal）相互编织成一个整体，而科纳采用最经济的策略，提议了两套分层的系统："回路"（Circuits）（文化）和"通过流动性"（Through Flows）（生态）。就本质而言，路径是为人类而设，沼泽地则服务于其余的生物。科纳解释道，这种临时性基础设施能有助于实现"自然生命和文化生活的双重流动，让它们以多样且灵活的方式流通和移居（colonize）于场地之上。"

在参赛人员的方案中，大量的社会性程序（social programming）确实证实了设计师们非常克制地考量形式问题，（尤其表现在科纳和艾伦方案中的）时间发展的分段化（time developmental sections）非常乐观地预计了生物和社会的连续性进程，以初期匮乏的投资观之，生物和社会层面上的分阶段连续发展将势在必行。希尔（Kristina Hill）评论本次竞赛的时候指出，参赛人员极为重视从场地中创造特定的生活状态，但是他们却在很大程度上忽视了更为重要的、与场地之外的（off-site）生态实现相互连接。[16] 至于公园的社会生活方面，没有任何人可以否认程序的重要性，不过，风景美学的缺席（无论是牧歌的或者其他类型）表明，第四维度的时间性景观完全压制了第三维度的空间创造。

建基于当斯维尔公园中运用的演变性（successional）策略，Field Operations 于 2002 年赢得了垃圾填埋场的（Fresh Kills）设计竞赛，该方案采用了一种非常实用的（pragmatic）方式，众所周知，世界最大的垃圾堆就位于斯塔恩岛（Staten Island），而科纳的方案试图在未来的 30 年将其转变成一处具有完善生态系统的地块。该方案把传统的景观修复技术（比如说，通过带状播种的土壤修复，以及再造乡土植被的生境）与土方工程相互结合，这既加强了场地的崇高性（sublime）和生态循环系统，又提升了公园的社会性生活的程序（programming）。在事物的象征性秩序的层面上，垃圾填埋场迅速变成了21世纪风景园林专业的中央公园。

尽管以构建基底（base creation）的角度而论，中央公园和垃圾填埋场皆具有系统性实用主义的特点，但是，这两个项目在象征性导向上（symbolic orientation）却截然不同。中央公园指向了迷失的伊甸园，而垃圾填埋场则面向了未来的后工业社会。一方面，就我们曾经创造的真实世界而言，中央公园是一幕华丽的讽刺剧（folly）；然而在另一方面，垃圾填埋场则主要聚焦形体化（embodiment）的当世状况，即在一块2200英亩的实验田上"修复"受到污染的景观。实际上，就算是往这块废墟中注入任何的生命气息，任何人都可以将之变成一种成就。正如技术专家哈罗维（Donna Harraway）所言，科纳的斯巴达式意象显示了"赛博格宣言（cyborg）并非脱胎于园林"。[17]随着长达30年漫长的人工治理过程，垃圾填埋场必将成为科纳职业生涯中浓妆艳抹的一笔，因为恰在此处，科纳完成了自问自答，即"（通过景观的再现性传统而获取的）风景园林学的创造力，如何在人类想象力和物质实践中，才能丰富和激发相应的生态思想"？[18]

尽管关于广受赞誉的高线公园的评论和写作不胜枚举，但本文仍然尝试做一个简练的讨论。

这条架在曼哈顿的空中步道既是被观赏的景点，又是观看风景的驻足点，而且还是纽约回应巴黎勒内·杜蒙绿色长廊（Promenade Plantée）而建的步行道。它是一处旅游胜地、一条当地的捷径、一处聚会相遇的场所、一个线性的公园、一种工业保护遗产的极佳方式，无论好坏与否，这条路径还强力地推动了周边地区的绅士化过程（gentrification）。以景观设计而言，这条步行路径既是一份工艺精致且充满克制情绪的人工制品，又是一种兼具内外空间连接的优雅编排，且通过组织和串联丰富多彩的、细微差别的植物组团塑造了整个空间形态。在这项工程中，科纳在两种风险之间描绘了该路径：一边是目不暇接的奇观（spectacle），另一边是浪漫的废弃铁轨。科纳的写作总是于艺术与工具性之间探寻某条界限，在很大程度上，这条界线的描绘依托于曼哈顿的城市格局，当然也离不开公众的全力支持。

杜安妮和泰伦（Andres Duany and Emily Talen）在其新书《景观都市主义及其不满》（*Landscape Urbanism and its Discontents*）中写到，高线公园的提案与公众意见之相佐（虽然公众代表了自身利益而拒绝"高雅"设计）再次证明了政府和市场痴迷于明星设计师的光环，趋之若鹜地追求着明星设计师，然而从普通民众的利益出发，如果把整个预算以更合理的投资渠道用于普通街道的建设，那么整个项目将会取得更佳的效应。在这部著作即将付梓前，甚至是杜安妮和泰伦身边最亲密的朋友都曾经尝试告诫他们最好三思而后行，他们那些酸溜溜的判断和评论被其自身不可告人的动机扭曲了，他们基本上断定景观都市主义几乎一无是处，试图给景观都市主义的所有内涵找一个替罪羊。游荡于高线公园下面的周围街道，杜安妮和泰伦认为高线公园是一条充满伪装性的现代空中廊道，而且他们还认为，科纳作为一名高雅艺术的（high art）设计师根本不关心普通民众的需求。然而大量的民众都会在高架桥上尽享欢愉，实际上，高线公园是一幕独一无二的、不可复制的（irreproducilble）、极具魅力且令人着迷的讽刺剧（folly）。

然而，反对者们认为其他的当代都市主义案例则充满了不断蔓延的虚伪性（hypocritical greenwash），此等评价则不无道理。因此，反对者担忧参数化生态景观（parametric ecoscapes）和交融格网（melting grid）的兴盛到底是真实的还是虚伪的，此点疑问亦有道理。但是这些反对者的错误之处在于，他们总是不厌其烦地宣称，景观都市主义理论在设计文化层面上所取得的发展完全依赖于因果关系（causal）。实际上，如果这些反对者能够稍微克制一下自身所带有的各种理论标签（比如常青藤联盟、先锋派、现代性、反都市、反社会、生态阴谋），那么他们就会发现，景观都市主义恰好批判了环境肤浅性（environmental superficiality）和排外性（exclusivity），其从未提倡采用某种特定的城市形态（morphology）代替另外一种城市形态。

尽管不断吸纳可持续性理论的新都市主义委员会（The Congress for New Urbanism）尝试超越都市主义 101（urbanism 101）的范围，但是由于委员会过于偏执于 19 世纪的景观概念，以至于他们似乎不能预见到"景观"绝非是一个封闭的维多利亚公园。对委员会的成员来说，那些自然（Nature）之物最好囚禁于国家公园内，既惶恐它们超出国家公园的界限，又担忧自然之物入侵城市。然而，景观都市主义把"景观"当成一座整体的城市，并且把景观依赖的整个生态系统看作一个无处不在且相互联系的系统，倘若这个系统想要超越当下的机械式化身（mechanistic incarnation），那么它就需要一种新的设计智慧。

我们先把景观都市主义这个称谓到底能持续多久这个问题放在一边。在 21世纪，一方面，景观都市主义是一项重要的提议（rubric），而且在当代都市理解的层面上提供了新的概念，此等价值是毋庸置疑的；在另一方面，我们也要认识到景观都市主义之于重大城市设计项目上同样扮演着积极的影响，而且风景园林师 / 城市规划师担任了城市设计工程顾问团的主要成员。正如其评论家指出的那样，景观都市主义的思想和实践佐证了运动初期的种种挑战，因此，当科纳开始主持当代中国大尺度城市设计项目时，这无疑需要我们加倍地审视其出发点和具体行动。

　　Field Opreations 通过"水城"（Water City）的概念赢得了 2010 年深圳前海的国际设计竞赛。前海新城在 1800 公顷的区域内被期望容纳 400 万人口。这意味着每一公顷的人口密度是 2200 人。如果进一步解释这种密度的程度，举例来说，低密度的郊区大约每公顷 22 人，高密度的巴黎每公顷大约有 450 人；柯布西耶关于 Villa Contemporaine 的规划人口是 1750 人。这种密度（在"世界城市"的发展中是随处可见的）为提供生态系统和社会服务的公共开放空间施加了极大的压力。因此，无论是对于前海，还是其他城市的环境性和社会性成功（social success）而言，公共开放空间和建成形式（built form）之间的关系，以及开放空间的分布和类型都将变得至关重要。除此之外，景观都市主义者希望通过某种特定方式组织开放公共空间和建成形式之间的内部关系，这种方式能够在超越场地边界的维度上连接生态系统，并将生态系统的影响降至最低。

　　前海水城把少量的公共开放空间的使用价值转变到最大的利用程度，并且还满足了自身的密度需求。整个方案精心处理了新城与区域排水廊道的关系，把居民未来的步行系统与沿海步行道连接起来，通过此类策略，新城的公共开放空间在一定程度上构成一个相互连接的网络。科纳对于新城的规划是基于水体过滤的生态性和休闲游憩的设施基础之上。

　　目前，前海的总平面仅是一个结构性的城市图绘：构成一座优质城市的诸多要素必然需要超越其表面肌理。此阶段的重中之重在于，重大的深化方案必须包含清晰的社会生态 socio-ecological 功能，从而能够服务于建成形态和开放空间之间关系的塑造。关键之处在于，那些方案的举措和调整能够保证其形式和功能在不确定的发展过程中发挥着持续的效应。当这座新曼哈顿初容尽显的时候，我们期望着城市的几何网状能适应与场地的特定条件，整体的街景能渗透水体，吸收热量，控制交通，丰富生活，而且新城的建成形式和不可见的基础设施还可以在最大程度上提升都市的宜居性（与之相反的是，最大程度上减少生态足迹），并且便于维持 400 万人口的需求。即便位于中国的深圳，这个恢弘的项目仍然需要很长的建设周期，我们不禁思索：在如此大尺度的未来城市设计中，上述的种种品质（景观都市主义流派强调的过程性和不确定性等理念）是否仍然能够得到人们的欢迎。

　　在科纳的文字和建成作品之间纵然存在着不可避免的分裂性和矛盾性，但是我始终认为，两者持续强调了理性客体和独出心裁的主体之间应该保持一种创造性的结合状态。科纳的著作不仅为自身的实践作品建立了基础，与此同时，那些充满洞见的论文还启迪了世界范围内的新一代风景园林师，激励他（她）们变得更加博学、更具有创造性，且更加雄心勃勃。结果，风景园林作为一种引领性的设计专业便能不断前进。当然，面对未来，我们应当始终在科纳的论述文章和实践作品中既吸纳学习，同时又保持批判性态度，对此科纳也是一样（即需要批判性看待自己的作品）。不过，回到当下，就著作而言，我们应当认识到科纳写作中那些天赋异禀的智识性成就，并且尝试赋予其重要的历史价值。

注释

1 James Corner "A Discourse on Theory I: 'Sounding the Depths' —Origins, Theory, and Representation," *Landscape Journal* 9/2 (Fall 1990), 60-78.

2 James Corner, "Discourse on Theory II: Three Tyrannies of Contemporary Theory and the Alternative of Hermeneutics." *Landscape Journal* 10/2 (Fall 1991), 115-33.

3 同上, 131.

4 同上, 116.

5 James Corner, "The Agency of Mapping," in *Mappings*, ed. Denis Cosgrove (London: Reaktion Books, 1999), 217.

6 同上, 230.

7 James Corner, "Ecology and Landscape as Agents of Creativity," in *Ecological Design and Planning*, ed. george Thompson and Frederick Steiner (New york: John Wiley & Sons, 1997), 88.

8 同上, 88.

9 同上, 100.

10 同上, 82.

11 James Corner, "Eidetic Operations and New Landscapes," in *Recovering Landscape: Essays in Contemporary Landscape Architecture* (New York: Princeton Architectural Press, 1999), 158.

12 同上, 158.

13 同上, 159.

14 James Corner, "Introduction: Recovering Landscape as a Critical Cultural Practice," in *Recovering Landscape: Essays in Contemporary Landscape Architecture* (New York: Princeton Architectural Press, 1999), 4; James Corner, "Eidetic Operations and New Landscapes," 160.

15 James Corner, "Eidetic Operations and New Landscapes," 167.

16 Kristina Hill, "Urban Ecologies: Biodiversity and Urban Design," in *CASE: Downsview Park Toronto*, ed. Julia Czerniak (Munich: Prestel, 2001), 90–101.

17 Donna Haraway, "A Cyborg Manifesto: Science, Technology, and Socialist-Feminism in the Late Twentieth Century," in *Simians, Cyborgs and Women: The Reinvention of Nature* (New York: Routledge, 1991), 149-81.

18 James Corner, "Ecology and Landscape as Agents of Creativity," 88.

致谢

首先，我要感谢赫希（Alison Hirsch）以热忱且事无巨细的态度和方法汇编了该文集。由于这些文章体现了写作之初的时代之音，因此，我与赫希决定不再彻底重写或改述绝大部分的原文。我们仅删减一些重复或过度演绎的（over-extended）文字，以便于读者的阅读。赫希撰写的导论精彩纷呈，这无疑强化且挑战了我的专业定位。在此，我很感谢赫希那睿智且发人深思的妙语。

其次，我要感谢许许多多的同事（大多是宾夕法尼亚大学设计学院的同仁），长久以来，他们在智识层面上持续地启迪和丰富了我的思想顿悟和成长。无与伦比的麦克哈格是我的启蒙明灯和基石。或许，麦克哈格不会完全欣赏这本文集的内容，他总以更偏实证主义的视角看待周围世界，因此，他可能认为这本文集过于重"思索"而轻"行动"。然而，在另一方面，因为麦克哈格具备宏大的想象力和大爱无疆的品性，又鉴于本书内含某些比较高段位的意图（intent），两相结合，故而，麦氏或许也会给予本书以应有的尊重。这部著作深受麦克哈格的启发，尽管本文集与他的学术路数决然迥异，但其初衷只是想继续推动麦克哈哥的专业使命：他坚信逻辑、信息和理性规划能够保证人类与自然的持续健康；然而，我将把想象性补充到麦克哈格的未竟事业里。想象性是一个虽小却强大的（small but mighty）因素。

再次，我在宾夕法尼亚大学任职的 20 余年间，四位学者和设计师是我的良师益友，持续地塑造着我的思考和写作：莱瑟巴罗（David Leatherbarrow）、亨特（John Dixon Hunt）、欧林（Laurie Olin）和克斯格罗夫（Denis Cosgrove）。近期，城市设计师艾伦（Stan Allen）的执业信条是理论联系实践，同时使景观与城市主义建立相应的联系，大约自 1999 年以来，他的职业探索对我也产生了不可估量的影响。

最后，在过去的 20 余年，各种专业出身的同仁皆以直接或间接的方式深深地影响着我：阿巴罗斯（Iñaki Abalos）、巴夫洛（Alan Balfour）、贝瑞兹贝妮塔（Anita Berrizbeitia）、博登特（Richard Burdett）、博机（Paolo Burgi）、泽尼亚克（Julia Czerniak）、戴兹康比（George Descombes）、埃文斯（Robin Evans）、弗兰姆普敦、格鲁特（Christophe Girot）、高策伊（Adriaan Geuze）、古斯塔夫森（Kathryn Gustafson）、海克（Gary Hack）、哈格里夫斯（George Hargreaves）、肯尼迪（Richard Kennedy）、齐普尼斯（Jeff Kipnis）、科文特（Sanford Kwinter）、李斯特（Nina-Marie Lister）、麦克林恩（Alex Maclean）、马龙特（Sebastian Marot）、梅耶（Elizabeth Meyer）、莫森塔法维（Mohsen Mostafavi）、里德（Peter Reed）、斯拉特斯基（Robert Slutzky）、斯本（Anne Spirn）、斯坦纳（Fritz Steiner）、泰勒(Marilyn Jordan Taylor)、屈米(Bernard Tschumi)、沃克伯格(Michael Van Valkenburgh）和沃尔（Alex Wall）。

除此以外，我之前的学生以及现同事也在不断地启发和丰富着我的研究和设计，他们的积极影响也体现在本书的一些论文中。其中影响最大的一位可能非瓦尔德海姆（Charles Waldheim）莫属，他的研究性工作在极大程度上促进了风景园林、景观都市主义和批判性实践的发展。马瑟（Anuradha Mathur）也是一位重要的合作者。另一位亲密的同事（斯威特钦，Lisa Switkin）亦用她的感染力和奉献激励着我。同时，我还要向一些同事表达出感激之情：伯格（Alan Berger）、贝斯霍（Tsutomu Bessho）、博纳（Megan Born）、卡斯蒂拉（Isabel Castilla）、卓里卡（Tatiana Choulika）、科格尼特（Philippe Coignet）、盖布瑞林（Aroussiak Gabrielian）、詹克斯（Lily Jencks）、杰洪（Wookju Jeong）、炯杰俊（Jayyun Jung）、内斯（Ellen Neises）、里德（Chris Reed）、塔米阿（Karen Tamir）、阿斯耶迈尔（Weidner Astheimer）和周虹，以及实践过程中的前同事和现同事。

我需要特别感谢韦勒（Richard Weller），他的后记妙语连珠，并直指未来撰写文章的要旨。

同时，我还要感谢普林斯顿建筑出版社（Princeton Architectural Press）的编辑里波特（Jennifer Lippert），恰是她和设计装帧团队的勤劳付出才保证这样一本细致且严谨的学术著作得以出版。

感谢我的妻子玛瑞（Anne-Marie）数十年如一日付出的耐心、支持和爱意，我将铭记于心。我们的女儿克洛伊（Chloe）和奥利亚（Olivia）不断赠予我惊喜、灵感和愉悦之情。

或许我遗漏了某些需要感谢的人，希望他们能够原谅我；任何的纰漏、错误和误读由我本人独立承担。尽管这不是一本毫无瑕疵的著作，但我希望它能刺激更多的思考、辩论和理念，凭此，我们方能进一步充盈更大维度上的景观想象性。

詹姆斯 · 科纳的完整书目

图书

Corner, James, Ric Scofidio, Joshua David, Robert Hammond, eds. *Designing the High Line*, New York: Friends of the High Line, 2008.

Margulis, Lynn, James Corner, Brian Hawthorne, eds. *Ian McHarg: Conversations with Students*. New York: Princeton Architectural Press, 2007.

Corner, James, ed. *Recovering Landscape: Essays in Contemporary Landscape Architecture*. New York: Princeton Architectural Press, 1999.

Corner, James and Alex MacLean. *Taking Measures Across the American Landscape*. New Haven, CT: Yale University Press, 1996.

图书中的章节和文章

"Park as Catalyst." In *The Making of the Queen Elizabeth Olympic Park*, edited by John Hopkins and Peter Neale, 260–63. London: Wiley, 2013.

"Loft Space." In *City as Loft: Adaptive Reuse as a Resource for Sustainable Urban Development*, edited by Martina Baum and Kees Christiaanse, 88–94. Zurich: GTA Publishers, 2013.

"Lighting Landscape." In *Architectural Lighting: Designing with Light and Space*, edited by Hervé Descottes with Cecilia Ramos, 125–29. New York: Princeton Architectural Press, 2012.

"Agriculture, Texture and the Unfinished." In *Intermediate Natures: The Landscapes of Michel Desvignes*, edited by Gilles Tiberghien, Michel Desvignes, and James Corner, 7–10. Basel: Birkhauser, 2009.

"Creativity Permeates the Evolution of Matter and Life: The McHarg Event—an Unfinished Project." In *Ian McHarg: Conversations with Students*, edited by Lynn Margulis, James Corner, and Brian Hawthorne, 96–99. New York: Princeton Architectural Press, 2007.

"Foreword." In *Large Parks*, edited by Julia Czerniak and George Hargreaves, 8–22. New York: Princeton Architectural Press, 2007.

"Terra-Fluxus." In *The Landscape Urbanism Reader*, edited by Charles Waldheim, 54–80. New York: Princeton Architectural Press, 2006.

With Stan Allen. "Urban Natures." In *Theories and Manifestos of Contemporary Architecture*, edited by Charles Jencks, 261–63. London: Wiley, 2005.

"The Aerial American Landscape." In *Designs on the Land: Exploring America from the Air*, edited by Alex MacLean et al, 8–19. London: Thames & Hudson, 2003.

"Landscape Urbanism." In *Landscape Urbanism: A Manual for the Machinic Landscape*, edited by Mohsen Mostafavi, 58–63. London: Architectural Association, 2003.

"Field Operations." In *ArchiLAB: économie de la terre*, edited by Marie-Ange Brayer and Béatrice Simonet. Orléans: Claude Lefort, 2002.

"Landscraping." In *Stalking Detroit*, edited by Georgia Daskalakis, Charles Waldheim, and Jason Young, 122–126. Barcelona: Actar, 2001.

"Origins of Theory." In *Theory in Landscape Architecture: A Reader*, edited by Simon Swaffield, 19–20. Philadelphia: University of Pennsylvania Press, 2002.

"Theory in Crisis." In *Theory in Landscape Architecture: A Reader*, edited by Simon Swaffield, 20–21. Philadelphia: University of Pennsylvania Press, 2002.

"The Hermeneutic Landscape." In *Theory in Landscape Architecture: A Reader*, edited by Simon Swaffield, 130. Philadelphia: University of Pennsylvania Press, 2002.

"Representation and Landscape." In *Theory in Landscape Architecture: A Reader*, edited by Simon Swaffield, 144–64. Philadelphia: University of Pennsylvania Press, 2002.

"Downsview Park." In *CASE: Downsview Park Toronto*, edited by Julia Czerniak, 58–65. Munich: Prestel-Verlag, 2001.

"The Agency of Mapping." In *Mappings*, edited by Denis Cosgrove, 188–225. London: Reaktion Books, 1999.

"Introduction: Recovering Landscape as a Critical Cultural Practice." In *Recovering Landscape: Essays in Contemporary Landscape Architecture*, edited by James Corner, 1–26. New York: Princeton Architectural Press, 1999.

"Eidetic Operations and New Landscapes." In *Recovering Landscape: Essays in Contemporary Landscape Architecture*, edited by James Corner, 153–169. New York: Princeton Architectural Press, 1999.

"Ecology and Landscape as Agents of Creativity." In *Ecological Design and Planning*, edited by George Thompson and Frederick Steiner, 80–108. New York: John Wiley & Sons, 1997.

"The Landscape Project." In *The Designed Landscape Forum*, edited by Gina Crandell and Heidi Landecker, 32–35. Washington, D.C.: Spacemaker Press, 1997.

"Aqueous Agents: the (re)presentation of water in the landscape architecture of George Hargreaves." In *Hargreaves: Landscape Works—Process Architecture* no. 128, edited by Steve Hanson, 34–42. Tokyo: Process Architecture Co., 1996.

"The Obscene American Landscape." In *Transforming Landscape*, edited by Michael Spens, 10–15. London: Academy Editions, 1996.

"Time, Material, Event: The Built Work of Michael Van Valkenburgh." In *Design with the Land: Landscape Architecture of Michael Van Valkenburgh*, by Michael Van Valkenburgh, 5–8. New York: Princeton Architectural Press, 1994.

期刊文章

"Botanical Urbanism." *Studies in the History of Gardens and Designed Landscapes* 25/2 (June 2005): 123–43.

"Teaching Landscape Architectural Design." *Council of Educators of Landscape Architecture (CELA) 1992 Proceedings* (Spring 1993): 45–54.

"Landscape as Question." *Landscape Journal* 11/2 (Fall 1992): 163–4.

"Representation and Landscape: Drawing and Making in the Landscape Medium." *Word & Image* 8/3 (July–Sept. 1992): 243–75.

"Critical Thinking and Landscape Architecture," *Landscape Journal* 10/2 (Fall 1991): 159–61.

"Discourse on Theory II: Three Tyrannies of Contemporary Theory and the Alternative of Hermeneutics." *Landscape Journal* 10/2 (Fall 1991): 115–33.

"Discourse on Theory I: 'Sounding the Depths'—Origins, Theory and Representation." *Landscape Journal* 9/2 (Fall 1990): 60–78.

"The Hermeneutic Landscape." *Council of Educators of Landscape Architecture (CELA) Proceedings* (1990): 11–16.

其他文章和出版物

"Surface In Depth: Between Landscape and Architecture." Interview with James Corner in *VIA: Dirt*, edited by Megan Born and Helene Furján, 262–71. Cambridge, MA: MIT Press, 2012.

"James Corner Field Operations, Landscape Architecture and Urban Design, New York." *Harvard Design Magazine* 33 (Fall/Winter 2010-2011): 100–102.

"Green Stimuli." *A+U: Architecture and Urbanism* 5/476 (May 2010): 62–67.

"Landscape Urbanism in the Field: The Knowledge Corridor, San Juan, Puerto Rico." *Topos* 71 (2010): 25–29.

"Colonization." *VIA: Occupation*, edited by Morgan Martinson, Tonya Markiewicz, and Helene Furján. Philadelphia: PDSP/School of Design, University of Pennsylvania, 2008: 34–50.

"Botanical Urbanism: A New Project for the Botanical Garden at the University of Puerto Rico." *A+T* 28 (Autumn 2006): 134–57.

"Field Operations." In *Design Life Now*, edited by Barbara Bloemink, Brooke Hodge, Ellen Lupton, and Matilda McQuaid. New York: Cooper-Hewitt Design Museum, Fall 2006.

"A New U.S.—Mexico Border." *New York Times Magazine* (September 2006).

"Field Operations, New York, USA." *A+T* 25 (Spring 2005): 98–117.

"Fresh Kills *Lifescape*." In *Groundswell: Constructing the Contemporary Landscape*, edited by Peter Reed, 156–61. New York: Museum of Modern Art, 2005.

"Lifescape: Fresh Kills Parkland." *Topos* 51 (2005): 14–21.

"Not Unlike Life Itself: Landscape Strategy Now." *Harvard Design Magazine* 21 (Fall 2004/Winter 2005): 32–34.

"Re-envisioning Ground Zero." *New York Times Magazine* (April 2004).

"Field Operations." In *INDEX Architecture*, edited by Bernard Tschumi and Matthew Berman. New York: Columbia University, 2003.

"Field Urbanism." In *The State of Architecture at the Beginning of the 21st Century*, edited by Bernard Tschumi. New York: Monacelli Press, 2003.

"Urban Density." *Lotus* 119 (Summer 2003): 120–130.

"The Contemporary Landscape." *Environment and Landscape Architecture* (Korea: Fall 2002).

"Earthwork." In *A New World Trade Center*, edited by Max Protetch, 38–39. New York: HarperCollins, 2002.

"Lifescape: Field Operations." *Praxis 4: Landscapes* (Fall 2002): 20–27.

"Lifescape: Fresh Kills Reserve." *Lotus* (May 2002): 34–42.

"Field Operations." In *Dimensions: Michigan School of Architecture Review*, edited by Caroline Constant. Ann Arbor: University of Michigan, 2002.

"Downsview Park." *Lotus* (Spring 2001): 52–59.

"The Älvsjö Project." *Landskab* (March 2000): 34–41.

"Field Operations." *Architectural Design Profile 140: Architecture of the Borderlands* (Fall 1999): 52–55.

"Suburban Landscapes." *Casabella 673–674* (December 1999): 82–89.

"Formgiving as Ecological Craft." *Magasin for Modern Arkitektur 19* (Spring 1998): 42–47.

"Operational Eidetics: Forging New Landscapes." *Harvard Design Magazine* (Fall 1998): 22–26.

"Landscape Matters." *GSD NEWS: Harvard University Graduate School of Design* (Fall 1996): 33–36.

"Map." *Maps* (London: International Institute for the Visual Arts, 1996): 45–46.

"Paradoxical Measures: The American Landscape." *Architectural Design Profile 124: Architecture and Anthropology* (Fall 1996): 53–60.

"The Finding and Founding of Urban Ground: The Built Urban Work of Robert Hanna and Laurie Olin, 1981–1991." *VIA 13: Simultaneous Cities* (unpublished, 2000).

"On the work of Michael Van Valkenburgh." *GSD News: Harvard University Graduate School of Design* (Winter/Spring 1994): 33–36.

"Taking Measures Across the American Landscape." *AA Files 27* (Spring 1994): 47–54.

"Drawing: Projection and Disclosure." *Landscape Architecture 83/5* (May 1993): 64–67.

"Layering and Stratigraphy." *Landscape Architecture 80/12* (December 1990): 38–39.

书评

Review of *Invisible Gardens: The Search for Modernism in the American Landscape*, by Peter Walker and Melanie Simo. *Journal of Garden History 16/3* (1996): 227–29.

Review of *Minimalist Gardens: Peter Walker*. *Land Books* (Winter 1996): 10–11.

Corner, James and Ruth Cserr. Review of *Nature Pictorialized: The History of the "View" in Landscape Architecture*, by Gina Crandell. *Design Book Review* (Winter 1994): 6–8.

未出版手稿

"Hunt's Haunts." Paper presented at John Dixon Hunt — A Symposium, Philadelphia, Pennsylvania, October 2009.

"Time and Temporality in Landscape Construction." Unpublished paper, 1993.

"Sediments and Erasures: Landscape as Quarry." Unpublished manuscript, 1992.

"Absence and Landscape." Unpublished manuscript, 1991.

"Twelve Questions — A response to Gary Dwyer." Unpublished response to questions by Gary Dwyer, 1991.

"Free Association — A Mechanism in Landscape Architectural Studio Teaching." Paper presented at the American Collegiate Schools of Architecture Conference, Princeton, New Jersey, October 1990.

"A Future of Resistance." Unpublished paper delivered at the GSFA Centenary Symposium, 1990.

译后记（一）

    不无夸张地说，在风景园林设计的层面上，国内的景观实践面临着严峻的价值危机；在风景园林师的群体中，非实用性激情的退却使得设计师面临信仰危机；就总体的维度而言，作为创造性设计活动的风景园林甚至失去了参与重塑当代文化的意愿和信心。一个最直接的行业表现是，风景园林师似乎没有思考、想象和创造的内在动力。旧的世界抱着不放，新的道路又开辟不出来，怀揣着既有的体系又患得患失，焦虑乃至麻木逐渐变成常态。

    外部的市场和内部的学院机制几乎彻底裹挟了风景园林师的内在批判力。一边信奉历史传统为圭臬（当然，我们深信古典园林的内在精神具有无限的创造性），一边又难寻再造传统的创新路径。在一定程度上，设计理论的认知处于模糊的境地，或激烈排斥，或热忱簇拥，或事不关己，但无论持哪种立场，内心的期望与实际的困境总是发生令人迷乱的错位。文化创新常以口号代替行动，便不可避免地让自身陷入悬置的泥潭。风景园林师不以批判的精神自主思考，不能让自身的作品与历史、理论和文化形成富有成效的对话，从而夹在中西古今的双重坐标中探觅不到彼此交流的有效机制。一切的评判似乎以实用性为准，以数据和定量为绳墨，以学术热点为风尚，凡是稍具深度的智识性思辨要么不符时代潮流而遭到嫌弃，要么因其晦涩难懂而令人望而却步……

    以悲观的态度对现实大肆进行批判自然很容易，但口头的言辞与建设性活动毕竟是两码不同的事，尽管在风景园林领域保持批判的姿态仍是有必要的（正如科纳所持有的学术立场那样）。理论的思辨不能在根本上消除现实困境，但译者仍然相信思想维度的智识性思辨能或多或少发挥自身的作用（这也是科纳在本书中的理论关怀之一）。景观理论不能实现百分百的设计转化率，但有限的理论过渡也能为乏味的设计活动注入潜在的创作活力（这恰是科纳隐藏在文本中的实践初衷）。

    归根结底，"景观的智识性想象（intellectual imaginations on landscape）"是科纳的理论标签，同时，译者假定智识性想象能一定程度上回应国内风景园林设计理论匮乏的困境。纵然智识性不是万能的，在设计作品中智识性亦不是必要条件（关于生态的、功能的、社会的价值判断在多数案例中比思想显得更重要），但以风景园林行业和学界的总体知识生产为评价标准，智识性便不可或缺，因为与设计有关的智识性维度，既能兜住现实的下限，又能突破未来探索的上限。

尽管译者始终坚信外部的借鉴（borrowing）必须符合本土语境的创造性转化这个必经过程，但作为"他山之石"的科纳有其巨大的现实意义。科纳以智识性建构为理论特点，以强烈的问题意识为抓手，一方面以启蒙和工具性为批判立场，一方面以想象性建构批判性洞见。他熟练地操作作为传统的历史，游刃有余地穿梭于文化理论间，进而在设计、历史、理论和批评的相互关联中重构属于风景园林设计的理论话语。

因此，译者在这篇后记中有两个动机：其一，探究科纳景观话语的建构逻辑和方法，所谓"授人以鱼，不如授人以渔"；其二，分析科纳文本中潜在的矛盾，在此基础上牵扯出风景园林设计理论的某些关键议题，因为尊重经典的最佳途径便是以批判姿态吸纳和拓延其观点。

智识性想象

何为智识性？从广泛的意义而言，智识性是指知识分子以疏远的独立姿态发表具有批判性、思辨性、史论厚度且兼具实用价值的知识和思想。而在科纳之前，很少有风景园林师以智识性的途径书写设计相关的理论。在科纳同时代的风景园林师中，大多数在视野、格局和深度上难匹敌科纳的智识维度，恰是这种学术状况使得科纳能在20世纪90年代，一枝独秀，脱颖而出。

实际上，科纳的前两代风景园林师很少站在风景园林设计思想中谋求出路。哈普林（L. Halprin）的RSVP循环理论和其他著作以"内望的方式"建立相应的设计方法论。西蒙兹（J. O. Simonds）的场地操作全然属于"术"的层面。沃克的极简主义和舒瓦茨的波普选择某个特定艺术思潮以注重"理论点"的坚实性而非"理论线"的纵向深度性。杰里科（G. Jellicoe）、拉索斯（B. Lassus）和欧林（L. Olin）等风景园林师也广泛探索相应的设计理论，但他们皆以四两拨千斤的方式输出景观设计思想，与科纳的智识性路数大相径庭。

再往前推则是现代主义时期，虽以先锋姿态自居，但他们大多仍是被动的"顺从型设计师"。哈佛三杰以宣言施展其批判性，不过那些带有理论律令的文字终究以煽动性和操作性为出发点，而较少具备深邃的思辨性和主动的哲学关怀。其他学者如斯蒂尔（F. Steel）和唐纳德（C. Tunnard）等学者参与现代主义的抽象话语，但智识性底色同样略显不足，亦无思辨的理论立场和历史哲学的意识。

但以超百年的眼光而论，风景园林的设计理论在智识性维度上并非完全缺席。奥姆斯特德（F. Olmsted）的农奴调查报告、卫生系统、风景的伦理道德，唐宁（A. J. Dawning）所提倡的景观和建筑设计深深影响了美国中产阶级的品位，甚至，洛吉耶神父论述的公园与都市设计，英国人沙夫茨伯里（Shaftesbury）的如画理论，德国人赫希菲尔德（C. Hirschfeld）的园林理论，皆是景观设计的智识性资源。但问题的症结在于，奥氏、唐氏乃至先锋设计师的思想遗产似束于高阁之上，缺少智识性的精密加工，使得这些经典景观思想不能重新焕发出时代价值。

科纳的智识性如何体现呢？概言之，有历史深度和理论广度，能以批评（criticism）见长，针砭时弊于当下的现实危机，且在思想谱系中征引文化哲学的知识完成逻辑论证，言其旁人无力言之物，发众人不能抒的见解，巩固且拓展学界之于景观的理解力。鉴于篇幅有限，举个术语说明之（请读者注意，此类术语遍布科纳的文章中）。在这本书中，科纳曾论：内嵌于景观中的意义总是……体验上的绵延感（duration）。字面上，这句似不难理解，然而读者须在浩瀚知识中锚定"绵延"的多元语境，假如读者熟悉法国哲学家柏格森（H. Bergson）和德勒兹的绵延是如何拒绝机械的时间性，如何以绵延描绘充满过程性的理想世界，那科纳以绵延修辞景观时间性的智识性厚度才能获得更全面的呈现，反过来，我们还能深入理解景观的时间性内涵的维度。

智识性的另外表现形式是其批判性，在 20 世纪 80 年代，美国风景园林学界面临意义（meaning）危机。对此，科纳的批判主要体现三个方面：以工具性和理性为思考逻辑的科学性（实证和量化 VS 感性和诗意）；以如画美学为基础的布景景观（视觉和风格 VS 触觉和动态）；以惰性来理解景观的媒介性和再现性（被动的惰性 vs 主动性创造）。科纳的三大景观批判的根本动机在于，解放那些被压制的景观内涵的同时建立自身拥护的景观理论。

我们仍须继续追问，科纳的智识性目的到底是什么？实际上，科纳文集的题目"想象性"已经给出答案。但尤须注意，想象性在科纳的思维中只是充当一个修辞性的、捉摸不定的理论标签。准确言之，想象性是科纳概括其"离散的"理论集合的总体指代，因为他从未详细论证过想象性的心理学概念。为了深入科纳的想象性理论的背后实质，译者将把想象性分解成两种内涵：一个是创造性的、诗意性思维，一个是于不可见的物质现象中联想到生动的心印（eidetic image of mind）。

在艾柯（U. Eco）的小说中，想象性是一种珍贵的创造能力；在戈麦兹的论著中，想象性是一种建构乌托邦愿景的力量；在鲁迅的神思中，想象性是一种宗教、艺术和文明赋予的超越性之"根";在萨特的著作中,想象性能够创造出某种不在场的、隐藏的、不可见的意象性。而在科纳的话语中,想象性既是风景园林师在初探场地时必须怀揣的意识和思维,且内在于规划设计构思、概念、方案和再现的各个环节中,同时,还要在关于景观营造的体验上刺激想象性的发生。

具体而言,景观之想象主要体现在三个维度上:其一,风景园林师须具备创造性思维把诗意、象征和性能(performance)的想象性内涵注入风景中;其二,图绘、图解、地图术和图像(image)能够且应该挖掘到具有能动性(agency)、创造性的想象性;其三,观者在第一、二维度的基础上从景观营造中感受到的想象性体验(诸如记忆、隐喻、愉悦、崇高、溢浸等)。实际上,想象性是科纳关于景观的终极远景,那么,下面我们将简论科纳是如何建构智识性想象的。

复兴历史与理论建构

史学与风景园林师的关系比表面上显得重要的多,因为设计的历史谱系通常是隐藏的审美评价标准。更重要的是,风景园林师以何种意识和态度瞭望历史,如何操作历史的信息和原型,这些将从根本上决定设计的形体和效应。粗略而论,风景园林设计与历史的关系可暂且归纳为四种:以史为鉴、以史为律、以史为基和以史为底。

以史为鉴指的是在历史经验的反思中获取当下行动的合法性,历史经验可以作为当下行动策略的参考标准,从而把当前实践的潜在损失减到最低程度。虽然其参考价值在独立事件中具备一定的有效性,但这种"去语境化"的历史操作存在自身缺陷:历史经验的特殊性归纳不足以全然符合于现实的普遍性应用。如果说,以史为鉴是以单个历史事件的经验凝练为主,那么,以史为律更加侧重从集体性历史中提炼特定的规律,以其作为后世的垂范。以史为律通过长时段经验总结的途径,以判断当下格局以及未来的趋势,易言之,以史为律便是通常所说的历史主义(historicism)。尽管基于过往经验而演绎出来的规律性,使得乌托邦不再是遥不可及的梦想,但历史主义无疑会增强人类的自负、傲慢和盲目乐观的情绪,以至把复杂语境中的偶然性和不确定性剔除在外。

以史为基主要强调人类在历史发展过程中发挥的主观能动性。无论是以史为鉴的特殊性经验,还是以史为律的普遍性规律,两者皆侧重直接运用历史经验作为现实指导。然而,以史为基更加侧重当代人在历史脉络的基础上进行相应的创造性转化(creative transformation)。在过去70年中国风景园林规划设计探索中,以史为基似乎是最根本的内在关照。以史为基肯定历史价值,但这份价值并非具有永恒性，不必激进，亦不可保守，稳中求变，在传统的基础上实现连续性创新 。以史为底指的是再造传统或者重构过去（reconstructing past）。以史为底甚至认为历史是个可以不断改写的文本（text），任何人皆能根据此时此地的现实需求对历史存在进行分析性重构，最终的结果即使在某种程度上背离历史的原有涵义也无伤大雅，甚至，还鼓励带有疏离原有语境的主动性重构。

科纳的历史意识和方法与上述四种路径具有或多或少的关联：他虽然相信经典的永恒性，但并不泥古，更不会限于拙劣的、造作的模仿；科纳严厉斥责历史主义，因为这种史观容易让景观理论陷入机械的、呆板的、没有弹性的抽象客体的危机中；尽管科纳簇拥景观的创造性转化，但他似乎又没有任何的文化负担和历史包袱；他的理论根基具有多元复杂性，但诠释学和现象学却是他为数不多的核心哲学理路，这使得科纳尊崇重构历史的路数。科纳灵活游走于不同的历史观念，但它们都不是其终极策略，简言之，复兴历史（recovering history）才是他独特的历史操作路径。

复兴是指事物某些属性（A）在某些事物（B）的压制下已经丢失、贬低、遗忘或发生错误，但这些业已消失的特性再次被人们重新发掘出来，且能以一种全新的活力参与当今的语境。在科纳构建的风景园林思想简史中，A 指的是科学、技术、理性、工具性（instrumentality）、实证（positivism）、量化、客观等概念范畴，而 B 是指象征、神秘、诗意、主观、神性、隐喻等，历史发展的结果是 A 把 B 完全占有，在科纳的两篇文章"深度探底"和"当代理论的三种霸权"中可得到清晰的体现。同时，科纳还把这种操作历史的方式延伸到其他的论文，在"复兴景观"和"生动性操作和新景观"中，处于压制且有待复兴的景观内涵是动态性、生产性、日常性、过程性和触觉性，而那些占据统治地位但不切时宜的概念是静止的、视觉性、意识形态、惰性（inertia）等。在"地图术的能动性"和"图绘与建造"中，科纳想要复兴的再现技术是具有创造性的、隐喻的能动性力量（agencies）。

科纳的景观话语是有两把锁的，一把是前文的历史操作，一把是当代理论的建构。其理论的建构既不离散也没有聚焦某点，而是处于游离于"巩固内核"和"拓展边界"的中间地带。他既维护风景园林的理论核心，又强化理论之于风景园林实践的广泛适用性。以"隐喻性（metaphor）"为例，科纳的历史途径显然是复兴处于隐秘状态的景观的象征性隐喻，同时他还以诠释学（hermeneutics）作为理论基础试图翘起隐喻的价值，因为诠释学拥有揭示未知事物的能力，强调直接经验的真实性，且能让景观重新激发出充满隐喻诗意的想象性。

与此同时，科纳还以生态学这个与风景园林学最密切相关的当代理论点入手，建构与景观密切相关的隐喻性概念。通过不同层次的理论需求（创造性、文化建构和生态机制），作为一种理论形式的隐喻性能够嫁接到景观的核心内涵中。科纳的理论维度向来具有广谱的特点，比如，他把隐喻安置于景观的再现技术上（representational techniques）：在高空摄影中，测量（measurement）的行为本身就是一种隐喻；在图绘中，相较于分析性（analytic）图绘而言，隐喻性图解具有诗意和创造力；在地图术中，根茎式（rhizome）地图技术也具有隐喻性；在生动的图像中，景观的成像（imaging）亦具有一种隐喻的能动性。在此，隐喻便通过历史的复兴、诠释学、现象学和生态学之间的多重理论钩沉，三管齐下，把隐喻"塞入"风景园林设计的话语中，且无缝地贯穿于景观的概念、再现和体验等多维度上。

科纳的话语重构还特别善于"借"（"借"其他学科打开自身学科的封闭状态是惯常做法，建筑学亦常"借"景观和都市的知识以激活自身的教条性话语），在此，景观都市主义便是"借"的典范。科纳借的内部理路是来自景观历史内涵的"过程动态性"，借的外部基点是"后现代性"。后现代性指的是"一切坚固的东西都烟消云散了"，宏大的、确定的、等级化的、同一的事物将瓦解，不确定的、水平流动的、异质的、多元的过程性事物涌现出来。科纳通过三重的过渡（哲学思想、社会结构、都市空间）把后现代性的思想传递到处于压制的景观的历史概念中。故而，景观都市主义把景观理解成一种随着时间性而不断动态演变的、开放的、不确定的水平性过程（horizontal process）。

至此，历史、理论、设计在科纳的文章获得"自治"，其话语的建构逻辑便在这些理论的相互交叉和叠加中获得相应的"合法性"。

文本中的矛盾性

风景园林设计理论的生产一般由两种身份的职业人担任：一种是风景园林师，一种是学者。前者之文似学术性散文（essay），讲述人犹如智者畅谈自身的悟道历程，常能一语点醒梦中。后者的文章似规范性论文（paper），分析性强，逻辑严谨，内容翔实，不时让人拍案叫绝。科纳的文本既不是欧林式的思想漫游（设计师），亦非布列逊式的知识演绎（学者），科纳的文章比散文更严谨，比历史描述更理论化，但不如严谨史论研究的逻辑性。科纳更不像罗（Colin Rowe）那样以设计师身份（insider approach to architecture as a trained designer）进行设计作品的比较性精读，也不像维特科尔（R. Wittkower）从具体而微的角度论证文艺复兴建筑中蕴含的比例、神学和象征意。科纳的切入点是设计作品背后的时代价值，握住宽泛且宏大的思想脉络，他的文章更像是具备强烈问题意识的"狐狸"途径，而非史论家所倾向的"刺猬"途径。

科纳的文本鲜有设计师的通透性灵光，亦少有严谨史论家的分析性洞见，而以介于两者间的身份（inbetween）从事写作，其利弊兼具，因此，科纳的智识性想象即使他独树一帜，但不可避免会出现各种矛盾。比如其论述总是"飘在半空"（如果这种说法显得不那么夸张的话），因为他常简化风景园林设计思想的历史复杂性；其理论带有强烈的预设，即"六经注我"让人怀疑其客观性。科纳亦会陷入误用概念的情况，比如，当他用埃文斯（R. Evans）的分神（distraction）论证科斯格鲁斯（Denis Cosgrove）的主客间性，概念之间的语境便发生了错位。他还在批判特定理论流派的同时，又依靠其技术路线为己所用，比如，一方面批判先锋派的构成主义，但另一方面又运用构成主义的照片拼贴（photomontage）创造大量的地图术。

而且科纳的理论出现内部的互斥性。他借以安身立命的话语依托两大理论阵营：现象学和后现代性。现象学可分为三个分支：海德格尔意义上的诗意栖居（舒尔茨）；伽达默尔意义上的象征性再现（莱瑟巴罗）；梅洛-庞蒂意义上的身体性感知（卒姆托）；与后现代性有关的建筑师包括屈米、库哈斯和艾伦（Stan Allen）等。原本两个理论体系井水不犯河水，但国际建筑理论界逐步形成了共识：战略的、性能的、事件性景观（后现代性）比身体的体验和隐喻再现（建筑现象学）的景观更加重要。前者侧重程序性过程（programmatic process），后者注重形体化（embodiment）和材料营造的氛围（atmosphere）。因此，科纳的景观诠释学与景观都市主义便产生内在的排斥性。当然，科纳巧妙地化解了此类矛盾，限于篇幅，此处不再赘述，但译者仍试图强调我们须要格外留意科纳理论的内在张力，因为这里面暗含着理论建构的误区，修辞与内容的同构性，理论如何转化成设计等等方面的关键问题。

科纳文本的矛盾性不仅让自身深陷话语的纠缠中，更关键的是，其理论立场的矛盾性还深刻影响当下风景园林设计思想的辨析。比如说，Critical 是个复杂的术语，既指批判性思维，还有批评性见解，更有西方马克思主义的异化批判。科纳经常提及批判地域主义便带有法兰克福学派的理论色彩，但科纳从未真正辨析过 critical 的范畴，这导致他不断使用 critical 作为修饰语，但又过于迎合资本市场而失去其批判性。进一步说，critical designed landscape 如何可能，如何才能具有抵抗性，恰由于科纳在观念建构与景观实在（reality）之间过于采取平衡性摇摆的姿态，在一定程度上，使得这个关键议题无形的湮灭了，而这也不经意扼杀了批判性景观营造的智识性探索的潜力。

尾声

统言之，科纳的理论话语非但不是终点，而更像是起点；其景观思想不是一面镜子，而是一枚棱镜；关键在于，我们透过其理论建构的逻辑和理论内涵的是非，是否能够映射、反思和再造国内风景园林设计的困局。在广泛的意义上，科纳的智识性探索的价值不在于多与少的问题，也不在于对与错的问题，而是有与无的问题。

翻译这部文集的缘起是 2012 年就读于清华景观学系时的阅读经历，从懵懵懂懂，到若有所思，再到稍有体悟。直到 2015 年得知科纳的英文论著集结出版，遂决定与志趣相投的吴尤共同翻译本书。尽管前后总共历时近 5 年，但翻译的过程必然有大量的原文信息的折损、误解和错误，在此，译者恳请各位方家指正和赐教。

充满艰涩的翻译过程既是一种个体志趣，也是一种行业责任。但在一个缺乏史论思辨的设计领域进行探索早已超过我个人的承受能力，然而，多亏身边的师长和友朋的长期鼓励和帮助，一方面，让我能继续坚持自己的研究方向，另一方面更是使这本著作的翻译工作得以顺利完成。感谢清华景观学系的师友们给我学术上的指引；身边的挚友（即便不指出名字，你们内心也都知道是谁）在生活上的支持和精神上的勉励是多么的弥足珍贵；中国建筑工业出版社编辑的耐心和责任是本书出版的保障；最后感谢我的家人，她们是我所有动力的来源。

慕晓东
谨识于 2020 年北京清华园

译后记（二）

科纳的文章发人深省，但是较为晦涩，原因之一是他以超越风景园林专业的视角思考，广泛涉猎并吸收借鉴了诸如哲学、社会科学、生态学、建筑学和规划等学科和专业领域的理论知识。这本身就构成了不同理论间的转译，也为风景园林专业带来了一些新的术语并建立了与风景园林学科的新的关系。科纳还时而创造性地使用一些词汇，因而，对于文章中的一些术语的翻译有时需要在理解科纳的学术思想和背景的基础上来进行，而在同一个词语在不同的上下文中也时常表达不同的意义。这里选取几个较为典型的术语做简单解读：

"Imagination"在本书的书名中译作"想象"，而在文章中出现时则译作"想象力"或者"想象性"。科纳认为景观"首先是一种文化建构，一种想象的产物"。而结合科纳自身的背景和经历，从早期通过写作对于风景园林智识性研究的探讨，到后来通过教学对于设计方法的研究，再到通过一系列实践来尝试在建成环境中突破景观领域所面临的重重困境，想象力在当中始终"占据着核心地位"。

"Mapping"译作"地图术"。虽然 Mapping 近年来在国内学界较多被提及，但学界对于其中文翻译尚未有定论，在更多的情况下只能以英文的形式出现。Mapping 作为动名词，兼有动词和名词的语义；而更为复杂的情况在于，地图术所描述的是一种在特定时空条件下发现并阐释事物关联性的动态过程，而这一过程中的"发现"与"表达"之间的关系是递进式的，经由"表达"而阐释出的关系进一步推动了新的"发现"。科纳强调 Mapping 作为动词形式时的"探索性和开拓性"，而这亦体现在"地图术"的译法所强调的在发现与表达之间的过程与操作中。

"Plotting"译作"谋绘"。谋绘是科纳"批判性"思想的重要操作手段，其本身包含多层含义，其中一层重要含义是对于叙事性的分析，强调了"时间序列"，即一种"延展的"状态。谋绘还是科纳教学中的重要训练方法，通过发现、再现、叙事以及策略四个方面的操作来阐释兼有表达与思辨的多样的含义，并创造性地带来个体与环境的新的关系。谋绘是一种强调主动性参与的方法与过程。

"Agency"译作"能动性",科纳认为景观应该"超越涂脂抹粉般的装饰性功能",解放自身的潜力,在社会文化和更深层面上带来创新性的影响,促进新的可能性的发生。"Agency"在一定的语境下也与"Agent"同样被译为"代理人"。

"Programming"和"program"在科纳的文章中以不同的形式出现,表意有所不同。"Programming"有"策划"和"规划"之意,是制定计划的过程。"program"则指"功能"、"活动项目"或者"活动内容",是计划所面向的具体内容。

"Performance"有时翻译成"实效",但大多翻译成"绩效",因为landscape performance已经逐步成为风景园林学中的研究热点,但需强调一点,景观绩效的定义是:景观解决方案在实现其预设目标的同时满足可持续方面的效率的度量。景观绩效力求提供可信的证据(主要是数据和信息)支持,并指导和评价设计的决策,然而,此点与科纳运用performance这个术语具有巨大的反差,甚至截然相反。在科纳的学术立场下,综合考虑,译者将performance翻译成"性能"以区别景观绩效系统下的数据支持的出发点。

对于科纳著作的翻译工作前后陆陆续续历时近五年,其间,慕晓东与我经历了从学生到设计师的身份转换,而且,兼有辗转于不同城市的求学和生活上的改变。在这段翻译历程中,随着手头工作和研究的累积,产生出更多的感悟,进而促使对于科纳文章原有的理解做出持续性的调整和修改。也或多或少正因为此,在我们初步完成了前期翻译工作的时候,决定采用相互校译的形式,即相互校对对方负责翻译的内容,为校对一稿,进而再交换,为二稿,直至三稿,甚至更多。然而受英文水平和专业理解能力所限,翻译中难免有不当之处,恳请读者们雅正。

如此庞大的翻译工作仅凭我们两位译者是无法成就的,在此要感谢这些年里通过或正式或非正式的形式就具体相关问题参与探讨的老师和同学。特别感谢在校对过程中蔡哲铭同事对于文章"亨特的萦思:高线公园设计中的历史、感知与批评"和陈峥能同学对于文章"当代理论的三种霸权"给予的帮助。

由衷感谢中国建筑工业出版社原副总编辑张惠珍,以及国际合作中心的戚琳琳主任和率琦编辑自本书立项、翻译、排版、发行全过程中给予我们的包容理解与全力支持。

最后,衷心感谢家人和朋友们的鞭策与鼓励。

吴尤

2019 年于美国费城

译者简介

慕晓东，清华大学景观学系博士生在读，2015 年取得清华大学风景园林硕士，2016 ~ 2018 年就读于香港中文大学建筑学哲学硕士项目，曾在《中国园林》《风景园林》《景观设计学》《Journal of Landscape Architecture》上发表论文若干。研究方向：风景园林规划设计与理论，中国园林。

吴尤，清华大学美术学院本科，宾夕法尼亚大学景观学硕士，现就职于 Olin 景观事务所。